New Developments of
Modern Process Analytical Technology

现代过程分析技术新进展

中国仪器仪表学会　组织编写

褚小立　李淑慧　张　彤　等 编著

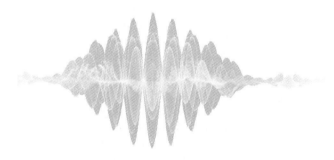

化学工业出版社

·北京·

内 容 简 介

　　现代过程分析技术综合了分析化学和化学计量学等基础研究以及分析仪器、光学和电子工程等工程技术，在诸多领域得以广泛应用。本书详细阐述近年来现代过程分析技术的新进展，沿两个维度展开，一是以现代过程分析技术本身为主线的前沿综述，介绍了中红外光谱、拉曼光谱、近红外光谱、激光诱导击穿光谱、太赫兹光谱、核磁共振等技术在仪器和方法学方面的新进展；另一个是以行业应用为主线的热点综述，介绍了上述技术在农业、食品、制药、烟草、环境以及石化等流程工业中的应用进展。通过本书，读者可了解现代过程分析技术的最新进展、适用领域以及未来的发展趋势。

　　本书可作为分析科学与技术领域相关科研人员、工程师和高校教师的参考书籍，也可作为分析化学、化学计量学、分析仪器、光学和自动控制等专业研究生的参考教材。

图书在版编目（CIP）数据

现代过程分析技术新进展/中国仪器仪表学会组
织编写；褚小立等编著.—北京：化学工业出版社，
2020.11
ISBN 978-7-122-37740-1

Ⅰ.①现… Ⅱ.①中… ②褚… Ⅲ.①化学分
析-分析仪器-研究 Ⅳ.①O652.2

中国版本图书馆 CIP 数据核字（2020）第 174343 号

责任编辑：傅聪智　　　　　　　　　　　　文字编辑：王云霞　　陈小滔
责任校对：李雨晴　　　　　　　　　　　　装帧设计：刘丽华

出版发行：化学工业出版社（北京市东城区青年湖南街 13 号　邮政编码 100011）
印　　装：中煤（北京）印务有限公司
710mm×1000mm 1/16 印张 22¼ 彩插 1 字数 428 千字 2021 年 1 月北京第 1 版第 1 次印刷

购书咨询：010-64518888　　　　　　　　　售后服务：010-64518899
网　　址：http://www.cip.com.cn
凡购买本书，如有缺损质量问题，本社销售中心负责调换。

定　　价：128.00 元

编写组成员名单

（按姓氏汉语拼音为序）

陈　达　中国民航大学

陈夕松　东南大学

陈媛媛　中北大学

褚小立　中国石化石油化工科学研究院

冯云霞　中国石化青岛安全工程研究院

胡爱琴　北京化工大学

胡　军　华东交通大学

季文海　中国石油大学（华东）

姜小刚　华东交通大学

李　斌　国家农业信息化工程技术研究中心

李淑慧　中国仪器仪表学会

李　雄　华东交通大学

刘燕德　华东交通大学

彭黔荣　贵州中烟工业有限责任公司技术中心

孙旭东　华东交通大学

吴志生　北京中医药大学

肖　雪　广东药科大学

徐　亮　中国科学院合肥物质科学研究院安徽光学精密机械研究所

杨培强　上海纽迈电子科技有限公司

张良晓　中国农业科学院油料作物研究所

张　彤　中国仪器仪表学会

赵友全　天津大学

　　现代过程分析技术涉及多学科领域，是高度交叉的综合性学科，也是一个融合前沿科学与高新技术于一体的完整体系。它不仅包含以分析化学和化学计量学等为主线的基础研究学科，同时还有以仪器分析、光学和电子工程等为主线的工程技术学科，以及以石油化学、食品化学、药物化学和土壤化学等为主线的应用基础学科，此外还涉及系统学和管理学等社会学学科。2016 年中国仪器仪表学会曾组织专家撰写了《现代过程分析技术交叉学科发展前沿与展望》（褚小立、张莉、燕泽程编著，机械工业出版社出版），详细阐述了以光谱和化学计量学为核心的现代过程分析技术的内涵和构成，并系统综述了该学科的历史发展轨迹、国外技术现状和发展趋势，以及国内这一技术的研究和应用现状、亮点与差距，在业内反响强烈。

　　近五年来，国内外现代过程分析技术发生了显著变革，尤其是随着智能工厂和智慧农业等工程的推进，作为化学信息深度"自感知"的现代过程分析技术是实现信息化和智能化的基础，在智能工厂和智慧农业等工程中发挥着越来越重要的作用。现代过程分析技术已发展成为当今科学技术、经济建设和服务民生中最为活跃的技术之一，不断向着低成本、高稳定性、小体积、快速、现场、在线方向发展。本书主要介绍近五年国内外现代过程分析技术的新进展和特点，梳理出了前沿热点问题和我国应重点关注的技术。本书与 2014 年翻译出版的《过程分析技术——针对化学和制药工业的光谱方法和实施策略》、2016 年撰写出版的《现代过程分析技术交叉学科发展前沿与展望》、2019 年翻译出版的《过程分析技术在生物制药工艺开发与生产中的应用》互为补充，形成现代过程分析技术的系列图书。

　　本书由中国仪器仪表学会组织编写，全书的编撰框架和内容设置由褚小立、李淑慧和张彤策划。全书沿着两个维度展开，一是以现代过程分析技术本身为主线的前沿综述，另一个是以行业应用为主线的热点综述。参与本书各章节编写的都是我国现代过程分析技术的主要研究和应用人员，他们都是活跃在一线的教授、研究员、高级工程师和企业高级管理者，具有深厚的理论基础、丰富的研发和工程实践经验。通过本书，读者可了解现代过程分析技术最新进展情况、适用领域以及未来的发展趋势。本书各章均列出了大量参考文献，可供读者进一步查阅和研读。在此向本书所有编著者的无私付出致以诚挚谢忱。

本书共分 17 章，编写人员如下：第 1 章和第 2 章褚小立、李淑慧和张彤；第 3 章胡爱琴；第 4 章张良晓；第 5 章吴志生；第 6 章李斌；第 7 章杨培强、冯云霞；第 8 章陈媛媛；第 9 章徐亮；第 10 章陈达；第 11 章季文海；第 12 章肖雪；第 13 章刘燕德、孙旭东、姜小刚、李雄、胡军；第 14 章赵友全；第 15 章彭黔荣；第 16 章陈夕松；第 17 章褚小立、李淑慧和张彤。

由于现代过程分析技术发展迅速，其内容非常宽泛，多学科交叉密集，分支繁多，所以每章的撰写内容在关注点、表述方式和笔锋上不尽相同，深度、广度和厚度也不尽平衡，为了保持每一章节的完整性，编者未做过多的调整和删改。各章内容相对独立，自成体系，读者可根据自身需要有针对性地进行阅读，这也是本书的一大特色。由于篇幅所限和撰写的仓促性等原因，难以全面反映现代过程分析技术各分支学科的全部内容，疏漏和欠妥之处，恳请同行专家和读者批评指正。期望本书的出版在一定程度上能够推动我国现代过程分析技术的进步和提高。

本书受中国科学技术协会"2019 年度学科发展科技前沿热点综述"项目资助，特此致谢。

褚小立

2020 年 8 月 18 日

目 录
CONTENTS

第 15 章 现代过程分析技术在烟草业中的新进展 / 287

第1章 概述

现代过程分析技术（Process Analytical Technology，PAT）是多学科、多技术和多方法相互渗透、融合而形成的一门交叉学科，涉及分析化学、仪器科学、信息科学、应用数学、系统工程和控制工程等诸多内容。现代过程分析技术也是一个融合前沿科学与高新技术于一体的完整体系。它不仅包含以分析化学和化学计量学等为主线的基础研究学科，同时还有以仪器分析、光学和电子工程等为主线的工程技术学科，以及以石油化学、食品化学、药物化学和土壤化学等为主线的应用基础学科。此外，现代过程分析技术还涉及系统学和管理学等社会学学科。

国际上，首个过程分析化学中心（Center for Process Analytical Chemistry，CPAC）是由 B. R. Kowalski 教授受美国国家科学基金会（NSF）和 21 家企业共同资助于 1984 年在美国华盛顿大学（西雅图）建立的，这是国际 PAT 发展过程中的一个里程碑[1,2]。该研究中心的核心任务是研究和开发先进的在线分析仪器及分析方法，使之成为生产过程自动控制的组成部分，为生产过程提供定量和定性信息，这些信息不仅用于对生产过程的控制和调整，而且还用于能源、生产时间和原材料等的有效利用和最优化。由于采用了计算机，实现了实时分析、数据处理、条件优化和过程反馈联合工作而使整个生产过程处于自动控制和调整之中，在工业生产中应用过程分析化学（Process Analytical Chemistry，PAC）之后，可使整个生产过程合理、生产成本降低、产品质量提高、环境污染减少。

尽管该中心以"过程分析化学"（PAC）中心命名，实际上与"过程分析技术"（PAT）研究内容和方向是一致，其主要研究课题有采样、仪器装置、多元数据分析及判断、自动化控制等方面。从那时起，PAC 与 PAT 两个词经常互换使用，但在理学期刊、书籍和会议等学术圈中较多使用"过程分析化学"一词，而在工科范畴中多用"过程分析技术"一词[3-5]。大家公认的是，PAC 或 PAT 是由分析化学、化学工程、电子工程、工艺过程、自动化控制及计算机等学科领域相互渗透交叉组成，涉及生产工程师、过程化学家、分析化学家以及仪器设计和电子技术等技术人员。对分析化学工作者绝非仅仅停留在提供分析数据这一步，而是要深入生产，参与生产中有关问题的解决，能把分析数据与生产过程中的有关参数联系起来，从而能对测得的数据做出解释。

20 世纪 90 年代以来，在激光、光纤、微电子、计算机和化学计量学等与光谱和波谱仪器相关新技术不断发展的带动下，出现了许多新型的光谱和波谱（如红外光谱、近红外光谱、拉曼光谱、荧光光谱、太赫兹光谱以及核磁共振波谱等）人类过程分析仪器，使得原来只能在实验室中进行物质成分分析的结构复杂、体积庞大的分析仪器也能用于工业现场的实时在线分析或现场快速分析。随着生产过程对先进控制和优化控制要求的不断提高，这些现代的过程分析技术越来越广泛地进入到石化、制药、化工等大型流程工业的各个生产环节，它所提供的及时、准确的分析数据在稳定生产、优化操作、节能降耗方面起到了不可替代的作用。

在过程分析技术发展过程中，另一个具有里程碑意义的事件是 2004 年 9 月美国食品药品监督管理局（Food and Drug Administration，FDA）以工业指南的方式颁布了《创新的药物开发、生产和质量保障框架体系——PAT》（Guidance for Industry PAT — A Framework for Innovative Pharmaceutical Development，Manufacturing and Quality Assurance），拉开了现代过程分析技术在制药领域应用的序幕，现代过程分析技术不仅可以缩短工时、减少误差，还可以使监管更加有据可依，因此越来越多的欧美制药企业开始引入现代过程分析技术，以实现药品生产过程的全程监控，从而保证产品的质量。同时，为了推广和规范现代过程分析技术，欧美一些国家和地区的药品监管部门也先后出台了许多相关的标准和指导原则[6-10]。《中国药典》中的《近红外分光光度法指导原则》也由 2010 版的附录 XIX K 转移到 2015 版第四部指导原则 9104。

在 1984 年美国华盛顿大学成立 PAC 中心和 2004 年 FDA 颁布现代过程分析技术工业指南之前，还有另一个对过程分析技术产生深远影响的事件是 1974 年瑞典化学家 S. Wold 和美国 B. R. Kowalski 教授创建了化学计量学学科，这一学科产生的基础是计算机技术的快速发展和分析仪器的现代化。现代光谱、色谱、质谱和核磁共振波谱等分析仪器产生了海量的数据，计算机的普及使分析化学家可以快速实现许多强有力的数学方法，以处理和解析这些海量数据并从中提取出有用信息。化学计量学也为过程分析技术的发展带来了新的思路和方法，其直接显著的贡献之一是唤醒了现代近红外光谱技术这个沉睡的"过程分析巨人"。近些年，拉曼光谱和激光诱导击穿光谱（LIBS）等技术的快速发展，也得益于化学计量学方法的广泛应用。

"过程"可分为"狭义过程"和"广义过程"两大类。"狭义过程"指的是流程工业（如石化、化工、制药、冶金、食品等）的过程[11-13]。流程工业里面又分"小过程"和"大过程"。"小过程"多是指单元过程，如制药工业中的药粉混合单元、化学工业中的一个反应器等；"大过程"则是指某一产品完整的生产链条，如炼油工业中从原料监控、原油蒸馏、二次炼油装置（如催化裂化、催化重整、加氢）至成品油调和的整个过程。

"广义过程"的内容则包罗万象，除流程工业外，还包括各式各样的过程，例如材料随使用时间的老化过程、汽油在发动机中的燃烧过程、润滑油在机械设备运行中的衰变过程、葡萄酒品质在储存中的变化过程、药物在人体中的代谢过程、水果生长时品质的变化过程、人体血糖的变化过程、单个细胞内重要元素的变化过程、星体的演变过程等。而且近些年，现代过程分析技术越来越从工业过程检测与控制发展到生化及生态过程控制甚至生命过程的检测与控制，走向为人类健康服务更为广泛的应用领域[14-16]。

美国华盛顿大学 PAC 中心的 J. B. Callis 等将 PAT 的发展划分为五个阶段：离线分析（Off-line）、现场分析（At-line）、在线分析（On-line）、原位分析（In-line or In situ）和不接触样品分析（Non-invasive）。从发展进程来看，上述五个阶段存在着循序渐进的发展趋势，但并不说明后者一定替代或否定前者。在现代工厂中，对一个生产过程的监测和控制，经常会出现同时采用几种不同的过程分析方法的情况[17,18]。近些年，现场便携式仪器（如近红外光谱、拉曼光谱和中红外光谱等）在农业、制药、材料、矿物、刑侦、反恐等领域得到较为广泛的应用，成为了现代过程分析技术的一个重要发展方向。

在国内外的大型流程工业尤其是石油化工领域，过程分析技术远不是一个崭新的名词，自 20 世纪 50 年代初期国际上有了石油化学工业之后，过程分析技术也就随之产生了。当时，用于过程分析的仪器多是从实验室仪器经必要的技术改造而制成的，主要是用来监测关键的生产环节，在保证产品质量的前提下，尽可能降低生产成本。

现代过程分析技术有别于传统过程分析技术的主要特征在于以下几个方面：

① 通常不需要化学试剂或特殊制样，即可实现现场或在线无损分析；

② 测量速度快（秒级或微秒级），并多以测量化学成分信息为主；

③ 多采用化学计量学方法建立定量或定性分析模型，并可多种物化性质同时测定，分析效率高；

④ 仪器易损件和消耗品少，维护量小；

⑤ 大多数光谱类在线分析仪可采用光纤传输技术，适用于环境较为苛刻的场合，并可对多路多组分连续同时测量。

目前大家公认的是，近红外光谱、中红外光谱、拉曼光谱、激光诱导击穿光谱、太赫兹光谱、核磁共振波谱等谱学结合化学计量学方法是现代过程分析技术中的核心内容。本书主要介绍近五年国内外现代过程分析技术的新进展，全书沿着两个维度展开：一是以现代分析技术本身为主线的前沿综述，另一个是以应用为主线的热点综述。同时，梳理出了现代过程分析技术的发展特点和我国应重点关注的技术问题。

参 考 文 献

[1] Hirschfeld T，Callis J B，Kowalski B R. Chemical Sensing in Process Analysis. Science，1984，226（4672）：312-318.

[2] Callis J B, Lllman D L, Kowalski B R. Process Analytical Chemistry. Analytical Chemistry,1987,59(9):624A-637A.

[3] 俞惟乐. 过程分析化学的发展与现状. 分析测试技术与仪器,1994(3):1-9.

[4] 朱良漪. 过程分析仪器的发展. 世界仪表与自动化,1998,2(6):8-10.

[5] 薛云丽,孙启泉,王君莲,等. 过程分析技术在中药企业科技创新中的应用. 中国现代应用药学,2012,29(12):1078-1082.

[6] 冯艳春,肖亭,胡昌勤. 制药工业中近红外光谱分析技术的重要标准和指导原则简介. 中南药学,2019,17(9):1416-1420.

[7] 省盼盼,罗苏秦,尹利辉. 过程分析技术在药品生产过程中的应用. 药物分析杂志,2018,38(5):748-757.

[8] 褚小立,张莉,燕泽程. 现代过程分析技术交叉学科发展前沿与展望. 北京:机械工业出版社,2016.

[9] 褚小立,肖雪,范桂芳,等译. 过程分析技术在生物制药工艺开发与生产中的应用. 北京:化学工业出版社,2019.

[10] 姚志湘,褚小立,粟晖,等译. 过程分析技术:针对化学和制药工业的光谱方法和实施策略. 北京:机械工业出版社,2014.

[11] 姚志湘,袁洪福,粟晖,译. 食品工业中的过程分析技术. 北京:化学工业出版社,2016.

[12] 金义忠. 在线分析技术工程教育. 北京:科学出版社,2016.

[13] 高喜奎,朱卫东,程明霄. 在线分析系统工程技术. 北京:化学工业出版社,2016.

[14] 王娜,陶晓龙,史欢欢,等. 过程分析技术在晶体多晶型研究中的应用. 化学工业与工程,2017,34(2):1-9.

[15] 陈夕松,苏曼,蒋立沫. 近红外光谱过程分析与控制技术融合及展望. 测控技术,2018,37(9):5-9.

[16] 李克诚,冯文化. 在线红外技术在药物结晶串的应用进展. 中国新药杂志,2019,28(1):44-48.

[17] 覃伟中,谢道雄,赵劲松. 石油化工智能制造. 北京:化学工业出版社,2019.

[18] Simon L L, Pataki H, Marosi G, et al. Assessment of Recent Process Analytical Technology（PAT）Trends: A Multiauthor Review. Organic Process Research and Development,2015,19(1):3-62.

第 2 章　中红外光谱及其成像技术的新进展

中红外光谱（Mid Infrared Spectroscopy，MIR）的波长范围位于 $2.5 \sim 25 \mu m$ 之间，通常用波数表示，范围为 $4000 \sim 400 cm^{-1}$，其能量小于紫外-可见辐射。中红外光谱（MIR）简称红外光谱（IR），反映的是分子中原子间的振动和变形运动（又称变角振动或弯曲振动）。分子在做振动运动的同时还存在转动运动，虽然转动运动所涉及的能量变化较小，处在远红外区，但转动运动影响到振动运动并产生偶极矩的变化，因而在红外光谱区实际所测得的谱图是分子的振动与转动运动的加和表现。红外光谱区域中化学结构信息丰富，基团分辨能力也较强，能区别结构极为接近的物质，这也是 IR 长期以来主要用于物质分子结构解析的原因。近些年，随着仪器制造技术水平、化学计量学算法以及应用技术的发展，IR 越来越多地被用于现场应急分析和在线过程分析等领域，而且一些新兴技术逐渐在 IR 中得到应用。

2.1　基于新型激光器的红外光谱技术

作为半导体激光技术发展的里程碑，量子级联激光器（Quantum Cascade Laser，QCL）使中远红外波段高可靠性、高功率和高特征温度半导体激光器的实现成为可能，为气体分析等中红外应用提供了新型光源。如图 2-1 所示，QCL 具有谱线宽很窄（$10^{-5} \sim 10^{-8} cm^{-1}$ 数量级）、功率密度高（可以获得比传统光谱技术高得多的灵敏度）、单色性好和准直度高（可以使用光程很长的检测气室）、体积小和重量轻等独特优点，使其成为 $2.5 \sim 25 \mu m$ 波长范围内中红外气体检测的理想光源[1]。由于大多数气体分子的特征光谱都集中在中红外波段，例如温室气体 CO_2、CH_4、N_2O 等，以及神经毒气、糜烂毒气、爆炸物气体等，与疾病诊断如哮喘、糖尿病、器官排异、精神分裂等有关的特征气体，其基频吸收谱线均落在中红外波段内。因此，QCL 被认为是当前中远红外范围内进行气体检测的优势光源。中红外 QCL 在气体检测方面的应用已成为各发达国家研究的热点和焦点。目前，美国、德国、法国、英国、瑞士等西方国家开展了大量的理论和应用研究工作，其中包括美国哈佛大学、普林斯顿大学、加州理工学院，英国牛津大学和剑桥大学等世界一流大学，实现了对大气环境气体（特别是有毒有害气体）和爆炸物质的监测。国内中国科学院安徽光学精密机械研究所、吉林大学和重庆大学微系统中心已经开展了相应的研究工作。目前提供 QCL 的商业公司主要包括 Alpes Lasers、Daylight Solutions、Pranalytica 等。其中，Alpes Lasers 占据全球 85% 的 QCL 市场份额。据麦姆斯咨询报道，全球 QCL 市场预计将从 2016 年的 3.029 亿美元增长至 2022 年的 3.748 亿美元，2017—2022 年期间的复合年增长率为 3.9%。市场增长预计将由气体传感、化合物探测应用以及医疗产业日益增长的非侵入式医疗诊断应用驱动，其中工业、医疗、通信、军事与国防等领域是 QCL 的主要应用领域。

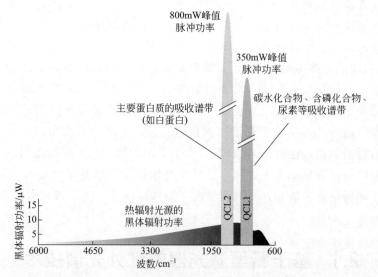

图 2-1　用于传统 FTIR 红外热发生器与两个 QCL 的黑体功率的比较示意图

随着 QCL 技术和现代仪器集成化技术水平的提高，以此为基础的红外集成检测技术日趋成熟，基于 QCL 的 IR 气体分析系统也逐渐朝着集成化、微小型化方向发展。2017 年 Emerson 公司推出了 Rosemount CT5400 连续气体分析仪，通过可调谐二极管激光器（TDL）和 QCL 集成了多达 6 种高分辨率的激光模块，CT5400 采用专利"调频"技术，可以在近红外和中红外光谱范围内提供即时、高分辨率光谱，用于检测和识别多种分子组成，可以同时检测、测量和监控多达 12 种关键组分，并且具有更好的动态响应范围，从百万分比级至百分比级。CT5400 支架安装型分析仪专门设计用于过程控制应用，如脱硝装置、硝酸铵前驱体装置、烟气连续监测系统（CEMS）以及连续外部环境检测系统（CAMS）等。

此外，QCL 产业化推进有望实现重大突破的应用领域是呼吸气体医疗检测应用。对应疾病的标志性气体在人体呼吸气体中的含量非常低（10^{-9} 级别），而 QCL 在高灵敏检测方面具备显著优势，有望成为呼吸气体分析技术领域的较好解决方案。

基于 QCL 的光谱检测包括直接吸收光谱检测和间接光谱检测[2]，其中间接光谱检测主要有相位调制光谱检测、光声调制光谱检测和法拉第效应光谱检测等，而 QCL 的波长扫描主要是通过工作温度调谐、电流加热和外置谐振腔调谐三种方法实现。从结构上，则可以分为分布反馈 QCL（DFB-QCL）、法布里-珀罗 QCL（FP-QCL）和外置谐振腔 QCL（EC-QCL）三种方式。

采用 EC-QCL 能够实现较大光谱范围扫描，通过机械运动改变外置谐振腔长度或是采用扫描反射光栅控制激光输出波长。2017 年，德国弗劳恩霍夫应用固体物理研究所（Fraunhofer IAF）采用 EC-QCL 结合 MOEMS-Littrow 型扫描光栅开发的微型中红外光谱仪可以测量 $300cm^{-1}$ 范围的光谱，每秒钟可扫描 2000 张光谱，比传统傅里叶变换中红外光谱的检测速度有显著提高，时间分辨可达到纳秒级别。这类仪器可用于化学反应或物理状态的实时检测，解决传统红外光谱仪因光源功率不足以及时间分辨不够而无法进行在线结构检测的难题。

日本滨松公司近期推出了一款新型波长外腔调谐 QCL L14890-09 模块，波长调谐范围在 $7.84\sim11.14\mu m$，峰值功率为 600mW，往返频扫（全范围调谐）频率达 1.8kHz。该模块内的 QCL 芯片采用了一种反交叉双重高能态结构，在 QCL 芯片的端发射截面上则制成了多层增透膜，它可以保证从截面发出的激光在到达光栅前零损耗。芯片产生的宽带光再通过微电子机械系统（MEMS）衍射光栅的倾斜来选频，实现了特定波长的完全反射和谐振。模块在工作的时候，电控 MEMS 衍射光栅可高速摆动以改变其倾角，进而周期性地改变衍射角度，即改变谐振光的波长，最终使模块实现中红外激光的波长扫描。芯片工作温度在 $10\sim65℃$，甚至某些高温芯片无需外部风冷，完全可以满足日常环境下的使用要求。该模块紧凑小巧（8.2cm×8.8cm×11.2cm），重量为 16g，适合于集成到气体分析仪器中。

除满足大气环境检测更高需求外，QCL 技术在生物医学、国土安全、太空探索研究、反恐防恐等领域也拥有更大的发展空间，也是近几年的研究热点。随着 QCL 器件的不断进步，也为激光光谱技术（如光声光谱、石英增强光声光谱、可调谐直接吸收光谱、腔增强吸收光谱、腔衰荡吸收光谱以及波长调制光谱/频率调制光谱等各类调制光谱）和各类光谱仪器的发展及其应用起到了较大的推动作用。国外已有多个研究团队基于 QCL 技术开发出快速红外化学成像系统，可对无染色、无标记的生物样品进行无损检测并可获得生物分子的大量结构信息，结合化学计量学模式识别方法，可用于生物医学，如癌症的诊断，也可用于微反应器中化学反应动力学的量化分析[3-11]。目前，国外正在开发基于 QCL 技术的微型集成芯片红外光谱仪。欧洲成立了 Mid-TECH 协同研究中心，联合 8 个团队，包括大学、科研院所和公司，主要是基于 QCL、光学参量振荡器（Optical Parametrical Oscillators，OPO）和灵敏检测器开发用于生物医学、燃烧分析和痕量气体分析的红外光谱和成像分析技术。

美国 Block Engineering 公司的 LaserWarn 开放路径气体传感系统，是采用对人眼安全的 QCL，针对有威胁的气态化学物质研发出的"触发式报警装置"。该传感系统的覆盖距离长达 2～3km，当在保护区域内任何地方，有危险化学品穿越"触发式报警装置"时，系统便会在不到 1s 的时间内报警，可用于监测化学武器攻击、有毒及有害气体泄漏和环境监测。系统可以安装在室内，也可用于室外，可以覆盖几千平方英尺（1 平方英尺＝0.093 平方米）区域。如图 2-2 所示，该公司开发的 Mini-QCL™ 是 1 立方英寸（1 立方英寸＝1.64×10^{-5} 立方米）的 OEM 模块，调谐为 250cm^{-1}。此外，Daylight Solutions 公司也开发出了多款外腔式 QCL，可将该激光器嵌入众多传感器产品，用于工业监控、PAT、环境和安全领域。

我国在外腔式 QCL 的研制和应用方面也做了大量的工作，中国科学院半导体研究所、清华大学和华中师范大学等都研制出了外腔式 QCL，在用于气体监测方面，我国安徽大学、吉林大学等都做了不少的研究工作[12-14]。我国海尔欣光公司基于中红外 QCL 开发出氨氮气体在线分析仪，可同时分析燃煤电厂脱硝系统气体中的 NH_3 和 NO_x 的浓度，精度可达 0.01×10^{-6}，对于锅炉脱硝系统的优化控制具有积极的意义。

近些年，可调谐分布反馈量子级联激光器阵列器件（Distributed Feedback-Quantum Cascade Laser Array，DFB-QCLA）得到了广泛关注，并进行了商品化开发（图 2-3）。A. P. M. Miche 等基于 1 个 32 阵元的 DFB-QCLA（Pendar Technologies），开发了用于甲烷浓度监测的开路式气体分析系统（Quantum Cascade Laser Array Methane Sensor，QCLAMS）[15]。该系统在户外采用风能和太阳能供电，以单片 DFB-QCLA 作为光源，其光谱范围为 1354～1254 cm^{-1}，可有效消除水蒸气的干扰，开路光程为 50m，测定甲烷浓度的检测限为 90×10^{-9}。随后，M. F. Witinski 等又采用 4 个 32 阵元的 DFB-QCLA，研制了用于远距离炸药探测危险化学品的手持式红外光谱仪。该仪器的光谱覆盖范围为 6.5～10.5μm（1540～950cm^{-1}），可鉴别距离 1.3m 远的危险化学品[16]。

图 2-2　Block Engineering 公司的
Mini-QCL™ 模块

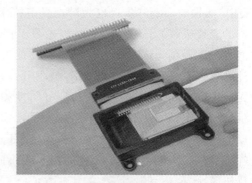

图 2-3　没有外部光栅的商业化单
片宽调谐 DFB-QCLA

光谱椭圆偏振测量术（Spectroscopic Ellipsometry）测量光与样品相互作用后的偏振变化，红外光谱椭圆偏振测量术可以提供样品的化学组成和分子取向的详细信息。如图 2-4 所示，A. Ebner 等采用可调谐 QCL 作为中红外光源，将 QCL 的快速可调性与相位调制偏振相结合，将光谱采集时间从几小时缩短到不到 1s，并能在较宽的光谱范围（1204～900cm^{-1}）内获得高分辨率（1cm^{-1}）、高信噪比的椭圆偏振光谱。与传统的基于傅里叶变换光谱仪的红外椭偏仪相比，信噪比提高了至少 290 倍[17]。他们的实验表明，当各向异性的聚丙烯薄膜拉伸时，该技术可用于分子重定向的实时监测，从而说明了亚秒时间分辨率的优点，例如在线过程监测和质量控制。亚秒级时间分辨率与激光的高亮度相结合，有望在众多科学研究和工业中得到应用。激光的亮度意味着它可以用于高吸收性材料的中红外光谱椭圆偏振测量，包括溶解在水中的物质。QCL 红外光谱椭圆偏振测量术可以帮助改善制造工艺和最终产品的质量，还可以揭示以前不可观察的物理和生物过程，以期实现新的科学发现。

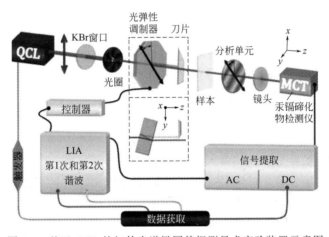

图 2-4　基于 QCL 的红外光谱椭圆偏振测量术实验装置示意图

超连续谱激光器（Supercontinuum Sources），也称白光激光器，是另一种新兴的 IR 光源。超连续谱是指当一束高强度的超短光脉冲通过非线性材料后，由于非线性效应，如光学介质中的自聚焦、自相位调制、交叉相位调制、四波混频和受激拉曼散射等共同作用，使得出射光谱中产生许多新的频率成分，频谱得到极大地展宽，可以从可见光一直连续扩展到红外乃至紫外区域，即形成超连续谱。目前，已开发出商品化的中红外超连续谱光源，该超连续谱激光器是用高功率飞秒光纤激光器泵浦色散处理的氟化铟（InF$_3$）光纤产生的，发射波长范围为 1.3～4.5μm（7700～2200cm^{-1}），且准直光束输出的平均功率大于 300mW，在 2.2～4.2μm（4500～2400cm^{-1}）范围内，它的输出功率大于 110mW，高亮度和低噪声的特点有望其成为理想的 IR 光源[18,19]。

2.2　纳米级红外光谱及成像技术

随着材料和生物医学等学科的发展，对微米尺度以下的化学组分的分析越来越受到重视，比如微米级的层状结构、纳米纤维、改性聚合物、有机无机杂化材料、有机太阳能电池、金属有机骨架（MOF）材料等[20-22]。对于化学组分分辨率的期望一般是低于 100nm，理想情况是数十纳米。目前共聚焦拉曼可以实现亚微米级的化学成分分析，实际分辨率一般为 700nm～1μm，但由于拉曼信号较弱，加上背景荧光较强，所以应用范围受到限制。而针尖增强拉曼光谱（TERS）虽然可以实现 10nm 化学分辨率，但由于拉曼信号弱、针尖要求特殊、对实验人员的操作技能要求高以及数据结果重复性低等大大限制了其应用。传统的 FTIR 的空间分辨率限制于衍射极限，通常情况下，空间分辨率的局限性大概是传统发射波长的 3倍，或者使用衰减全反射（ATR）的方式，可以将其空间分辨率接近于其辐射波长，在 C—H 伸缩振动区域，大约相当于 3～10μm。

新型 QCL 的采用可显著提升传统的傅里叶变换红外显微成像技术。例如，Agilent 8700 LDIR 激光红外成像系统将 QCL 与快速扫描光学元件相结合，仅需测量几个关键波长，即可得到大面积的高分辨率图像，从而节省时间和成本。在ATR 模式下，可选择小至 0.1μm 的像素分辨率。在制药领域，该系统可获得有关活性药物成分、赋形剂、多晶型、盐类和缺陷的有用信息，以便能够快速找出并解决药物开发过程中遇到的问题，保证不同生产批次之间具有良好的一致性。除了在药物分析中的应用外，该系统还可用于层压材料、生物组织、聚合物和纤维材料的成像分析。例如，已有报道用 QCL 红外显微镜替代傅里叶变换红外显微成像技术进行无标记的癌症组织分类，该技术也可用于生物标志物搜索。

纳米级红外光谱系统（Nano-IR）通过利用原子力显微镜（AFM）与 IR 联合的方式来表征材料，AFM 的工作方式有点像唱片机针，它在材料表面上移动，并在提升和下降时测量最细微的表面特征。Nano-IR 使 IR 的空间分辨率突破了光学衍射极限，提高至 10nm 级别，典型的光学空间分辨率约为 20nm，在得到微区形貌、表面物理性能的基础上，进一步解析样品表面纳米尺度的化学信息。Nano-IR目前主要有两种实现方式：一是基于光热诱导共振现象开发的原子力显微-红外光谱（AFM-IR）技术，另一种是基于针尖近场散射的扫描近场光学显微（Scattering-type Scanning Nearfield Optical Microscopy，s-SNOM）技术。两种技术都能实现微区的光谱信号采集和成像，从而获得化学成分信息[16,23-25]。

AFM-IR 也称光热诱导共振技术（Photothermal Induced Resonance，PTIR），利用一个脉冲和可调的红外源去激发样品的分子吸收，脉冲频率为千赫兹数量级，可达几十或者几百千赫兹，红外光束通过像传统的 ATR 光谱类似的全内部反射的方式照射到样品上。如图 2-5 所示，当样品吸收到辐射时，会在极短的时间范围内

（通常为几百纳秒）产生热膨胀，膨胀变形量在亚纳米级别，产生的热膨胀会使该区域产生快速的热膨胀脉冲。这个热膨胀脉冲会激发 AFM 针尖的悬臂的共振，且悬臂的振幅正比于样品的吸收系数，即热膨胀能被 AFM 的光电二极管测量系统检测到。通过傅里叶技术分析提取振动的振幅和频率，然后建立振幅与激励波长的函数关系，就可以获得针尖下方微区内的红外光谱，所得到的谱图与传统红外光谱仪得到的谱图一致。AFM-IR 纳米级红外技术主要依赖于样品的吸收系数 k_s，与针尖和样品的其他光学性质基本无关，因此该技术尤其适合具有较高热膨胀系数的软物质材料，如高分子聚合物、复合材料、蛋白和细胞、纤维、多层膜结构、药物、锂电池等的纳米尺度的化学成分鉴定、组分分布及相分离结构、表界面化学分析和失效研究等方面。

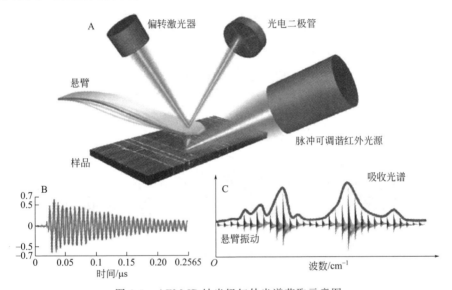

图 2-5　AFM-IR 纳米级红外光谱获取示意图

图 2-6　s-SNOM 纳米级红外光谱针尖扫描样品示意图

s-SNOM 是一种在纳米级别探测物质与光的近场作用（Light-matter Nearfield Interaction）的表面表征技术。如图 2-6 所示，在 s-SNOM 技术中，一束特定波长的光被聚焦在 AFM 的探针上，金属或带有金属涂层的 AFM 探针被用来加强和散射样品表面附近的近场光场，因此散射光包含了丰富的探针-物质近场相互作用的信息。在被远场（Far-Field）的光检测器检测到后，经过一定的信号处理，散射光可以被用来表征在 AFM 探针下的样品的光学特性。这些散射光的信息包括光的振幅和相位，通过适当的模型，这些测量可以估算出针尖下样品纳米尺度区域材料的光学常数（n、k），而且光学相位与波长还可提供与同种材料常规吸收光谱近似的光谱信息。s-SNOM 技术，其应用受到样品限制，只有对红外线有较强散射的样品才能得到信号，而且散射信号复杂，必须有模型进行修正，得到的 IR 的波数也有漂移，使得结果的显示不够直接。但 s-SNOM 技术特别适用于硬质材料，特别是具有高反射率、高介电常数或强光学共振的材料。

F. Huth 等将 Nano-FTIR 应用到对纳米尺度样品污染物的化学鉴定上，图 2-7 中显示的 Si 表面覆盖聚甲基丙烯酸甲酯（PMMA）薄膜的横截面 AFM 成像图，其中 AFM 相位图显示在 Si 片和 PMMA 薄膜的界面上存在一个 100nm 尺寸的污染物，使用 Nano-FTIR 在污染物中心获得的红外光谱清晰地揭示出了污染物的化学成分，与标准 FTIR 数据库中谱线进行比对，可以确定污染物为聚二甲基硅氧烷（PDMS）颗粒[26]。

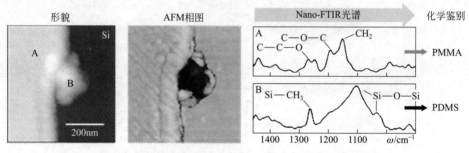

图 2-7　Nano-FTIR 用于纳米级污染物的化学组成鉴别

S. Gamage 等利用纳米级红外光谱成像技术，揭示如艾滋病病毒（HIV）、埃博拉病毒及流感病毒等包膜病毒（Enveloped Viruses）在入侵宿主细胞前进行的关键性结构变化。他们发现了一种抗病毒化合物，能有效地阻止流感病毒在低 pH 值暴露期间进入宿主细胞，低 pH 值环境是病毒引起感染的最佳条件。该方法提供了关于包膜病毒如何攻击宿主的重要细节，以及预防这些病毒攻击的可能方法[24]。

我国科研人员也利用纳米级红外光谱技术开展了相关的研究工作[25-28]。例如，唐福光等利用纳米 AFM-IR 对高抗冲聚丙烯共聚物材料个三种不同微区组分进行分析，这些信息有助于理解聚合反应动力学与颗粒生长机理和催化剂的优化设计。史云胜等通过 Nano-IR 分析发现石墨平台表面具有非常有序的碳六元环结构，并且吸附的水分子最少。而石墨平台微结构的边缘由于悬键及微加工等原因是吸附水分子最多的位置，石墨基底由于微加工的破坏已经不具有碳六元环结构。这些信息明确了所处环境对石墨平台微结构不同位置的影响，为指导微机电器件的制备与应用提供了信息。韦鹏练等应用 Nano-IR 技术研究了竹材纤维细胞壁的化学成分及其分布，观察到了木质素在细胞壁中具有团聚状的不均匀分布。

AFM 除了与 IR 联用以外，还可与其他光谱相结合，例如 AFM 与拉曼光谱仪联用的针尖增强拉曼散射（Tip-enhanced Raman Scattering，TERS）光谱技术，目前最佳的光学空间分辨率可达 0.5nm；AFM 与太赫兹（THz）光谱技术联用的散射式的近场太赫兹（Scattering-type Scanning Near-field THz Spectroscopy，S-SNTS）光谱技术；目前最佳的光学空间分辨率为 40nm。TERS、Nano-FTIR 与 S-SNTS 三种技术的基本原理类似，都是依赖于探测在金属化探针针尖尖端形成的、与针尖曲率半径大小相当的纳米级增强光源与待测分子之间的相互作用，来获得纳米级的光学空间分辨率[29,30]。

此外，如图 2-8 所示，同步辐射（Synchrotron）作为另一种新型的红外光源，具有光谱宽（$10 \sim 10000 cm^{-1}$）、亮度高（比传统 Globar 光源高 $2 \sim 3$ 个数量级）、小发散角等特性，特别是其高亮度的特性十分适合开展红外显微光谱成像研究，在小样品或小样品区域的表征方面具有传统 IR 无法比拟的优势。随着同步辐射红外显微光谱技术的发展，已经将研究的重点从组织层次的 IR 成像扩展到细胞层次的 IR 成像，并在近十年的研究中取得了可观的研究成果，在细胞的结构和功能研究中以及其他领域（文化遗产、考古学、地球和空间科学、化学和高分子科学等）不同材料的研究中都会逐步显示出独特的作用[31-34]。

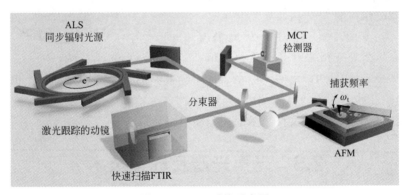

图 2-8　SINS 系统示意图

如图 2-9 所示，C. Y. Wu 等在 *Nature* 上发文，他们使用基于同步辐射红外纳米光谱（Synchrotron-radiation-based Infrared Nanospectroscopy，SINS），成功研究了结合在催化剂颗粒上的 N-杂环卡宾分子的化学转化，空间分辨率达 25nm。研究人员由此可以分辨具有不同活性的颗粒区域，结果表明，与颗粒顶部的平坦区域相比，包含低配位数金属原子的颗粒边缘的催化活性更高，能更有效催化结合在催化剂颗粒上的 N-杂环卡宾分子中化学活性基团的氧化和还原[35]。

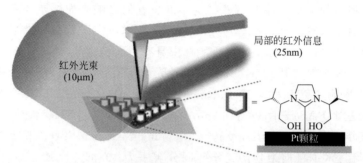

图 2-9　SINS 用于研究催化剂颗粒上的 *N*-杂环卡宾分子化学转化示意图

光热诱导亚微米红外成像技术采用 AFM-IR 光热技术的基本概念克服红外波长衍射极限的限制，具有亚微米级空间分辨率，空间分辨率可达 500nm，可获得亚微米尺度下样品表面微小区域的化学信息，如图 2-10 所示。该技术通过脉冲式中红外激光器照射样品表面，产生光热效应，被聚焦到样品上的可见光作为"探针"进行检测[36]。光热诱导亚微米红外成像技术可在反射模式下进行样品测试，无需制备薄片，适用于厚样品，提高了样品测试效率，可为聚合物、生命科学（骨头、细胞、头发等）、复合药物样品及微电子器件的有机缺陷和污染物等提供亚微米尺度的 IR 和成像检测[37,38]。

图 2-10　可实现亚微米级空间分辨率下的 IR 和成像示意图

2017 年美国 PSC 公司开发出商品化的 mIRage 光热诱导亚微米红外成像仪，填补了传统 IR 显微镜和 Nano-IR 之间的空白，该产品还可实现红外和拉曼分析的一体化，共同检测有机、无机组分，可大大拓展该技术的应用领域。

2.3　光声光谱及成像技术

光声光谱（Photoacoustic Spectroscopy，PAS）是一种典型的间接激光吸收光谱技术，也是痕量气体传感领域内十分重要的探测技术。当被调制的激光与气体分子相互作用时，光能会转化为热能，造成气体周期性伸缩，从而使得气体分子的信息会以声波的形式被检测到，光声信号的大小与气体吸光度成正比，满足线性关系。这种方法可以避免光背景的干扰，具有大幅提升气体检测灵敏度的潜力，且摆脱了对光电探测器的依赖，兼具结构简单、系统体积小等特点，此技术最明显的优势是光声信号与激光激发功率呈正比，因此可以通过增强激光的激发功率来提升传感器的灵敏度。近些年随着半导体激光器、光学参数振荡器和 QCL 等技术的不断发展，为 PAS 提供了性能优异的激励源，同时在声探测器和声谐振腔等技术方面也有较大的提升，使 PAS 技术得到较快发展[39-41]。

痕量级杂质气体，如烃类、H_2O、CO、CO_2、NO_x、N_2、H_2S 等，会对高纯氦、高纯氢、高纯氮、其他高纯气体、标准气体以及烯烃类气体的生产带来危害，损坏设备和影响生产质量，甚至对使用这些气体的设备带来致命威胁。芬兰 Gasera 公司基于 PAS 技术研发了系列商品化气体分析仪，其中 GASERA-F10 型痕量级多组分气体分析仪可分析 10^{-6} 微量级、10^{-9} 超微量级杂质气体，用于生产过程气体、温室气体、燃料电池（Fuel Cell）等领域。

基于光声效应的石英增强光声光谱（Quartz Enhanced Photo-acoustic Spectroscopy，QEPAS）技术自 2002 年被提出以来，在近十几年来发展十分迅速。石英音叉是由压电材料石英制成的四极振子，通常被用来作为时钟、手表以及电路中的频率基准，具有损耗低、体积小、成本低的优点。而且探测灵敏度高，一般可以达到 $10^{-9} \sim 10^{-12}$ 量级，能够满足痕量气体监测的要求。我国在 PAS 技术方面开展了深入的研究工作，例如中国科学院安徽光学精密仪器研究所刘锟等在小型化石英音叉光声光谱、多通道光声光谱、悬臂式薄膜光声光谱等光声光谱新技术研发方面做了不少的创新性研究工作。

哈尔滨工业大学马欲飞等采用高功率 DFB-QCL 构建了 QEPAS 传感器，该 QCL 输出波长为 $4.61\mu m$，输出功率高达 1W，可覆盖 CO 气体分子基频吸收带中的特征谱线。通过对激光波长调制深度和气体压强等参量的优化，可获得最小检测极限为 1.5×10^{-9}，具有 $200cm^{-1}$ 左右的宽调谐特性，还覆盖了 N_2O 分子的特征吸收谱线，因而还能对 N_2O 分子进行分析[42]。

马欲飞等在 QEPAS 技术方面还利用 3D 打印技术制造了一个体积为 $29mm \times 15mm \times 8mm$ 的声波探测模块，采用直径为 1.8mm 的光纤耦合输出的梯度折射率透镜(Grin 透镜)进行激光的聚焦，在整个传感器系统中，光纤、Grin 透镜、石英音叉、声耦合器都集成在 3D 打印的声波探测模块中，声波探测模块的质量仅为 5g[43]。我国在利用 PAS 技术在线监测变压器油中溶解气体、SF_6 气体绝缘设备中微量特征分解组分的检测等方面也做了大量工作，PAS 技术具有测量精度高、检测时间短、长期稳定性好、多种气体同时在线监测、显著减少维护成本等特点[44,45]。

生物组织对于紫外、近红外和中红外波段的光波均是强散射媒质，光波在其中传播的平均自由程仅约为 1mm，超出这个极限以后，光散射将干扰光波的传播路径，致使其无法有效聚焦。由于这一限制，光学成像方法通常只能应用于浅层成像，当成像深度超过 1mm 以后，光学成像的空间分辨率会严重下降，大约仅为成像深度的 1/3。因此，传统的光学成像方法难以实现对深层组织非浸入原位成像。声学检测方法可以有效地获取深层组织的高空间分辨率图像，因为在相同的传播距离下，声波的散射强度要比光波小 2～3 个数量级，故相比于光波，声波可以在生物组织尤其是软组织中低散射地较长距离传播。因此，在对深层组织进行成像时，声学方法可以获得较好的空间分辨率，分辨率约为成像深度的 1/200。

光声成像（Photoacoustic Imaging，PAI）是基于光声效应的一种复合成像技术，它有效地综合了声学方法对深层组织成像分辨率高的优点以及光学成像在获取组织化学分子信息方面的优势。当激光照射物质时，被照射区域及临近区域会吸收电磁波能量并将其转换为热能，进而由于热胀冷缩而产生应力或压力的变换，激发并传播声波，称为光声信号。其强度和相位不仅取决于光源，更取决于被照射物质的光吸收系数的空间分布，以及被照射物质的光学、热学、弹性等特性。PAI 正是通过检测光声效应产生的光声信号，从而反演成像区域内部物质的光学特性，重构出光照射区域内部的图像。通过选择合适的成像模式和选用不同频率的超声换能器，PAI 可以提供微米甚至纳米量级的空间分辨率，同时获得毫米到几十毫米量级的成像深度。PAI 技术十几年的发展显示了它能对生物组织内一定深度病灶组织的结构和生物化学信息高分辨率、高对比度成像，而其他技术则暂不具有这样的功能[46]。目前，PAI 技术已是生物组织无损检测领域里备受关注的研究方向之一，国际上众多研究学者将重心转移至这一研究方向。

PAI 有两种具体的实现方案：一种是光声断层成像（Photoacoustic Tomography，PAT），另一种是光声显微镜（Photoacoustic Microscopy，PAM）。PAT 系统使用非聚焦激光照射成像样品来产生光声信号，并利用非聚焦或线聚焦换能器接收光声信号，随后通过求解光声传播逆问题来重构光声图像。PAT 的图像重构依赖于特定的图像重构算法，其成像的空间分辨率和成像深度取决于超声换能器的工作频率。PAM 通常使用扫描的方式获得，而不需要复杂的重建算法。扫描的方式主要有两种：第一种是通过扫描一个聚焦的超声探测器以获取光声图像，这种方式被称为超声分辨率光声显微镜，它通过超声来进行定位，分辨率决定于超声换能器的带宽以及中心频率，分辨率能等达到 $15 \sim 100 \mu m$，由于利用超声进行定位，因此这种显微镜的成像深度能达到 30mm；第二种扫描方式是采用会聚的激光束进行扫描，通过这样的方式能达到光学分辨率的 PAI，它的分辨率取决于会聚激光束的衍射极限，因此它也被称为光学分辨率光声显微镜，由于这种方法通过光来定位，由于组织的散射的影响，它的穿透深度不如超声分辨率光声显微镜。

PAI 技术是一种新兴的、无损的光学技术与超声技术相结合的检测技术，无论是在理论研究还是在临床应用方面都将拥有广阔的前景。随着激光技术及超声探测技术的发展，PAI 在生物医学和材料科学等领域的应用越来越得到关注，并成功地解决以往传统光学方法难以解决的一些问题。近年来，不少科学家研究了生物大分子、酶类、细胞、微生物、器官与组织、血液的光声光谱图，通过对动物和人体组织及血液的研究，找出组织病理和疾病之间的内在联系，为恶性肿瘤、心血管疾病、微循环异常等疾病的成像诊断和治疗引导提供有价值的临床工具。

我国科研人员在这一领域做出了很大的贡献，例如华南师范大学生物光子学研究院邢达教授团队建立了基于二维扫描振镜的共焦光声显微成像系统，能够高分辨地成像多种癌细胞、黑素细胞、红细胞、神经细胞等，并建立起基于中空超声聚焦探测器的光声显微镜，实现了多尺度的光声显微成像。唐志列教授课题组建立了基于光声微腔的显微成像系统，获得了高分辨率的光声显微图像。中国科学院深圳先进技术研究院宋亮研究员课题组利用压缩感知技术提高了光声显微成像的成像速度，并通过改进光声显微成像系统的扫描装置实现了亚波长分辨率的PAI。华中科技大学骆清铭教授团队构建了基于反射式显微物镜的光声显微成像系统，改善了成像分辨率及成像深度[47]。

每种光谱成像技术都不能对生物组织做出完整的描述，由于PAI结合了组织纯光学成像和组织纯超声成像的优点，组织对超声的衰减和散射远小于组织对光的衰减和散射。用宽带超声探测器检测超声波代替光学成像中检测散射光子，再结合病变组织和正常组织的光学吸收差异，PAI可以产生高对比度、高分辨率的组织影像。因此，PAI是能提供组织成分和功能信息的新成像技术，它不仅灵敏，可以对较深层的组织进行实时、快速、安全的成像，而且可以利用光声光热造影剂实施非侵入的光热靶向治疗。因此，与PAI相结合的多模态分子成像是实现精准诊疗的重要技术途径。目前，多模态成像技术引导的诊疗一体化体系因其可以提供肿瘤在位置、尺寸、形状方面丰富的信息，从而可以指导有效治疗而引起人们的广泛关注[48]。

中国科学院苏州纳米技术与纳米仿生研究所张智军课题组与苏州大学陈华兵教授团队以及厦门大学任斌课题组等合作，构建了具有高粗糙度的 γ-Fe$_2$O$_3$@Au 纳米花结构，有效增强了肿瘤拉曼成像信号，并同时提高了磁共振和PAI效应，实现了高精度、高空间分辨率以及高灵敏度的磁共振（MR）/光声（PA）/表面增强拉曼散射（SERS）三模态协同成像：通过磁共振成像技术可以获得肿瘤的位置和轮廓的信息；通过PAI可以对肿瘤进行深层次的定位，同时获得解剖学的信息；通过高灵敏度SERS成像可以对肿瘤边界进行精确定位，从而指导肿瘤切除手术。在此基础上，研究人员进一步利用这种金磁复合纳米材料的近红外光热效应，实现了肿瘤的光热治疗（图 2-11）[49]。

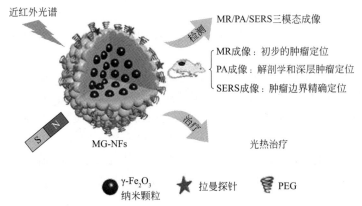

图 2-11　基于 γ-Fe$_2$O$_3$@Au 核壳型复合纳米结构的诊疗一体化纳米平台示意图

2.4 基于光学频率梳的红外光谱技术

与发射单一频率的传统激光器不同，光学频率梳（Optical Frequency Comb）是由一系列等频率间隔的、窄线宽的相干光波组成的一种新型光源。如图 2-12 所示，它在频谱上看起来就像是整齐排列的梳齿，故此得名。在过去的二十年中，光学频率梳已成为精确距离测量、光谱学和电信等应用的重要工具。

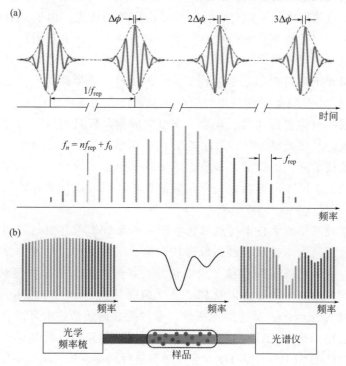

图 2-12　光学频率梳和以其为光源的光谱仪基本原理示意图

光谱谱线的间距相等，数量众多，光谱范围大，是进行光谱分析的天然精密"刻线"，而且每个"刻线"宽度都极其窄细，从而可以获得高分辨率的光谱。如图 2-13 和图 2-14 所示，根据测量原理的不同，光学频率梳光谱仪分为空间色散型和傅里叶变换型两种，其中单个光学频率梳组成的光谱仪通常采用光栅分光与光电探测器结合的空间色散型测量方法，使用的技术包括虚像共轭相位阵列、光学"游标卡尺"等技术，这类光谱仪能获得的最大分辨率可以到百兆赫兹量级[50,51]。

如图 2-15 所示，双光梳光谱仪（Dual Comb Spectrometer）的测量原理是采用两个重复频率稍有差异的光学频率梳作为干涉光源，取代了傅里叶光谱仪中的迈克耳逊干涉仪的机械动臂，通过异步光取样替代机械运动扫描可使干涉图不断地自动更新[52]。这一全静态设计，在极大地提高测量系统稳定性的同时，能将光谱分辨率直接提高到数千赫兹量级，比传统傅里叶光谱仪的分辨率（最高为几十兆赫兹）提高了 4 个数量级；与此同时，采样时间可以缩短到微秒量级，相当于实时采样，这比传统傅里叶光谱仪的采样时间（秒量级）也提高了 6 个数量级。如图所示，双光梳光谱仪在频域上类似于多外差光谱分析，可将光频与物质相互作用的信息转换到射频域上来直接检测，这可大幅降低对光谱信号检测的难度。

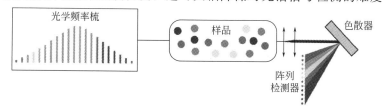

图 2-13 空间色散型的光学频率梳光谱仪光学示意图

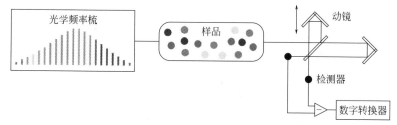

图 2-14 傅里叶变换型的光学频率梳光谱仪光学示意图

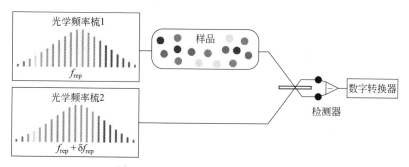

图 2-15 双光梳光谱仪光学示意图

H. Timmers 等通过在磷化镓晶体中产生脉冲内差频能在 $4 \sim 12 \mu m$ 范围中产生超倍频的光学频率梳，该方法得到的桌面光源的亮度能够达到红外同步辐射的水平，该相干光源已证明能够用于甲醇和乙醇蒸气的高精度双频梳光谱测量，有望能够适用于从基本分子光谱到纳米成像的各种红外分子传感应用[53]。目前，无移动部件的 QCL 频率梳可以做到几毫米的长度，可发出超过 $300cm^{-1}$ 间隔相等的频率线，跨越 $130cm^{-1}$ 的范围，在成本和耐久性方面具有较强的吸引力。QCL 频率梳光源为中红外光谱仪的小型化和全固态化开辟道路，例如可以将芯片放置在无人机上以测量空气污染物，贴在墙上的芯片可以搜索建筑物中的痕量爆炸物质，还可用于医疗设备，通过分析呼吸空气中的化学物质来检测疾病，半导体制造中对不纯气体的检测等。如图 2-16 所示，G. Ycas 等采用双光梳红外光谱通过开路方式测量了大气中丙酮和异丙醇的浓度，由于高分辨率的优势，该测量不受大气中水分和甲烷的干扰[54]。

目前，已有商品化的时间分辨快速双光梳红外光谱仪（IRsweep 公司的 IRis-F1 时间分辨快速双光梳红外光谱仪），它使用 QCL 频率梳作光源，能实现高达 $1\mu s$ 时间分辨的红外光谱快速测量，光谱分辨率为 $0.25\sim0.5\mathrm{cm}^{-1}$，光谱范围为 $1050\sim1700\mathrm{cm}^{-1}$。超快速红外光谱监测技术有望开启全新实时分析的可能性，例如可以实时观察蛋白质的折叠和构象变化，可以实时监测化学反应，理解并优化反应过程等。图 2-17 是采用双光梳红外光谱仪对胶黏剂固化过程以 25ms 为时间增量获取的光谱，可以看出，未固化时胶黏剂的特征吸收谱带为 $1613\mathrm{cm}^{-1}$，固化后的新谱带为 $1638\mathrm{cm}^{-1}$，通过光谱信息进行的固化过程动力学研究表明，这是一个时间常数为 370ms 的一级反应。清华大学李岩团队在频率梳用于中红外光谱、拉曼光谱及其成像等方面，做了不少创新性的研究工作。

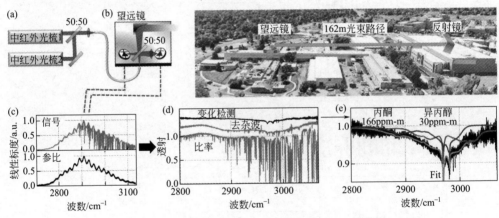

图 2-16　双光梳红外光谱仪用于大气中 VOC 的监测

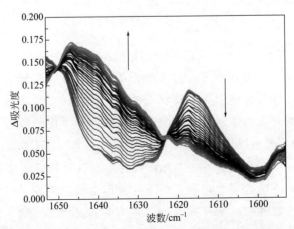

图 2-17　对胶黏剂固化过程以 25ms 为时间增量获取的光谱

（未固化时胶黏剂的特征吸收谱带为 $1613\mathrm{cm}^{-1}$，固化后的新谱带为 $1638\mathrm{cm}^{-1}$）

2.5　空间调制微型傅里叶变换光谱仪

在中红外光谱仪器中，傅里叶型仪器是主流产品，其具有分辨率高、信噪比高、测量速度快、光谱范围宽等优点，可以对气体、液体或固体样品光谱进行十分有效的分析和测量。但传统的用于实验室分析的傅里叶变换光谱仪体积、重量过大，而且对工作环境要求苛刻，较难进行实时在线测试和监控。自 21 世纪开始，国内外很多科研院所和仪器公司开始研发小型和微型傅里叶变换光谱仪，并有多款商品化仪器投入市场，获得了较好的应用效果。近些年，随着一些如医疗检测、空间探测、资源勘探、环境监控、气象监测等高新科学技术领域的出现和发展，由于其特殊的应用环境和使用需求，微型化、轻量化和稳定性强的傅里叶变换技术得到了广泛关注，并取得了较大进展。

先前微型的傅里叶变换仪器大多采用时间调制方式，系统需要一套高精度的动镜驱动系统，因含有运动部件，使得系统加工和装调都比较困难。近些年，空间调制微型傅里叶变换光谱仪结构中无运动部件，系统稳定性好，结构紧凑，因而得到研究者们的极大关注。为满足不同实际测量的要求，科学家们已经研究了多种结构和原理的空间调制微型傅里叶变换光谱仪，并已取得了较大的进展[55]。

驻波整合傅里叶变换光谱仪（Stationary-Wave Integrated Fourier-Transform Spectrometry，SWIFTS）是一种新型的空间调制型仪器。其原理是在单模波导中相向传播的光束形成干涉驻波，经由傅里叶变换提取光谱信息。驻波的探测是采用波导外的散射纳米探测器阵列来探测渐逝的边沿场，每个探测器获取极少光束，沿波导管长度方向就可提取干涉信号。2019 年，瑞士苏黎世联邦理工学院的 D. Pohl 等利用铌酸锂薄膜材料对 SWIFTS 系统进行了改进，可在 $10mm^2$ 的芯片上获取宽范围的光谱，这一成果发表在 2019 年的 *Nature Photonics* 上，这类光谱仪有望用于医疗检测、资源勘探、环境监控、气象监测等领域，此外还可用于天体光子学（Astrophotonics）等领域[56]。例如，有报道称，因这类仪器轻巧、稳定性好，未来火星探测器将考虑搭载 SWIFTS 微型光谱仪。

我国在空间调制微型傅里叶变换光谱仪研制方面也做了不少的工作。例如，中国科学院长春光学精密机械与物理研究所王洪亮等提出一种基于微光学元件的空间调制微型傅里叶变换红外光谱仪，通过引入红外微结构衍射光学元件、多级微反射镜和微透镜阵列，实现仪器的微型化[57]。

2.6　商品化的在线和便携中红外光谱仪

因光纤材料的限制，对于液体和浆状样品，传统的中红外光谱较少用于工业现场的在线过程分析。近几年，英国 Keit 公司开发出 IRmadillo™FTIR 在线分析仪（图 2-18），该分析仪不用光纤，采用 ATR 探头直接插入管道或装置中，波数范围为 800～4000cm⁻¹，固态干涉仪设计使分析仪具有较好的稳定性。结合化学计量学方法，该产品可用于石化、化工、制药、食品等领域。

美国 PAC 公司在原有的中红外光谱油品分析仪的基础上，采用 ATR 流通池替代透射池，开发出了用于车用燃料快速分析的便携式仪器（图 2-19）。内置 50 多个多元校正模型，波数范围为 500～4000cm⁻¹，分辨率为 2cm⁻¹，测量时间为 30s，所需样品量为 8mL，质量为 14.5kg，可车载用于汽油、柴油和航煤等几十种物质组成和物性的快速分析。

图 2-18　英国 Keit 公司开发的　　　图 2-19　美国 PAC 公司开发的
IRmadillo™ FTIR 在线分析仪　　　OptiFuel 中红外油品分析仪

如图 2-20 所示，西班牙 New Infrared Technologies 公司将线性渐变滤光片（Linear Variable Filter，LVF）与非制冷 PbSe 中波红外线性阵列检测器进行耦合开发了一款小型的红外光谱仪，波长范围为 3～4.5µm，分辨率为 60nm，每秒可获得 300 张光谱，整机没有可移动部件[58]。

图 2-20　西班牙 New Infrared Technologies 公司研制的非制冷中波红外线性阵列检测器

参 考 文 献

［1］赵越,张锦川,刘传威,等.中远红外量子级联激光器研究进展(特邀).红外与激光工程,2018,47(10):8-17.

［2］温中泉,陈刚,彭琛,等.基于量子级联激光器的红外光谱技术评述.光谱学与光谱分析,2013,33(4):
949-953.

［3］Isensee K, Kröger-Lui N, Petrich W. Biomedical applications of mid-infrared quantum cascade lasers—a review. The Analyst,2018,143(24):5888-5911.

［4］卢杰. 基于量子级联激光器中红外吸收检测系统的熔融与结晶行为研究[D].中国科学技术大学,2017.

［5］Keles H, Susanne F, Livingstone H,et al. Development of a robust and reusable microreactor employing laser based mid-IR chemical imaging for the automated quantification of reaction kinetics. Organic Process Research & Development,2017,21(11):1761-1768.

［6］Schwaighofer A, Montemurro M, Freitag S,et al. Beyond fourier transform infrared spectroscopy: external cavity quantum cascade laser-based mid-infrared transmission spectroscopy of proteins in the amide I and amide Ⅱ region. Analytical Chemistry,2018,90(11):7072-7079.

［7］Stone N. Moving Mid-IR Spectroscopy Forward in Medicine. Spectroscopy,2019,34(4):45-47.

［8］Wrobel T P, Bhargava R. Infrared spectroscopic imaging advances as an analytical technology for biomedical sciences. Analytical Chemistry,2018,90(3):1444-1463.

［9］Mittal S, Bhargava R. A comparison of mid-infrared spectral regions on accuracy of tissue classification. The Analyst,2019,144(8):2635-2642.

［10］Kuepper C, Kallenbach-Thieltges A, Juette H,et al. Quantum cascade laser-based infrared microscopy for label-free and automated cancer classification in tissue sections. Scientific Reports,2018,8(1):7717.

［11］Ewing A V, Kazarian S G. Infrared spectroscopy and spectroscopic imaging in forensic science. The Analyst,2017,142(2):257-272.

［12］周超,张磊,李劲松.基于单个量子级联激光器的大气多组分测量方法.物理学报,2017,66(9):173-181.

［13］蔺百杨,党敬民,郑传涛,等. 中红外量子级联激光气体检测系统. 光子学报,2018,47(4):0423001-1-0423001-8.

［14］丁俊雅,何天博,王洪亮,等.基于外腔式量子级联激光光谱的挥发性气体检测方法. 光学学报,2018,38(4):361-368.

［15］Michel A P M, Kapit J, Witinski M F,et al. Open-path spectroscopic methane detection using a broadband monolithic distributed feedback-quantum cascade laser array. Applied Optics,2017,56(11):E23-E29.

［16］Cernescu A, Szuwarzyński M, Kwolek U,et al. Label-free infrared spectroscopy and imaging of single phospholipid bilayers with nanoscale resolution. Analytical Chemistry,2018,90(17):10179-10186.

［17］Ebner A, Zimmerleiter R, Cobet C,et al. Sub-second quantum cascade laser based infrared spectroscopic ellipsometry. Optics Letters,2019,44(14):3426-3429.

［18］Kilgus J, Duswald K, Langer G,et al. Mid-infrared standoff spectroscopy using a supercontinuum laser with compact fabry - pérot filter spectrometers. Applied Spectroscopy,2018,72(4):634-642.

［19］Kilgus J, Langer G, Duswald K,et al. Diffraction limited mid-infrared reflectance microspectroscopy with a supercontinuum laser. Optics Express,2018,26(23):30644.

［20］Gamage S, Howard M, Makita H,et al. Probing structural changes in single enveloped virus particles using nano-infrared spectroscopic imaging. PLOS ONE,2018,13(6):e0199112.

［21］唐福光,鲍培特,苏朝晖.原子力-红外光谱方法研究高抗冲聚丙烯的微相结构及组成//2016 年两岸三地高分子液晶态与超分子有序结构学术研讨会(暨第十四届全国高分子液晶态与超分子有序结构学术论文

报告会)论文集——主题 c:高分子有序结构的构筑与表征,2016.

[22] 史云胜,刘秉琦,杨兴. 石墨平台微结构的纳米级红外光谱表征. 红外技术,2016,38(11):914-919.

[23] Xiao L, Schultz Z D. Spectroscopic imaging at the nanoscale: technologies and recent applications. Analytical Chemistry,2018,90(1):440-458.

[24] Dazzi A, Prater C B. AFM-IR: Technology and applications in nanoscale infrared spectroscopy and chemical imaging. Chemical Reviews,2017,117(7):5146-5173.

[25] Kenkel S, Mittal A, Mittal S,et al. Probe–sample interaction-independent atomic force microscopy–infrared spectroscopy: toward robust nanoscale compositional mapping. Analytical Chemistry, 2018, 90 (15):8845-8855.

[26] Huth F, Govyadinov A, Amarie S,et al. Nano-FTIR absorption spectroscopy of molecular fingerprints at 20 nm spatial resolution. Nano Letters,2017,12(8):3973-3978.

[27] 杨忠波,王化斌,彭晓昱,等. 基于扫描探针显微镜的近场超空间分辨指纹光谱技术研究现状. 红外与毫米波学报,2016,35(1):87-98.

[28] 韦鹏练,黄艳辉,刘嵘,等. 基于纳米红外技术的竹材细胞壁化学成分研究. 光谱学与光谱分析;2017,37(1):108-113.

[29] Kusch P, Azpiazu N M, Mueller N S,et al. Combined tip-enhanced raman spectroscopy and scattering-type scanning near-field optical microscopy. The Journal of Physical Chemistry C, 2018, 122 (28): 16274-16280

[30] Khatib O, Bechtel H A, Martin M C,et al. Far infrared synchrotron near-field nanoimaging and nanospectroscopy. ACS Photonics,2018,5(7):2773-2779.

[31] 赵玉晓,劳文文,王子逸,等. 癫痫大鼠海马神经元生化分子的同步辐射显微红外光谱成像研究. 光谱学与光谱分析,2019,39(2):128-132.

[32] Hoi-Ying N H, Hans A B, Zhao H,et al. Synchrotron IR spectromicroscopy: chemistry of living cells. Analytical. Chemistry, 2010,82(21):8757-8765.

[33] Zhong J J, Liu Y W, Ren J,et al. Understanding secondary structures of silk materials via micro- and nano-infrared spectroscopies. ACS Biomaterials Science and Engineering,2019,5(7):3161-3183.

[34] Ajaezi G C, Eisele M, Contu F, et al. Near-field infrared nanospectroscopy and super-resolution fluorescence microscopy enable complementary nanoscale analyses of lymphocyte nuclei. Analyst,2018, 143(24):5926-5934.

[35] Wu C Y, Wolf W J, Levartovsky Y, et al. High-spatial-resolution mapping of catalytic reactions on single particles. Nature,2017,541(7638):511-515.

[36] Zhang D, Li C, Zhang C,et al. Depth-resolved mid-infrared photothermal imaging of living cells and organisms with submicrometer spatial resolution. Science Advances,2016,2(9):e1600521.

[37] Cheng J X, Xie X S. Vibrational spectroscopic imaging of living systems: An emerging platform for biology and medicine. Science,2015,350(6264):aaa8870.

[38] Bai Y R, Zhang D L, Huang Y M,et al. Ultrafast Chemical Imaging by Widefield Photothermal Sensing of Infrared Absorption. Science. Advances,2019,5(7):7127.

[39] 马欲飞,佟瑶,何应,等. 石英增强光声光谱技术研究进展. 发光学报,2017,38(7):839-848.

[40] Hirschmann C B, Lehtinen J, Uotila J,et al. Sub-ppb detection of formaldehyde with cantilever enhanced photoacoustic spectroscopy using quantum cascade laser source. Applied Physics B, 2013, 111 (4): 603-610.

[41] 佟瑶,马欲飞. 基于石英增强光声光谱的痕量气体传感技术研究进展. 聊城大学学报(自然科学版),2019,32(2):34-41.

［42］Ma Y F，Lewicki R，Razeghi M，et al. QEPAS based ppb-level detection of CO and N$_2$O using a high power CW DFB-QCL. Optics Express，2018，21（1）：1008-1019.

［43］He Y，Ma Y F，Tong Y，et al. HCN ppt-level detection based on a QEPAS sensor with amplified laser and a miniaturized 3D-printed photoacoustic detection channel. Optics Express，2018，26（8）：9666-9675.

［44］曾毅，李志军，严新荣，等. 光声光谱技术在电厂变压器在线监测中的应用. 计算技术与自动化，2017，36（4）：60-63.

［45］陈珂，袁帅，宫振峰，等. 基于激光光声光谱超高灵敏度检测 SF$_6$ 分解组分 H$_2$S. 中国激光，2018，45（9）：138-144.

［46］李莉，谢文明，李晖. 光声光谱技术在现代生物医学领域的应用. 激光与光电子学进展，2012，49（10）：65-72.

［47］陈重江，杨思华，邢达. 光声显微成像技术研究进展及其应用. 中国激光，2018，45（3）：0307008.

［48］Shi W，Paproski R J，Shao P，et al. Multimodality Raman and photoacoustic imaging of surface-enhanced-Raman-scattering-targeted tumor cells. Journal of Biomedical Optics，2016，21（2）：020503.

［49］Huang J，Guo M，Ke H T，et al. Rational design and synthesis of γ-Fe$_2$O$_3$ @ Au magnetic gold nanoflowers for efficient cancer theranostics. Advanced Materials，2015，27（34）：5049-5056.

［50］李岩. 光频梳在精密测量中的应用. 仪器仪表学报，2017，38（8）：1841-1858.

［51］Picque N，Hansch T W. Frequency comb spectroscopy. Nature Photonics，2019，13（3）：146-157

［52］路桥，时雷，毛庆和. 双光梳光谱技术研究进展. 中国激光，2018，45（4）：1-22.

［53］Timmers H，Kowligy A，Lind A，et al. Molecular fingerprinting with bright，broadband infrared frequency combs. Optica，2018，5（6）：727-732.

［54］Ycas G，Giorgetta F R，Cossel K C，et al. Mid-infrared dual-comb spectroscopy of volatile organic compounds across long open-air paths. Optica，2019，6（2）：165-168.

［55］金伟华，吕金光，梁中翥，等. 微型傅里叶变换光谱仪的研究进展. 微处理机，2017（3）：52-59.

［56］Pohl D，Escale M R，Madi M，et al. An integrated broadband spectrometer on thin-film lithium niobate. Nature Photonics，2020，14（1）：1-6.

［57］王洪亮，吕金光，梁静秋，等. 中波红外微型静态傅里叶变换光谱仪的设计与分析. 物理学报，2018，67（6）：060702.

［58］Maldonado M，Barreiro P，Gutiérrez R，et al. Mid-infrared uncooled sensor for the identification of pure fuel，additives and adulterants in gasoline. Fuel Processing Technology，2018，171（1）：287-292.

第3章　拉曼光谱分析技术的新进展

在过去时间里，拉曼光谱在各个领域的应用之所以取得快速发展，除了其本身特有的杰出功能，例如可以获得许多其他测试方法难以获取的信息、无损和非接触检测、几乎无需试样制备和适用于各种物理状态的试样外，主要归功于适用于拉曼光谱的激光、探测器、数据处理技术以及光谱仪仪器本身的进展。仪器生产商将这些进展迅速地应用于拉曼光谱仪，从而生产出高性能、易于操作和适用于各种不同使用环境而价格又低廉的仪器。目前市场上有适用于不同使用要求的设备，从实验室高性能和多用途的研究型仪器，到用于工业生产线工艺参数控制和产品质量检测的专用而简易的装置。

"增长速度快"几乎是所有人对拉曼光谱市场共同的评价，Grand View Research 最新研究报告显示，2014 年，拉曼光谱市场价值超过 1.3 亿美元，显示出高潜力的增长，预计到 2022 年复合年增长率将超过 8.5%。同时，一份透明度市场研究（TMR）的有关全球过程光谱的市场研究报告显示，2012 年在全球过程光谱市场中，拉曼光谱占据了 17.1% 的市场份额，并预测拉曼光谱增长速度最快。其中特别强调，由于拉曼光谱无损的特点，在分析过程中对产品的化学结构不会产生影响，因此在制药、食品和农业等领域的应用越来越广泛，有望呈现指数增长。而在《光谱分析技术及仪器的现状和发展——从 BCEIA 30 年看光谱分析仪器发展》一书中也明确指出，拉曼光谱无疑是分子光谱类仪器中发展最快的一类仪器。

3.1　便携/手持拉曼光谱仪及应用

3.1.1　便携/手持拉曼光谱仪

3.1.1.1　便携/手持拉曼光谱仪新技术

在实际使用过程中，很多用户并不需要共聚焦的超高分辨率和灵敏度，便携式拉曼光谱仪即可完成绝大部分相关应用，高性价比对于用户有很强的吸引力。同时，便携式拉曼光谱仪的移动携带性能使得现场检测成为可能，使用方便和灵活性大幅提高。目前已经有非常多商品化的便携/手持拉曼光谱仪，这些产品具有接近共聚焦拉曼光谱仪的性能，很多便携/手持拉曼光谱仪比早期的实验室拉曼光谱仪性能更高。其主要技术进展有：

（1）**透射拉曼光谱仪** 对于药物分析，透射拉曼光谱（Transmission Raman Spectroscopy，TRS）的激光透过整颗片剂散射，拉曼信号由整颗片剂产生，在片剂另一端收集到的拉曼信号是所有组分的信号加和。传统拉曼光谱仪是从一侧收集样品的表面信息；TRS 是激光从一侧进入，另一侧搜集透射信号得到的信息，这就是 TRS 和传统拉曼光谱仪的区别之处。TRS100 仪器是安捷伦研制出来专门用于检测药物的仪器，可应用于主要成分含量均一性分析及无损定量分析片剂中的晶型等。如图 3-1 所示，QTRam 仪器也是以透射拉曼光谱仪为基础研发的拉曼光谱系统，它

图 3-1 用于药物成分含量均一性分析的 QTRam 仪器

能够穿透药物固体制剂收集拉曼"指纹"信息，可用于制药企业药物成分含量均一性的快速无损检测。

（2）**空间位移拉曼光谱** 传统的拉曼光谱分析常常受到限制，仅能分析接近样品表面的区域或分析透明包装内样品的次表层组分，而空间位移拉曼光谱（Spatially Offset Raman Spectroscopy，SORS）是一种新型分析技术，它可分析数毫米厚的样品，也可以对不透明包装内的材料进行化学分析。SORS 可以使用相对较低能量的激光，在分层扩散的散射系统中分离单个次层的拉曼光谱。在激发点样品表面上的空间位移区域收集拉曼光谱。在增加的空间位移处所观察到的拉曼光谱包括深层物质提供的相对贡献，这是光子在表面扩展的缘故。由于拉曼和荧光组分（同一层）具有相同的空间分布，因此 SORS 能够有效地消除来自表面层的荧光。不同位移处的拉曼光谱都有不同程度的表面和次表面的组分，可以通过简单的数值方法分离不同层之间的拉曼光谱。

SORS 最大的特点就是可以穿透深色、不透明的包装进行检测，不受包装材料荧光的影响。而传统的拉曼光谱技术只能穿透比较薄或是透明的包装来检测。如图 3-2 所示，基于 SORS 技术的 Cobalt RapID 拉曼光谱仪可以用在制药厂原料药现场身份鉴定，无需打开包装，可进行高通量验证和无菌样品测试，多层牛皮纸袋、不透明的蓝色塑料桶和白色塑料桶以及编织袋等均适用。相比取样测试，节省大量的时间和成本（100% 验证），检测分析变得方便快捷，在仓库几秒钟即可完成测试。基于 SORS 技术的 Resolve 手持式拉曼光谱仪可用于毒品、

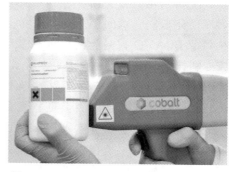

图 3-2 Cobalt RapID 空间位移拉曼光谱仪

爆炸物、危险品现场快检。

（3）**1064nm 激光器拉曼光谱仪**   1064nm 激光器拉曼光谱仪天生具备非常优越的抑制荧光能力，在测试毒品、药品、塑料、纺织品、生物样品、有颜色的物质（染料、颜料等）等样品时具有不可替代的优势。

i-Raman 是配备了激发波长为 1064nm 的专利激光器拉曼光谱仪，采用了高灵敏度的 InGaAs 阵列检测器、更低的 TE 制冷温度，从而获得更佳的信噪比和更高的动态范围，避免了自发荧光干扰，可以检测大量的生物样品。如图 3-3 所示，ATR3000-1064 激光器拉曼光谱仪配备了激发波长为 1064nm 的激光器和高消光比的拉曼滤光片组，并采用了高灵敏度的 InGaAs 阵列检测器、超低 TE 制冷温度，从而获得更佳的信噪比和更

波长1064nm

图 3-3   ATR3000-1064 激光器拉曼光谱仪

高的动态范围。由于 1064nm 的弱荧光特性，ATR3000-1064 激光器拉曼光谱仪避免了荧光干扰，适合检测大量的强荧光样品，例如染料、印油、石油类、生物样品等。

（4）**荧光干扰的消除**   荧光干扰和基线漂移一直是困扰用户和仪器厂商的关键问题。拉曼光和荧光都经由激发光激发产生，荧光强度通常比拉曼光高出若干数量级，有效、可靠地消除背景干扰，得到清晰、准确的拉曼谱图，是仪器研发和使用中关注的关键问题。ExR510 便携式拉曼光谱仪（图 3-4）采用多项专利技术：a.基于荧光褪色效应的差分法消除拉曼荧光背景；b.统一核函数的去卷积分辨率增强算法；c.子空间重合排列搜索方法，可实现对多组分混合物定性、定量分析，获得真实、有效的拉曼光谱信息。仪器的灵敏度（信噪比）、分辨率等主要性能技术指标进入国际领先行列，可应用于化学、化工、材料、环境、食品药品安全、生物生化、公安司法、公共安全等领域，有非常广阔的应用前景。布鲁克公司的 BRAVO 拉曼光谱仪具有多项独家专利技术，使其能适用于更多种类、更广范围的原材料鉴定。双激发波长 TM 专利技术使得其可以测量更宽光谱范围的拉曼光谱。这项技术可以确保仪器在 $300 \sim 3200 cm^{-1}$ 范围内进行超高灵敏度测量。因此，即便是非常微弱的拉曼信号也可以被检测出来，保证了原材

图 3-4   ExR510 便携式拉曼光谱仪

料鉴定的最高准确性。BRAVO 拉曼光谱仪采用了连续移频激发（SSETM）专利技术来消除荧光干扰。

（5）轨道光栅逐格扫描技术　逐格扫描技术的核心是激光束以圆周运动方式代替单点静态方式照射样品，从而获得的光谱信息是区域信息而非单点信息。采用逐格扫描技术获得的结果更可靠，尤其在分析不均匀样品时效果明显。

如图 3-5 所示，Mira M-3 手持式快速拉曼分析仪具有专利轨道光栅逐格扫描模式，在样品测试时不会将激光一直集中在样品局部一点上，避免样品燃烧，最大程度保护对热敏感的样品，提供高重复性的数据。

图 3-5　Mira M-3 手持式快速拉曼分析仪

3.1.1.2　国产便携/手持拉曼光谱仪

基于便携/手持拉曼光谱仪在中国的炙热程度，加上大量应用的涌现，可以预测未来需求不可估量，必将会引领便携式仪器市场发展。近两年，也可以看到国内几个数百台大单的采购，说明一些检测单位已经接受并实际应用拉曼光谱手段解决问题，并且得到良好的效果，所以随着技术的完善和进一步的提升，便携/手持拉曼光谱仪的需求量会成倍增长，并且在各行业大规模地应用，今后几年在中国必将掀起采购热潮。因而，国内拉曼光谱仪厂商也如雨后春笋，纷纭而出。

但是国产商业化的拉曼光谱仪在研发新技术上一直滞后于国外，如差分技术、红外与拉曼联用技术、TRS、SORS、超低波数技术、拉曼光摄技术、TERS 等国外的厂商在国内已经有产品在销售，而国内的厂商还处于对常规拉曼的研发和完善阶段。目前国产主要产品如表 3-1 所示。

表 3-1　国产便携/手持拉曼光谱仪简表

仪器	技术特点	应用领域
RT6000S 手持式物质识别仪	检测准确:能够准确给出被检测物质的具体名称和属性,并同时提供化学品安全说明书(MSDS)。检测速度快:5s 完成检测。强大检测能力:庞大化学品谱图库,数量上万种。环境适应性强:工作温度 -20~50℃。拍照取证:配备摄像头,可对被测物质拍照取证。定位功能:内置 GPS 模块,可准确定位使用地点。网络功能:可通过 WiFi 进行产品升级和传输检测结果	海关和公安等现场对精神类药物、易制毒化学品、危险液体、爆炸物、珠宝玉石、工业原料等物品进行快速识别

续表

仪器	技术特点	应用领域
新 RT5000 食品安全检测仪	利用拉曼光谱的"指纹"识别特性,结合表面增强拉曼光谱技术,具有自主知识产权的全自动前处理装置、线性定量模型以及混合物识别算法,专注于提供多目标物非特异性痕量筛查的食品安全整体解决方案	检测农药残留、非食用化学物质、易滥用食品添加剂、兽药残留、保健品非法添加、有毒有害物质等
FI-FO 系列便携式拉曼光谱仪	FI-FO 系列可选 785nm、830nm 和 1064nm 等多种激发波长,搭配低杂散光谱仪	食品药品安全、毒品检测、危险化学品检测、制药工程、制药过程、药品原辅料检测、珠宝鉴定、文物鉴定、物证鉴定等
便携手持式拉曼光谱仪 Finder Edge	强大的比对算法,现场对未知的固体和液体(包括水溶液和其他类型溶液)进行快速身份识别;嵌入式彩色触摸屏,遇到违禁物品时以不同的颜色预警;可扩展的数据库功能,用户根据实际需求可自行构建数据库;根据检测的需求,可对仪器的软件功能和硬件要求进行定制;可构建"云计算""大数据监管分析"平台	流行毒品检测、麻醉药品和其他精神活性物质检测、易燃易爆化学品检测、剧毒化学品管制精神药品检测、管制易制毒化学品检测、常混于毒品的化学物质检测、易制爆化学品检测
ExR510 便携式拉曼光谱仪	高质量谱图,多组分鉴别,一键式操作,分辨率高,信噪比好,荧光校正,强大的数据库,软件界面友好(专业版本和基础版本)	危险化学品检测、非食用化学物质检测、农药残留检测、药物分析、司法鉴定、食品添加剂检测、无机材料检测
ATR6600-1064nm 手持式拉曼光谱仪	1064nm 激发光,降低荧光干扰;无损、快速检测和识别,一键操作;精密的算法,对混合物进行检测;IP-67 级防尘防水淋工业防护	公安(可检测海洛因、芬太尼等)、高铁、地铁入口的危化物检测,制药业的原辅料鉴别,食品安全检测,宝石鉴定,物质识别
ATR3110-1064nm 便携式制冷拉曼光谱仪	采用特殊设计的长光程分光光谱仪,使得仪器的分辨率可以达到 $10\mathrm{cm}^{-1}$;传感器采用奥谱天成独有深度制冷技术,使得 InGaAs 传感器在 $-25℃$ 工作,暗电流降低至 2000counts,噪声降低到不到 40counts,大大提高了仪器的信噪比;高稳定性超窄线宽 1064nm 激光器,激光器工作在恒流、恒温状态,激光器的输出功率稳定性为达到 0.15%	生物科学、制药工程、法医分析、食品安全、宝石鉴定、环境科学
EVA3000-830 手持式拉曼光谱仪	一键采集,快速无损检测;激光功率可调;785nm、830nm 等多种激发光源可选;分辨率高,指纹特异性好;多种测量模式,快检模式和精检模式等;优化的自动混合分析算法;拥有多种光谱匹配识别算法;支持云端检索和云端数据管理	化学试剂检测、毒品检测、爆炸品及其他危险化学品检测、珠宝玉石鉴定、原辅料药鉴别等

3.1.2 便携/手持拉曼光谱仪的应用

坚固耐用仪器的持续发展和实现正不断对最终用户样品的实时及原位识别验证能力产生影响。便携/手持式拉曼光谱仪的应用领域不断扩大,使得这样的分析技术可以应用于多个领域,包括药物检测、食品安全、毒品检测和包装材料中废旧塑料快速识别等多个领域。

3.1.2.1　药物检测

拉曼光谱在制药的各个环节中都具有应用潜力，如：原料筛查；过程监控，包括反应、晶化、配药、干燥、混合等；晶型识别；有效成分和赋形剂的表征；包装材料鉴别等。

a. 原料筛查：新版《药品生产质量管理规范》（GMP）要求来料最小包装全检，使得来料鉴别工作量大大增加。便携拉曼光谱仪可以不开封，在现场透过包材测试。仓库收货对购入的每小包原辅料进行快速鉴别；投入生产前对投入生产的原辅料进行快速鉴定；灌装后对原辅料进行快速鉴定。b. 晶型识别：多晶型是药物中非常常见的重要现象，它直接影响到药物的生物利用度、药效、毒副作用、制剂工艺及稳定性等。晶型的控制是衡量药品质量和效果的一个重要标准。c. 包装材料鉴别。

赛默飞世尔 TruScan RM 分析仪是用于原辅料鉴别及成品检验的手持式拉曼光谱仪，专门用于在现场对物料进行快速鉴别，以降低取样成本并提高仓库周转率。必达泰克的 QTRam 可用于成品药的含量均一性测试；评价药品原料在混合过程中是否混合均匀；支持质量源于设计（QbD）在配方开发过程中原料药（API）和辅料的定量分析以及通过测试药物中 API 含量和成分来进行市场防伪检测。

药物辅料分析过程中荧光干扰严重，有效的去荧光分析必定带来更准确可靠的分析结果。对于晶型识别，分辨率越高，材料表征越精细。目前拉曼在药厂的应用都是以定性鉴别为主，未见定量分析。

3.1.2.2　食品安全

由于使用简单、灵敏度高，拉曼光谱仪对于食品安全等领域非常有帮助。比如三聚氰胺的中国国家标准检测方法是高效液相色谱（HPLC）法，而若采用表面增强拉曼光谱（SERS）后，样品制备简单，检测速度更快，成本更低，不管是芯片型还是溶胶型的 SERS，都是一次性产品，还能避免交叉污染。所以拉曼光谱可用于快速检测食品非法添加剂和有害成分。再比如水体污染事件（如数年前的松花江污染）中的待测物都是 10^{-6} 量级，SERS 可以在现场快速判定污染物并作出快速应急响应。如表 3-2 是目前主流拉曼光谱在食品中检测中的应用，包括检测项目、前处理过程、检出限、检测准确度、操作的难易程度、检测时间、试剂保质期、仪器分辨率、仪器信噪比的调研。

表 3-2　拉曼光谱在食品检测中的应用

项目	奥普天成	欧普图斯	赛默飞世尔
检测项目	食品非法添加有害成分、农药残留、兽药残留、保健品及化妆品中非法添加中检测对象共 48 种	非法添加物、农药残留、兽药残留、保健食品、有害包装材料	食品中非法添加物、保健品、农药和兽药残留中检测对象共 53 种

续表

项目	奥普天成	欧普图斯	赛默飞世尔
前处理过程	搭配专门用于表面增强拉曼检测的前处理设备，集成了超声提取、离心和挥发浓缩功能于一体，具有便携、自动、操作简单等特点，可满足表面增强拉曼在检测实际样品过程中对复杂体系的分离富集	样品提取→净化→表面增强→检测→人工/自动辨识→打印报表	样品提取→净化→表面增强→检测；PMP-580多功能前处理仪是专门用于表面增强拉曼检测的前处理设备，集成超声提取、离心和挥发浓缩三大功能于一体，可满足表面增强拉曼在检测实际样品过程中对复杂体系的分离富集，此款多功能前处理仪具有便携、自动、紧凑和操作简单的特点
检出限	10^{-6} 量级或 10^{-9} 量级	10^{-6} 量级或 10^{-9} 量级（孔雀石绿为 1×10^{-9}）	10^{-6} 量级或 10^{-9} 量级
检测准确度	粗检，若需准确测定，需用传统方法	兽药残留检测效果不如免疫法；定性检测；若需定量客户要自己做标准曲线	—
操作的难易程度	需要样品前处理	需要样品前处理	需要样品前处理
检测时间	一般≤20min	2～25min	≤15min
试剂保质期	≥12个月	6～8个月	密封状态存储期限>6个月
仪器分辨率	$6cm^{-1}$	$6cm^{-1}$	$7～10.5cm^{-1}$
仪器信噪比	>200∶1（乙腈 $918cm^{-1}$，10s,200mW）		

食品中应用依赖于 SERS 试剂，而目前 SERS 试剂国内只有几家公司出售，几乎所有厂家都是与这几家公司合作或购买。食品检测项目基本处于定性分析，定量分析结果都不理想。采用 SERS 试剂分析食品的检测结果受试剂影响大过仪器性能的影响。

3.1.2.3　毒品检测

毒品及易制毒品物质的分子相当复杂，其可产生特有的分子"指纹"，在某些情况下，非常相似的分子结构，可以产生非常相似的振动光谱。TacticID 手持拉曼光谱仪已广泛用于刑侦法医领域，可以直接通过自身数据库快速检索给出结果。TacticID 已拥有适用于各国毒品检测的上千种毒品数据库，数据库每年更新 1～2次，并支持用户自建库。如图 3-6 所示，TruNarc 毒品分析仪为手持式拉曼光谱分析系统，可在不接触样品的情况下快速识别毒品。该分析仪通过一次测试即可检测多种毒品及毒品前体。

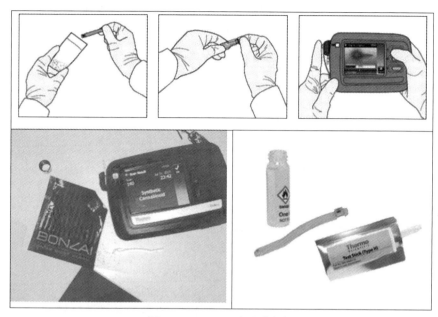

图 3-6　TruNarc 毒品分析仪

3.1.2.4　包装材料中废旧塑料快速识别

废旧塑料垃圾有时会被无良商家加工成食品包装袋、快餐盒、玩具等。在中国及很多国家都禁止将消费后的废旧塑料用作直接接触食品和药品的包装材料。现场快速鉴别包装材料中是否含有废旧塑料，一直是监管人员迫切需求的检验分析手段。ExR610 拉曼光谱仪，可以获得聚合物的基本性质（成分和结构）、聚合物链的微结构和形态（结晶度和取向度）等信息。ExR610 可以实现无损、快速鉴别材料中是否含有废旧塑料，简单、可靠、无需样品制备，是识别废旧塑料、掺假塑料的有力工具。

3.2　在线拉曼光谱仪及其应用

3.2.1　在线拉曼光谱仪

在线拉曼光谱是一种非常有效的过程分析技术，在国际与国内制药行业越来越受到重视，可最佳实现质量源于设计（QbD）目标。凯撒（Kaiser）公司的第一代拉曼光谱仪基于密西根大学的全息光学技术，自主研发光栅、激光器、Notch 滤光片（消除激光瑞利光）等，性能强、稳定性高、坚固耐用。全息透射光栅技术无需移动任何部件即可实现全谱直读、快速采谱；全息 Notch 滤光片提高对瑞利光消除的同时，并没有减弱拉曼散射信号的强度；激光器更是业内最稳定的，连续使用半个月（包含温度变化）几乎无漂移。1993 年，凯撒公司实现了具有里程碑意义的技术突破，成功研制出轴向分光的透射光谱仪——拉曼光谱仪的最核心部分，并荣获最佳光谱仪设计奖。这项技术不仅极大地提高了光通量，还增强了仪器的稳定性，同时实现多通道实时监测。高通量与稳定性设计有机结合，可实现在任何环境下对弱信号的测试。轴向分光透射光谱仪结合稳定的激光器以及自主研发的丰富的原位采样探头，使得凯撒公司的原位拉曼光谱仪更加适合实验室研究、分析以及过程控制等不同的研究需求与环境，并通过了 ISO 9001：2008 质量管理体系等标准认证。

3.2.2 在线拉曼光谱仪的应用

（1）化工领域　在化工以及石油化工领域，凯撒公司首先将拉曼光谱用于监测化学反应过程。例如，监测磷和氯持续反应生成三氯化磷的过程。由于中间产物以及最终产物的腐蚀性，用户倾向于使用在线监测技术，而拉曼光谱对这些物质都比较灵敏（<1%），故可通过拉曼光谱实时控制反应过程，避免生产损失，提高过程转化率，降低生产成本。

另外一个案例就是控制二氧化钛的生产过程。在线拉曼光谱控制取代离线的 X 射线晶体衍射后，取样速率提高一个数量级，实现更加有效的监控。并且避免了取样的繁琐工作以及可能的样品污染带来的监控误差，从而更加保证产品质量，确保案例用户全球多个工厂的正常运行。

（2）制药领域　在药物原料检测、药物研发的反应过程监测、晶型研究与筛选、制剂过程以及药片均一性分析等方面，凯撒公司均能提供完整的解决方案。

多通道过程监测技术可实时监测化学反应过程、结晶过程等，并自动分析反应（晶化）趋势和主要成分，定性与定量分析各种物质与晶型。例如寡核苷酸的氢化反应、格氏试剂的合成等。

PHAT 大面积固体原位监测探头（>6cm）可实现药片包衣过程、混合过程的实时监测，确定最佳包衣时间以及混合时间和混合频率。

结合 PHAT 大面积固体原位探头的拉曼显微工作平台，可实现代表性高通量晶型筛选与形态筛选，自动聚集、自动曝光、自动筛选样品。同时，也可实现高空间分辨率的微观化学成像，进行药物均一性分析。

如何在保持功能更加强大的同时，又能使仪器坚固耐用、操作简便，一直是过程拉曼光谱仪研发中面临的一大挑战。另外，定量模型的建立亦是非常重要的。例如，偏最小二乘法（PLS）和主成分分析（PCA）是制药以及生物加工等领域常用的分析模型。模型的通用性、有效性、适用性是模型建立需要着重考虑的因素。

3.3　拉曼光谱新技术及应用

在高端产品方面，拉曼光谱仪慢慢走向成熟，同时在超低波数拉曼光谱、透射拉曼光谱、针尖增强拉曼光谱（Tip-enhanced Raman spectroscopy，TERS）、SORS、拉曼成像、拉曼光谱联用等方面取得了系列进展，使科学家在新材料（如低维纳米材料）、药物 API 分析、化妆品、生命科学领域的研究中获得前所未有的信息，同时也推动了拉曼光谱技术在这些领域中的应用。

3.3.1　短波长手性拉曼光谱仪

手性是自然界的基本属性之一，在生命科学、药物合成及不对称催化等领域具有重要意义。2018 年，中国科学院大连化学物理研究所李灿院士、冯兆池研究员主持完成的"电场、磁场调制的短波长手性拉曼光谱仪研制"专项，通过国家重大科研仪器设备研制专项项目结题验收，该项目成功研制出国际上第一台以457nm 激光为激发光源的短波长手性拉曼光谱仪（图 3-7）[1]。手性拉曼光谱是手性分子结构表征的一种新的谱学方法，该方法不需要样品结晶，可直接对溶液中的手性样品进行绝对构型的鉴定，因而受到学术界和工业界的高度关注。然而，手性拉曼光谱的本征信号非常弱，比常规光谱技术信号弱 3～7 个数量级，因此在实验中检测手性拉曼信号极具挑战。研究团队采用适合于手性拉曼光谱的 457nm 激光作为光源，与国内外相关光谱仪器公司合作，研制出世界上首台短波长手性拉曼光谱仪，同时填补了我

图 3-7　大连化物所研制的短波长手性拉曼光谱仪

国手性拉曼光谱技术的空白。据了解，该光谱仪目前已经取得了 200 余万元的订单，预计将在手性分子鉴定、新药合成和鉴定、不对称催化和生物大分子研究领域发挥重要作用。

3.3.2　深海探测的紫外激光拉曼光谱仪

2017 年，由中国科学院大连化学物理研究所李灿院士负责研发的 7000m 级深海原位探测紫外激光拉曼光谱仪在马里亚纳海沟成功通过 7000m 海试验证。如图3-8 所示，该光谱仪是国际上首次进行深海探测的紫外激光拉曼光谱仪，也创造了拉曼光谱仪最高深海探测记录（7449m）。该仪器的成功研发提升了我国在深海矿藏、能源资源（天然气水合物）、碳循环与气候变化以及深海生物信息方面的探测能力。通过"发现"号无人潜水器携带的深海激光拉曼光谱探针，科考团队还在我国南海约 1100m 的深海海底探测到两个站点存在裸露在海底的可燃冰，经拉曼光谱探针现场探测，证实其为标准的 I 型水合物[2]。

图 3-8　7000m 级深海原位探测紫外激光拉曼光谱仪

3.3.3　共聚焦拉曼光谱仪

拉曼效应的致命弱点是拉曼截面积较小，信号强度较弱。在拉曼光谱学的历史上，已经尝试了许多方法来克服该缺点，如商业激光器的发明和发展、电荷耦合器件（CCD 检测器）以及干涉滤光片等。为了能更好地利用入射光照在样品分子上的能量，有学者研究了共振拉曼调节（RRS）研究能量的能力。由于半导体纳米线中的电子能带结构和电子-声子相互作用，在共振或正常拉曼光谱中，物质的强度与入射光的强度呈线性关系，与分光束的波长和极化率张量的平方成正比。当激光线具有与允许电子跃迁相似能量时，其拉曼信号可放大约 10^5 倍。这就是共振拉曼效应的特征[3]。共聚焦拉曼光谱仪可以实现亚微米级的化学成分分析，实际空间分辨率一般为 $1\mu m$ 左右。2018 年，D. Schymanski 等通过 μ-拉曼光谱对瓶装水中微塑料的分布进行了分析，得到了如图 3-9 所示的结果。尽管拉曼光谱可以实现较低的空间分辨率分析，但由于拉曼信号较弱，加上背景荧光较强，所以应用范围受到限制[4]。

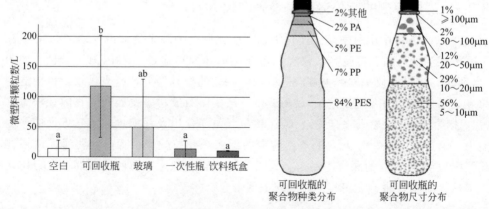

图 3-9　D. Schymanski 等通过 μ-拉曼光谱分析瓶装水中微塑料的分布

3.3.4　拉曼成像

拉曼成像是新一代快速、高精度、面扫描激光拉曼技术[5]，它将共聚焦显微镜技术与激光拉曼光谱技术完美结合，作为第三代拉曼技术，拉曼成像上的每一个像元，都对应于一条完整的拉曼光谱，数百、数千甚至数百万条光谱综合在一起，就产生了一幅反映材料成分和结构的伪彩图像。

与拉曼光谱相反，拉曼光谱提供离散的化学物质样品内不同位置的信息，而拉曼成像提供的是化学信息与空间信息。首先通过激光点扫描以预设步长调查样本区域并采集拉曼光谱成像。该图像包括高度精确的结构和化学信息，可实现将细胞隔室，细胞对药物的反应以及细胞周期的不同阶段干细胞到完全分化的细胞成功区分。因此，拉曼成像还可对体检患者快速高效地识别出健康细胞和癌细胞，拉曼检测代替传统癌症检测工具有巨大潜力。拉曼成像在植物细胞和微生物上应用广泛[6]。拉曼成像作为一种具有高化学特性的无创技术，已成功用于细胞和亚细胞水平的研究，还可用于组织的无标签和无创检查，并有潜力成为生物和生物医学领域的领先方法应用程序。人们越来越希望对化学物质有更全面的了解，从而了解各种植物组织的组成。有学者使用带有 633nm 激光波长的拉曼光谱仪，对有 55 岁高龄的黑云杉木材中的细胞壁分布作拉曼成像，确定其中的纤维素和木质素等成分的分布和组成等信息。同时，使用拉曼成像对植物和藻类中的类胡萝卜素成像，从而确定植物和其他光合生物中的共轭双键，为植物和藻类的光损伤提供一定的指导意义。

3.3.5　针尖增强拉曼光谱

TERS 作为由 SERS 和扫描探针显微镜（Scanning Probe Microscope，SPM）联用的新型拉曼增强技术，可提高亚纳米空间的分辨率，且具有独特的选择定律[7]。在 TERS 中，较尖锐的金属尖端或金属纳米粒子在探针的末端周围产生局部电场增强，从而可使具有拉曼活性的分子增强拉曼信号[8]。表面物理国家重点实验室的盛少祥等[9] 学者研究了硅烯的原位局域振动性质，发现硅烯的 TERS 光谱表现出随针尖和样品间距离的指数衰减关系，并且 TERS 对于硅烯的振动模式具有很强的选择性。TERS 光谱成像更具优势，它可以大范围扫描样品并生成完整的化学图像以做化学结构分析。TERS 可用于碳纳米管的结构缺陷分析[10]；也可用于生物学单个分子的分析，如在单个的线粒体中检测一种具有蛋白质结构的细胞色素 C[11]，研究红细胞被疟疾感染的血红素晶体[12]。

3.3.6　表面增强拉曼光谱

当分子吸附在粗糙的金属表面时，其信号发生显著增强，这种现象称为表面增强拉曼散射（SERS）[13]。SERS 作为一种新兴的分子"指纹"光谱分析技术，因其高度的灵敏性、高选择性以及无损检测和重复性高等优点，在生物医药、食品安全检测、环境检测、古物修复检测等领域有显著的应用前景而受到广泛的关注[14]。

3.3.6.1　表面增强拉曼光谱的器件

在 SERS 方面，中国科学院深圳先进技术研究院李鹏辉、喻学锋、罗茜等合作，开发出一种磁性可移动拉曼增强检测芯片，实现了多种环境污染物的高灵敏度快速检测。课题组成员唐思莹等利用表面增强技术，制备了一种磁性可移动的 SERS 芯片，并实现了孔雀石绿、福美双、敌草快、多环芳烃等农药和环境污染物分子的高灵敏度检测。这种 SERS 芯片一方面由于高度有序排列的金纳米棒形成等离子体超晶格结构，使其具有高灵敏度和高探测极限的优异 SERS 性能，检测极限可低至纳摩尔级[15]；另一方面由于它具有磁性，能从复杂分析物中快速分离，适用于环境污染物的实地快速分析检测，拓宽了 SERS 芯片在环境监测中的应用范畴。

中国科学院合肥物质科学研究院智能机械研究所研究员杨良保等利用自发的毛细力捕获纳米颗粒，构筑了由单根银纳米线和单个金纳米颗粒组成的单热点放大器，实现了 SERS 高稳定和超灵敏检测。SERS 热点一直受方法繁琐、不均一等问题困扰，如何简单构筑均一、可靠的 SERS 热点是人们一直追求的目标。基于此目标，杨良保等利用毛细力构筑了由纳米线和纳米颗粒组成的点线单热点放大器。纳米颗粒在毛细力作用范围内，被捕获到纳米线表面，因此耦合的纳米线和纳米颗粒产生了巨大的电磁场增强；其次，纳米颗粒与纳米线耦合形成的孔道可通过毛细力自发捕获待测物进入热点，进而放大热点区域待测物的拉曼信号。实验和理论结果均表明：利用毛细力构筑的单热点结构能够放大待测物信号，且毛细力捕获的颗粒位置差异对电磁场分布影响较小。该项研究工作利用毛细力构筑单热点放大器，不仅避免了颗粒团聚造成的 SERS 热点不均一难题，也解决了使用巯基聚合物等对基底组装引起的信号干扰问题。

3.3.6.2　表面增强拉曼光谱的应用

随着 SERS 技术的不断发展，人们逐渐不再将研究重点放在增强机理的研究上，而将研究的注意力转移到了实际应用上。SERS 作为一种高灵敏度、高选择性的分子光谱指痕鉴定方法，已经在食品农药残留、生命物质、环境污染物分析等领域获得了广泛的应用，取得了丰硕的研究成果。

（1）SERS 在农药残留检测上的应用　张丹[16]研究了氨基酸的 SERS，分别采用氧化还原法制备银溶胶和硝酸刻蚀法的银片作为增强基底，系统分析了三种氨基酸（L-组氨酸、L-色氨酸和 L-苯丙氨酸）在两种基底下的 SERS，并且讨论了在不同频率的光源、不同 pH 值、不同浓度和卤离子对这 3 种氨基酸表面增强效应的影响。经研究发现，在一定的浓度范围内，随着浓度的增大，SERS 的强度呈现出先增大后平缓减小的趋势，当浓度为 1×10^{-3} mol/L 时可获得最大 SERS 强度；L-苯丙氨酸在 pH 值为 8、L-色氨酸和 L-组氨酸在 pH 值为 6 时分别获得最强表面增强效应；此外，还发现卤离子有抑制这 3 种氨基酸表面增强效应的作用，I^- 的抑制效果最强，Br^- 次之，Cl^- 最弱。

唐慧荣[17]采用银溶胶作为基底，采集了三环唑、氟硅唑和百草枯 3 种农药标准溶液的 SERS 谱图，最低检测浓度分别低至 0.01mg/L、2.85mg/L 和 0.1mg/L，并且在 3 种农药混合后，在最低检测浓度下依然可以辨别它们的特征峰。此外，用吡啶作为内标化合物，对稻谷中的三环唑进行定量分析，很好地消除了银溶胶的不稳定性对实验结果的不利影响，在银溶胶最佳增强效果（放置 6 天后）下，该方法的最低检测浓度达到了 0.002mg/L，与 HPLC 的检测结果比较，发现误差在 $0.0008 \sim 0.0304$ mg/kg 之间，效果较为理想。叶冰[18]采用 SERS 技术，并结合银溶胶基底和 Klarite 增强芯片检测脐橙中的毒死蜱、乐果和亚胺硫磷 3 种农药的残留情况，采用不同的光谱预处理方法对结果进行优化，取得了良好的效果，但同时也存在着没有进行化学前处理、检测限偏高和检测时间偏长的缺陷。

万常澜[19]以毒死蜱、乐果和亚胺硫磷 3 种农药为检测对象，分别采用金、银、铝、铜 4 种不同的基底对以上 3 种农药进行检测，对比分析了光谱预处理方法并对建模波段进行了筛选，取得了良好效果。但存在没有进行化学前处理、实验过程繁琐等缺陷。李俊杰等[20]采用 SERS 对噻菌灵标准溶液和脐橙果肉中的噻菌灵农药进行检测研究，标准溶液的 SERS 谱图中，$1010cm^{-1}$ 处的峰强与浓度的线性关系良好，线性方程为 $y = 813.6x + 16268$，相关系数 $R^2 = 0.9904$。王晓彬等[21]采用 SERS 技术对脐橙果肉中三唑磷农药残留进行定性、定量分析，采用内标法，建立了脐橙果肉中三唑磷农药残留的定量分析模型，发现在一定的浓度范围内（$0.5 \sim 20$mg/L）有着良好的线性关系，通过添加回收率验证该方法准确可靠。

目前，采用 SERS 技术检测农药的研究有很多。但是，以农药溶液的检测为主，对于果蔬样品中农药残留的检测大多数需要样品前处理。Fan 等[22]采用 SERS 方法检测苹果中亚胺硫磷的含量，需要对样品打碎并作浓缩处理。Wijaya[23]等在检测苹果表面的啶虫脒农药时，需要擦拭样品表面，然后通过旋涡振荡等手段将农药溶解于溶液中，再进行 SERS 检测。利用 SERS 方法检测小白菜、韭菜等多种蔬菜中甲胺磷农药含量，也需要将蔬菜打碎后提取农药。目前，少有对果蔬样品不进行前处理，将纳米粒子直接滴涂于样品表面，进行 SERS 原位定量分析的研究报道。

中国农业大学翟晨[24]等利用 SERS 技术，建立了一种用于菠菜中毒死蜱农药残留的非破坏、快速检测方法。采用在碱性环境下盐酸羟胺还原法制备的银溶胶作为表面增强剂滴涂于菠菜样品表面后，再用实验室自行搭建的拉曼系统直接采集样品的拉曼信息，该方法无需对样品进行前处理，可以实现菠菜中毒死蜱含量的实时在线定量分析。毒死蜱浓度呈良好的线性关系，其校正集和验证集相关系数 R_C 和 R_P 分别为

0.961 和 0.954。该方法对毒死蜱的最低检出含量为 0.05mg/kg，低于国家标准规定的农药残留最大限量，实现了果蔬的农药残留快速、定量检测。

广东工业大学姬文晋等[25]制备了银溶胶作为表面增强活性基底，以此为基础详细研究了促凝剂氯化钠的加入对增强效果的影响，检测双酚 A（BPA）乙醇溶液的下限达到 10^{-7} g/mL。此方法操作简便快捷，无需对样品进行预处理，在 BPA 的快速检测方面具有很大的应用潜力。

（2）**SERS 在环境检测上的应用** SERS 技术作为一种分子光谱技术，还可以应用在环境监测方面，检测污染以评估水中的添加剂。Sophie Patze 等发现磺胺甲基异噁唑主要存在于饮用水和地表中，而这种物质会造成人体的过敏反应和地表水中，严重威胁人类的健康状况。可用 SERS 技术将此物质检测到 2.2×10^{-9} mol/L。Y. Zeng 等用 SERS 技术检测被有机污染的水中的重金属离子。

3.3.7 X 射线荧光-拉曼一体化检测仪

随着国际贸易快速发展，通关货品种类和数量激增，通关检测任务繁重，实验室送检分析速度已经不能满足进出口贸易的需求。同时，现有的快速检测仪器大部分存在着检测参数单一、检测灵敏度较低的问题，难以满足新形势下的需求。面对此需求，为了弥补现有口岸现场检测技术的不足、提升通关效率，钢研纳克检测技术有限公司牵头的项目组以"跨境货品多参量无损检测仪的研制与应用"申报了国家重大科学仪器设备开发专项 2017 年度项目，并获得了支持。

项目拟研发跨境货品多参量无损检测仪，研制基于单波长全聚焦 X 射线荧光（XRF）和双波长瞬态差分拉曼光谱复合的跨境货品多参量无损检测仪，实现分子结构和元素的同步识别与联检，用于跨境大宗、贵重货品的防伪侦检和有害物质的现场快速无损检测，实现了工程化和产业化。其中，通过单波长全聚焦弯晶 XRF 技术以提高低含量轻元素的检出限；以双波长瞬态差分拉曼技术克服复杂基质荧光背景干扰、准确提取拉曼弱信号；研发 XRF 和拉曼同位聚焦一体化复合技术，并消除所产生的信号干扰；建立跨境货品多参量现场快速、准确、高灵敏度的检测方法。

2019 年 8 月，项目进行了中期检查。通过认真评议，专家组给予该项目中期检查结果等级为"超额完成"。

3.3.8 基于拉曼/离子迁移谱技术的易制毒化学品核查仪

由公安部第一研究所承担，中科软科技股份有限公司参与的"十二五"国家科技支撑计划"查缉、管控毒品违法犯罪核心技术与装备研究"项目"易制毒化学品运输管控检验技术与装备研究"课题于 2017 年 2 月顺利通过验收。课题研制的基于拉曼光谱技术研发的易制毒化学品核查仪及基于陶瓷材料一体化双模式漂移管的离子迁移谱易制毒化学品检测仪通过验收。融合了自主开发的现场拉曼光谱/离子迁移谱分析检测技术、隐形矩阵复合码防伪技术和信息管理平台技术，实现了易制毒化学品人、车、物、证全方位的精准管控与轨迹溯源，创新了易制毒化学品管控综合管理模式。课题成果已转化为产品，在国内外获得推广应用，为打击毒品、易制毒化学品违法犯罪发挥了重要作用。

3.3.9　便携式薄层色谱-拉曼光谱联用仪

2017 年 8 月 31 日，由上海科哲生化科技有限公司、第二军医大学、上海仪电分析仪器有限公司、上海交通大学、上海市食品药品检验所、山东省食品药品检验研究院等多家单位参加的国家重大科学仪器设备开发专项"便携式薄层色谱-拉曼光谱联用仪及其药品快检支撑系统"项目，获得以庄松林院士为首的科技部仪器领域专家的一致好评，通过了组织单位的技术验收。

该项目研制的薄层色谱-拉曼光谱联用仪，是世界范围内首次将薄层色谱与拉曼光谱技术相结合的创新型仪器。上海科哲生化科技有限公司在项目中承担薄层色谱仪部分的研发与产业化工作，该仪器将原本只能由多台单功能仪器配合实现的薄层色谱实验多步流程整合到一台仪器上实现，在整体空间内实现薄层色谱自动进样、自动点样、成像定位和自动点胶功能，并可使用拉曼检测器进行多形式拉曼光谱扫描。该仪器使原本只能分析单纯化学药物的拉曼光谱仪分析范围拓展到中药与化药复方制剂领域，开创了薄层色谱-拉曼光谱联用技术的新纪元。薄层色谱-拉曼光谱联用仪在定位精度、稳定性、重现性等方面均能满足使用需求，与进口设备搭建平台相比，自动化一体化的仪器、智能化的操作界面使得操作更加方便，极大降低操作者的工作强度。该仪器具有检测通量高、检测成本低的特点，可在基层检测单位推广使用，并将在药品安全与食品安全领域发挥重要作用。

3.4　化学计量学与拉曼光谱

一般来说，常用的光谱（包括紫外可见光谱、红外光谱、近红外光谱、拉曼光谱等）包含了化学物质的结构与特征信息。不同的化学物质一般都有不同的光谱，适用于以多变量分析为基础的化学计量学。

但是，拉曼信号激发的同时也会激发荧光，而荧光强度通常高于拉曼信号强度若干数量级，对拉曼光谱的定性及定量造成很大干扰，如何消除荧光干扰一直是困扰拉曼光谱应用的关键问题。

3.4.1　光谱预处理

（1）平滑去噪　拉曼光谱中存在的噪声主要来源是散粒噪声、荧光背景、闪烁噪声、暗电流和热噪声。光子散粒噪声是检测器在收集光子时出现的统计误差，因此，信噪比（S/N）可以通过增加积分时间来提高。基于噪声多表现为高频，而信号多为低频的事实，平滑经常被用于拉曼光谱的降噪。其中一种方法就是傅里叶滤波，但通过这个方法去除噪声经常会引起拉曼光谱的失真。S-G 滤波是一种常见的平滑方法，S-G 滤波基于移动窗口的局部多项式拟合。随着移动窗口的增加，一些拉曼谱带可能会消失，因此，选择合适的移动窗口数是非常重要的。其他平滑方法还有局部加权散点图平滑和小波滤波，该方法使用离散小波变换分解，以通过将噪声在空间和频率定位，一旦分离，就可以设置为零，并且使用小波逆变换重建数据。上述所有的方法，参数必须仔细选择，以避免平滑过程中被淘汰的是重要拉曼谱带。（上述方法均为常见算法，关于具体计算此处不再赘述。）

（2）**荧光消除**　拉曼光和荧光都由激发光激发产生，荧光强度通常比拉曼光高出若干数量级，而且激发波长越短，荧光强度越大。为了避免荧光干扰，往往推荐采用波长更长的激发光，如 785nm 或者 1064nm 的激光。受到造价和元器件性能约束，785nm 是目前拉曼光谱主要选择的激发波长，尽管如此，荧光干扰问题仍然普遍存在。另一方面，长波长激发又带来其他问题，诸如拉曼激发效率低、热效应导致损坏样品等。

对于拉曼光谱的荧光及基线问题，在数据处理上，主要通过峰谷连线，或者小波等手段进行高通滤波，拟合出基线，实现直观的扣减，满足"视觉"要求。这种扣减并非机理或实质上的解释，因而难以保证数据处理的真实性与合理性。处理荧光的另一类方法是调整激发波长形成拉曼光和荧光的差异，拉曼光随激发光迁移，而微小的激发波长调整不会导致荧光显著变化，通过双波长或多波长激发，区分出荧光和拉曼光，并加以消除，这类方法提出了对设备硬件的附加要求，增加了复杂性，提高了设备造价。

从使用者的角度，有经验的用户往往会通过增长照射时间来降低荧光强度，利用物质的"荧光褪色效应"，实质是荧光的不完全猝灭，随照射时间增长荧光强度出现不同程度下降，经过数秒至小时级的照射，有可能使得荧光降到很低程度。但并不是所有体系的荧光都会降至可接受的程度，另外也延长了测量时间，还存在强光下体系变质的风险。

既然大多数体系存在不同程度的"荧光褪色效应"，如果这种"褪色"均匀可测，就能够通过追溯并累积出光谱响应信号中荧光所占总量，实现拉曼光和荧光的分离，达到消除干扰的目的。以盐酸二甲双胍片的拉曼测量为例，如图 3-10 所示，对盐酸二甲双胍片持续照射 100s，每 10s 记录一次拉曼测量系列信号（仪器型号 HF-ExR610，激发波长 532nm，积分时间 1s，CCD 像素数 3648），由图可见基线下降随时间变化逐渐缓慢，长时间照射后，并未实现基线平直。图 3-11 所含系列数据构成 3648×10 矩阵，沿矩阵列（照射时间）方向求取差分，绘于图 3-11，可以看出一致轮廓，但其中包含了大量噪声。也就是说，光谱"褪色"均匀可测，不同时刻下的褪色强度仅是光照时间的函数，如果函数能从微元累加得到，那么，就可以从整体光响应测量中消除荧光影响，得到该时刻实际的拉曼响应。

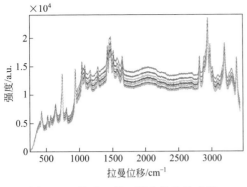

图 3-10 盐酸二甲双胍片的拉曼光谱

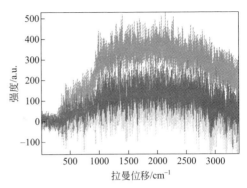

图 3-11 包含噪声的拉曼光谱

基于此现象，提出荧光褪色差分法（FBDA），对微小时刻内的测量光谱求取差分，高频滤波降噪，获得体系的荧光强度差分，然后再经过逆差分得到整体荧光响应，从受影响光谱内扣除荧光响应，达到消除荧光背景干扰的目的。

如图 3-12～图 3-17 为采用荧光褪色差分法对不同样品的拉曼光谱处理效果。FDBA 校正方法的优势在于不需要改造设备，利用荧光强度随时间改变这一特性，得到更满足机理解释的校正结果。与目前常用的基线校正方法相比，技术原理更清晰，测量结果更真实，操作更便捷，合理真实地解决了荧光干扰问题。

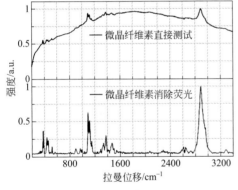

图 3-12 微晶纤维素拉曼光谱图
（激发波长为 532nm；积分时间为 12s）

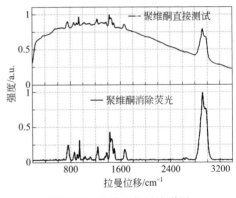

图 3-13 聚维酮拉曼光谱图
（激发波长为 532nm；积分时间为 10s）

（3）归一化 来自同一样品的拉曼光谱可以具有不同的强度水平，如果它们由不同的时间或由不同的实验参数获取，如激光功率水平的变化。归一化处理通过使相同材料的特定拉曼谱带的强度是相同的或类似的来校正光谱的这种差异。一种方法是面积归一化。当拉曼峰不重叠时，归一化是非常有用的。最好通过归一化光谱使得光谱的总面积为 1。这种方法的优点是不依赖于任何单一的谱带，但缺点是易受背景的影响。另一种方法是峰高归一化，使用某个特定拉曼峰的中心频率强度作为参考（内部或外部）。此方法假设参考峰在不同光谱之间不会改变，所以不适合样品的性质可能导致谱带位置偏移的情况。

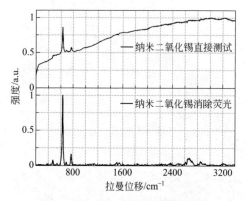

图 3-14　纳米二氧化锡拉曼光谱图
（激发波长为 532nm；积分时间为 1s）

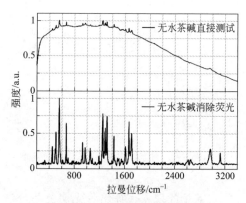

图 3-15　无水茶碱拉曼光谱图
（激发波长为 532nm；积分时间为 1s）

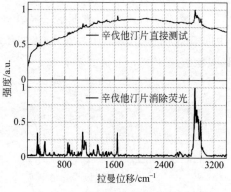

图 3-16　辛伐他汀片拉曼光谱图
（激发波长为 532nm；积分时间为 6s）

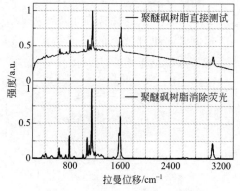

图 3-17　聚醚砜树脂拉曼光谱图
（激发波长为 532nm；积分时间为 5s）

3.4.2　多变量定性/定量分析

（1）多变量定性分析　不同种类的中药材分类与真伪鉴别（或植物物种的化学分类与鉴别），天然香精香料提取物的分类与鉴别，不同疾病患者的代谢组学分析，不同土壤、不同纤维、不同烟草及卷烟等的识别，对于这些分析场景，人们不在乎是否能对其进行穷尽的化学组分定性定量分析，而是主要追求样品之间整体性（包括共同性和差异性）分析，可对不同样本进行区别进而找到区分样本之间的主要化学因素（或特征变量），化学计量学为此提供了相应的基于多变量的解析方法。

拉曼光谱的常用模式识别方法有 k-最近邻（KNN）、聚类分析（HCA）、人工神经网络（ANN）、判别分析（DA）和支持向量机（SVM）。KNN 方法通过光谱之间的相似性使用的指标的像的欧几里得距离数据集中的所有光谱进行比较。该方法与主成分分析（PCA）和拉曼光谱组合被用于结肠癌的诊断[26]。HCA 使用各种多元距离计算，比如欧氏和马氏距离来标识相似的光谱，在拉曼中的用法与红外类似。ANN 是一种比较成熟的多元非线性校正技术，该技术在不少领域的应用中有良好的效果，因而在非线性技术中占有重要地位。ANN 可用于识别群集或寻找复杂的数据模式。ANN 是受到中枢神经系统的功能和结构启发的计算模型和所述网络包括节点或神经元的相互连接，例如数据输入、输出、存储、转发。ANN 的布局是由多个层和每层的多个神经元组成。该方法用于分析健康人与患有阿尔茨海默症病人的血清拉曼光谱[27]。

　　为了克服各种算法自身的优缺点，人们将不同算法加以组合，如将 PCA 与 ANN 组合起来使用，首先对样品光谱进行 PCA，再将其作为 ANN 的输入节点，从而建立定标模型，这样既减少了 ANN 的训练时间和输入节点数，又充分利用了全光谱的数据，达到了良好的实际效果。再如模式识别的应用中，可采取将 PCA 和马氏距离判据相结合的方法，借用光谱定性中的聚类分析在建模过程中剔除异常光谱样本。还有将 SRA、PCA、ANN 三种结合的组合算法，效果更好。

　　支持向量机（SVM）是建立在统计学习理论的 VC 维理论和结构风险最小原理基础上的，根据有限的样本信息在模型的复杂性（即对特定训练样本的学习精度）和学习能力（即无错误地识别任意样本的能力）之间寻求最佳折中，以期获得最好的推广能力。拉曼光谱结合 SVM 已经被用作癌症的筛查方法[28]。

　　（2）多变量定量分析　　由于化学计量学中主成分（PCR）和偏最小二乘法（PLS）多变量解析方法的引入，使得拉曼光谱快速定量成为可能。PLS 是在 PCA 的基础上发展而来的，该方法考虑应变量信息的影响，同时对光谱矩阵和应变量进行降维处理。

　　目前，在线性问题处理中，PLS 是一种近红外光谱分析中的应用最广、效果最好的建模方法，这种建模方法在各种商业软件中都有包含。PLS 是一种将回归分析和因子分析相结合的方法，利用的是全光谱数据。但是，当某些样品的性质超出校正集样本的正常范围，或是校正集中出现异常样品时，则可能出现较大的误差。

　　近些年，SVM 回归、极限学习机（ELM）、ANN 等非线性多元校正方法也越来越多地用于建立复杂混合物的拉曼光谱定量校正模型。

3.4.3　仪器校准与模型转移

　　拉曼光谱的仪器标准化，主要体现在拉曼位移和强度校准，在用特征拉曼峰等方法做未知物质匹配鉴定或模式识别中，不同仪器间的拉曼位移校准尤为重要。梁逸曾[29] 等提出移动窗口快速傅里叶变化交叉（Moving Window Fast Fourier

Transform，MWFFT）结合实验设计选取的多个标准物去做仪器之间的标准化，可以处理拉曼光谱分析仪之间拉曼位移的非线性漂移，解决了拉曼光谱仪间的数据共享问题。图 3-18 是使用 MWFFT 方法处理的拉曼光谱。

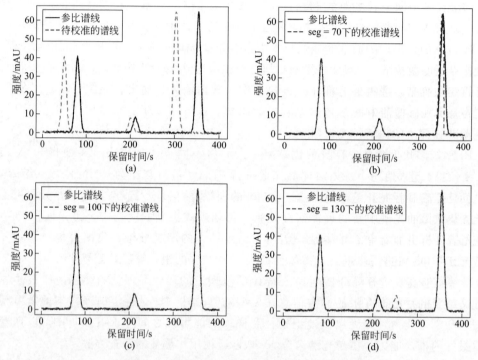

图 3-18　使用 MWFFT 方法处理的拉曼光谱

3.4.4　二维相关光谱

二维相关光谱（Two-dimensional Correlation Spectrum，2D-COS）的基本概念最早应用于核磁振动（NMR）领域，并得到广泛应用。直到 1986 年，Noda 就 2D-NMR 技术的理论提出了一个概念性的突破，把磁实验中的多重射频看作是一种对体系的外部扰动，在 1993 年破除了外绕波形的局限，这使 2D-COS 开始应用于红外、拉曼、荧光、X 射线等光谱技术。

体系对外绕动的反应经常表现为有特征的光谱变化，称为动态光谱。2D-COS 就是考虑外绕动引起的外绕变量随着时间的变化，也就是动态光谱的变化。外扰动可以是时间，也可以是任意其他物理变量，如温度、压强、浓度、电压等。

二维光谱通过扫描一束光的频率，并让它与待测物质相互作用，而产生不同的中间态。然后再让另一束光与物质相互作用，并且扫描这束光的频率，观察这束光与物质作用的结果，从而得出各个吸收、发射模式之间的耦合情况。简单地说，根据具体的测试手段，二维光谱中的正负信号可能有不同的意义。一般而言，正负信号分别代表发射和吸收。但取决于具体采用的测试手段，正信号可能代表发射也可能代表吸收。峰的强度就表示吸收或者发射的强度。位于对角线上的峰代表单个模式的光谱线型，可以根据其展宽模式获得微环境的信息。而非对角线上的峰代表不同模式之间的耦合情况。出现峰代表两个模式之间存在相互作用，而非对角线上的峰的形状可以给出模式之间耦合方式的信息。陈达等[30]尝试引入2D-COS 法应用于橄榄油掺杂检测，以提升常规拉曼光谱的分辨率及检测准确度。在外界温度微扰下，二维相关拉曼光谱法能够准确反映橄榄油组成成分以及官能团的变化情况，这些变化随着掺杂油含量和种类的差异而呈现相应的特征信息，进而为实现橄榄油中掺杂其他劣质油的定量分析提供可靠的依据。在二维相关拉曼光谱技术的基础上，结合多维偏最小二乘法（N-way Partial Least Square，N-PLS）与多尺度建模（Multi-scale Modeling，MM）思想，利用 2D-COS 所提取的二维信息，建立了多尺度二维相关拉曼光谱模型。计算结果表明，多尺度二维相关拉曼算法显著提升了常规拉曼光谱分析模型的精度和可靠性，不仅准确挖掘出了掺杂橄榄油光谱中新的表征信息，而且能克服噪声和基线带来的干扰，使得拉曼光谱分析更加简单、可靠，有望在复杂体系光谱分析中得到广泛的应用。

2D-COS 可进一步提高光谱的分辨率，解决光谱技术在复杂体系分析中存在的分辨率不够高、重叠峰分析困难等问题。导数二维相关光谱、投影二维相关光谱与双二维相关光谱的应用可进一步提高 2D-COS 的质量，解析高度重叠的特征峰。

3.5 展望

近些年，拉曼光谱的研究不断深入，新产品推出速度明显加快，应用拓展也越来越广，拉曼光谱已然成为分子光谱领域发展最快的技术之一。未来预期拉曼光谱技术将在以下几个方面得到进一步的发展。

（1）**仪器开发** 如何在保持功能更加强大的同时，又能使仪器稳定耐用、操作简便，是国产拉曼光谱仪崛起的基础需求，而准确、稳定定量模型的建立是整个便携拉曼光谱仪全面应用的一大瓶颈。在拉曼光谱应用的方法学开发上，定量是拉曼所有应用行业亟须解决的问题。在便携拉曼光谱仪的应用上，混合物的准确分析相当关键，所以拉曼光谱仪亟须能够快速、准确的实现多组分分析，并且给出客户准确的结果。在低浓度、低含量、低信号物质检测方法的开发上，各种方法包括 SERS 的稳定性及重复性是一个尤为关键的问题，需开发出准确、稳定、重复性强的科学方法。

（2）**拉曼与新材料** 从整体上来说，拉曼光谱仪已经发展到很高的水平，但是一些光学元器件的性能仍然限制了拉曼仪器的性能，因此仪器元器件本身还需要继续提升性能。比如，满足普遍实验需求的拉曼滤光片已经扩展到近紫外波段，如氦镉激光器的 325nm。但是拉曼滤光片在紫外和深紫外波段的性能仍然受到镀膜技术的显著影响。另外，反射率高达 99％ 以上的大面积高性能的平面和球面反射镜因为镀膜技术限制还没有被应用到拉曼光谱仪上。一旦这些仪器元器件能制备得更好，拉曼光谱仪的整体性能还会有突飞猛进的进步。

（3）**仪器标准**　由于缺乏拉曼光谱仪产品的统一评价标准，市场上的拉曼光谱仪的技术性能和产品质量良莠不齐，甚至出现了仪器标称指标和实际情况相去甚远的情况，这给拉曼光谱仪的生产、使用和市场秩序带来了不利影响，对其进一步的推广和应用造成了阻碍。为此，亟须建立拉曼光谱仪的统一评价标准，规范其产品仪器，从而促进该行业的有序、健康发展。

现在不少企业为了迎合市场需求，在没有完整研制算法，建立完善谱库及检测解决方案，简易拼凑仪器就推向市场，使得一线使用客户难以开展检测，也有极个别的虚假宣传企业，因为虚假宣传自己，被列入政府采购中心黑名单，从而导致部分地区对拉曼技术存在偏见，对国产的拉曼光谱仪更有排斥态度。

目前拉曼光谱仪的标准建立逐步在各行业展开，2015 年 8 月，中国国家质检监督检疫总局发布了《拉曼光谱仪校准规范》（JJF1544—2015），于 2015 年 11 月 24 日实施；2015 版《中国药典》也将拉曼光谱正式以检测方法列入附录。在福建省地方标准《便携式拉曼光谱快速检测仪》基础上，福建省计量科学研究院、厦门大学、厦门市普识纳米科技有限公司再接再厉牵头起草了《拉曼光谱仪》国家标准，并于 2016 年 1 月成立了国家标准起草工作组，该标准属于首次制定。《拉曼光谱仪》国家标准经过标准起草工作组多轮的讨论和修改于 2018 年完成编订，该标准编订的完成为拉曼光谱仪的生产、使用和检验提供技术依据，推动拉曼光谱技术的发展，也规范拉曼光谱市场应用。

但是，这些标准难以覆盖目前拉曼光谱在各行各业的应用，缺少标准化。随着仪器、应用的不断开发，标准的建立有些滞后，使得市场化的需求面临一系列问题，市场推广难度很大。未来还需进一步加快各行业应用相关标准的制定，规范市场，推进技术进步。

参 考 文 献

[1] Zhang Y,Wang P,Jia G,et al. A short-wavelength raman optical activity spectrometer with laser source at 457 nm for the characterization of chiral molecules. Applied Spectroscopy,2017,71(9)：2211-2217.

[2] Zhang X,Du Z,Luan Z,et al. In situ Raman detection of gas hydrates exposed on the seafloor of the South China Sea. Geochemistry,Geophysics,Geosystems,2017,18(10)：3700-3713.

[3] Domes C,Domes R,Popp J,et al. Ultrasensitive detection of antiseptic antibiotics in aqueous media and human urine using deep UV resonance raman spectroscopy. Analytical chemistry, 2017, 89 (18)：9997-10003.

[4] Mai L,Bao L J,Shi L,et al. A review of methods for measuring microplastics in aquatic environments. Environmental Science and Pollution Research,2018,25(12)：11319-11332.

[5] Ko J,Park S G,Lee S,et al. Culture-free detection of bacterial pathogens on plasmonic nanopillar arrays

using rapid raman mapping. ACS applied materials and interfaces,2018,10(8)：6831-6840.

［6］Foucher F,Guimbretière G,Bost N,et al. Petrographical and mineralogical applications of Raman mapping. Raman spectroscopy and applications. IntechOpen,London,2017：163-180.

［7］Synge E H. XXXVIII. A suggested method for extending microscopic resolution into the ultra-microscopic region. The London,Edinburgh,and Dublin Philosophical Magazine and Journal of Science,1928,6(35)：356-362.

［8］Wessel J. Surface-enhanced optical microscopy. Journal of the Optical Society of America b,1985,2(9)：1538-1541.

［9］Lipiec E W,Wood B R. Tip-Enhanced Raman Scattering：Principles,Instrumentation,and the Application toe Biological Systems//Encyclopedia of Analytical Chemistry：Applications,Theory and Instrumentation,2006：1-26.

［10］Gibson K F,Kazarian S G,Kharintsev S S. Tip-Enhanced Raman Spectroscopy. Encyclopedia of Analytical Chemistry：Applications,Theory and Instrumentation,2006：1-33.

［11］Böhme R,Mkandawire M,Krause-Buchholz U. Characterizing cytochrome c states – TERS studies of whole mitochondria. Chemical Communications,2011,47(41)：11453-11455.

［12］Wood B R,Bailo E,Khiavi M A. Tip-enhanced Raman scattering (TERS) from hemozoin crystals within a sectioned erythrocyte. Nano letters,2011,11(5)：1868-1873.

［13］Fleischmann M,Hendra P J,McQuillan A J. Raman spectra of pyridine adsorbed at a silver electrode. Chemical Physics Letters,1974,26(2)：163-166.

［14］Shi G,Wang M,Zhu Y. A flexible and stable surface-enhanced Raman scattering (SERS) substrate based on Au nanoparticles/Graphene oxide/Cicada wing array. Optics Communications,2018,412：28-36.

［15］Tang S,Li Y,Huang H,et al. Efficient enrichment and self-assembly of hybrid nanoparticles into removable and magnetic SERS substrates for sensitive detection of environmental pollutants. ACS applied materials and interfaces,2017,9(8)：7472-7480.

［16］张丹. 氨基酸的表面增强拉曼光谱研究［D］. 杭州:浙江工业大学,2016.

［17］唐慧容. 银溶胶表面增强拉曼光谱(SERS)定性和定量分析农药残留的方法研究［D］. 上海:华东理工大学,2012.

［18］叶冰. 脐橙农药残留表面增强拉曼光谱检测方法研究［D］. 南昌:华东交通大学,2014.

［19］万常澜. 水果农药残留拉曼光谱检测方法研究［D］. 南昌:华东交通大学,2013.

［20］李俊杰,严霖元,刘木华,等. 脐橙果肉中噻菌灵农药的 SERS 快速检测研究. 江西农大学报,2014,36(06):1229-1233.

［21］王晓彬,曾海龙,吴瑞梅,等. 基于 SERS 技术的脐橙果肉中三唑磷农药残留快速检测研究. 食品工业科技,2015,36(10)：83-85,95.

［22］Fan Y,Lai K,Rasco B A,et al. Analyses of phosmet residues in apples with surface-enhanced Raman spectroscopy. Food Control,2014,37：153-157.

［23］Wijaya W,Pang S,Labuza T P,et al. Rapid detection of acetamiprid in foods using surface-enhanced Raman spectroscopy (SERS). Journal of food science,2014,79(4)：T743-T747.

［24］翟晨,徐田锋,彭彦昆,等. 基于银溶胶表面增强拉曼光谱对菠菜毒死蜱农药的快速检测. 光谱学与光谱分析,2016,36(09)：2835-2840.

［25］姬文晋,张磊,罗洪盛,等. 纳米银溶胶的制备及利用其 SERS 效应检测 BPA 的研究. 光散射学报,2016,28(04)：293-296.

［26］Li X,Yang T,Li S,et al. Raman spectroscopy combined with principal component analysis and k nearest neighbour analysis for non-invasive detection of colon cancer. Laser Physics. 2016,26(3)：035702.

［27］Ryzhikova E,Kazakov O,Halamkova L,et al. Raman spectroscopy of blood serum for Alzheimer's disease diagnostics：specificity relative to other types of dementia. Journal of Biophotonics. 2015,8(7)：584-596.

［28］Li S,Zhang Y,Xu J,et al. Noninvasive prostate cancer screening based on serum surface-enhanced Raman spectroscopy and support vector machine. Applied Physics Letters，2014,105(9)：091104.

［29］Li Z,Wang J J,Huang J,et al. Nonlinear alignment of chromatograms by means of moving window fast Fourier transform cross-correlation. Journal of separation science,2013,36(9-10)：1677-1684.

［30］陈达,许云涛,李奇峰,等. 基于多尺度二维相关拉曼光谱的橄榄油掺杂检测. 纳米技术与精密工程,2016,14(1)：60-65.

第4章 近红外光谱技术及其在粮油检测中的应用进展

4.1 引言

粮油产品是保障人民日常生活的基本物质，粮油品质指标是衡量粮油质量的重要因素。我国作为粮食生产和消费大国，粮油产品既是人们膳食结构中不可或缺的组成部分，它为人体提供营养和功能成分，例如淀粉、蛋白质、含油量、脂肪酸、氨基酸、维生素、植物甾醇和多酚等，同时也是食品和饲料工业的重要基础原料，其品质和安全对人类健康有着重要的影响，消费者越来越关注粮油产品的质量安全问题[1-3]。近年来，全世界对食品安全问题的关注程度也在不断提高，农产品质量安全因此受到了高度的重视。加入世界贸易组织（WTO）后，中国的农产品走向世界的关税壁垒将逐渐被技术壁垒所取代，食品的功能性和安全性越来越受到重视；另一方面，食品生产商、政府监管部门及消费者对其品质分析手段的要求，则向着实时、快速、无损的方向进行转变。在这一背景下，新型、快捷、高效的检测技术及仪器设备已经成为这一领域的重大科技需求。随着科学技术的发展，近红外光谱技术广泛应用于粮油品质的检测。近红外光谱分析技术广泛应用于粮油产品的定性和定量分析测定，包括常规品质和特异品质检测、真实性鉴别和产地追溯等方面[4,5]。以近红外光谱为代表的无损快速检测技术得到了广泛关注，众多学者也在相关领域开展了相应的研究工作[6,7]。

4.1.1 近红外光谱的原理

19世纪，W. Herschel 发现可见红光区域范围外的辐射，即近红外光谱（Near Infrared Spectroscopy，NIR）[8]。20世纪60年代，NIR 分析技术开始出现，直到20世纪80年代后期才得以迅速发展[9]。近红外光介于可见光和中红外光之间，其电磁波长范围为 $780 \sim 2500nm$，波数为 $12500 \sim 4000cm^{-1}$[10]。NIR 的基本原理是用近红外光照射被检测的样品，并以光谱的形式记录反射或透射的辐射[11]。NIR 是分子振动能级的跃迁，同时伴随转动能级跃迁而产生的泛音（频）或基本吸收带的组合带[12]。NIR 记录的是分子中单个化学键基频振动的倍频和合频信息，振动信号相似，由许多宽带和重叠带组成光谱[13]。由于近红外辐射是含氢基团 C—H、N—H 和 O—H 等的倍频和合频吸收，它们是有机化合物的主要化学键，同时

NIR 测定符合朗伯-比尔（Lambert-Beer）定律，特定化学键决定吸收光的波长和数量，因此每种物质都有自己的红外吸收，具有独特的 NIR，所以 NIR 可以根据不同的光谱特征进行定性和定量分析[14-16]。

4.1.2　近红外光谱的特点

与中红外光谱相比，NIR 吸收带较弱，分析数据困难。自 20 世纪 80 年代起，随着近红外光谱仪器的改进和光纤的发展，对近红外光谱研究兴趣的增加，计算机技术的提高和在数据处理方面新型数学方法的发展，NIR 技术也得以迅速发展[17,18]。NIR 技术具有操作简单、快速、成本低、准确、不需要样品预处理等优点[19-21]。a. 检测速度快。NIR 分析无需样品前处理，且采集光谱仅需 2min 左右，可实现多个指标同步检测。b. 操作简单。NIR 分析技术操作简单，其主要的分析过程主要包括：NIR 采集、数据预处理与农产品产地溯源模型的建立、待测样品的产地预测。模型建立后，未知样品检测仅需 NIR 采集，待测样品产地可由计算机自动预测。c. 重现性好。NIR 分析技术的稳定性好，有更好的重现性。d. 无需有机试剂，绿色环保。在 NIR 分析技术分析过程中，不需要化学试剂和复杂的前处理，具有低成本、环保、绿色等优点。NIR 技术分析过程包括以下步骤：a. 采集已知样品的近红外光谱；b. 采用化学计量学方法对原始光谱进行校正和预处理；c. 建立和验证模型；d. 预测未知样品的目标参数或表征测试样品的性质。

NIR 技术也有其不足：a. NIR 包含来自背景、噪声和重叠频带的干扰，从而导致变量的冗余和共线性。由于存在许多重叠的吸收带，记录反射光谱时发生不同的光散射效应，光谱信息变得复杂，缺乏分析所需的详细结构[22-24]。b. NIR 技术依赖于耗时费力的校准程序，数据处理复杂[25]。c. NIR 技术不适用于微量成分的分析。d. 仪器之间的光学差异导致模型校准转移。为了从 NIR 中提取化学相关信息并将其用于构建校准模型，收集测试样品的光谱并将光谱特征与样品特征相关联，必须使用化学计量学方法，NIR 分析技术与化学计量学方法相结合是实现质量控制和快速检测的重要工具[26,27]。国际化学计量学会将化学计量学定义为通过应用数学或统计方法对化学体系的测量值与体系的状态之间建立联系的学科[28]。应用数学、统计学和其他方法和手段选择最优试验设计和测量方法，并通过对测量数据的处理和解析，最大限度地获取有关物质的成分、结构及其他相关信息[29]。化学计量学分为两大类：有监督模式识别方法和无监督模式识别方法[30]。表 4-1 详细列举了化学计量学算法的分类。

化学计量分析包括光谱数据预处理，建立用于定性和定量分析的校准模型，以及模型转移等[18,26]。光谱数据预处理有求导、中心化、平滑、多元散射校正等方法，求导用于去除基线移位和重叠峰值的分辨率，常用的是一阶求导和二阶求导。中心化是降低直至消除一些冗余信息，从而降低样品间的相关性，增大样品之间的差异，提高模型重现性和预测能力。平滑是通过去除噪声提高近红外光谱的质量[25,26]。影响校准模型的因素有样品状态、校准集样品的代表性和化学计量学方法的选择等，模型需要定期检查和改进，以期达到模型稳定的效果[31,32]。用于校准模型的化学计量学方法有 PLS、PCA、LDA、ANN 和 SVM 等[33]。表 4-2 介绍了用于校准模型的化学计量学方法的特点。许多有效的化学计量学软件包用于复杂的数据计算，如 SPSS、Unscrambler X、SIRIUS、SIMCA 和 Pirouette，其中包括 PCA、PCR、PLS 和 SIMCA 等多元数据分析的标准方法，这些软件包对个人编写程序能力要求较低，而 Matlab 和 Minitab 的设计是为了方便个人程序的编写，适用于常规定量分析[30,34]。

表 4-1　化学计量学算法的分类

化学计量学算法	名称
无监督模式识别方法	因子分析(Factor Analysis,FA)
	冗余分析(Redundancy Analysis,RDA)
	聚类分析(Hierarchical Clustering Analysis,HCA)
	主成分分析(Principal Component Analysis,PCA)
	典型相关分析(Canonical Correlation Analysis,CCA)
	独立成分分析(Independent Component Analysis,ICA)
	核主成分分析(Kernel-principal Component Analysis,KPCA)
	多级同步成分分析(Multilevel Simultaneous Component Analysis,MLSCA)
有监督模式识别方法	随机森林(Random Forest,RF)
	判别分析(Discriminant Analysis,DA)
	K-近邻算法(K-Nearest Neighbour,KNN)
	偏最小二乘法(Partial Least Squares,PLS)
	支持向量机(Support Vector Machines,SVM)
	人工神经网络(Artificial Neural Network,ANN)
	线性判别分析(Linear Discriminant Analysis,LDA)
	主成分判别分析(Principal Component Discriminant Analysis,PC-DA)
	独立软模式类簇法(Soft Independent Modeling of Class Analogy,SIMCA)
	偏最小二乘判别分析(Partial Least Squares Discriminant Analysis,PLS-DA)

表 4-2　用于校准模型的化学计量学方法的特点

方法	特点
PLS	能够在自变量存在严重多重相关性的条件下进行回归建模,且允许在样本点个数少于变量个数的条件下进行回归建模,默认自变量与因变量间存在线性关系,使用存在一定局限性
LDA	用于变量子集; 分析过程中包括哪些变量不清晰
PCA	降低数据集的维数,使多变量数据能够有效地可视化、分类和回归,同时尽可能保留原始数据中存在的信息; 揭示复杂数据集中的隐藏结构,同时滤除噪声; 表示有限数量分量的变化,这些分量解释了最大的方差量用来总结数据中最重要的信息

方法	特点
ANN	对非线性系统建模特别有效,包括输入、数据处理和输出层三个交互部分
SVM	良好的预测能力和平衡过度拟合条件下的所有变量; 处理高维数据时具有较强的鲁棒性,具有很好的原则性,并允许在统计学习理论提供的框架内控制复杂性,需要调整的参数数量相对有限; 缺乏易于使用的商业软件

4.2　近红外光谱法在粮油常规品质检测中的应用

蛋白质、含油量、水分、淀粉、脂肪酸、氨基酸等是粮油产品中的常量品质指标,NIR 分析技术已成功应用于这些品质指标的检测中。Heman 等[35]采集糙米的 NIR,通过多元线性回归(MLR)和偏最小二乘回归(PLSR)对单粒糙米水分建模,测得模型的校正集相关系数 R_c 为 0.97,校准平方误差为 1.30,验证集相关系数 R_P 为 0.92,预测平方误差(Square Prediction Error,SPE)为 2.51。此方法可以用于糙米水分含量的测定。Gatius 等[36]利用 NIR 技术测定小麦生长阶段粗蛋白含量。Kahriman 等[37]选用小麦粉为实验材料,用近红外分析仪检测结合 PLS 对小麦粉的水分、蛋白质、沉降值进行测定,参考值和近红外预测值相关性大于 90%,因此近红外光谱分析技术可以用于小麦粉中水分、蛋白质、沉降值的测定。Moreland 等[38]选用小麦粉为实验材料,用傅里叶变换近红外光谱(FT-NIR)技术和 PLS 相结合,对小麦粉中的水分、蛋白质和灰分进行测定,得到较高的相关系数和较低的误差,预测结果较理想。

Olivos-Trujillo 等[39]利用 NIR 技术对油菜籽的含油量进行了研究,ANN 方法证明了油菜籽含油量的方差为 0.027,预测残差平方和(Predicted Residual Error Sum of Squares,PRESS)为 75.65。Wang 等[40]通过 NIR 分析仪结合 PLS 实现了芝麻中蛋白质含量的预测。Prem 等[41]以油菜籽作为实验材料,用 NIR 分析技术来预测含油量、蛋白质和水分含量。结果可得油菜籽中含油量、蛋白质、水分的交叉验证的标准误差(Standard Error of Cross Validation,SECV)分别为 1.30、0.12 和 12.19,决定系数(Coefficient of Determination)R^2 分别为 0.94、0.87 和 0.91,校正标准误差(Standard Errors of Calibration,SEC)分别为 1.18、0.39 和 2.18。郭蕊[42]利用近红外谷物仪在 570～1100nm 范围采集芝麻的 NIR,建立了芝麻中水分、蛋白质、粗脂肪含量的近红外模型。王丽萍等[43]将大豆完整粒和粉末采集 NIR,结合化学计量学方法建立粗蛋白和粗脂肪含量的模型。粉末大豆和完整大豆的粗蛋白模型 R^2 为 0.9787、0.8724,SEC 为 0.0038、0.00907。粉末大豆和完整大豆的粗脂肪 R^2 为 0.9341、0.8765,SEC 为 0.00369、0.00508。Ferreira 等[44]用 FT-NIR 对大豆的粗蛋白、水分、脂质、灰分和糖类进行了研究,结果得到大豆品质指标模型的交叉验证均方根误差（Root-Mean-Square Error of Cross-Validation，RMSECV）范围为 0.40%～2.30%，预测均方根误差（Root-Mean-Square Error of Prediction，RMSEP）范围为 0.38%～3.71%，从而达到了很好的预测性能。Sundaram 等[45]利用近红外反射光谱技术和标准方法测定带壳花生的含油量和脂肪酸浓度，并运用 PLS 对含油量和脂肪酸浓度进行建模，研究结果表明，近红外反射光谱技术能够预测带壳花生的含油量和脂肪酸浓度。Yang 等[46]实现了便携式近红外光谱仪运用遗传算法结合区间 PLS 快速测定花生油中的酸值。Cayuela SanÀchez 等[47]利用 NIR 分析技术成功建立橄榄油稳定指数、游离脂肪酸、过氧化值和共轭二烯模型。Yildiz 等[48]选取玉米油和大豆油样品，利用 NIR 分析技术结合一阶导数的 PLSR 测定玉米油和大豆油中过氧化值，测定值与化学测量方法测出的参比值对比，结果显示具有较高的相关性和较低的误差。此方法可用于快速检测玉米油和大豆油的氧化水平。Hong 等[49]在不同的储存条件和时间段内，通过 NIR 检测技术测定了紫苏籽油的酸值和过氧化值。

脂肪酸作为油料品质的一个重要品质指标，油菜籽中油酸和芥酸的含量更是育种专家、油脂加工企业和消费者关注重要品质指标。Sato 等[50]用 NIR 以单粒油菜籽为扫描对象建立了单粒油菜籽中亚油酸和芥酸的预测模型，成功实现单粒油菜籽中亚油酸和芥酸相对含量的测定。丁小霞等[51]对 698 份代表性油菜籽样品进行 NIR 采集，通过光谱预处理和 Bruker OPUS 软件包定量分析软件建立油菜籽芥酸和硫甙测定模型；同时，利用 NYDL-3000 型智能型多参数粮油品质速测仪采集油菜籽光谱，并采用无效变量消除法对光谱进行筛选，采用 PLS 法对油菜籽中芥酸含量进行建模，结果显示预测值与标准值的相关系数 R 为 0.92，RMSECV 为 2.2[52]。高建芹等[53]建立了油菜籽中油酸、芥酸和含油量的近红外预测模型，定标方程的 R^2 为 0.9792、0.9924 和 0.9749，预测结果中平均绝对误差为 2.31%、0.29%、0.76%。Han 等[54]使用改良的 PLSR 评估了单粒大豆中油酸含量。杨传得等[55]选用了高油酸花生和普通花生为对象建立了花生中油酸、亚油酸、棕榈酸的速测模型，预测模型的 R^2 分别为 94.67、95.72、86.36，RMSEP 分别为 2.52、1.91、0.60。李建国等[56]选用单粒花生为对象，建立了花生中油酸、亚油酸、棕榈酸的速测模型，模型 R^2 分别为 0.907、0.918、0.824，RMSEP 分别为 3.463、2.824、0.782。

同时，NIR 技术也广泛应用于食用植物油品质检测。Özdemira 等[57]利用 FT-NIR 技术对 4 个产区 21 个品种的 73 份特级初榨橄榄油中脂肪酸含量进行测定，运用 PLSR 进行建模，结果表明除含量较低的十七烷酸和二十碳烯酸外，其他脂肪酸含量预测模型良好，可用于测定特级初榨橄榄油中主要脂肪酸含量。Mailer[58]利用近红外反射光谱分析技术测定 216 个橄榄油样品中脂肪酸含量，通过标准化和一阶求导的预处理方法，采用 PLS 建模，油酸、亚油酸、游离脂肪酸和叶绿素近红外测定值与标准方法测定值相关系数大于 0.97。

在以上研究报道中，基于 NIR 技术对油料中脂肪酸含量的预测都是对脂肪酸相对含量直接建立模型，但相对含量并不符合朗伯-比尔定律，含油量的影响往往被忽视，而相同脂肪酸相对含量的油菜籽会因其含油量的不同使得脂肪酸绝对含量有所差异。而 NIR 所反映的往往是其绝对含量的信息，因此过去利用相对含量直接进行建模，可能是导致以往模型准确性和稳定性并不理想的主要原因。中国农业科学院油料所[59]推导了相应的公式将脂肪酸的相对含量结合含油量及其平均分子量转化为绝对含量，对其绝对含量及校正系数进行预测，最终结果再转化为相对含量计算绝对误差。采集了 510 份油菜籽的 NIR，并对谱图进行一阶导数求导和标准正态变换的数据预处理。通过竞争性自适应重加权采样算法选出特征波长，结合 PLS 建立油菜籽中主要脂肪酸（油酸、芥酸、棕榈酸、硬脂酸、亚油酸、α-亚麻酸）的预测模型。采用外部独立验证集对模型进行评价，同时用同样的方法直接预测油菜籽中脂肪酸的相对含量与转化后的预测结果进行直接比对。结果表明，预测模型可实现油菜籽中主要脂肪酸准确测定，决定系数 R^2 均高于 0.9096。

4.3　近红外光谱法在粮油特异营养品质检测中的应用

生育酚、叶绿素、多酚、硫苷等是粮油产品中的特质营养成分，在植物及人体中发挥着重要作用，是优质粮油产品评价的重要品质指标。Zeng 等[60]采用 2D-COS 和 NIR 测定燕麦中多酚的含量。选取具有代表性的 116 个样品采集 NIR 并建立模型，并用 2D-COS 对模型进行优化。结果得到最优校准模型对应的波段为 1350～1848nm，最优谱预处理组合为二阶导数和二次平滑。在校准集中，R 为 0.9614，RMSECV 为 0.04573。刘敏轩等[61]利用傅里叶变换近红外透射光谱结合 PLS 建立了高粱籽粒总酚、总黄酮、缩合单宁、阿魏酸、原儿茶醛和花青素的近红外模型，模型预测效果良好，可用于高粱籽粒中多种酚类化合物的同时快速测定。沈芸[62]通过 NIR 技术预测稻米的总酚化合物含量及抗氧化活性。

Sen 等[63]提出一种快速检测油菜种子硫代葡萄糖苷的 NIR 法，测得硫代葡萄糖苷的 R 为 0.986。李培武等[64]研制的 NYDL-2000 油菜芥酸硫苷定量速测仪适用于现场使用，芥酸硫苷的测量范围为 0.5%～8.0%、0.0～60.0μmol/g，速测结果误差分别为±0.5%和±4.0μmol/g，符合国家标准和国际标准。孙秀丽[65]建立了甘蓝型油菜籽中总硫苷含量和硫苷分量的近红外模型。总硫苷低含量-高含量样品、低含量样品和低含量-中含量样品分析模型内部交叉检验的 R^2 为 0.99、0.92、0.92，均方根误差（Root-Mean-Square Error，RMSE）为 4.66μmol/g、1.78μmol/g、2.84μmol/g。硫苷分量的近红外模型中 3-丁烯基硫苷、2-羟基-3-丁烯基硫苷、4-羟基-3-吲哚甲基硫苷的 R^2 为 0.92、0.95、0.87，RMSE 为 1.11μmol/g、0.51μmol/g、0.47μmol/g。刘婷等[66]构建了多粒自然风干花生种子样品生育酚总量模型的 R^2 为 88.34，RMSECV 为 0.423，α-生育酚含量的近红外定量分析模型

R^2 为 90.05，RMSECV 为 0.203，单粒自然风干花生种子样品 α-生育酚含量的近红外定量分析模型 R^2 为 82.87，RMSECV 为 0.28。Szlyk 等[67]以食用油中 α-生育酚为研究对象，利用近红外光谱仪测定 α-生育酚含量，建立了化学计量学预测模型，近红外方法与 HPLC 法检测得到的结果其相对标准偏差分别为 0.68%～2.80% 和 0.79%～3.06%，回收率为 97.2%～102.4% 和 96.8%～103.2%。Kahriman 等[68]发现 NIR 法是检测原油中类胡萝卜素和生育酚含量的快速方法。

中国农业科学院油料所[59]对基于 NIR 的油菜籽中生育酚快速无损检测技术展开了研究。采集了全国各地具有代表性的 243 份油菜籽的 NIR，并采用 HPLC 法对其维生素 E 总量进行定量分析。对采集到的 NIR 进行二阶导数求导和标准正态变换的数据预处理。通过竞争性自适应重加权采样算法选出 209 个特征波长，结合 PLS 建立油菜籽中生育酚总量的预测模型。并用外部独立验证集对模型进行评价，预测模型交互检验决定系数 Q^2 等于 0.8599，独立验证集平均预测误差为 1.67mg/100g。将此结果用国家标准 GB/T 26635—2011 中对检测结果的重复性和再现性要求进行评价，结果表明建立的基于 NIR 的油菜籽中生育酚总量预测模型已达到了国家标准中 HPLC 法对结果再现性的要求。从全国不同产区选取代表性油菜样品 332 份，利用 Folin-Ciocaileu 比色法对菜籽总酚含量进行了测定，其含量符合正态分布。同时使用 NIR 分析仪采集上述菜籽样品的光谱信息，对原始光谱进行标准正态化和一阶导数预处理，采用竞争性自适应重加权采样方法选择 46 个特征变量，利用 PLS 建立油菜籽中总酚的预测模型，采用蒙特卡洛交互检验进行模型评价，该预测模型的 RMSECV 为 124.54mg/kg，主成分数为 46，交互检验决定系数 Q^2 最大为 0.9728，且预测相对误差小于 5%，表明该 NIR 快速检测模型效果好，可用于菜籽总酚的绿色、快速、无损检测[69]。

4.4　近红外光谱法在粮油真伪鉴别方面的应用

粮油产品掺假鉴别是食品和农产品市场监管中的重要内容，利益驱动地将廉价替代品加入昂贵粮油产品中，侵害消费者合法权益，"劣币驱逐良币"，严重扰乱了市场秩序。NIR 在粮油产品进行快速真伪鉴别中发挥了重要作用。Cocchi 等[70]通过 NIR 技术实现了硬粒小麦粉与普通面包小麦粉的区分，实现了量化掺假鉴别。Delwiche 等[71]利用 NIR 实现了测量糯小麦中混合水平高于 10%（质量分数）的常规硬质小麦。Xu 等[72]采用 NIR 分析与类比的软独立建模和 PLS 相结合对 215 个掺有小麦粉、非糯米粉和滑石粉的糯米粉建立模型，所建模型成功实现对糯米粉中掺有 2% 或更高含量小麦粉、非糯米粉和滑石粉的准确检测。

NIR 在鉴别食用油真伪上取得良好进展。Sato[73]利用 NIR 分析技术，选取 NIR 波长范围 1600～2200nm，测定大豆、玉米、棉籽、橄榄、米糠、花生、油菜籽、芝麻和椰子油 9 种植物油脂肪酸含量，用 PCA 对其进行分类，结果表明，

PCA 可以用于 9 种植物油的分类。因此，NIR 分析技术可以用来判断 9 种掺假油。Bewig 等[74]利用近红外反射光谱分析技术对棉花籽油、花生油、大豆油和菜籽油 4 种植物油进行区分，通过判别分析（DA）能够准确区分 4 种植物油以及精确分类未知植物油样品。Wang 等[75]利用光纤漫反射近红外光谱实现了山茶油中大豆油的掺假鉴别，采集纯山茶油和掺有 5%～25%不同浓度大豆油的山茶油样品的 NIR，运用 PLS 进行建模，得到的 R 为 0.992，校准均方根误差（Root Mean Standard Error of Calibration，RMSEC）、RMSEP、RMSECV 分别为 0.70、1.78 和 1.79，模型适应性良好。Kasemsumran 等[76]采用 NIR 的 PLS 实现了橄榄油中玉米油、榛子油、豆油和葵花籽油的掺假鉴别与掺假含量的预测。Li 等[77]运用 PCA、HCA、DA 和自由基函数神经网络的纯山茶油模型总正确分类率为 98.3%。Chen 等[78]利用二维相关分析技术结合 NIR，通过对大豆油、棕榈油、芝麻油和花生油作为研究对象，分析关键区域相关峰的光谱差异，成功区分 4 种植物油，从而建立一种快速区分植物油的方法。Luna 等[79]利用 NIR 分析技术结合多元分类法来鉴别转基因和非转基因大豆油，应用 PCA 提取光谱数据中的相关变量并进行降维降噪处理，然后采用支持向量机判别分析（Support Vector Machine Discriminant Analysis，SVM-DA）和 PLS-DA 进行分类，结果表明应用 SVM-DA 预测结果正确率分别为 100%和 90%，PLS-DA 预测结果正确率分别为 95%和 100%。Inarejos-Garcia 等[80]利用 NIRS 技术快速筛选初榨橄榄油产品，通过测定其次要成分和感官特征来评估其质量等级。Azizian 等[81]采用 FT-NIR 结合化学计量学方法，对掺有 9 种不同植物油的特级初榨橄榄油实现掺假种类和数量的鉴别。Mendes 等[82]利用 NIR 分析技术对橄榄油掺假情况进行了研究和分析，橄榄油和大豆油的掺假范围为 0%～100%，所构建模型的 R 为 0.98，对橄榄油中是否掺假 RMSEP 为 1.76。Luo 等[83]基于 NIR 区分芝麻油中豆油和菜籽油，分析结果表明 R 为 0.990772，RMSE 为 0.082，因此可以区分芝麻油中是否掺假。Oliveira Moreira 等[84]利用 NIR 与 PLS 相结合对 53 个 50%～100%纯度的巴西棕榈油进行建模，R^2 为 0.991，RMSEP 为 1.5%，RMSECV 低于 2%，可以用于巴西棕榈油掺假鉴别。

以上方法在化学计量学方法建模过程中需要足够量的食用植物油和对应掺入廉价油脂的食用植物油样品，由于随着掺入廉价油脂的种类增加，掺假的种类呈现爆炸式增长，考虑到成本和可操作性，现有的方法往往仅能实现食用植物油中掺入某一种或两种已知廉价油脂的有效鉴别。显然这些技术具有很大的局限性，不法商贩仅需同时掺入两种以上的廉价油脂或直接掺入混合油脂（例如废弃油脂）就可规避以上技术。中国农业科学院油料所[59]选取易被掺假的亚麻籽油为例，结合单纯形线性规划理论通过在纯亚麻籽油中掺入一定比例的其他低价油（棉籽油、大豆油、菜籽油、玉米油和葵花籽油），利用正交校正的 PLS-DA 结合掺假油的纯油信息选取了 184 个特征波长作为重要变量，建立了基于 NIR 的单类 PLS 多元目标掺假鉴别模型。结果表明当掺假量大于等于 5％ 时，真实亚麻籽油的正确判别率达到 100％，亚麻籽油掺假鉴别的正确判别率高达 95.77％。与传统的多类判别分析相比该模型可以检测棉籽油、大豆油、菜籽油、玉米油和葵花籽油以任意比例掺入亚麻籽油的掺假样本，为食用植物油多元掺假快速鉴别提供了重要技术手段，也为其他食品多元掺假鉴别提供了借鉴。

4.5　近红外光谱法在粮油产地溯源方面的应用

NIR 分析技术在谷物产地溯源得到了广泛应用。钱丽丽等[85]利用 NIR 分析技术结合 HCA 和 PLS 对黑龙江省 3 个地区的地理标志性产品大米进行产地溯源研究。结果表明：运用 DA 和 HCA 建立的模型对大米产地预测正确率分别为 100％、95.83％、100％；采用 PLS 建立的判别模型的预测正确率分别为 95.83％、100％、95.83％，产地预测正确率达 95％以上，实现了大米产地溯源。宋雪健等[86]选取来自肇源和肇州 2 个地区的 144 份小米样品，应用近红外漫反射光谱技术结合化学计量学对不同状态的小米进行产地溯源研究，结果表明：采用因子化法和偏最小二乘差建立的模型对 2 个产地的小米的正确鉴别率均在 90％以上。Davrieux 等[87]采用 NIR 分析技术对泰国的香味大米和非香味大米，应用 PLS 建立判别模型，结果显示鉴别正确率高达 97.40％。赵海燕等[88]应用 NIR 分析仪检测中国 2007/2008 和 2008/2009 两个年度、4 个省份的 240 份小麦样品，NIR 经均值标准化、一阶求导和多元散射校正处理结合 PLS-DA，结果显示，4 个地区的小麦籽粒样品总体正确判别率分别为 87.5％、91.7％、48.3％、82.5％。夏立娅等[89]采集 209 个地理标志产品响水大米和非响水大米的光谱，将其采用一阶导数和平滑处理建立凝聚层次聚类和费歇尔判别模型（Fisher Discriminant Analysis，FDA），结果表明，2 种方法的准确率均为 100％，可以正确地区分响水大米和非响水大米。Kim 等[90]采用 NIR 分析技术结合 PLS 模式识别方法，对来自韩国的 280 份和其他地区的 220 份大米样品建立模型，鉴别率达到 100％。李勇等[91]利用 FT-NIR 分析仪采集了来自江苏、辽宁、湖北、黑龙江 4 个省份的 169 个大米样品的光谱数据，继而采用 PCA 和 LDA 进行产地溯源分析，结果表明，预测集判别 4 个省份的大米产地的准确率在 93.00％以上。Zhao 等[92]通过近红外反射光谱法确定小麦产地的来源。运用判别偏最小二乘分析（Discriminant Partial Least Squares Analysis，DPLS）方法能够很好地实现小麦产地的溯源。以上案例表明，NIRS 分析技术在谷物产品产地溯源中应用较多，建立的模型可有效区分不同产地的谷物产品，但仍需进一步深入研究不同产地谷物产品的勾兑掺假鉴别以保证谷物产品的真实性。

食用油产地溯源主要集中在高价油，例如橄榄油和茶油。Galtier 等[93]利用 NIR 数据定量评估了 125 组源自法国 5 个地区的初榨橄榄油样品中的脂肪酸和三酰甘油，并对样品组建立了 PLS-DA 产地溯源模型，模型预测正确判别率分别为

91％、88％、90％、85％和83％，结果表明 NIR 分析技术可识别初榨橄榄油产地。Bevilacqua 等[94]将 NIR 分析技术与化学计量法结合，对来自有原产地认证的 Sabina 的 20 组橄榄油样品和其他产地的 37 组样品进行产地溯源，用预处理后的光谱数据建立的 PLS-DA 和 SIMCA 模型，验证模型的识别率均为 100％。Casale 等[95]运用 NIR 对来自意大利利古里亚大区的 195 个橄榄油样品进行分析，结合一系列化学计量方法进行预处理，并初步建立了识别模型，验证结果表明模型的鉴别准确性较高、灵敏度高。Woodcock 等[96]利用近红外透射光谱分析技术结合化学计量学方法确定欧洲橄榄油产地，这也为 NIR 分析技术在其他油类的产地鉴定提供了新思路。Forina 等[97]利用 NIR 技术，采用逐步线性判别分析、LDA 和类建模技术二次判别分析的建模方法，建立意大利受保护原产地生产的特级初榨橄榄油的模型，用于确定是否来源于意大利受保护原产地。Choi 等[98]利用 NIR 技术成功区分韩国、中国和印度的芝麻。Dossa 等[99]通过近红外反射光谱法确定芝麻的地理起源来自非洲或者亚洲。文韬等[100]利用 NIR 采集湖南、江西、安徽和浙江 4 个不同产地茶油的光谱数据，结合 Savitzky-Golay 平滑、多元散射校正、一阶导数和矢量归一化等方法进行预处理，同时构建 PCA-BP（Back Propagation，反向传播）神经网络和 PLS-BP 神经网络模型，实验结果表明，两种模型对未知产地样品溯源正确率均大于 90％，证实该模型可较准确地鉴别茶油的原产地。

NIR 分析技术因分析时间短、样品用量少、无损检测、绿色环保、低成本、可在线检测等特点在农产品产地溯源研究方面得到广泛应用，但该方法也存在一定的局限性，主要包括：a. NIR 分析技术的准确性容易受到样品来源、环境条件等因素的影响，且农产品在贮藏、运输过程中有机成分组成发生变化，导致判别模型鉴别正确率降低。因此，建模样品的选取应该具有代表性，考虑品种、环境、运输与贮藏条件的影响，保证建立稳健的产地溯源模型。b. NIR 分析技术对于均质、流体状态的农产品的鉴别准确率高于固体类的农产品，因此需要降低其孔隙度达到均匀分布，为了保证预测的精度，可考虑对样品进行适当的处理。c. 前期工作发现 NIR 分析法可将不同产地的农产品区分开，但仍无法实现不同产地间农产品的掺假鉴别，需要发展新型化学计量学方法，提高模型精度，以提高近红外技术的检测速度和鉴别精度[101]。

4.6 近红外高光谱成像技术在粮油产品中的应用

近红外高光谱成像技术作为光谱学和成像技术的结合，在一个系统中同时提供光谱和空间背景，已经成为传统成像和光谱学的可行替代技术。近红外高光谱成像技术在粮油产品中应用广泛。Mishra 等[102]提出了独立成分分析（ICA）技术结合近红外高光谱成像检测小麦粉中的花生粉。刘倩[103]采集 47 份不同品种的小麦样品的近红外高光谱谱图，建立的小麦籽粒粗蛋白含量模型 RMSEP 为 0.28％，相对分析误差为 3.30，实现了近红外高光谱技术测定小麦籽粒的粗蛋白含量，为挑选高蛋白籽粒母本实现小麦优质育种提供一种新思路。Sendin 等[104]选择 1118～2445nm 的波长对白玉米进行分级，结果表明，采用面向对象的 PLS-DA 模型，其分类精度达到 98％以上。Verdúa 等[105]以不同程度掺入高粱、燕麦和玉米粉的小麦粉为检测材料，结果可通过多元统计过程控制方法（Multivariate Statistical Process Control Method，MSPC）成功检测出小麦粉中的掺假。Mahesh 等[106]使用近红外高光谱成像技术区分加拿大的小麦种类，通过不同的分析方法，其准确度高于 86％。Singh 等[107]利用近红外高光谱成像技术结合 PCA 算法实现了对发芽和破损的小麦籽粒的分类。

Cheng 等[108]以花生仁为研究对象，利用近红外高光谱成像技术结合化学计量学方法预测花生仁中蛋白质和含油量，以乘法散射校正预处理方法建立的 PLSR 模型预测结果良好，花生仁中蛋白质、含油量的预测决定系数（Determination Coefficient for Prediction，R_P^2）分别为 0.901、0.945，RMSEP 分别为 0.441、0.196。Wang 等[109]利用近红外高光谱成像技术结合 PLSR 法建立花生仁中蛋白质含量的模型，结果得到 R_P^2 为 0.885，RMSEP 为 0.465％，证明近红外高光谱成像技术可以用于花生仁中蛋白质含量测定。Jin 等[110]在 400～1000nm 和 1000～2500nm 的两个光谱范围内确定花生仁的水分含量，从而证明近红外高光谱成像技术是预测花生仁中水分的潜在方法。Jin 等[111]利用近红外高光谱成像技术选择 400～1000nm 和 1000～2500nm 波长范围测定花生中含油量。崔彬彬[112]实现了近红外高光谱成像技术快速无损检测花生中水分、蛋白质含量。王海龙等[113]对非转基因亲本大豆品种、转基因大豆及其亲本大豆的品种进行鉴别，利用近红外高光谱采集 874～1734nm 的图像，结合 DA 方法建模。研究表明采用近红外高光谱成像技术可以用于对非转基因大豆、非转基因亲本及其转基因大豆进行鉴别。

4.7　粮油产品质量安全近红外光谱检测技术标准

随着 NIR 在粮油产品质量安全领域的广泛应用，为规范使用，我国粮油质量安全专家建立了一系列的粮油产品品质近红外光谱检测技术标准，详见表 4-3。

表 4-3　粮油产品品质近红外光谱检测技术标准

粮油产品	品质参数	标准名称		标准编号
稻米	水分	粮油检验　稻谷水分含量测定　近红外法		GB/T 24896—2010
	粗蛋白质	粮油检验　稻谷粗蛋白质含量测定　近红外法		GB/T 24897—2010
大豆	粗蛋白质、粗脂肪	粮油检验　大豆粗蛋白质、粗脂肪含量的测定　近红外法		GB/T 24870—2010

续表

粮油产品	品质参数	标准名称	标准编号
小麦	水分	粮油检验　小麦水分含量测定　近红外法	GB/T 24898—2010
	粗蛋白质	粮油检验　小麦粗蛋白质含量测定　近红外法	GB/T 24899—2010
	小麦粉粗蛋白质	粮油检验　小麦粉粗蛋白质含量测定　近红外法	GB/T 24871—2010
	小麦粉灰分	粮油检验　小麦粉灰分含量测定　近红外法	GB/T 24872—2010
小麦、玉米	粗蛋白质	小麦、玉米粗蛋白质含量近红外快速检测方法	天津市地方标准DB12/T 347—2007
玉米	水分	粮油检验　玉米水分含量测定　近红外法	GB/T 24900—2010
	粗蛋白质	粮油检验　玉米粗蛋白质含量测定　近红外法	GB/T 24901—2010
	粗脂肪	粮油检验　玉米粗脂肪含量测定　近红外法	GB/T 24902—2010
	淀粉	粮油检验　玉米淀粉含量测定　近红外法	GB/T 25219—2010
饲料	水分、粗蛋白质、粗纤维、粗脂肪、赖氨酸、蛋氨酸	饲料中水分、粗蛋白质、粗纤维、粗脂肪、赖氨酸、蛋氨酸快速测定　近红外光谱法	GB/T 18868—2002
	氨基酸	饲料中氨基酸的测定　近红外法	湖南省地方标准DB43/T 1065—2015
	粗蛋白、粗脂肪、粗纤维、水分、钙、总磷、粗灰分、水溶性氯化物、氨基酸	饲料中粗蛋白、粗脂肪、粗纤维、水分、钙、总磷、粗灰分、水溶性氯化物、氨基酸的测定　近红外光谱法	辽宁省地方标准DB21/T 2048—2012
	粗灰分、钙、总磷、氯化钠	饲料中粗灰分、钙、总磷和氯化钠快速测定　近红外光谱法	江西省地方标准DB36/T 1127—2019
油料	含油量	植物油料含油量测定　近红外光谱法	NY/T 3105—2017
	粗蛋白质	植物油料中粗蛋白质的测定　近红外光谱法	NY/T 3298—2018
	油酸、亚油酸	植物油料中油酸、亚油酸的测定　近红外光谱法	NY/T 3299—2018
油菜籽	芥酸、硫代葡萄糖苷	油菜籽中芥酸、硫代葡萄糖苷的测定　近红外光谱法	NY/T 3295—2018
	总酚、生育酚	油菜籽中总酚、生育酚的测定　近红外光谱法	NY/T 3297—2018
花生	氨基酸	花生仁中氨基酸含量测定　近红外法	NY/T 2794—2015

4.8　近红外光谱分析技术在粮油产品中的应用前景

　　粮油是人类生活中最重要的食品和食品原料，粮油品质的好坏决定了其加工品的质量，越来越受到产业和消费者的关注。因此，在农业发展中评估粮油产品的质量至关重要。由于 NIR 技术具有快速、无损且成本低廉等优点，不仅应用于粮油产品品质指标的检测，还应用于产品的真伪鉴别和产地溯源等。近年来，NIR 技术被用于检测农药残留和重金属污染，Jamshidi 等[114]选择波长范围为 450～1000nm 的近红外光谱仪来测定黄瓜中的农药残留，Angelopoulou 等[115]利用 NIR 技术对土壤中的重金属进行了研究。实际上，农药残留和重金属也是粮油产品的重要危害因子。因此，采用 NIR 技术快速检测粮油产品中农药残留和重金属污染是粮油产品质量和安全重要研究方向。同时，NIR 技术优势包括快速、无损和低成本，可实现原料和产品的在线检测。开发 NIR 在线检测设备、建立粮油产品的在线检测技术受到产业高度关注。更重要的是，随着农业和食品工业的发展，粮油产品中的特异营养成分，例如植物甾醇、维生素和酚类化合物，正成为衡量优质粮油产品的重要品质参数，如能通过 NIR 技术检测粮油产品中的特异营养成分，实现从原材料到最终产品的全过程质量控制，对带动优质粮油产品加工利用具有重要的意义。

参 考 文 献

［1］Yang R N,Zhang L X,Li P W,et al. A review of chemical composition and nutritional properties of minor vegetable oils in China. Trends in Food Science and Technology,2018,74：26-32.

［2］Vithu P,Moses J A. Machine vision system for food grain quality evaluation：A review. Trends in Food Science and Technology,2016,56：13-20.

［3］Wang Q,Liu H Z,Shi A M,et al. Review on the processing characteristics of cereals and oilseeds and their processing suitability evaluation technology. Journal of Integrative Agriculture,2017,16(12)：2886-2897.

［4］Haughey S A,Graham S F,Cancouët E,et al. The application of near-infrared reflectance spectroscopy (NIRS) to detect melamine adulteration of soya bean meal. Food Chemistry,2011,136(3-4)：1557-1561.

［5］Yang X S,Wang L L,Zhou X R,et al. Determination of protein,fat,starch,and amino acids in foxtail millet ［Setaria italica（L.）Beauv.］ by fourier transform near-infrared reflectance spectroscopy. Food Science and Biotechnolgy,2013,22(6)：1495-1500.

［6］Vilaseca M,Pujol J,Arjona M. NIR spectrophotometric system based on a conventional CCD camera. Machine Vision Applications in Industrial Inspection,2003,5011：222-233.

［7］Z Xing,X S Hou,Y X Tang,et al. Monitoring of polypeptide content in the solid-state fermentation process of rapeseed meal using NIRS and chemometrics. Journal of Food Process Engineering,2018,41(7)：51-57.

［8］Workman J J. A brief review of near infrared in petroleum product analysis. Journal of Near Infrared Spectroscopy,1996,4(1)：69-74.

［9］ Chen G L,Zhang B,Wu J G,et al. Nondestructive assessment of amino acid composition in rapeseed meal based on intact seeds by near-infrared reflectance spectroscopy. Animal Feed Science and Technology,2011, 165(1-2): 111-119.

［10］ Arendse E,Fawole O A,Magwaza L S,et al. Non-destructive prediction of internal and external quality attributes of fruit with thick rind: A review. Journal of Food Engineering,2018,217: 11-23.

［11］ Budić-Leto I,Kljusurić J G,Zdunić G,et al. Usefulness of near infrared spectroscopy and chemometrics in screening of the quality of dessert wine Prosek. Croatian Journal of Food Science and Technology,2011,3 (2): 9-15.

［12］ Louw E D,Theron K I. Robust prediction models for quality parameters in Japanese plums (Prunus salicina L.) using NIR spectroscopy. Postharvest Biology and Technology,2010,58(3),176-184.

［13］ So C L,Via B K,Groom L H,et al. Near infrared spectroscopy in the forest products industry. Forest Products Journal,2004,54(3): 6-16.

［14］ Guo J,You T F,Prisecaru V,et al. NIR calibrations for soybean seeds and soy food composition analysis: total carbohydrates,oil,proteins and water contents. Nature Precedings,2011.

［15］ Wang H L,Wan X Y,Bi J C,et al. Quantitative analysis of fat content in rice by near-infrared spectrscopy technique. Cereal Chemistry,2006,83(4): 402-406.

［16］ Chen L J,Xing L,Han L J. Review of the application of near-infrared spectroscopy technology to determine the chemical composition of animal manure. Journal of Environmental Quality,2014,42(4): 1015-1028.

［17］ Corro-Herrera V A,Gomez-Rodriguez J,Hayward-Jones P M,et al. In-situ monitoring of saccharomyces cerevisiae ITV01 bioethanol process using near-infrared spectroscopy NIRS and chemometrics. biotechnology programme,2016,32(2): 510-517.

［18］ Roggo Y,Chalus P,Maurer L,et al. A review of near infrared spectroscopy and chemometrics in pharmaceutical technologies. Journal of Pharmaceutical and Biomedical Analysis,2007,44(3): 683-700.

［19］ Chen Q S,Zhao J W,Chaitep S,et al. Simultaneous analysis of main catechins contents in green tea (Camellia sinensis (L.)) by Fourier transform near infrared reflectance (FT-NIR) spectroscopy. Food Chemistry,2009,113(4): 1272-1277.

［20］ Bureau S,Ruiz D,Reich M,et al. Rapid and non-destructive analysis of apricot fruit quality using FT-near-infrared spectroscopy. Food Chemistry,2009,113(4): 1323-1328.

［21］ Georgieva M,Nebojan I,Milhalev K,et al. Application of NIR spectroscopy and chemometrics in quality control of wild berry fruit extracts during storage. Croatian Journal of Food Technology,Biotechnology and Nuturition,2013,8(3-4): 67-73.

［22］ Barbin D F,Felicio A L M,Sun D W,et al. Application of infrared spectral techniques on quality and compositional attributes of coffee: An overview. Food Research International,2014,61: 23-32.

［23］ Daszykowski M,Wrobel M S,Czarnik-Matusewiczb H,et al. Near-infrared reflectance spectroscopy and multivariate calibration techniques applied to modelling the crude protein,fibre and fat content in rapeseed meal. Analyst,2008,133(11): 1523-1531.

［24］ Guo Y,Ni Y N,Kokot S. Evaluation of chemical components and properties of the jujube fruit using near infrared spectroscopy and chemometrics. Spectrochimica Acta Part A: Molecular and Biomolecular Spectroscopy,2016,153: 79-86.

［25］ Pfaue H B. Analysis of water in food by near infrared spectroscopy. Food Chemistry, 2003, 82(1): 107-115.

［26］ Qu J H,Liu D,Cheng J H,et al. Applications of near-infrared spectroscopy in food safety evaluation and control: A review of recent research advances. Critical Reviews in Food Science and Nutrition,2015,55

（13）：1939-1954.

[27] Anjos O,Campos M G,Ruiz P C,et al. Application of FTIR-ATR spectroscopy to the quantification of sugar in honey. Food Chemistry,2015,169：218-223.

[28] Mark H,Jr J W. 69. Connecting chemometrics to statistics：Part 1-the chemometrics side. Chemometrics in Spectroscopy,2007,21(6)：471-475.

[29] Gendrin C,Roggo Y,Collet C. Pharmaceutical applications of vibrational chemical imaging and chemometrics：A review. Journal of Pharmaceutical and Biomedical Analysis,2008,48(3)：533-553.

[30] Gad H A,El-Ahmady S H,Abou-Shoerb M I,et al. Application of chemometrics in authentication of herbal medicines：A review. Phytochemical Analysis,2012,24(1)：1-124.

[31] Wu J G,Shi C H. Calibration model optimization for rice cooking characteristics by near infrared reflectance spectroscopy（NIRS）. Food Chemistry,2007,103(3)：1054-1061.

[32] Hom N H,Becker H C,Mollers C. Non-destructive analysis of rapeseed quality by NIRS of small seed samples and single seeds. Euphytica,2007,153(1-2)：27-34.

[33] Santana F B,Netob W B,Poppia R J. Random forest as one-class classifier and infrared spectroscopy for food adulteration detection. Food Chemistry,2019,293：323-332.

[34] Lubes G,Goodarzi M. Analysis of volatile compounds by advanced analytical techniques and multivariate chemometrics. Chemical Reviews,2017,117(9):6399-6422.

[35] Heman A,Hsieh C L. Measurement of moisture content for rough rice single kernel by Visible/NIR spectroscopy. Engineering in Agriculture,Environment and Food,2016,9(3),280-290.

[36] Gatius F,Lloveras J,Ferran J,et al. Prediction of crude protein and classification of the growth stage of wheat plant samples from NIR spectra. Journal of Agricultural Science,2004,142(5)：517-524.

[37] Kahriman F,Egesel C O. Development of a calibration model to estimate quality traits in wheat flour using NIR（Near Infrared Reflectance）spectroscopy. Research Journal of Agricultural Science,2011,43(3)：392-400.

[38] Moreland C,Heil C. Quantitative analysis of wheat flour using FT-NIR. Thermo Electron Scientific Instruments LLC. 2011.

[39] Olivos-Trujillo M,Gajardo H A,Salvo S,et al. Assessing the stability of parameters estimation and prediction accuracy in regression methods for estimating seed oil content in Brassica napus L. using NIR spectroscopy. IEEE Congreso Chileno De Ingeniería Eléctrica,Electrónica,Tecnologías De La Información Y Comunicaciones. IEEE,2015.

[40] Wang J S,Jin H,Guo R,et al. Measurement of protein content in sesame by near-infrared spectroscopy technique. Conference：New Technology of Agricultural Engineering（ICAE）,International Conference on. 2011.

[41] Prem D,Gupta K,Sarkar G,et al. Determination of oil,protein and moisture content in whole seeds of three oleiferous Brassica species using near-infrared reflectance spectroscopy. Journal of Oilseed Brassica,2012,3(2)：88-98.

[42] 郭蕊. 基于近红外光谱的芝麻品质快速检测研究[D]. 郑州:河南工业大学,2012.

[43] 王丽萍,陈文杰,赵兴忠,等. 基于近红外漫反射光谱法的大豆粗蛋白和粗脂肪含量的快速检测. 大豆科学,2019,38(2)：280-285.

[44] Ferreira D S,Pallone J A L,Poppi R J. Fourier transform near-infrared spectroscopy（FT-NIRS）application to estimate Brazilian soybean［Glycine max（L.）Merril］composition. Food Research International,2013,51(1)：53-58.

[45] Sundaram J,Kandala C V,Holser R A,et al. Determination of in-shell peanut oil and fatty acid composition

using near-infrared reflectance spectroscopy. Journal of the American oil Chemists Society,2010,87(10):1103-1114.

[46] Yang M X,Chen Q S,Kutsanedzie F Y H,et al. Portable spectroscopy system determination of acid value in peanut oil based on variables selection algorithms. Measurement,2017,103:179-185.

[47] Cayuela SanÀchez J A,Moreda W,García J M. Rapid determination of olive oil oxidative stability and its major quality parameters using Vis/NIR transmittance spectroscopy. Journal of Agricultural and Food Chemistry,2013,61(34):8056-8062.

[48] Yildiz G,Randy L,Wehling R L,et al. Monitoring PV in corn and soybean oils by NIR spectroscopy. Journal of the American Chemical Society,2002,79(11):1085-1089.

[49] Hong S J,Rho S J,Lee A Y,et al. Rancidity estimation of perilla seed oil by using near-infrared spectroscopy and multivariate analysis techniques. Journal of Spectroscopy,2017,2017:1-10.

[50] Sato T,Uezonob I,Morishitaa T,et al. Nondestructive estimation of fatty acid composition in seeds of brassica napus L. by near-infrared spectroscopy. Journal of the American Chemical Society,1998,75(12):1877-1881.

[51] 丁小霞,李培武,李光明,等. 傅里叶变换近红外光谱技术测定完整油菜籽中芥酸和硫甙含量. 中国油料作物学报,2004,26(3):77-80.

[52] 丁小霞,李培武,刘培,等. 无效变量消除法在油菜籽芥酸近红外无损速测中的应用. 中国油料作物学报,2010,32(3):441-446.

[53] 高建芹,张洁夫,浦惠明,等. 近红外光谱法在测定油菜籽含油量及脂肪酸组成中的应用. 江苏农业学报,2007,23(3):189-195.

[54] Han S I,Chae J H,Bilyeu K,et al. Non-destructive determination of high oleic acid content in single soybean seeds by near infrared reflectance spectroscopy. Journal of the American Oil Chemists Society,2014,91(2):229-234.

[55] 杨传得,唐月异,王秀贞,等. 傅立叶近红外漫反射光谱技术在花生脂肪酸分析中的应用. 花生学报,2015,44(1):11-17.

[56] 李建国,薛晓梦,张照华,等. 单粒花生主要脂肪酸含量近红外预测模型的建立及其应用. 作物学报,2019,45(12):1891-1898.

[57] Özdemira D S,Dag C,Özinanç G,et al. Quantification of sterols and fatty acids of extra virgin olive oils by FT-NIR spectroscopy and multivariate statistical analyses. Food Science and Technology, 2018,91:125-132.

[58] Mailer R J. Rapid evaluation of olive oil quality by NIR reflectance spectroscopy. Journal of the American Chemical Society,2004,81(9):823-827.

[59] 原喆. 基于近红外光谱的油料油脂检测技术研究[D]. 北京:中国农业科学院,2018.

[60] Zeng X Y,Zhao W Q,Hu X Z,et al. Determination of polyphenols in oats by near-infrared spectroscopy (NIRS) and two-dimensional correlation spectroscopy. Analytical Letters,2019,52(6):962-971.

[61] 刘敏轩,王赟文,韩建国. 高粱籽粒中多酚类物质的傅立叶变换近红外光谱分析. 分析化学,2009,37(9):1275-1280.

[62] 沈芸. 稻米抗氧化特性的遗传多样性及 NIRS 测定方法的建立[D]. 杭州:浙江大学,2008.

[63] Sen R,Sharma S,Kaur G,et al. Near-infrared reflectance spectroscopy calibrations for assessment of oil, phenols,glucosinolates and fatty acid content in the intact seeds of oilseed Brassica species. Journal of the Science of Food and Agriculture,2017,98(11):4050-4057.

[64] 李培武,孟子园,张文,等. 油菜芥酸硫甙定量速测仪研制及应用. 中国油料作物学报,2003,25(2):70-74.

[65] 孙秀丽. 油菜籽油分、硫甙含量近红外分析模型的建立及西藏油菜资源品质性状多样性研究[D]. 武汉:

华中农业大学,2002.

[66] 刘婷,王传堂,唐月异,等. 花生自然风干种子维生素 E 含量近红外分析模型构建. 山东农业科学,2018,50
(6):163-166.

[67] Szlyk E,Szydlowska-Czerniak A,Kowalczyk-Marzec A. NIR spectroscopy and partial least-squares
regression for determination of natural r-tocopherol in vegetable oils. Journal of Agricultural and Food
Chemistry,2005,53(18):6980-6987.

[68] Kahriman F,Onaç I,Turk F M,et al. Determination of carotenoid and tocopherol content in maize flour
and oil samples using near-infrared spectroscopy. Spectroscopy Letters,2019,52(8):1-9.

[69] 汪丹丹. 基于代谢组学的油菜和芝麻特质营养成分分析[D]. 北京:中国农业科学院,2019.

[70] Cocchi M,Durante C,Foca G,et al. Durum wheat adulteration detection by NIR spectroscopy multivariate
calibration. Talanta,2006,68(5):1505-1511.

[71] Delwiche S R,Graybosch R A. Binary mixtures of waxy wheat and conventional wheat as measured by NIR
reflectance. Talanta,2016,146:496-506.

[72] Xu L,Yan S M,Cai C B,et al. Untargeted detection of illegal adulterations in Chinese glutinous rice flour
(GRF) by NIR spectroscopy and chemometrics:specificity of detection improved by reducing unnecessary
variations. Food Analytical Methods,2013,6(6):1568-1575.

[73] Sato T. Application of principal-component analysis on near-infrared spectroscopic data of vegetable oils for
their classification. Journal of the American Chemical Society,1994,71(3):293-298.

[74] Bewig K M,Clarke A D,Roberts C,et al. Discriminant analysis of vegetable oils by near-infrared
reflectance spectroscopy. Jounal of the American Chemical Society,1994,71(2):195-200.

[75] Wang L,Lee F S C,Wang X R,et al. Feasibility study of quantifying and discriminating soybean oil
adulteration in camellia oils by attenuated total reflectance MIR and fiber optic diffuse reflectance NIR.
Food Chemistry,2006,95(3):529-536.

[76] Kasemsumran S,Kang N,Christy A A,et al. Partial least squares processing of near-infrared spectra for
discrimination and quantification of adulterated olive oils. Spectroscopy Letters,2007,38(6):839-851.

[77] Li S F,Zhu X R,Zhang J H,et al. Authentication of pure camellia oil by using near infrared spectroscopy
and pattern recognition techniques. Journal of Food Science,2012,77(4):374-380.

[78] Chen B,Tian P,Lu D L,et al. Feasibility study of discriminating edible vegetable oils by 2D-NIR.
Analytical Methods,2012,4(12):4310-4315.

[79] Luna A S,Silva A P,Pinho J S A,et al. Rapid characterization of transgenic and non-transgenic soybean
oils by chemometric methods using NIR spectroscopy. Spectrochimica Acta,2013,100:115-119.

[80] Inarejos-Garcia A M,Gómez-Alonso S,Fregapane G,et al. Evaluation of minor components,sensory
characteristics and quality of virgin olive oil by near infrared (NIR) spectroscopy. Food Research
International,2013,50(1):250-258.

[81] Azizian H,Mossoba M M,Fardin-Kia A R,et al. Novel,rapid identification,and quantification of
adulterants in extra virgin olive oil using near infrared spectroscopy and chemometrics. Lipids,2015,50
(7):705-718.

[82] Mendes T O,Rocha R A,Porto B L S,et al. Quantification of extra-virgin olive oil adulteration with
soybean oil:A comparative study of NIR,MIR,and Raman spectroscopy associated with chemometric
approaches. Food Analytical Methods,2015,8(9):2339-2346.

[83] Luo Q S,Yu Y R,Xu Q,et al. Research on detection of multi-adulteration of sesame oils by near-infrared
spectroscopy. 2018 2nd International Conference on Modeling,Simulation and Optimization Technologies
and Applications,2018.

［84］ Oliveira Moreira A C,Lira Machado A H,Almeida F V,et al. Rapid purity determination of copaiba oils by a portable NIR spectrometer and PLSR. Food Analytical Methods,2018,11(7)：1867-1877.

［85］ 钱丽丽,宋雪健,张东杰,等. 基于近红外光谱技术的黑龙江地理标志大米产地溯源研究. 中国粮油学报,2017,32(10)：187-190.

［86］ 宋雪健,钱丽丽,周义,等. 近红外漫反射光谱技术对小米产地溯源的研究. 食品研究与开发,2017,38(11)：134-139.

［87］Davrieux F,Ouadrhiri Y,Pons B. Discrimination between aromatic and non-aromatic rice by near infrared spectroscopy：A preliminiary study. Proceedings of the 12th International Conference,2007.

［88］ 赵海燕,郭波莉,魏益民,等. 近红外光谱对小麦产地来源的判别分析. 中国农业科学,2011,44(7)：1451-1456.

［89］ 夏立娅,申世刚,刘峥颢,等. 基于近红外光谱和模式识别技术鉴别大米产地的研究. 光谱学与光谱分析,2013,33(1)：102-105.

［90］Kim S S,Rhyu M R,Kim J M,et al. Authentication of rice using near-infrared reflectance spectroscopy. Cereal Chemistry,2003,80(3)：346-349.

［91］ 李勇,严煌倩,龙玲,等. 化学计量学模式识别方法结合近红外光谱用于大米产地溯源分析. 江苏农业科学,2017,45(21)：193-195.

［92］ Zhao H Y,Guo B L,Wei Y M,et al. Near infrared reflectance spectroscopy for determination of the geographical origin of wheat. Food Chemistry,2013,138(2-3)：1902-1907.

［93］ Galtier O,Dupuy N,Le Dréau Y,et al. Geographic origins and compositions of virgin olive oils determined by chemometric analysis of NIR spectra. Analytica Chimica Acta,2007,595(1-2)：136-144.

［94］ Bevilacqua M,Bucci R,Magri A D,et al. Tracing the origin of extra virgin olive oils by infrared spectroscopy and chemometrics：a case study. Analytica Chimica Acta,2012,71(7)：39-51.

［95］Casale M,Casolino C,Ferrari G,et al. Near infrared spectroscopy and class modelling techniques for the geographical authentication of ligurian extra virgin olive oil. Journal of Near Infrared Spectroscopy,2008,16(1)：39-47.

［96］ Woodcock T,Downey G,O′Donnell C P. Confirmation of declared provenance of european extra virgin olive oil samples by NIR spectroscopy. Journal of Agricultural and Food Chemistry,2008,56(23)：11520-11525.

［97］ Forina M,Oliveri P,Bagnasco L,et al. Artificial nose,NIR and UV－visible spectroscopy for the characterisation of the PDO Chianti Classico olive oil. Talanta,2015,144：1070-1078.

［98］ Choi Y H,Hong C K,Park G Y,et al. A nondestructive approach for discrimination of the origin of sesame seeds using ED-XRF and NIR spectrometry with chemometrics. Food Science and Biotechnology,2016,25(2)：433-438.

［99］ Dossa K,Wei X,Niang M,et al. Near-infrared reflectance spectroscopy reveals wide variation in major components of sesame seeds from Africa and Asia. The Crop Journal,2018,6(2)：202-206.

［100］ 文韬,郑立章,龚中良,等. 基于近红外光谱技术的茶油原产地快速鉴别. 农业工程学报,2016,32(16)：293-299.

［101］ 张勇,王督,李雪,等. 基于近红外光谱技术的农产品产地溯源研究进展. 食品安全质量检测学报,2018,9(23)：6161-6166.

［102］ Mishra P,Christophe C B Y,Rutledge D N,et al. Application of independent components analysis with the JADE algorithm and NIR hyperspectral imaging for revealing food adulteration. Journal of Food Engineering,2016,168：7-15.

［103］ 刘倩. 基于光谱成像技术的小麦种子品质分析研究[D]. 北京:北京工商大学,2017.

［104］ Sendin K,Manley M,Baeten V,et al. Near infrared hyperspectral imaging for white maize classification according to grading regulations. Food Analytical Methods,2019,12(7)：1612-1624.

［105］ Verdú S,Vasquez F,Grau R,et al. Detection of adulterations with different grains in wheat products based on the hyperspectral image technique：The specific cases of flour and bread. Food Control,2016,62：373-380.

［106］ Mahesh S,Manickavasagan A,Jayas D S,et al. Feasibility of near-infrared hyperspectral imaging to differentiate Canadian wheat classes. Biosystems Engineering,2008,101(1)：50-57.

［107］ Singh C B,Jayas D S,Paliwal J,et al. Detection of sprouted and midge-damaged wheat kernels using near infrared hyperspectral imaging. Cereal Chemistry,2009,86(3)：256-260.

［108］ Cheng J H,Jin H L,Xu Z Y,et al. NIR hyperspectral imaging with multivariate analysis for measurement of oil and protein contents in peanut varieties. Analytical Methods,2017,9(43)：6148-6154.

［109］ Wang Y J,Cheng J H. Rapid and non-destructive prediction of protein content in peanut varieties using near-infrared hyperspectral imaging method. Grain and Oil Science and Technology,2018,1：40-43.

［110］ Jin H,Li L L,Cheng J H. Rapid and non-destructive determination of moisture content of peanut kernels using hyperspectral imaging technique. Food Analytical Methods,2015,8(10)：2524-2532.

［111］ Jin H,Ma Y S,Li L L,et al. Rapid and non-destructive determination of oil content of peanut (Arachis hypogaea L.) using hyperspectral imaging analysis. Food Analytical Methods,2016,9(7)：2060-2067.

［112］ 崔彬彬. 基于高光谱成像技术的花生分类及水分和蛋白质含量检测[D]. 郑州：河南工业大学,2015.

［113］ 王海龙,杨向东,张初,等. 近红外高光谱成像技术用于转基因大豆快速无损鉴别研究. 光谱学与光谱分析,2016,36(6)：1843-1847.

［114］ Jamshidi B,Mohajerani E,Jamshidi J. Developing a Vis/NIR spectroscopic system for fast and non-destructive pesticide residue monitoring in agricultural product. Measurement,2016,89：1-6.

［115］ Angelopoulou T,Dimitrakos A,Terzopoulou E,et al,Reflectance spectroscopy (Vis-NIR) for assessing soil heavy metals concentrations determined by two different analytical protocols,based on ISO 11466 and ISO 14869-1. Water Air Soil Pollut,2017,228(11)：436.

第 5 章　激光诱导击穿光谱分析技术的新进展

激光诱导击穿光谱（Laser-Induced Breakdown Spectroscopy，LIBS）是一种新兴的、快速的多元素检测技术，是以激光脉冲作为激发源诱导产生激光等离子体的原子发射光谱[1,2]。区别于传统的元素分析技术（如原子吸收光谱、电感耦合等离子体-原子发射光谱、电感耦合等离子体-质谱），LIBS 具有快速、绿色、多元素检测的特点。单个的激光脉冲足以预测样品的元素组成，所需时间仅为几秒钟；无需或几乎不需要样品预处理，适合直接、原位、在线及远程检测，实现真正意义上的快速评价。伴随激光技术、探测光学技术及成像技术的不断创新，LIBS 进入快速发展时期。基于 LIBS 技术的诸多优势，本章介绍 LIBS 技术的基本原理和应用及其研究进展。

5.1　引言

LIBS 技术出现于 20 世纪 60 年代，继第一台红宝石激光器问世之后，随着激光光源技术、探测光学技术、高时间分辨测量技术、成像技术及各种光谱数据处理技术的不断创新，LIBS 实验装置不断更新[3]。涌现出双脉冲或多脉冲激光诱导击穿光谱、时间或空间分辨激光诱导击穿光谱、偏振激光诱导击穿光谱、微探针激光诱导击穿光谱、分子激光诱导击穿光谱及 LIBS 与其他分析技术联合应用光谱（拉曼-LIBS）等[4,5]。伴随激光技术和光谱探测技术的发展，LIBS 技术日趋成熟，光纤耦合式、便携式、遥感式仪器成为发展主流，使其更适于原位、现场和远程及恶劣环境中的应用。

5.1.1　激光诱导击穿光谱基本原理

LIBS 的基本原理是一束高能激光脉冲聚焦到样品表面，激光与物质相互作用形成了大量处于高能态的原子、离子和自由电子，但整体上呈近似电中性的粒子，称为"等离子体"[6,7]。高能态的粒子从激发态跃迁到能量较低的基态向外辐射能量，发射出待测样品中各元素的特征发射谱，激光诱导等离子体的演化周期图如图 5-1 所示。

在激光激发等离子体的早期，电子在连续区或连续区与分立能级之间跃迁形

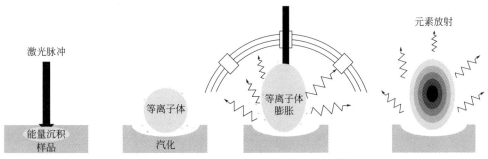

图 5-1　激光诱导等离子体的演化周期图[7,8]

成连续光谱，主要有两种跃迁过程：自由-自由跃迁（Free-Free Transition）或轫致辐射（Bremsstrahlung）；自由-束缚跃迁（Free-Bound Transition）又称辐射复合（Radiative Recombination）；自由-准连续态跃迁与自由-束缚跃迁类似，给出连续谱。随着时间的推移，辐射以激发辐射为主（又称为不连续辐射或线辐射），其基本特点是发射分立谱线。等离子体中原子轨道上的电子从自由态到束缚态，跃迁前后均处于束缚态，所以又称原子的束缚-束缚跃迁（Bound-Bound Transition）。LIBS 的原理示意图如图 5-2 所示。

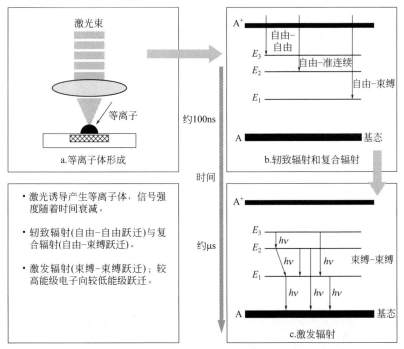

图 5-2　LIBS 的原理示意图[8]

研究表明连续辐射、离子谱线辐射以及原子谱线辐射的产生时间和衰减速度存在差异，如图 5-3 所示。连续光谱会出现在辐射的每个阶段。等离子体辐射连续光谱的时间很短，在激光诱导等离子体早期，连续辐射占据主导作用；随着时间推移，连续辐射和离子谱线辐射均迅速衰减。此时线状光谱变窄并成为光谱中的主要部分，元素的定量、定性信息主要通过线状光谱获取，因此线状光谱是 LIBS 分析的主要研究对象。虽然原子谱线强度增长相对较慢，但下降速率更慢；且相对于连续辐射、离子谱线辐射而言，原子谱线可以持续较长的时间[8]。因此，为获取较高的信号背景比（Signal to Background Ratio，SBR），需通过实验优化获取最佳的光谱采集延迟时间（Time Delay）和积分时间（Time Integration）。

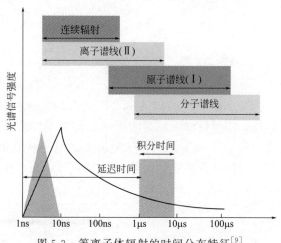

图 5-3   等离子体辐射的时间分布特征[9]

由于不同元素原子自身结构的不同，其能级也有所不同，激光能量的激发作用下，产生等离子体，在等离子体冷却过程中，处于激发态的粒子会向基态或者低能级跃迁而辐射光子，光子具有特定的波长，并与元素一一对应，而且发射谱线强度和其所属元素的含量之间存在线性关系，通过对特征谱线的辨识与测量，实现待测元素的定性与定量分析。LIBS 发射谱线是位于约 200～1000nm 谱带区，如图 5-4 所示。LIBS 元素标定原则主要依据美国国家标准与技术研究院（National Institute of Standards and Technology，NIST）的原子光谱数据库[1]。

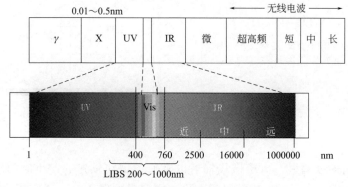

图 5-4   LIBS 所在的波谱范围

5.1.2　激光诱导击穿光谱检测系统结构

　　LIBS 构造示意图如图 5-5 所示，由脉冲激光器、聚焦系统（由反射镜和聚焦透镜组成）、载物台、光谱信号采集系统、光谱探测系统、时间延迟控制器、光谱处理软件等组成。脉冲激光器提供激发光源，产生高度集中的高能激光，聚焦系统将激光束汇聚在样品表面，进而激发样品产生能量沉积，逐渐烧灼、熔融，产生高电子密度的等离子体；随后，光学采集系统收集等离子体的发射谱线，并通过光纤把光学信号传导到光谱仪探测系统，进行时间分辨或空间分辨；然后通过计算机进行分析。载物台由三维步进电机控制，实现空间 X、Y、Z 三个方向上精确运动。LIBS 技术能够实现元素的定性定量分析，主要是根据元素的谱线特征及元素的含量与信号强度成比例的关系[1]。

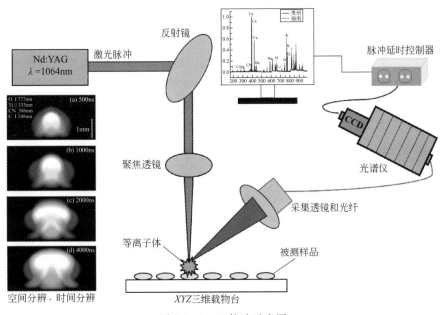

图 5-5　LIBS 构造示意图

5.1.3　激光诱导击穿光谱定量分析

　　LIBS 元素定量分析仍存在巨大的挑战。LIBS 在均匀样本的元素定量分析时，最基本的假设是完全烧蚀即等离子体中各元素的含量代表激光烧蚀前样品中各元素的实际含量。再者，若激光等离子体处于局部热平衡，则由玻尔兹曼（Boltzmann）定律可知，激发态的电子密度与等离子体对应元素的浓度有关。元素 S 发射谱线的强度理论上可以表示为式（5-1）[10]

$$I_{ij} = FC_s A_{ij} \frac{g_i}{U^s(T)} e^{-E_i/(k_B T)} \tag{5-1}$$

式中，F 为仪器接收效率；C_s 为该发射线所对应的元素含量；A_{ij} 为 i 能级向 j 能级跃迁的概率；g_i 是简并度；E_i 为 i 能级的激发能；k_B 为玻尔兹曼常数；T 是等离子体的温度；$U^s(T)$ 是粒子 S 在温度 T 的配分函数。光谱线参数从 NIST 的数据库中查询。

LIBS 技术定量分析的准确性受到诸多因素影响，如基质效应（Matrix Effects）、实验参数和实验环境的波动等[10]。国际标准化组织（International Organization for Standardization，ISO）对"基质效应"进行定义："除被测定物质以外样本的特征，它可以影响被测物的检测及测定结果"（ISO 15189）。基质效应几乎存在于所有样本中，因此，任何样本的分析测定，均不可避免地要受到"周围物质"的影响。同时，由等离子体的形成机理可知，谱线强度和元素浓度之间的关系会受到多种因素的影响，如样品中元素浓度的影响、等离子体的物理特性参数的变动等。因而，两者之间难以简单地建立定标模型。所以，提高定量分析精度仍然是 LIBS 技术亟待解决的难题。

LIBS 技术的定量分析主要有以下几种方法。

（1）传统定量模型[11]　　与常规的定量分析一样，LIBS 技术的传统定标模型以待测元素浓度和特征谱线强度为坐标轴，通过拟合得到标准曲线，利用标准曲线分析法建立待测元素浓度和特征谱线强度之间的量化关系式。

赛伯-罗马金（Scheibe-Lomakin）[12]公式，是光谱分析的理论基础，是光谱定量分析中最重要的一个公式。第 i 个元素的谱线强度 I_i 和分析样品中该元素含量 C_i 之间关系表达式如下：

$$I_i = a_i C_i^{b_i} \tag{5-2}$$

式中，a_i 是与被测样品、待测元素、谱线特征以及激发条件等有关的系数；b_i 为特征谱线自吸收系数，是待测元素浓度的函数，$b_i = b_i(C_i)$。在固定的工作条件下，a_i 和 b_i 为固定的常数。

传统定量模型原理简单，计算简便，对于成分简单、纯度较高的样品具有较好的预测性能。但在实际等离子形成的过程中，光子经过发射过程中存在一定程度的自吸收现象，忽略标准曲线的非线性会降低分析结果的准确性。因此实际测量中应注意以下两点：

① 当元素含量较低时，无自吸收现象发生，自吸收系数 $b \approx 1$，特征谱线信号强度与元素的浓度呈线性关系。

② 当元素含量较高时，发生自吸收现象，自吸收系数 $b < 1$，标准曲线发生弯曲，难以满足元素定量的要求。

（2）内标定量模型

内标法是一种相对较准确的方法，通过选用一种含量稳定元素作为"内定标元素"，消除操作条件波动带来的测量误差。内标模型是通过选择样品中"内定标元素"的某条特征谱线（谱线强度 I_0），建立待测元素的特征谱线强度 I 的关系式，I 和 I_0 的比值与被测元素含量之间的定标模型。

$$\frac{I}{I_0} = \frac{aC^b}{a_0 C_0^{b_0}} \tag{5-3}$$

其中 I 和 I_0 分别为分析谱线和内标谱线的信号强度，C 和 C_0 分别为待测元素和内标元素的浓度，b、b_0 分别为自吸收系数。令 $A = a/a_0 C_0^{b_0}$，则：

$$R = \frac{I}{I_0} = AC^b \tag{5-4}$$

将式（5-4）两边取对数则：

$$\lg R = b\lg C + \lg A \tag{5-5}$$

内标定量模型的前提假设是相同含量的元素在任何样本中的 LIBS 光谱信号强度相等。然而，受基质效应影响，实际上定标样本和被测样本的属性并非完全一致，并且内标元素难以确定，导致内定标模型存在一定局限性[13]。

（3）自由定标模型[14,15]

为了避免基质效应，A. Ciucci 等于 20 世纪末提出自由定标法（Calibration Free LIBS，CF-LIBS），该方法摒弃传统的建立模型过程，直接根据光谱数据来计算样品中的浓度信息。CF-LIBS 定标模型的三个重要的前提假设[16]：①等离子体为光学薄，即忽略原子分析谱线中心自吸收效应的影响；②假设在测量空间范围内，等离子体处于局部热平衡状态，或尽可能接近局部热平衡；③样本的原子组成能够正确的反应样本的物质组成，而且样本光谱的特征谱线强度真实地反映激光烧蚀前样品中的各种元素的实际含量，也称为理想配比激光烧烛。

分别定义：$x = E_i$；$y = \ln\dfrac{I_{ij}}{g_i A_{ij}}$；$a = -\dfrac{1}{k_B T}$；$q_s = \ln\dfrac{C_s F}{U^s(T)}$，将四个参量代入方程（5-1）中，即可得到如下表达式：

$$y = ax + q_s \tag{5-6}$$

式（5-6）绘制的曲线称之为 Boltzmann 曲线，通过线性拟合直线的斜率计算等离子体的电子温度及截距 q_s。截距 q_s 表示待测样本元素的浓度信息，包含实验参数 F、粒子含量 C_s 和配分函数 $U^s(T)$。

$$\sum_k C_k = \frac{1}{F}\sum_k U^s(T)e^{q_s} = 1 \tag{5-7}$$

依据所有元素浓度归一化，由公式（5-7）计算得到实验参数 F：

$$F = \sum_k U^s(T)e^{q_s} \tag{5-8}$$

综合式（5-7）和式（5-8）即可以计算出单个元素的含量：

$$C_k = \frac{U^s(T)e^{q_s}}{F} \tag{5-9}$$

CF-LIBS 可以进行全元素测量，同时能够实现远程在线实时分析。CF-LIBS 定标模型的缺点：①浓度归一化的局限性。对于元素组成简单、含量高的样本，自由定标模型简单、实用，而对于元素种类复杂的样本，忽略微量元素会引起较大的误差。②计算理论参数的不准确性，如因光谱学参数自身的误差而影响斯塔克（Stark）展宽系数和等离子体温度计算结果的准确性。③等离子体的非理想性。自由定标模型是建立在 3 个假设的条件，但实际测量中光谱自吸收效应等不可避免，使上述条件无法完全满足，给计算结果带来误差。

（4）光谱化学计量学[17]

光谱化学计量学是通过多变量分析方法拟合特征光谱与元素浓度之间的关系。

$$C_m = a_0 + \sum_{m=1}^{p} a_{mn} f_n(I_n) \tag{5-10}$$

式中，C_m 为被测元素的含量，I_n 为波长 n nm 处的特征谱线强度，a_0 和 a_{mn} 为拟合系数。多元线性回归模型［即取 $f_n(I_n) = I_n$］是化学计量学中普遍的一种模型，参数估计的原理与一元线性回归模型相似，即采用最小二乘法进行拟合并获得参数。仅在计算程序较一元线性回归模型复杂。多元线性回归的基本假设是解释变量（即 I_k）之间不存在共线性关系，若解释变量之间有多重线性关系，则利用线性模型拟合回归模型将影响模型的精确性和可靠性。

5.1.4 激光诱导击穿光谱仪器的发展

LIBS 技术具有快速、原位、多元素同时分析等诸多优势，可检测固体、液体和气体等不同形态物质，被称为是"未来的化学分析之星"。新型激光器的涌现，为 LIBS 技术带来了新的活力。光纤激光器是近年来备受青睐的新型激光器，具有转换效率高、光束质量好、功率高、散热快、激光阈值低、稳定性高、成本低、小型化等优点，适于在远程、恶劣环境下工作。随着理论和方法的不断完善，LIBS 仪器朝向高精度、小型化、智能化发展，在元素测定方面具有更大的发展潜力和应用前景，便携式 LIBS 系统和装备如图 5-6、图 5-7 所示。

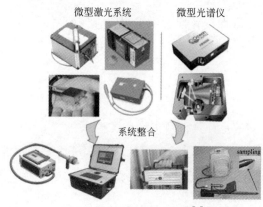

图 5-6 便携式 LIBS 系统[2]

图 5-7 便携式 LIBS 装备

5.1.5 激光诱导击穿光谱与 X 射线荧光技术对比

LIBS 与 X 射线荧光（XRF）均为快速多元素检测技术，具有样品处理简单、样品的破坏性小等技术优势。在众多元素分析技术中，XRF 技术应用较早，其工作原理是 X 射线作为激发源激发原子内层电子，产生特征 X 射线，依据荧光的波长和能量确定元素种类和浓度。LIBS 为相对安全的绿色检测技术，检测对象具有多元化的特点，可检测固体、液体、气体、气溶胶 4 种形态的物质。不均匀性固体样本，会影响 LIBS 技术检测准确度。配合显微系统，LIBS 技术可实现微米级空间分辨的物质成分分析。在检测液体物质时，通常将液态转化为固态，然后再进行样品的 LIBS 检测。与 XRF 技术相比，LIBS 技术为原子外层电子激发，理论上可以检测元素周期表中所有元素，对低原子序数元素激发更灵敏；两者均可为无损或微损分析技术；LIBS 具备远程和遥测能力；高分辨 LIBS 可实现同位素分析；且 LIBS 技术的防护要求较低，仅需要注意激光对眼睛的伤害。目前，LIBS 的检测限尽管有所提高，但其精密度依然逊色于 XRF 技术。LIBS 与 XRF 技术对比见表 5-1。

表 5-1 LIBS 与 XRF 技术对比统计表

项目	LIBS	XRF
技术原理	原子外层电子激发	原子内层电子激发；元素不同特征激发能不同
检测元素	理论上元素周期表中所有元素，对低原子序数元素激发更灵敏	适合检测原子序数略大的元素（$Z>22$）
分析特征	微损甚至无损微区分析	可进行原位无损分析
空间分辨率	光斑直径可控，可实现几十微米至几百微米光斑尺寸	光斑直径为几个毫米；利用特殊透镜，可实现更小尺寸的微区分析
深度分辨分析	可进行深度分辨分析	全反射模式（TXRF）可实现纳米级的深度分辨分析
检测距离	非接触测量，具备远程和遥测能力	为近距离非接触检测
分析速度	快速，一般几秒内	数十秒至分钟级
同位素分析	可利用原子或分子特征谱线检测	难以实现
谱线特征	元素特征峰信息非常丰富	谱线相对简单，受谱线重叠干扰及基质效应影响，谱线解析及校正要求高
样品制备	直接测量或简单的样品制备	样品制备简单
分析结果	较好，可实现定性和定量分析	良好，可满足定性和定量分析
防护要求	使用中需要护目镜即可	使用中辐射防护要求较高

5.2　激光诱导击穿光谱在不同领域的应用

近来，LIBS 技术已成为光谱分析中热门技术之一，并渗透到越来越多的研究和应用领域，如工业、农业、医药、环境、艺术与考古、空间探索、军事爆炸侦探和同位素检测等[2]，如图 5-8 所示。

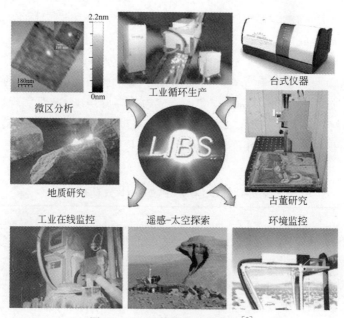

图 5-8　LIBS 技术的应用概述[2]

5.2.1　激光诱导击穿光谱在中药领域的应用

随着元素检测技术的不断进步和人们对常量和微量元素与健康研究的深入，中药中无机元素越来越引起了人们的关注，从重金属的检测到无机痕量元素机体作用的研究。元素作为中药有效成分的重要组成部分，是中药质量控制不可或缺的特征参数，是潜在的质量标志物[18]。作为一种绿色的多元素快速检测技术，LIBS 技术被应用于中药领域，并展现出巨大的优势[19]。基于"全息成分"角度，作者提出中药多元素指纹图谱的质量评价研究思路。中药的"LIBS 元素组谱"涉及中药的产地、真伪、品种鉴别，中药质量与功能分类研究和中药组方解析研究等，为中药产品质量控制标准和鉴定方法、中药复方配伍、新药开发和临床应用提供科学依据。LIBS 技术在中药领域的应用如图 5-9 所示。

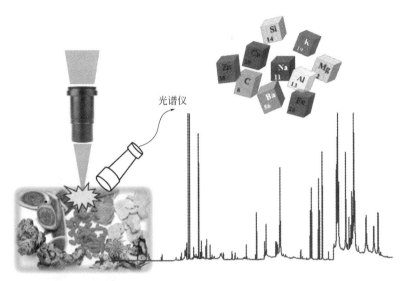

图 5-9　LIBS 技术在中药领域的应用

5.2.1.1　激光诱导击穿光谱技术在中药元素含量测定的应用

　　中药药效不仅与其含有的有机成分有关，而且与微量元素关系密切[20]。元素的种类及含量与中药性味、归经、功效等密切相关[21]。而 LIBS 技术用于中药微量元素的定性、定量分析应用前景广阔，如在天麻、炒泽泻、莪术、天花粉、土茯苓等中药材中的定量分析[22-24]。Ca^{2+}、Mg^{2+} 与丹参的功能主治间接相关，是丹参药效评价的重要指标，刘涛等[25]采用 LIBS 技术建立了丹参中钙、镁元素的定量评价方法。研究表明不同产地的丹参药材中所含的 Ca^{2+}、Mg^{2+} 含量差异较大。Andrade 等[26]采用 LIBS 技术测定了 18 种波兰草药中 Ca、K、Mg 及其他金属元素（Na、Cu、Fe、Mn、Zn 等），并对其中的 Ca、K 和 Mg 进行定量分析，结果与电感耦合等离子体发射光谱技术（ICP-OES）一致。Se 等[27]采用 LIBS 结合偏最小二乘回归（PLSR）测量 30 种蜂蜜中的 Ca、Mg、Na 元素的含量。郭锐等[28]利用 LIBS 对山西省太谷县的 3 个品种红枣果实中的 Ca、Fe、Na 含量进行测定，获得 3 种矿质元素的相对含量。尹文怡等[29]检测艾草香、沉香的高分辨LIBS 光谱，鉴别出了样品中 Mn、Ca、Cu 和 Fe 等元素，并测定了元素的相对含量。Liu 等[30]通过绘制 12 个地区的灯心草中 4 种矿物质元素（Mg、Ca、Ba、Na）谱线强度的分布进行了研究，为 LIBS 在中药研究中的应用提供了一种新途径（图 5-10）。

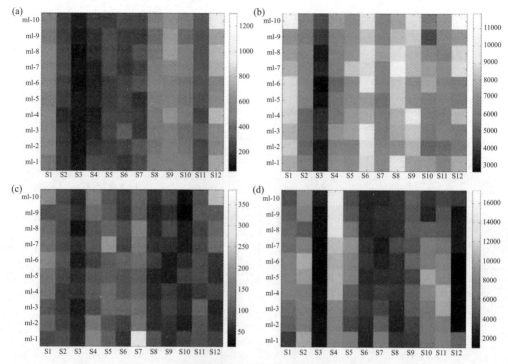

图 5-10 灯心草中 4 种矿物质元素在微区分布热图（彩图见文后插页）

（a）Mg 279.418 nm；（b）Ca 393.375 nm；（c）Ba 455.358 nm；（d）Na 588.952nm

彩色图例（右边的条形图）表示谱线的强度

5.2.1.2 激光诱导击穿光谱技术在中药产地鉴别的应用

道地药材是中药的精髓，其理念根植于传统中药理论，来源于生产和医药实践，是古人评价药材质量的独特标准，是当代评价药材质量的重要标志[31]。现代研究表明药材的道地性与生物地球化学息息相关[32,33]。受自身遗传特性和生长环境的影响，不同产地的药材从土壤中摄取元素的种类及含量存在差异，即道地药材拥有独特的元素谱。从元素角度出发研究药材道地性的形成和道地药材的鉴定已引起广泛关注[34]。然而，常规的元素分析方法多以单一元素和多元素为主，难以全面表征药材的道地性内涵，且检验方法耗时耗力。刘晓娜[35]采用 LIBS 技术建立艾纳香的全元素谱，利用多元分析方法对 LIBS 数据进行模式识别分析，实现未知样本产地的归属（图 5-11），并采用变量重要性投影（Variable Importance in the Projection，VIP）值筛选出元素质量标志物 K、Ca、Na 等，从元素角度揭示产地对药材的影响。Wang 等[36]采用 LIBS 技术结合主成分分析（PCA）和人工神经网络（ANN）技术，对不同产地白芷、党参、川芎 3 种药材进行鉴定，证实了 LIBS 技术是一种有效的中药鉴别工具。基于 LIBS 多元素谱的研究为道地药材质量评价标准及中药物质基础研究提供了新的思路。

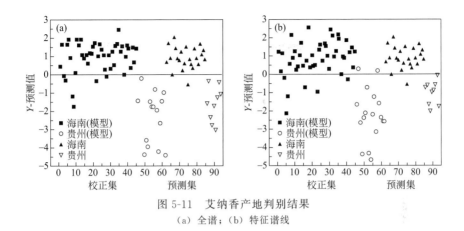

图 5-11　艾纳香产地判别结果

（a）全谱；（b）特征谱线

5.2.1.3　激光诱导击穿光谱技术在中药的真伪、掺假鉴别中的应用

快速、准确地鉴别中药真伪是保证中药疗效的关键。微量元素的含量和分布在植物体内存在一定规律，结合数据处理技术，可区分不同品种、不同生产方法的样品。Trevizan 等[37]采用 LIBS 技术检测了植物中的微量元素和常量元素。LIBS 技术能够实现乳香、没药和松香的快速元素分析及树脂判别，为树脂类药材元素检测提供理论与数据支持[38]。赵懿滢等[39]采用 LIBS 技术结合特征波段提取和化学计量学方法鉴别不同程度的硫熏浙贝母，为硫熏中药鉴别提供依据，有助于中药质量检测与分级评定系统的建立。

5.2.1.4　激光诱导击穿光谱技术在中药重金属检测中的应用

中药中重金属已成为国内外关注的焦点问题，中药中重金属检测是中药质量控制的重要保障。传统的重金属检测方法，大多需要采用消解的方法制备样品，样品制备复杂。LIBS 技术样品制备简单、对样品破坏性小。李占锋等[40,41]采用 LIBS 技术测定黄连、附片和茯苓中的 Cu 含量，并定量测定黄连中 Pb 的含量。结果表明，LIBS 技术结合内标法有效地提高了拟合精度，可用于中药中 Cu 和 Pb 元素污染的快速检测。张大成等[42]采用 LIBS 技术检测 19 种不同品牌、不同种类胶囊中的 Cr 元素，建立快速检测药用胶囊中 Cr 元素的测定方法。张颖等[43]利用 LIBS 技术分析明胶中重金属铬的含量，证明 LIBS 是一种检测中药中重金属元素的有效手段。张旭等[44]利用 LIBS 技术测定了海带中 Cr 元素含量，实现了 LIBS 实时、快速、无损的测量。在藏药的研究中，吴金泉等[45]利用 LIBS 技术，对七十味珍珠丸中 Hg、Pb、Au 等 10 种元素进行定性分析。刘晓娜等[46,47]采用 LIBS 技术分别建立了佐太四种珍宝藏药（仁青芒觉、仁青常觉、二十五味珊瑚丸、二十五味珍珠）的元素谱（图 5-12），在佐太中检出 Hg、As、Pb、Au、Ag 等元素；仁青常觉和仁青芒觉中检出重金属 Cu 和 Hg 元素；仁青常觉中检出 Ag 元素。伴随着激光技术不断发展，LIBS 技术将不断完善，并将成为中药中重金属检测、藏药及含矿物质中药检测的常规分析技术。

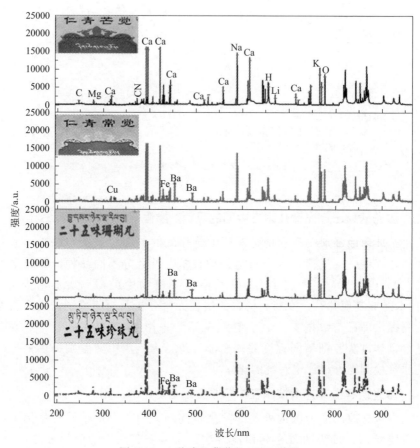

图 5-12 4 种珍宝藏药的 LIBS 谱图

5.2.1.5 激光诱导击穿光谱在中药生产过程中的应用

LIBS 技术能够快速表征药品的质量属性，有利于制药行业的良性循环和药品的过程分析与控制。FDA 倡导在制药行业中推广使用过程分析技术，增强了 LIBS 技术在制药领域快速检测和定量分析的应用兴趣[48]。基于质量源于设计（QbD）理念，LIBS 技术与移动窗标准偏差法（MWSD）、移动窗相对标准偏差法（MWRSD）相结合快速评价整体混合过程，实现了安宫牛黄丸中雄黄、朱砂和珍珠粉三味药混合终点的判断（图 5-13）[49,50]。作为一种先进的过程分析技术，LIBS 技术将促进在线过程分析与控制的发展，推进中药制药智能化生产进程。

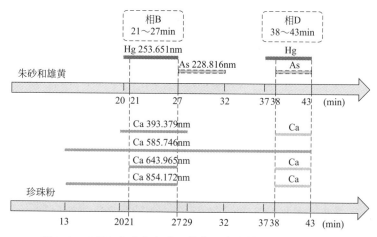

图 5-13　LIBS 实验中朱砂、雄黄和珍珠粉的微区时序分析

5.2.2　激光诱导击穿光谱技术在农业、食品领域的应用

随着农业和食品行业的发展，农产品和食品分析技术的作用日趋重要。LIBS 已经被应用于许多农产品和食品分析领域。LIBS 技术被广泛地应用于食品中微量元素的检测和生产加工环节产品的质量控制和食品的安全性评估等方面。图 5-14 为 2001—2017 年期间，LIBS 技术应用于农产品和食品的元素成分分析、掺假分析和有害物质分析比例[51]。

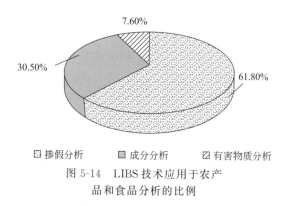

图 5-14　LIBS 技术应用于农产
品和食品分析的比例

5.2.2.1　农产品和食品元素成分分析

农产品和食品是人体摄入必需矿物质元素的一种重要来源。在农产品和食品的生产加工以及销售过程中，对其中所含营养物质的分析能够帮助生产者和消费者了解食品的品质。LIBS 技术具有现场在线分析、预处理简单等优势，可以被应用于农产品和食品的原料挑选、品质检测等方面，见表 5-2。

表 5-2　**LIBS 技术在农产品和食品元素成分分析中的应用**

样本	元素分析/nm	参考文献
土豆	Mg Ⅰ 383.83,516.73,517.27,518.36; Al Ⅰ 394.40,396.15;Ca Ⅰ 431.86;Fe Ⅰ 300.05,404.58;Na Ⅰ 588.99,589.59;Mn Ⅰ 403.08;Ti Ⅰ 498.17;Li Ⅰ 670.77;Si Ⅰ 251.43,251.61,251.92,252.41;K Ⅰ 769.90;Cu Ⅰ 324.75;	[52]
麦片	Ca Ⅱ 393.3	[53]
奶酪	O 777	[54]
面粉	P Ⅰ 213.6;K Ⅰ 404.4;Ca Ⅱ 315.8;Mg Ⅰ 285.2;Fe Ⅱ 259.9;Cu Ⅰ 324.7;Mn Ⅰ 257.6;Zn Ⅱ 202.5	[55]
橘子	Cu Ⅰ 324.754,327.396	[56]
鸡肉	Ca Ⅱ 392.10,394.60,395.41,398.2; Ca Ⅰ 421.11,424.29;Na Ⅰ 587.71,590.78; K Ⅰ 764.81,768.2,768.5,771.28	[57]
牛肉、牛肉肝	Cu Ⅰ 324.754,327.396	[58]

依据农产品和食品中的特征性元素，Cama-Moncunill 等成功地将 LIBS 技术用于婴儿配方奶粉中 Ca 含量的检测，检测限达到 $3.69\ \text{mg/g}$[59]。并根据奶粉和膳食补充剂中 Ca、Mg 和 K 的含量差异，通过偏最小二乘（PLS）建立回归模型，实现每小时 60 个样本的快速检测，减少了繁琐的操作并且无有毒试剂残留。Bilge 等通过 LIBS 技术分析 Na 在 589.59 nm 处的光谱，得到 Na 的检测限为 $69\mu\text{g/g}$，实现焙烤食品中 NaCl 的快速定量检测，为商业烘焙产品中 NaCl 定量分析提供了一种原位、快速、简便的检测方法[60]。Gondal 等分析 6 个不同品牌的茶叶样品中 Br、Cr、Fe、Ca、K、Si 的成分，通过校准曲线法，测定茶叶样品中 Fe、Cr、K、Br、Cu、Si 和 Ca 的含量，其检测限分别为 22mg/L、12mg/L、14mg/L、11mg/L、6mg/L、1mg/L、12mg/L[61]。LIBS 系统检测的元素含量与电感耦合等离子体质谱（ICP-MS）结果非常一致。组装的 LIBS 光谱分析系统，可被用于食品和药品的质量和纯度检测。Peruchi 等分别比较 LIBS 技术与能量色散 X 射线荧光光谱法（Energy Dispersive X-ray Fluorescence Spectrometry，EDXRF）在小麦面粉（NIST SRM 1567a）中 P、K、Ca、Mg、S、Fe、Cu、Mn、Zn 的测定含量差异。采用微波辅助酸消解后用 ICP-AES 法作为参比。研究结果表明，LIBS 和 EDXRF 对小麦粉的分析结果与其认证的质量分数基本一致[62]。LIBS 技术在农产品和食品元素含量分析中的应用如表 5-3 所示。

表 5-3　LIBS 技术在农产品和食品中元素含量分析中的应用

样本	元素	分析方法	检出限/(μg/g)	参考文献
婴儿配方奶粉	Ca	偏最小二乘法	3690	[59]
烘焙产品	Na	标准校准	69	[60]
茶叶	Fe	标准校准	22	[61]
	Cr		12	
	K		14	
	Br		11	
	Cu		6	
	Si		1	
	Ca		12	
面粉	P	经典最小二乘回归	0.04	[62]
	K		1.2	
	Ca		17	
	Mg		10	
	Fe		0.7	
	Mn		0.5	
	Zn		1.0	
	Cu		0.5	

5.2.2.2　农产品和食品掺假分析

　　LIBS 也被应用于农产品和食品掺假的快速检测。为了追逐经济利益，不良商家会选择在农产品和食品中掺假。农产品和食品掺假不仅会导致营养价值下降，也会引起健康问题。目前农产品和食品掺假分析技术有红外光谱、近红外光谱、拉曼光谱等，但存在检测成本高、预处理复杂和检测耗时长等缺点。

　　判断牛肉中是否掺假猪肉和鸡肉是政府和消费者主要关心的食品安全问题。Bilge 等根据牛肉、猪肉和鸡肉中 Zn、Mg、Ca、Na 和 K 元素的含量差异，采用 LIBS 技术结合 PCA，判别肉的种类，并利用 PLS 分析对牛肉样品中掺假猪肉和鸡肉进行定性鉴别[63]。为了确定牛肉中掺假牛内脏的问题，Casado 等根据牛肉和牛肝中铜含量的差异，采用 LIBS 技术结合 PLS 分析牛肉中牛肝的掺假率，Cu 检测限为 132mg/L[64]。Dixit 等利用牛肉与肉糜 Na、K 元素的差异，采用 LIBS 技术结合 PLSR 方法建立预测模型，定量测定 Na、K 元素的含量[65]。同时，绘制牛肉中多元素的空间分布。结果表明，LIBS 与化学计量学相结合是牛肉中掺假牛肾的一种潜在检测手段。

　　Moncayo 等采用 LIBS 技术结合 PCA 分析不同动物奶粉制品的混合，结果表明不同动物奶粉混合的识别率为 98%，采用多变量分析结合和 ANN 模型定量分析三聚氰胺掺假，具有较好的灵敏度和稳定性，校正系数为 0.999[66]。Bilge 利用 LIBS 技术，建立乳清粉与奶粉掺假的快速原位检测方法。该方法基于牛奶和乳清制品之间的元素组成差异。以乳粉、甜味乳清粉和酸味乳清粉为标准样品，将乳清粉掺入奶粉中。根据标准样品和商品样品的 LIBS 谱，采用 PCA 对样品进行了鉴别，乳清粉和乳清粉的鉴别率为 80.5%。通过建立 PLSR 分析模型，得到校正曲线。甜乳清粉、酸乳清粉检出限分别为 1.55%、0.55%，结果与 ICP-MS 的数据一致[67]。在另一项研究中，Bilge 等采用实现天然面粉与碳酸钙添加面粉的快速鉴别，同时通过 PLS 方法定量分析其中 Ca 的含量，Ca 和 Ca/K 校准曲线的 R^2 分别为 0.999 和 0.999；Ca 和 Ca/K 分析的检出限分别为 25.9μg/g 和 0.013μg/g[68]。

5.2.2.3　农产品和食品分类鉴定

　　LIBS 技术具有现场在线分析、预处理简单等优势，也被应用于食品原料的挑选、食品品质的检测等方面。受气候、温度和营养等因素的影响，不同产地的农产品和食品中元素组成和含量存在一定的差异。而 LIBS 技术可以根据其中的元素差异，实现快速分类鉴定。目前 LIBS 技术针对农产品和食品的快速分类鉴定主要集中在产地溯源、品质分级等方面。

　　LIBS 技术被用于农产品和食品产地溯源的研究，主要围绕茶叶、食盐和红酒等食品快速分析。Caceres 使用 LIBS 技术与神经网络（NN）实现了特级初榨橄榄油的质量控制、产地溯源性、掺假等检测[69]。Wang 等利用 LIBS 和 DA 对龙井绿茶、蒙顶黄芽、白茶、铁观音、武夷红茶和普洱茶 6 种茶叶进行鉴定（图 5-15）。选择 Mg、Mn、Ca、Al、Fe、K、CN 和 C_2 作为分析指标，结果表明，300 个训练集共有 294 个样本被正确识别，平均正确识别率为 98%。此外，300 个测试集的 286 个样本被正确识别，平均正确识别率为 95.33%。研究为茶叶的鉴别提供了参考方法[70]。

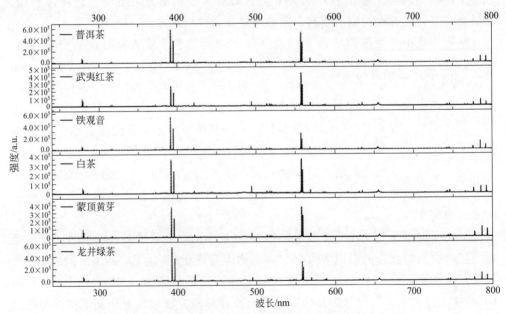

图 5-15　六种中国茶的 LIBS 光谱（空气环境中）[70]

　　LIBS 技术也被用于红葡萄酒产地保护标志（Protected Designation of Origin，PDO）的研究，用于快速检测红酒的种类，以保证红酒的质量和真实性。Moncayo 等采用 LIBS 技术与神经网络（NN）相结合的方法对来自 38 个不同产地的红酒样品进行分析。并利用干燥胶原凝胶将葡萄酒进行液-固转化（图 5-16），实现了红酒的分级和质量监控[71]。LIBS 技术在农产品和食品分类与掺假中的应用如表 5-4 所示。

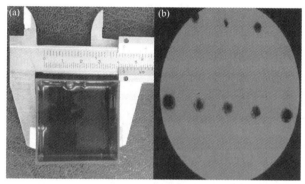

图 5-16　LIBS 实验中红酒的液-固转化图[71]

（a）制备后的红酒凝胶样本；（b）带有激光斑点的葡萄酒凝胶样本

表 5-4　LIBS 技术在农产品和食品分类与掺假中的应用

样本	元素	分析方法	准确率	参考文献
乳清、奶粉	Na,Mg,K,Ca,Fe,Zn,P	主成分分析	80.5%	[67]
茶叶	Mg,Mn,Ca,Al,Fe,K,CN,C_2	判别分析	95.5%	[70]
红酒	Na,Mg,Ca,Na,Ha,K	神经网络	98.6%	[71]

5.2.2.4　农产品和食品中有害物质检测

　　农产品和食品中有害物质物的来源主要有原材料自身、生产加工过程以及运输销售过程中储存不当而产生。有害物质会带来营养价值下降和货架期缩短，甚至危害人体健康。有害物质分析对于提高农产品和食品的品质和降低人体危害是非常必要的。目前，LIBS 技术可以用于农产品和食品中重金属污染检测、农药残留检测、食品添加剂超标检测和微生物污染检测等方面。表 5-5 列举了 LIBS 技术在农产品和食品有害物质检测的应用。

表 5-5　LIBS 技术在农产品和食品有害物质检测的应用

样本	元素	分析方法	检测限	参考文献
罗非鱼	Cu,Pb	标准校正	0.25mg/kg,0.20mg/kg	[72]
猪肉	Cd	判别分析	—	[73]
普洱茶	Pb	多元线性回归	—	[74]
面包	Br	主成分分析	5.09mg/L	[77]

　　环境中排放的重金属元素可以通过生物富集作用存在于动物性食品和植物性食品中。Ponce 等采用 LIBS 技术实现食用罗非鱼内 ng/g 量级 Pb 和 Cu 的检测[72]。Alvira 等的研究表明 LIBS 技术可以用于定性和半定量分析新鲜鱼肉中的 Pb 和 Cu 含量[73]。Huang 等采用 LIBS 法测定猪肉中的 Cr（图 5-17）[75]。分别对特征线 Cr Ⅰ425.43、Cr Ⅰ427.48、Cr Ⅰ428.97 进行验证，建立 LIBS 谱线峰强度与实际 Cr 浓度的定量模型。结果表明，Cr Ⅰ425.43 谱线具有较好的预测精度，LIBS 技术可以用于检测猪肉中 Cr 的超标。Yao 等用 LIBS 技术结合 3 种不同波长 Cd 元素谱线分析新鲜蔬菜叶中的 Cd，结果表明 LIBS 的分析检测限能够达到食品中重金属检测的标准[76]。面包中添加 KBrO$_3$ 可产生漂白和增强发酵的作用，但 Br 超标会影响机体健康，对机体造成威胁，Mehder 等用 LIBS 技术检测出 4 种不同面包中 Br 的含量[77]。此外，LIBS 也可被用于食品添加剂的分析，Sezer 等将 LIBS 技术分析食品染色剂 TiO$_2$ 的分析，结合 PLS 分析白色的鹰嘴豆中 Ti 的含量，检出限为 33.9mg /L[78]。

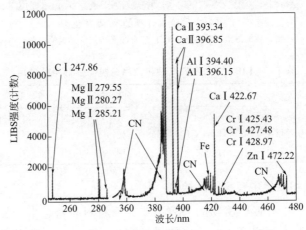

图 5-17　猪肉的 LIBS 谱图（245～480 nm）[75]

5.2.3　激光诱导击穿光谱在其他领域的应用

5.2.3.1　生物医学

　　LIBS 成像技术应用于生物医学具有巨大的潜力。LIBS 成像技术是基于 LIBS 技术获取样本表面不同位置的主要（微量）元素的光谱强度数据，然后结合不同波长的光谱强度信息以及对应的位置信息进行定性定量分析，最后通过伪彩图呈现出区域间元素分布的差异性。LIBS 成像技术原位获取（内源性或外源性）组织的多元素图像得到了越来越多的关注。

　　纳米药物的发展在药物代谢领域展现了巨大的潜力，有望彻底解决诊断、药物运输、基因治疗等技术难题。因此，研究其在器官中的吸收及代谢特性尤为重要。但是常规的标记检测方式如荧光标记等，可能会改变它们的形状、大小及电荷分布，甚至改变它们的生物特性，导致不能真实显示器官中纳米粒子的分布。Gimenez 等首次采用 LIBS 技术结合两种互补的成像方法实现了金属纳米颗粒在小鼠肾脏的微区三维无标签空间分布成像，弥补了器官中元素二维成像的纵向解析不足等缺点（图 5-18，图 5-19）[79]。分析每组切片双面元素分布，将 LIBS 图像叠加在三维图像中，为 Gd、Na、Ca 构建覆盖整个器官的三维模型图，通过这些模型绘制出了任何深度及横向方向上的三维图（空间分辨率为 $35\mu m$）。

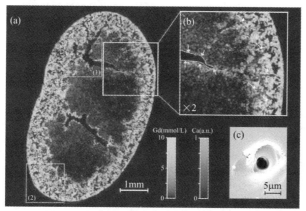

图 5-18 金属纳米给药 3h 后小鼠肾脏切片元素的二维成像图[79]（彩图见文后插页）
（a）Gd（绿色）和 Ca（紫色），（像素 500×720，空间分辨率 $10\mu m$）；
（b）（a）中方形区域 2 倍放大图；（c）电子显微镜扫描单次激发样品剥蚀图

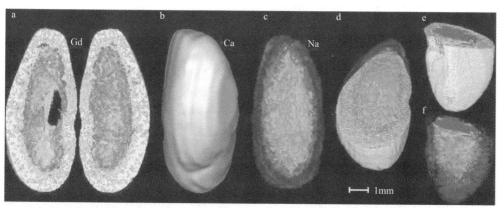

图 5-19 小鼠肾脏中 Gd、Ca、Na 元素三维空间分布图[79]（彩图见文后插页）

临床样品经常有许多不同的外源性病理组织，尤其皮肤、淋巴结和肺内的病理组织，但鲜有外源性金属元素的检测。Busser 等采用 LIBS 技术研究淋巴细胞或者含有颗粒的皮肤组织的炎症细胞，定位识别分析皮肤肉芽肿瘤和皮肤假性淋巴癌中的 Al、Ti、Cu 和 W 等外生元素。研究表明，LIBS 技术有助于病理学家的医疗诊断（图 5-20)[80]。

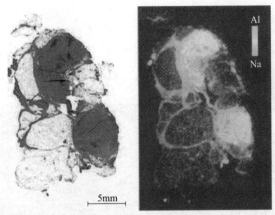

图 5-20　病理组织的皮肤肉芽中 Al、Na 元素图像[80]（彩图见文后插页）

5.2.3.2　地质勘探

在地质勘探领域，细碎岩屑样品的岩性识别，特别是物性接近的火成岩的高精度识别是地质学的难题之一。王超等建立了一种基于 LIBS 技术元素分析和全碱-硅（TAS）图版的新方法[81]。利用自主搭建的 LIBS 系统，首先通过对比实验，系统地研究了脉冲能量、采集延时、采集方式等因素对光谱信号的影响，确定了火成岩岩性识别常用 7 种元素（Na、Mg、Al、Si、K、Ca 和 Fe）的特征谱线，定性分析和比较了不同岩性的火成岩样品，利用定标曲线法定量分析了火成岩样品的元素含量，并采用 TAS 图版法识别火成岩的岩性，准确率达 90.7%。研究表明，LIBS 技术能够有效实现火成岩岩性的高精度识别。

页岩气的勘探中，碳质页岩包含丰富的主量和微量元素，这些元素对页岩气的勘探和评估起决定性作用。微量元素的含量直接关系到碳质页岩地层的沉积形成环境和潜在有机气体的储藏。快速准确进行碳质页岩组成的定性与定量分析，提供科学、全面的元素信息，对理解碳质页岩的生成、油气资源的勘探必不可少。目前 LIBS 技术结合化学计量学应用于地质领域刚刚起步，Harmon等通过对岩石矿物 LIBS 谱图进行特征统计与提取，达到鉴别分类的结果[82]。Gottfried 等将 PCA 和 PLS 与 LIBS 技术相结合应用于岩土分类，分类准确率超过 90%[83]。Novotný 等利用特制的交互式样品室联合 LIBS 技术，绘制黄铜矿石样品中 PbS 的空间分布，如图 5-21 所示（表面分析 25mm×25mm，空间分辨率是 100μm)[84]。

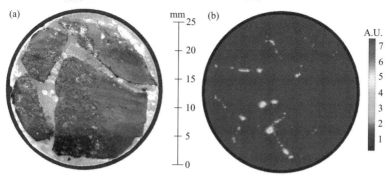

图 5-21　黄铜矿及 PbS 的化学图像[84]
（a）黄铜矿；（b）PbS

5.2.3.3　环境检测

环境中重金属污染日益严重并已经进入集中多发期，LIBS 在环境污染检测方面彰显了其简单、快速、原位、精确、低成本分析的优势。Kwak 等采用 Nd：YAG 激光器，由 LIBS 测定空气中可吸入颗粒物中重金属含量。研究显示，粉尘中的重金属可分为地壳的（Al、Ca、Mg）和人为的（Cr、Ni、Zn），当粉尘经过工业污染地区时 Cr、Ni 和 Zn 的含量明显升高[85]。Awan 等研究空气中的颗粒物，测得 Cd、Zn 和 Pb 的检测限为 $29\sim48\mu g/g$，证明 LIBS 检测空气中重金属的能力[86]。Barbier 等研究 Nd：YAG 激光器组成的 LIBS 系统在塑料识别上的应用，以氩气作缓冲气体时，用波长为 266nm 的激光能够获得最高的光谱分析灵敏度，根据元素含量实现塑料样品分类，为塑料分类和前期处理提供了高效便捷的工具[87]。

5.2.3.4　爆炸物分析

Abdelhamid 等将接触过炸药 TNT 的指纹按在载玻片上，首次利用 LIBS 技术在载玻片的 x 轴和 y 轴上进行扫描，分辨率为 0.3mm，得到 CN 为 388.22nm 波长处的 LIBS 指纹成像图（图 5-22）。LIBS 圆满完成探测极限低于 $\mu g/mm^2$ 爆炸物的分析，可被用于区分炸药和非炸药材料[88]。

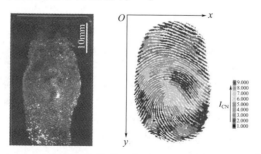

图 5-22　CN 波段指纹化学图像（空间分辨率 0.3mm）[88]

5.3　总结与展望

相比传统的元素分析技术，LIBS 技术具有样品制备简单、检测费用低、分析速度快、可同时检测多种元素等优点。LIBS 技术可快速获取多元素谱，在元素分析、产地鉴别、真伪和掺假鉴别、重金属检测中的应用及生产过程的应用研究中展现了巨大的优势。作为一种绿色的多元素快速检测技术，LIBS 技术在诸多领域，尤其在原位检测、矿物质研究、生产过程控制等方面具有很大潜力，也必将成为分析领域重要的质量评价重要手段。LIBS 技术与化学计量学技术结合，可降低或消除 LIBS 光谱中干扰信息带来的分析误差，提高 LIBS 技术的可靠性与稳定性[44]。LIBS 技术弥补 XRF 对轻元素测量的不足，能够检测非金属轻元素（如 H、Li、Be、B、C 和 N 等）。虽然 LIBS 显示出诸多优势，但由于其研究与应用正处于初始阶段，在检测灵敏度、消除或降低基质效应及便携检测等方面依然存在挑战。

随着激光及光谱技术的发展及 LIBS 研究团队的在算法方法开发领域的探索，LIBS 技术走向小型化、便携化、高性能、高可靠性。目前，便携式 LIBS 设备已经研制成功，系统的性能逐渐提升。作为在线分析领域不可替代的手段，LIBS 技术具有更广泛的应用前景。

参 考 文 献

[1] Hahn D W, Omenetto N. Laser-Induced breakdown spectroscopy（LIBS），Part I：Review of basic diagnostics and plasma-particle interactions：Still-Challenging issues within the analytical plasma community. Applied Spectroscopy，2010，64(12)：335-366.

[2] Hahn D W, Omenetto N. Laser-induced breakdown spectroscopy（LIBS），part II：Review of instrumental and methodical approaches to material analysis and applications to different fields. Applied Spectroscopy，2012，66(4)：347-419.

[3] Bauer A J, Buckley S G. Novel applications of laser-induced breakdown spectroscopy. Applied spectroscopy，2017，71(4)：553-566.

[4] Wang Z Z, Deguchi Y, Zhang Z Z, et al. Laser-induced breakdown spectroscopy in Asia. Frontiers of Physics，2016，11(6)：114213.

[5] Winefordner J D, Gornushkin I B, Correll T, et al. Comparing several atomic spectrometric methods to the super stars：special emphasis on laser induced breakdown spectrometry，LIBS，a future super star. Journal of Analytical Atomic Spectrometry，2004，19：1061-1083.

[6] Herrera K K. From sample to signal in laser-induced breakdown spectroscopy：an experimental assessment of existing algorithms and theoretical modeling approaches [D]. USA：University of Florida，2008.

[7] 王芮雯. 激光诱导击穿光谱技术的初步研究[D]. 绵阳：西南科技大学，2016.

[8] Ilyin A A, Golik S S. Femtosecond laser-induced breakdown spectroscopy of sea water. Spectrochimica Acta Part B Atomic Spectroscopy，2013，87：192-197.

[9] 雷文奇. 有机样品中激光诱导等离子体时空分辨特性以及无机元素的定量分析 [D]. 上海：华东师范大

学,2013.

[10] Hahn D W,Omenetto N. Laser-induced breakdown spectroscopy (LIBS),part II：Review of instrumental and methodogical approaches to material analysis and applications to different fields. Applied Spectroscopy,2012,66(4)：347-419.

[11] 朱德华. 激光诱导击穿光谱技术检测物质成分的理论应用分析和实验研究[D]. 南京：南京理工大学,2012.

[12] 李廷钧. 发射光谱分析. 北京：原子能出版社,1983.

[13] 罗文峰. 激光诱导击穿光谱技术的初步研究[D]. 北京：中国科学院研究生院,2013.

[14] Pandhija S,Rai N K,Rai AK,et al. Contaminant concentration in environmental samples using LIBS and CF-LIBS. Applied Physics B：Lasers and Optics,2010,98 (1)：231-241.

[15] Tognoni E,Cristoforetti G,Legnaioli S,et al. Calibration-free laser-induced breakdown spectroscopy：state of the art. Spectrochimica Acta Part B,2010,65：1-14.

[16] Corsi M,Cristoforetti G,Hidalgo M,et al. Double pulse,calibration-free laser-induced breakdown spectroscopy：A new technique for in situ standard-less analysis of polluted soils. Applied Geochemistry,2006,21(5)：748-755.

[17] Sirven J B,Bousquet B,Canioni L,et al. Laser-induced breakdown spectroscopy of composite samples：comparison of advanced chemometrics methods . Analytical Chemistry,2006,78(5)：1462-1469.

[18] 秦俊法. 中国的中药微量元素研究Ⅴ. 微量元素：中药质量控制不可或缺的特征参数. 广东微量元素科学,2011,18(3)：1-20.

[19] 刘晓娜,吴志生,乔延江. LIBS 快速评价产品质量属性的研究进展及在中药的应用前景. 世界中医药,2013,8(11)：1269-1272.

[20] 秦俊法. 中国的中药微量元素研究Ⅱ. 微量元素中药有效药成分的核心组分. 广东微量元素科学,2011,12(17)：1-12.

[21] 秦俊法. 中国的中药微量元素研究Ⅳ. 微量元素：汇通传统中药理论与现代科学理论的桥梁. 广东微量元素科学,2011,18(2)：1-13.

[22] 温冠宏. 基于激光诱导击穿光谱技术的中药材天麻成分定性分析. 科海故事博览·科技探索,2013(5)：352.

[23] 温冠宏. 基于 LIBS 技术的元素含量分析研究[D]. 兰州：西北师范大学,2013.

[24] 董晨钟,杨峰,苏茂根. 中药材微量元素成分的 LIBS 检测. 西北师范大学学报(自然科学版),2015,51(1)：44-52.

[25] 刘涛,李青苗,梁悦,等. 激光诱导击穿光谱法测定丹参中钙、镁离子含量. 成都大学学报(自然科学版),2016,35(01)：9-12.

[26] Andrade D F,Pereira-Filho E R,Konieczynski P. Comparison of ICP OES and LIBS analysis of medicinal herbs rich in flavonoidsfrom eastern europe. Journal of the Brazilian Chemical Society,2017,28 (5)：838-847.

[27] Se K W,Ghoshal S K,Waha R A. Laser-induced breakdown spectroscopy unified partial least squaresregression：An easy and speedy strategy for predicting Ca, Mg and Nacontent in honey. Measurement,2019,136：1-10.

[28] 郭锐,王歆玥. 基于激光诱导击穿光谱法测定红枣果实中的矿质元素含量. 山西农业大学学报(自然科学版),2013,33(6)：498-501.

[29] 尹汶怡,刘玉柱,邱学军,等. 激光诱导击穿光谱对四种香的快速检测. 光谱学与光谱分析,2018,38(9)：2957-2961.

[30] Liu X N,Huang J M,Wu Z S,et al. Microanalysis of multi-element in Juncus effusus L. by LIBS

Technique. Plasma Science and Technology,2015,17(11),904-908.

[31] 王永炎,张文生. 中药材道地性研究状况与趋势. 湖北民族学院学报(医学版),2006,23(4):1-4.

[32] 朱艳,崔秀明,施莉屏. 中药材道地性的研究进展. 现代中药研究与实践,2006,20(1):58-61.

[33] 余德顺,杨军,田弋夫,等. 中药道地性相关因素研究进展与生物地球化学. 时珍国医国药杂志,2010,21(2):472-474.

[34] 郭兰萍,王升,张霁,等. 生态因子对黄芩次生代谢产物及无机元素的影响及黄芩道地性分析. 中国科学(生命科学),2014,44(1):66-74.

[35] 刘晓娜.中药质量的微区分析方法研究[D]. 北京:北京中医药大学,2016.

[36] Wang J M,Liao X Y,Zheng P C,et al. Classification of Chinese Herbal Medicine by Laser-Induced Breakdown Spectroscopy with Principal Component Analysis and Artificial Neural Network. Analytical Letters,2018,51(4):575-586.

[37] Trevizan L C,Santos J D,Samad R E,et al. Evaluation of Laser induced breakdown spectroscopy for the determination of macronutrients in plant materials. Spectrochimica Acta Part B,2008,63(10):1151-1158.

[38] 刘晓娜,张乔,史新元,等. 基于LIBS技术的树脂类药材快速元素分析及判别方法研究. 中华中医药杂志,2015,30(5):1610-1614.

[39] 赵懿滢,朱素素,何娟,等. 激光诱导击穿光谱鉴别硫熏浙贝母. 光谱学与光谱分析,2018,31(11):3558-3562.

[40] 李占锋,王芮雯,等. 黄连、附片和茯苓内铜元素激光诱导击穿光谱分析. 发光学报,2016,37(01):100-105.

[41] 李占锋,王芮雯,邓琥,等. 黄连中Pb的激光诱导击穿光谱测量分析. 发光学报,2016,37(1):100-105.

[42] 张大成,马新文,赵冬梅,等. 药用胶囊中铬元素LIBS快速检测. 药物分析杂志,2013,33(12):2070-2073.

[43] 张颖,张大成,马新文,等. 基于激光诱导击穿光谱技术定量分析食用明胶中的铬元素. 物理学报,2014,63(14):231-235.

[44] 张旭,姚明印,刘木华,等. 海带中铬含量的激光诱导击穿光谱研究分析. 江西农业大学学报,2012,34(1):187-190.

[45] 吴金泉,林兆祥,刘林美,等.藏药七十味珍珠丸的激光诱导击穿光谱检测.中南民族大学学报(自然科学版),2009,28(2):1672-4321.

[46] 刘晓娜,史新元,贾帅芸,等. 基于LIBS技术的藏药"佐太"快速元素分析研究. 世界科学技术——中医药现代化,2014,16(12):2582-2585.

[47] 刘晓娜,史新元,贾帅芸,等. 基于LIBS技术对4种珍宝藏药快速多元素分析. 中国中药杂志,2015,40(11):2239-2243.

[48] Madamba M C,Mullett W M,Debnath S,et al. Characterization of tablet film coatings using a Laser-Induced Breakdown Spectroscopic Technique. AAPS PharmSci Tech,2007,8(4):184-190.

[49] 刘晓娜,郑秋生,车晓青,等. 基于QbD理念的安宫牛黄丸整体混合终点评价方法研究.中国中药杂志,2017,43(6):1084-1088.

[50] Liu X N,Ma Q,Liu S S,et al. Monitoring As and Hg variation in An-Gong-Niu-Huang Wan(AGNH) intermediates in a pilot scale blending process using laser-induced breakdown spectroscopy. Spectrochimica Acta Part A-Molecular and Biomolecular Spectroscopy,2015,151:1547-1552.

[51] Sezer B,Bilge G,Boyaci I H. Capabilities and limitations of LIBS in food analysis. TrAC-Trends in Analytical Chemistry,2017,97:345-353.

[52] Beldjilali S,Borivent D,Mercadier L,et al. Evaluation of minor element concentrations in potatoes using laser-induced breakdown spectroscopy. Spectrochimica ActaPart B:Atomic Spectroscopy,2010,65(8):727-733.

［53］ Beldjilali S,Borivent D,Mercadier L,et al. Evaluation of minor element concentrations in potatoes using laser-induced breakdown spectroscopy. Spectrochimica Acta Part B:Atomic Spectroscopy,2010,65(8): 727-733.

［54］ Liu Y,Gigant L,Baudelet M,et al. Correlation between laser induced breakdown spectroscopy signal and moisture content. Spectrochimica Acta Part B:Atomic Spectroscopy,2012,73:71-74.

［55］ Peruchi L C,Nunes L C,de Carvalho G G A,et al. Determination of inorganic nutrients in wheat flour by laser-induced breakdown spectroscopy and energy dispersive X-ray fluorescence spectrometry. Spectrochimica Acta Part B: Atomic Spectroscopy,2014,100: 129-136.

［56］ Hu H,Huang L,Liu M,et al. Nondestructive determination of cu residue in orange peel by laser induced breakdown spectroscopy. Plasma Science and Technology,2015,17(8): 711-715.

［57］ Andersen M B S,Frydenvang J,Henckel P,et al. The potential of laser-induced breakdown spectroscopy for industrial at-line monitoring of calcium content in comminuted poultry meat. Food Control,2016,64: 226-233.

［58］ Casado-Gavalda MP,Dixit Y, Geulen D, et al. Quantification of copper content with laser induced breakdown spectroscopy as a potential indicator of offal adulteration in beef. Talanta,2017,169: 123-129.

［59］ Cama-Moncunill X, Markiewicz-Keszycka M, Dixit Y, et al. Feasibility of laser-induced breakdown spectroscopy (LIBS) as an at-line validation tool for calcium determination in infant formula. Food Control,2017,78: 304-310.

［60］ Bilge G,Boyaci I H, Eseller K E, et al. Analysis of bakery products by laser-induced breakdown spectroscopy. Food Chemistry,2015,181: 186-190.

［61］ Gondal M,Habibullah Y,Baig U,et al. Direct spectral analysis of tea samples using 266 nm UV pulsed laser-induced breakdown spectroscopy and cross validation of LIBS results with ICP-MS. Talanta,2016, 152: 341-352.

［62］ Peruchi L C,Nunes L C,de Carvalho G G A,et al. Determination of inorganic nutrients inwheat flour by laser-induced breakdown spectroscopy and energy dispersive X-ray fluorescence spectrometry. Spectrochimca Acta Part B:Atomic Spectroscopy. 2014,100:129-136.

［63］ Bilge G,Velioglu H M,Sezer B,et al. Identification of meat species by using laser-induced breakdown spectroscopy. Meat Science,2016,119: 118-122.

［64］ Casado-Gavalda M P,Dixit Y, Geulen D, et al. Quantification of copper content with laser induced breakdown spectroscopy as a potential indicator of offal adulteration in beef. Talanta,2017,169: 123-129.

［65］ Dixit Y, Casado-Gavalda M, Cama-Moncunil R, et al. Laser induced breakdown spectroscopy for quantification of sodium and potassium in minced beef: a potential technique for detecting beef kidney adulteration. Aanlysis Methods,2017,22(9).

［66］ Moncayo S, Rosales J, Izquierdo-Hornillos R, et al. Classification of red wine based on its protected designation of origin (PDO) using Laser-induced Breakdown Spectroscopy (LIBS). Talanta,2016,158: 185-191.

［67］ Bilge G,Sezer B, Eseller K E, et al. Determination of whey adulteration in milk powder by using laser induced breakdown spectroscopy. Food Chemistry, 2016,212:183-188.

［68］ Bilge G,Sezer B,Eseller K E,et al. Determination of Ca addition to the wheat flour by using laser-induced breakdown spectroscopy (LIBS). European Food Research and Technology,2016:1-8.

［69］ Caceres J O,Moncayo S,Rosales J D,et al. Application of laser-induced breakdown spectroscopy (LIBS) and neural networks to olive oils analysis. Applied Spectroscopy,2013,67: 1064-1072.

［70］ Wang J, Zheng P, Liu H, et al. Classification of Chinese tea leaves using laser-induced breakdown spectroscopy combined with the discriminant analysis method. Analysis Methods,2016,8: 3204-3209.

[71] Moncayo S, Rosales J, Izquierdo-Hornillos R, et al. Classification of red wine based on its protected designation of origin (PDO) using Laser-induced Breakdown Spectroscopy (LIBS). Talanta,2016,158: 185-191.

[72] Ponce L,Flores T,Alvira F,et al. Laser-induced breakdown spectroscopy determination of toxic metals in fresh fish. Applied Optics, 2016,55: 254-258.

[73] Alvira F C,Flores R T,Ponce C,et al. Qualitative evaluation of Pb and Cu in fish using laser-induced breakdown spectroscopy with multipulse excitation by ultracompact laser source. Applied Optics,2015,54 (14):4453- 4457.

[74] Wang J M,Shi M J,Zheng P C,et al. Quantitative analysis of lead in tea samples by laser-induced breakdown spectroscopy. Journal of Applied Spectroscopy,2017,56(41): 4070 -4075.

[75] Huang L, Chen T, He X, et al. Determination of heavy metal chromium in pork by laser-induced breakdown spectroscopy. Applied Optics,2017,56: 24-28.

[76] Yao M Y,Yang H,Huang L,et al. Detection of heavy metal Cd in polluted fresh leafy vegetables by laser-induced breakdown spectroscopy. Applied Optics,2017,56(14):4070-4075.

[77] Mehder A O,Gondal M A,Dastageer M A,et al. Direct spectral analysis and determination of high content of carcinogenic bromine in bread using UV pulsed laser induced breakdown spectroscopy. J Environ Sci Health B,2016,51(6): 358-365.

[78] Sezer B,Bilge G,Berkkan A,et al. A rapid tool for determination of titanium dioxide content in white chickpea samples. Food Chemistry,2018,240:84-89.

[79] Gimenez Y,Busser B,Trichard F,et al. 3D Imaging of nanoparticle distribution in biological tissue by laserinduced breakdown spectroscopy. Scientific Reports. 2016,6: 29936.

[80] Busser B, Moncayo S, Trichard F, et al. Characterization of foreign materials in paraffin-embedded pathological specimens using in situ multi-elemental imaging with laser spectroscopy. Modern Pathology, 2017,31: 378-384.

[81] 王超,张伟刚,阎治.激光诱导击穿光谱技术对火成岩岩性的高精度识别.光谱学与光谱分析,2015,25(9): 2463-2468.

[82] Harmon R S,Remus J,McMillan N J,et al. LIBS analysis of geomaterials:Geochemical fingerprinting for the rapid analysis and discrimination of minerals. Applied Geochemistry, 2009,24: 1125-1141.

[83] Gottfried J L, Harmon R S, Jr F C D L, et al. Multivariate analysis of laser-induced breakdown spectroscopy chemical signatures for geomaterial classification. Spectrochimica Acta Part B Atomic Spectroscopy,2009,64(10): 1009-1019.

[84] Novotný J, Brada M, Petrilak M, et al, A versatile interaction chamber for laser-based spectroscopic applications,with the emphasis on laser-induced breakdown spectroscopy. Spectrochimica Acta Part B: Atomic Spectroscopy,2014,101: 149-154.

[85] Kwak J H,Kim G,KimY J,et al. Determination of heavy metal distribution in PM10 during Asian dust and local pollution events using laser induced breakdown spectroscopy(LIBS). Aerosol Science and Technology, 2012,46: 1079-1089.

[86] Awan M A, Ahmed S H, Aslam M R,et al. Determination of heavy metals in ambient air particulate matter using laser-induced breakdown spectroscopy. Arabian Journel For Science Engineering,2013,38: 1655-1661.

[87] Barbier S, Perrier S, Freyermuth P, et al. Plastic identification based on molecular and elemental information from laser induced breakdown spectra: A comparison of plasma conditions in view of efficient

sorting. Spectrochimica Acta Part B：Atomic Spectroscopy，2013，88：167-173.

［88］Abdelhamid M，FortesF J，HarithM A，et al. Analysis of explosive residues in human fingerprints using optical catapulting-laser-induced breakdown spectroscopy. Journel of Analytical Atomic Spectrometry，2011，26：1445-1450.

第6章 太赫兹光谱技术及其在农业领域的应用研究进展

6.1 引言

太赫兹 (Tera Hertz, THz) 波指的是频率在 0.1～10THz (波长为 0.03～3mm) 范围内的电磁辐射的统称，通常也被称为太赫兹辐射、T 射线等[1]。从频率的角度分析，太赫兹波是电磁波谱中位于中红外波与微波之间的波段，通常被称为远红外波段；从能量的角度分析，太赫兹波能量为 4.1meV，属于毫电子伏特的能量级，远低于 X 射线千电子伏特的能量级，位于电子与光子能量之间，因此其属于电子学与光子学的交叉领域[2-3]。

在电磁波谱中，位于太赫兹波段两端的红外和微波技术应用研究已较为成熟，但是太赫兹波段仍然是研究上的一个"空白"，也就是科学家们通常描述的"太赫兹空隙"[4,5]。由于之前一直缺乏太赫兹波的产生和探测设备，造成了 20 世纪尤其是 80 年代以前科学家们对太赫兹技术的研究及认识有限。近年来超快激光技术的迅速发展，太赫兹波段光源设备的可靠性不断改善，太赫兹技术及应用逐步成为光谱检测领域的研究热点[6]。

鉴于太赫兹波特殊的波段区间，相比其他波段，其在光谱检测方面具有诸多独特优势，例如：低能性使其不会因为电离对物品及人体造成伤害；对水的敏感性使其能通过生物体中水分子的特征吸收谱来研究物质组成和进行产品检测；相干性使其能直接测量电场的振幅和相位，进而提取样品的折射率和吸收系数；生物大分子的太赫兹指纹特性，使其能用于辨别毒品等物质的特征，对于缉毒和反恐具有重要意义；另外，太赫兹波具有宽带和高分辨率，单个脉冲通常可以覆盖从 GHz 至几十太赫兹的范围[7-11]。

近年来，正是因为太赫兹技术独特的性质和用途，因而得到了各国的高度重视：美国政府于 2004 年将太赫兹技术列为"改变未来世界的十大技术"之四；日本于 2005 年 1 月 8 日将太赫兹技术列为"国家支柱十大重点战略目标"之首；中国政府在 2014 年 4 月专门召开了以"太赫兹波在生物医学应用中的科学问题与前沿技术"为主题的香山科技会议，制定了中国太赫兹技术发展规划[12]。

目前全世界范围已经形成了一个太赫兹技术的研究高潮：在美国包括常青藤大学在内的数十所大学都在从事太赫兹技术的研究工作，特别是美国重要的国家实验室，如 LLNL、LBNL、SLAC、JPL、BNL、NRL、ALS 和 ORNL 等，都在开展太赫兹科学技术的研究工作；在欧洲，英国的 RAL 国家实验室、剑桥大学、利兹大学和思克莱德等十几所大学，德国的 KFZ、BESSY、Karlsruhe、Cohn 和 Hamburg 等机构，都积极开展太赫兹技术研究工作；在亚洲国家和地区，韩国国立汉城大学、浦项科技大学，国立新加坡大学，中国台湾大学、台湾"清华大学"等都积极开展太赫兹技术研究工作，并发表了不少高质量的学术论文，日本东京大学、京都大学、大阪大学、东北大学、福井大学以及 SLLSC、NTT Advanced Technology Corporation 等公司都大力开展太赫兹技术的研究与开发工作。当前太赫兹技术与探测技术、太赫兹光谱和成像技术及应用、太赫兹通信是太赫兹技术的研究热点领域。

农业是太赫兹技术的重要应用领域之一，太赫兹光谱及成像技术在农业领域的应用探索具有重要研究价值。鉴于此，本章对太赫兹技术及其产生与探测原理、样品制备与信息获取方法以及农业领域的应用研究进行系统性综述，为深入探索太赫兹技术的农业应用研究提供参考。

6.2　太赫兹光谱技术

太赫兹光谱技术可追溯至 20 世纪 80 年代，是由 AT&T Bell 实验室的 Auston 等[13] 和 IBM 公司的 Watson 研究中心的 Fattinger 等[14] 先后发展起来的，利用飞秒超快激光来获取太赫兹脉冲的相干探测技术。这项技术是通过太赫兹脉冲在样品上透射或反射，直接获取样品的时域波形，然后通过傅里叶变换得到其相应的频域分布波形，通过分析和计算该频谱的相关数据，就可以得到被测样品的光学参数（如折射率、吸收系数等）。

6.2.1　太赫兹脉冲的产生

产生太赫兹脉冲最常见的两种方法是光电导天线法和光整流法。

（1）**光电导天线法**　在 20 世纪 80 年代末期，Auston 和 Fattinger 提出使用光电导天线产生太赫兹脉冲[14-17]。目前最常用的光电导材料是辐射损伤硅——蓝宝石（RD-SOS）和低温生长砷化镓（LT-GaAs）[18,19]。

光电导天线辐射的太赫兹脉冲，平均功率一般在 10nW 到几微瓦范围内，这取决于激发光强度与直流偏置电压[20]。

（2）**光整流法**　光整流法是一种较为常见和容易的产生太赫兹脉冲的方法，这种方法并不需要天线结构。它是一种非线性光学效应，是电光效应的逆过程。这种技术最早是 Yang 等在利用皮秒量级激光脉冲在 $LiNbO_3$ 产生远红外辐射的过程中来实现的[21]，而后 Hu 和 Zhang 等在 20 世纪 90 年代初提出了基于亚皮秒光整流机制产生太赫兹脉冲[22-23]。目前比较常用的非线性介质有 DAST、ZnTe、GaAs。

6.2.2　太赫兹脉冲的探测

在探测宽频带太赫兹脉冲方面，光电导取样法与电光取样法是最常用的两种探测方法。光电导取样其实可以被看成是光电导天线发射太赫兹脉冲的逆过程，所以在装置方面，它与光电导天线产生太赫兹脉冲是基本相同的。电光取样是利用电光效应来完成太赫兹探测的，可以认为是光整流效应的逆过程，是由 Wu 等[24]和 Nahata 等[25-27]提出并逐渐发展起来的。

6.2.3　太赫兹时域光谱系统原理

太赫兹时域光谱系统根据对不同的样品以及测试要求可被划分为透射式、反射式、差分式等，太赫兹光谱产生与探测光路图如图 6-1 所示。钛宝石飞秒激光器发射的飞秒激光脉冲，经过分光镜，被分为泵浦脉冲和探测脉冲。在经过光学斩波器调制之后聚焦于太赫兹发射器，发射出亚皮秒级太赫兹脉冲。所产生的太赫兹脉冲用两个抛物面镜来聚焦于探测器。通过一个光学延迟平移台来改变泵浦脉冲和探测脉冲的时间延迟，太赫兹波的全部时域分布就可以被追踪到。

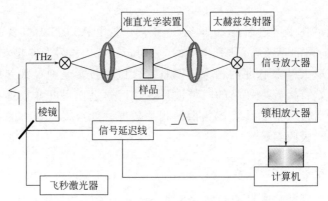

图 6-1　太赫兹光谱产生与探测光路图

透射式系统的特点在于把样品放在太赫兹发射器和探测器之间，让太赫兹脉冲穿透过去，获取样品的太赫兹时域光谱，所以这也就说明了样品的厚度不宜过厚的原因，经过多次实验发现，固体样本厚度一般在 1mm 左右。

将样品固定在二维平移台上，放置在太赫兹发射器与探测器之间的透镜焦点位置，样品随二维平移台在水平方向和垂直方向步进制移动，通过太赫兹光谱仪就可以逐点扫描样品的每一点，从而获取样品上每一点的太赫兹光谱信息，然后通过计算机编程就可以重构样品的太赫兹图像，实现样品的太赫兹光谱成像测量。

6.3　样品理化信息的获取和数据处理方法

6.3.1　样品制备

样品的制备方法对后续采集样品的光谱特征和图像特征有很大影响。当样品的形态不同时，制备样品的方法有很大差别。

（1）**粉末样品的制备**　样品为粉末时，一般采用压片法[28]。由于粉末状样品的自我成型效果不好[29-31]，一般使用聚乙烯与样品按一定比例混合，并在一定压力下进行压片，形成合适的直径和厚度，用于实验，并且粉末的颗粒不能过大，对大颗粒粉末需要对其研磨直到其直径小于 0.1mm[32-34]。选择聚乙烯的原因是聚乙烯对太赫兹吸收少，且在太赫兹波段基本透明，有利于压片成型，方便检测。压片时应注意样品的厚度和浓度要适当，且样品要保持均匀平整，压力不宜过大。

（2）**液体样品的制备**　样品为液体时，一般将一定厚度的液体放入样品池中，对其采集 THz 波谱。卢承振等[35]测量不同形态水的太赫兹光谱时，将厚度为 0.5mm 的样品放在规格为 45mm×45mm 的石英样品池中采集光谱。李健等[36]采用双样品池对比法来测定溶液的太赫兹光谱。石英和聚四氟乙烯材料对于 THz 呈现较微弱的吸收，所以实验研究中，样品池一般采用石英或者聚四氟乙烯材料制作。

（3）**气体样品的制备**　样品为气体时，为了形成参考和样品对比测量，一般采用双气室结构测量。赵辉[37]使用差分吸收检测系统对剧毒挥发性 1,3-二硝基苯痕量气体采集太赫兹时域光谱，其中检测系统中一组为标准空气，一组为待测样气，通过对两组数据的差分处理再结合光谱特性获得被测样气的浓度，以实现对环境中二硝基苯气体的检测。

6.3.2　信息获取

6.3.2.1　太赫兹光谱信息获取

太赫兹时域光谱仪通过扫描样品获得时域波形，然后对其进行傅里叶变换，得到太赫兹波频谱。获得的频谱信息包含了其他无关信息和噪声等影响因素，需要对频谱数据进行预处理，包括数据平滑、减少噪声、提高信噪比，对其频谱数据进行分析和处理，即可得到被测样品介电常数、吸收系数、折射率等物理特征信息。

（1）**太赫兹频域光谱**　太赫兹时域光谱仪采集样品在时间轴上的波形，如图 6-2 所示，是笔者运用农业太赫兹光谱与成像实验室的 THz 仪器（Menlo Systems，TERA K15，德国）在室温下，连续冲入氮气，采集到的一个典型的参考波形。时域波形需要经过傅里叶变换得到频域曲线，进而分析样品的频谱结构和变化特征，如图 6-3 所示，是参考波形经傅里叶变换后得到的频域波形。对频域谱进行平滑去噪等光谱预处理，提取频域谱中的特征频段下的光谱信息，然后根据样品在不同频段下的不同频谱特征，对样品进行特征分析和识别检测，包括对样品组分的定性分析、定量检测、杂质含量检测和异物鉴别等。图 6-4 是对一个植物叶片进行太赫兹二维逐点扫描后，获取 0.8THz 单频下的成像图，后续可运用图像处理技术进行叶脉等信息的有效提取。

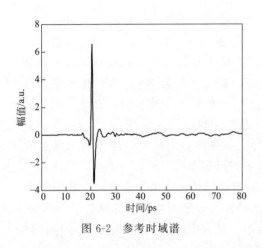

图 6-2　参考时域谱

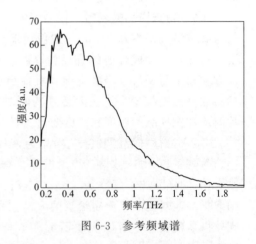

图 6-3　参考频域谱

（2）太赫兹吸收系数谱　为进一步研究样品在太赫兹波段的光谱吸收特征，可根据样品的频域强度计算出样品在特定频域范围内的吸收系数，从而获得样品在单位厚度下的吸光度。极性分子、生物大分子等物质在太赫兹波段具有不同的光谱特征吸收指纹特性，根据被测样品的特征吸收峰可以有效判别被测样品的组分。如图 6-5 所示，该图为笔者在实验室条件测量的葡萄糖分子在太赫兹波段的吸收系数谱，可以看到，葡萄糖分子在太赫兹波段具有明显的吸收峰。

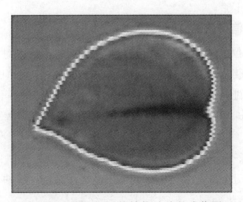

图 6-4　0.8THz 下的植物叶片的成像图

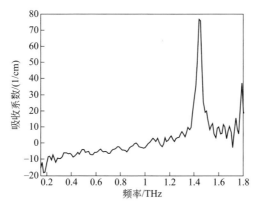

图 6-5　葡萄糖固体粉末的吸收系数曲线

6.3.2.2　太赫兹成像信息获取

太赫兹成像系统相比于太赫兹时域光谱系统，增加了图像处理装置和扫描控制装置，通过提取太赫兹的反射或透射信息，获得物体的三维数据信息，然后对物体的三维信息集合实现重构。现阶段，对样品太赫兹信息重构的方法主要有飞行时间成像，时域最大值和最小值、峰值成像，特定频率振幅成像，功率谱成像和脉宽成像等。提取样品在某一点特定频率、时域最大值和最小值等特征数据进行三维图像重构。太赫兹成像系统包括太赫兹逐点扫描成像系统、太赫兹实时焦平面成像系统、太赫兹波计算机辅助层析成像系统、连续波成像系统、近场成像系统等[38-39]。通过成像系统得到的图像数据需要经过处理，逯美红等[40]利用空间图样成分分析方法对采集到的玉米种子的太赫兹图像进行处理，区分识别了不同样品的太赫兹图像。

6.3.2.3　太赫兹数据优化

由于受设备本身性能、样品制备参数及测试环境等方面的影响，实验采集的样品太赫兹光谱数据信息往往存在分辨率低、噪声高、抖动漂移等问题，需要对太赫兹光谱数据信息进行优化以提高数据的信噪比和可靠性。马帅等[41]利用 S-G滤波器对太赫兹光谱测试过程中产生噪声等问题进行滤波处理，降低数据噪声；对于光谱数据点不同的问题，选取相同频段的光谱数据，采用三次样条插值的方法得到相同数据点数。涂闪等[42]采集到棉花种子的太赫兹光谱数据点数较少，为了使快速傅里叶变换（FFT）后曲线更光滑，先对原始数据进行了补零处理。徐利民等[43]运用空域滤波、高斯平滑、频域滤波和边缘检测等图像降噪和图像增强技术对太赫兹图像进行处理，有效克服了成像系统的噪声、激光功率抖动等影响。雷萌等[44]利用一种局部信息模糊聚类的图像算法对太赫兹成像进行图像分割，充分利用局部空间信息和局部灰度信息，可以较好地描述模糊性，从而克服太赫兹图像边缘模糊、随机噪声、条纹噪声等干扰，得到了轮廓完整、精度较高的样品太赫兹图像。

6.4　太赫兹技术在农业领域的研究应用进展

6.4.1　生物大分子检测方面的应用研究

太赫兹辐射是一种新型的远红外相干辐射源，近年来，结合太赫兹光谱的独特性能，运用太赫兹设备对蛋白质、糖类、DNA 等生物大分子检测的探索研究得到了广泛的应用，特别是在生物分子的结构和动力学特性等方面存在较大的应用潜力。蛋白质属于大分子物质，主要单位是氨基酸，对氨基酸分子进行太赫兹光谱测定，主要方法是采用氨基酸粉末与聚乙烯混合压片后进行太赫兹光谱测量，得到氨基酸分子的指纹谱库[45]。太赫兹技术在糖类的检测中也得到广泛的应用研究，马晓菁等[46]通过太赫兹技术获取 D-葡萄糖、D-核糖、乳糖等的光谱特性，不同的糖在太赫兹测量波段的吸收存在明显差异，D-(-)-核糖在 0.74THz 和 1.1THz，D-葡萄糖在 1.44THz，α-乳糖一水合物在 0.53THz 和 1.38THz 处分别存在特征吸收峰，β-乳糖在 1.21THz 和 1.38THz 处存在两处特征吸收峰。孙怡雯等[47]利用太赫兹时域光谱系统测量了不同血凝素蛋白及其与特异性抗体、无关抗体对照组反应的透射光谱，并利用 PCA 方法计算血凝素与光谱数据相关性为 -0.8965。Arikawa 等[48]利用太赫兹光谱技术测量了不同二糖分子的水合状态，研究表明太赫兹光谱技术能测量水合作用随时间的变化过程，液体中水分子状态的改变和溶液中的很多物理现象有关，可以详细描述溶液中多种物理化学变化。李斌等[49]利用太赫兹技术对 D-葡萄糖进行定性和定量分析，D-葡萄糖在太赫兹频域段具有明显的特征吸收峰，根据多元线性回归方法建立 D-葡萄糖含量的预测模型，预测相关系数为 0.9927。

6.4.2　农产品质量检测方面的应用研究

在农产品质量与安全领域，学者们也开展了太赫兹光谱技术的应用研究。核桃是一种高营养价值的食品，对于虫蛀、霉变的核桃，营养成分发生了较大变化，戚淑叶等[50]利用太赫兹光谱技术检测核桃的霉变变质情况，通过对虫蛀、霉变、正常核桃壳与核桃仁标样采集太赫兹时域谱图，从化学指标分析得出虫蛀或霉变的核桃壳、仁与正常核桃壳、仁的太赫兹波谱存在差异，为今后剔除变质核桃、实现无损分级提供依据；沈晓晨等[51]利用太赫兹光谱技术鉴别转基因与非转基因棉花种子，转基因与非转基因对太赫兹光谱有不同的响应，能用来有效鉴别转基因与非转基因棉花种子；葛宏义等[52]通过对霉变、虫蛀、发芽及正常小麦采集太赫兹时域光谱，再利用傅里叶变换及计算获得太赫兹吸收系数和折射率，通过吸收系数、折射率以及特征谱的不同进行判别分析，为储粮品质检测和分析提供新的方法。廉飞宇等[53]利用太赫兹光谱测量植物油及熟油在 0～3.0THz 波段范围内的时域光谱，并对其折射率和吸收系数进行分析，它们的折射率和吸收系数都有明显差异，熟油的平均折射率为 1.7，植物油的平均折射率为 1.6，熟油的吸收特性曲线变化明显，且存在明显的特征峰，植物油的吸收特性曲线变化平稳，无明显特征峰，该研究成果可以快速准确地区分植物油和熟油；Jansen 等[4]利用太赫兹图像信息检测巧克力中的掺杂物，通过扫描巧克力，可以清楚地看到在巧克力中的玻璃碎片，通过太赫兹光谱技术能区分巧克力中的掺杂物，例如坚果等其他成分；Albert 等[54]利用太赫兹光谱检测食品中抗生素的残留，11 种抗生素中有 8 种抗生素有指纹光谱，有两种抗生素和动物饲料、鸡蛋粉、奶粉混合后能被检测出来，说明太赫兹光谱在检测食品中抗生素残留方面有一定潜力。

水在太赫兹波段有强烈的吸收峰，卢承振[35]等利用太赫兹光谱对不同的水进行鉴别，采集去离子水、农夫山泉、康师傅、屈臣氏、自来水的太赫兹时域光谱图，进行频域变换、数值分析，对比分析吸收系数和折射率的变化，得出去离子水最纯净，自来水杂质较多，并且通过曲线特征区分了不同的水质。李向军等[55]研究反射式时域光谱的水太赫兹光学参数误差，得出多次测量引入的随机误差在 0.1～1.1THz 范围内且基本不变，而接近 0.1THz 和 1.1THz 处引入的随机误差变大，误差主要是由太赫兹时域光谱测试仪器的测量灵敏度下降及高阻 Si 片厚度和 Si 折射率引起的。刘欢等[56]利用太赫兹光谱对水分的敏感性来测量饼干中的水分，对测得的折射率和吸收谱与饼干中水分含量建立线性关系及模型，研究表明利用太赫兹技术测量饼干中水分具有一定可行性。

太赫兹对单一物质检测灵敏，当物质中混合了杂质，混合物的太赫兹光谱图会发生明显的变化，Haddad 等[57]分别检测了乳糖、果糖、柠檬酸以及三者混合物的太赫兹光谱图，分别检测 3 种纯物质时，三者的太赫兹吸收峰明显。乳糖有 4 个吸收峰，分别在 0.53THz、1.19THz、1.37THz 和 1.81THz 处；果糖有 3 个吸收峰，分别在 1.3THz、1.73THz 和 2.13THz 处；柠檬酸有 3 个吸收峰，分别在 1.29THz、1.7THz 和 2.4THz 处。三者混合物的吸收峰发生了变化，并不仅仅是三者吸收峰的单独叠加，利用这一特征，可以检测出纯净样品中是否含有掺杂物。

6.4.3　土壤大气检测方面的应用研究

农田环境（土壤、大气）中的重金属、水分、有机物等物质含量与我们的生活密切相关，太赫兹技术在检测土壤大气质量方面也有了较多的研究。夏佳欣等[58]利用太赫兹光谱技术测量土壤的含水量，在土壤含水量为 0～10％范围内，样品对太赫兹吸收较少，信噪比较高，光谱测量结果与称重法测量结果相比误差小于 1％，整体测量误差范围小于 3％，相比于中子法和时域反射（TDR）法，由于太赫兹波相对于高频电磁波对水更敏感，波长更短，测量精度更高；李斌等[2]利用太赫兹光谱技术检测土壤中重金属含量，配制了含 Pb、Cr、Zn、Ni 4 种重金属的土壤样品，采集样品的太赫兹光谱曲线，对光谱曲线进行平滑、标准化等预处理过程，利用 PLS 和遗传算法分别对样品进行建模，研究表明太赫兹光谱技术在预测土壤中重金属含量方面具有一定的可行性；赵春喜[59]对土壤中的有机污染物滴滴涕、七氯、吡虫啉等进行太赫兹光谱检测，含有机污染物的样品泥土与聚乙烯混合后，3 种样品在 0.2～1.8THz 范围内都有明显的吸收峰，太赫兹光谱可以用来检测土壤中的有机污染物；Dworak 等[60]利用太赫兹光谱技术可以对不同的土壤样品进行区分，测量了土壤中的水分、有机物、磁悬浮颗粒在不同太赫兹频段下的反射强度，同时利用图像方法分析了藏在土壤中的 3 种物质，太赫兹图像技术可以清楚地对这 3 种物质的形态、位置和大小进行成像。

胡颖等[61]采集了大气中一氧化碳的太赫兹光谱图，结果发现，一氧化碳在 0.2～2.5THz 范围内呈现多个吸收峰，在 1.5THz 附近处的吸收峰最强，利用太赫兹光谱仪测得的吸收峰位置与 $^{12}C^{16}O$ 的理论模拟结果一致，进一步证明一氧化碳的组成是 $^{12}C^{16}O$。

6.4.4　植物生理检测方面的应用研究

水分含量是植物体的一项重要生理指标，准确检测出植物各个生长阶段的水分含量，对于合理指导灌溉，提高灌溉效率具有重要意义。太赫兹技术对水分敏感，其惧水特性在农业应用中会很有帮助；可利用这一特性进行农作物的含水量检测研究。Castro-Camus 等[62]研究了拟南芥叶片中的水分动态变化，通过太赫兹光谱测量叶片中的水分含量，发现叶片中水分含量与光照、水分灌溉、脱落酸治疗有密切关系，在不同含水量的基质中生长，当停止水分供给以后，叶片中水分流失速度不一样，在光照和黑暗条件下，叶片中水分含量不一样，当喷洒脱落酸以后，由于气孔变化导致叶片中水分含量变化；Santesteban 等[63]利用太赫兹技术测量葡萄藤中水分含量，通过 3 组不同的实验检测葡萄藤中的水分含量，当灌溉条件不同时，葡萄藤的水分含量变化很明显，改变光照条件时，葡萄藤中水分含量随之变化，为验证太赫兹反射信号强度在一定程度上和光合作用以及植物韧皮部运输养分有关，截断葡萄藤的筛管，太赫兹反射强度随之发生较大变化；Jördens 等[64]研究了一种电磁模型在太赫兹波段测量叶片的电导率，利用该模型可以准确测量咖啡叶片中的水分含量，若能确定其他固体植物材料参数，该模型也能适用于其他植物叶片的水分含量检测；Breitenstein 等[65]将太赫兹技术应用于叶片水分含量检测中，验证了太赫兹技术检测叶片水分含量的可行性，测量咖啡叶片在脱水和重新水合过程中的太赫兹光谱变化，并测量了失水时间长短的太赫兹光谱曲线，研究表明太赫兹光谱透射率与水分含量有较大的关系，当叶片水分减少时，太赫兹透射率增大。

6.5　展望

太赫兹光谱是近年来新发展起来的一种新型光谱探测技术，世界各国研究学者都积极开展其在各个领域的应用探索研究工作，在农业领域也取得了较好的研究进展。本章系统性地介绍了太赫兹产生与探测原理、样品制备、时频域数据采集与处理、时频域数据分析与建模等方法理论体系，然后综述太赫兹技术在农业领域的研究进展，为后续研究工作提供参考。

随着超快激光电路硬件的快速发展，太赫兹技术由于其独特的光-电性质，在农产品品质、农田环境以及动植物学等农业领域已得到了较大发展，并取得了一定的研究成果，深入研究太赫兹波与待检测物质的相互作用机理是认识和应用太赫兹技术的前提。由于太赫兹波对非极性物质具有较强的穿透性，太赫兹光谱与成像技术可实现对多种研究对象内部品质的快速检测和动态监测，与检测过程复杂、检测内部品质较为困难的传统方法相比，太赫兹技术具有无损、省时省力、避免污染等优势。农业生物组织一般具有含水特性，而太赫兹波对水分具有较强的敏感性，因此对检测环境的要求很高，必须保证环境的干燥、清洁。若要实现高精度、快速无损的农业领域应用测量，还需要进行大量的研究工作。

太赫兹处于电磁波谱中的特殊波段位置，具有独特的光谱性质，对于不同的检测对象具有特定的太赫兹波段光谱响应。太赫兹在光谱检测领域是一个新兴发展的技术，未来还有许多问题有待解决，比如：在制备样品过程中，如何确定最优制备参数，确保样品制备的一致性；在检测样品过程中，水分对太赫兹光谱具有强烈的吸收作用，影响太赫兹光谱检测精度，如何降低环境对太赫兹光谱的影响，减少光谱散射损失，提高光谱性噪比；针对农业领域的重大应用需求和难点问题，结合太赫兹光谱独特性质，探索该技术面向农业重大应用需求和难点问题的太赫兹独特应用解决方案，找到太赫兹技术的农业领域突破性应用等。以上这些都是太赫兹技术在实际应用中需要解决的问题。另外，当前太赫兹设备体积较大、成本高昂且难于走出实验室实现移动测量，这些需要农艺学家、农业工程专家和物理学家的共同努力。

目前，太赫兹技术从造纸业的过程监督，到对不透明塑料管材的远程测量，再到对半导体材质内瑕疵的甄别，以及对化学气体成分的分析等方面展现出良好的工业应用前景。太赫兹设备成本正在逐步降低，设备正在朝着低成本和小型化方向发展。目前市场上已出现了小型的太赫兹设备，这都为太赫兹技术的农业领域应用提供实用可行的候选方案奠定了基础。2016 年 7 月，国务院印发的《"十三五"国家科技创新规划》首次将"太赫兹技术"写入"发展新一代信息技术"规划。现有的太赫兹研究应用进展和产品的商业化进程预示着太赫兹系统在不久的将来可能会被大规模广泛应用。相关文献综述表明太赫兹技术正朝着工业应用方向快速发展，农业和食品行业应该尽快加入太赫兹技术应用研究的队伍中。

参 考 文 献

[1] 李斌,龙园,刘欢,等. 太赫兹技术及其在农业领域的应用研究进展. 农业工程学报,2018,34(2):1-9.

[2] 李斌. 基于太赫兹光谱的土壤主要重金属检测机理研究[D]. 北京:中国农业大学,2011:14-15.

[3] 李斌,赵旭婷,张永珍,等. 主要抗生素的太赫兹光谱检测与分析研究进展. 光谱学与光谱分析, 2019, 39 (12):3659-3666.

[4] Jansen C，Wietzke S，Peters O，et al. Terahertz imaging:applications and perspectives and Martin Koch2. Applied Optics,2010,49(19):48-56

[5] Gowen A A, Sullivan C O, Donnell C P. Terahertz time domain spectroscopy and imaging : Emerging techniques for food process monitoring and quality control. Trends in Food Science and Technology, 2012, 25: 40-46.

[6] 张蕾,徐新龙,李福利. 太赫兹(THz)成像的进展概况. 量子电子报,2005,22(2):129-133.

[7] 沈京玲,张存林. 太赫兹波无损检测新技术及其应用. 无损检测,2005,27(3):146-147.

[8] 张刚. 浅谈太赫兹波技术及其应用. 科技广场,2007(11):238-240.

[9] 陈晗. 太赫兹波技术及其应用. 中国科技信息,2007(20):274-275.

[10] 常胜利,王晓峰,邵铮铮. 太赫兹光谱技术原理及其应用. 国防科技, 2015, 36 (2):17-21.

[11] 金飚兵,单文磊,郭旭光,等. 太赫兹检测技术. 物理,2013,42(11):770-779.

[12] 香山科学会议第486—490次学术讨论会简述. 中国基础科学·香山红叶,2014,5:29-35.

[13] Auston D H,Cheung K P,Valdmanis J A,et al. Cherenkov radiation from femtosecond optical pulses in electro-optic media. Physical Review Letters,1984,53:1555-1558.

[14] Fattinger C,Grischkowsky D. Point source terahertz optics. Applied Physics Letters,1988,53:1480.

[15] Auston D H,Cheung K P,Smith P R. Picosecond photoconducting hertziandipoles. Applied Physics Letters. 1984,45(3):284-286.

[16] Smith P R,Auston D H,Nuss M C. Subpicosecond photoconducting dipole antennas. IEEE Journal of Quantum Electronics,1988,24(2):255-260.

[17] Fattinger C,Grischkowsky D. Terahertz beams. Applied Physics Letters,1989,54(6):490-494.

[18] Song H J,Nagatsuma T. Handbook of Terahertz Technologies:Devices and Applications. Singapore:Pan Stanford. 2015:3.

[19] Lee Y S. Principles of Terahertz Science and Technology. US:Springer,2009.

[20] Zhang X C,Xu J. Introduction to THz Wave Photonics. US:Springer,2010.

[21] Yang K H, Richards P L, Shen Y R. Generation of far infrared radiation by picosecond light pulses in $LiNbO_3$. Applied Physics Letters,1971,19:320-323.

[22] Hu B B,Zhang X C,Auston D H, et al. Free-space radiation from electro-optic crystals. Applied Physics Letters,1990,56:506-508.

[23] Xu L,Zhang X C,Auston D H. Terahertz beam generation by femtosecond optical pulses in electro-optic materials. Applied Physics Letters,1992,61:1784.

[24] Wu Q,Zhang X C. Electro-optic sampling of freely propagating terahertz field. Optical and Quantum Electronics，1996, 28(7):945-951.

[25] Nahata A, Auston D H, Heinz T F, et al. Coherent detection of freely propagating terahertz radiation by electro-optic sampling. Applied Physics Letters, 1996,68(2):150-152.

[26] Cai Y, Brener I, Lopata J, et al. Coherent terahertz radiation detection: direct comparison between free-space electro-optic sampling and antenna detection. Applied Physics Letters, 1998, 73(4):444-446.

[27] Dragoman D, Dragoman M. Terahertz fields and applications. Progress in Quantum Electronics, 2004, 28(1):57.

[28] 夏燚, 杜勇, 张慧丽, 等. 滑石粉中石棉的太赫兹光谱定量分析. 日用化学品科学, 2014, 37(2):31-33.

[29] 汪一帆, 尉万聪, 周凤娟, 等. 太赫兹(THz)光谱在生物大分子研究中的应用. 生物化学与生物物理进展, 2010, 37(5):484-489.

[30] Axel Z J, Taday P F, Newnham D A, et al. Terahertz pulsed spectroscopy and imaging in the pharmaceutical setting-a review. Journal of Pharmacy and Pharmacology. 2007, 59:209-223.

[31] Peiponen K E, Silfsten P, Pajander J, et al. Broadening of a THz pulse as a measure of the porosity of pharmaceutical tablets. International Journal of Pharmaceutics, 2013, 447:7-11.

[32] Charron D M, Ajito K, Kim J Y, et al. Chemical mapping of pharmaceutical cocrystals using terahertz spectroscopic imaging. Analytical Chemistry, 2013, 85:1980-1984.

[33] Ge M, Liu G F, Ma S H, et al. Polymorphic forms of furosemide characterized by THz time domain spectroscopy. Bulletin-Korean Chemical Society, 2009, 30(10):2265-2268.

[34] Prince B, Pertti S, Tuomas E, et al. Non-contact weight measurement of flat-faced pharmaceutical tablets using terahertz transmission pulse delay measurements. International Journal of Pharmaceutics, 2014, 476:16-22.

[35] 卢承振, 刘维, 孙萍, 等. 不同水的太赫兹时域光谱. 激光与光电子学进展, 2015, 52:043004(1-8).

[36] 李健, 焦丽娟, 李逸楠. 太赫兹时域光谱系统在分析氟氯氰菊酯正己烷溶液中的应用. 纳米技术与精密工程, 2015, 13(2):128-133.

[37] 赵辉, 王高, 马铁华. 基于 THz 光谱技术的 1,3-二硝基苯挥发气体检测方法研究. 光谱学与光谱分析, 2014, 32(4):902-905.

[38] 张存林, 牧凯军. 太赫兹波谱与成像. 激光与光电子学进展, 2010, 47:023001(1-14).

[39] Qin J Y, Ying Y B, Xie L J. The detection of agricultural products and food using terahertz spectroscopy: a review. Applied Spectroscopy Reviews, 2013, 48:439-457.

[40] 逯美红, 沈京玲, 郭景伦, 等. 太赫兹成像技术对玉米种子的鉴定和识别. 光学技术, 2006, 32(3):361-366.

[41] 马帅, 申韬, 王瑞琦, 等. 基于深层信念网络的太赫兹光谱识别. 光谱学与光谱分析, 2015, 35(12):3325-3329.

[42] 涂闪, 张文涛, 熊显名, 等. 基于太赫兹时域光谱系统的转基因棉花种子主成分特性分析. 光子学报, 2015, 44(4):0430001.

[43] 徐利民, 范文慧, 刘佳. 太赫兹图像的降噪和增强. 红外与激光工程, 2013, 42(10):2865-2870.

[44] 雷萌, 黄志坚, 马芳粼. 一种基于局部信息模糊聚类的太赫兹图像分割算法. 制造业自动化, 2015, 37(06):118-120.

[45] 王雪美. 氨基酸的太赫兹光谱及其振动模式研究[D]. 北京:首都师范大学, 2008:14-43.

[46] 马晓菁, 赵红卫, 刘桂锋, 等. 多种糖混合物的太赫兹时域光谱定性及定量分析研究. 光谱学与光谱分析, 2009, 29(11):2885-2888.

[47] 孙怡雯, 钟俊兰, 左剑, 等. 血凝素蛋白及抗体相互作用的太赫兹光谱主成分分析. 物理学报, 2015, 64(6):168701.

[48] Arikawa T, Nagai M, Tanaka K. Characterizing hydration state in solution using terahertz time-domain attenuated total reflection spectroscopy. Chemical Physics Letters, 2008, 457:12-17.

[49] 李斌, 龙园, 刘海顺, 等. 基于太赫兹光谱技术的 D-无水葡萄糖定性定量分析研究. 光谱学与光谱分析, 2017, 37(7):2165-2170.

[50] 戚淑叶,张振伟,赵昆,等. 太赫兹时域光谱无损检测核桃品质的研究. 光谱学与光谱分析,2012,32(12):3390-3393.

[51] 沈晓晨,李斌,李霞,等. 基于太赫兹时域光谱的转基因与非转基因棉花种子鉴别. 农业工程学报,2017,33(增刊1):288-292.

[52] 葛宏义,蒋玉英,廉飞宇,等. 小麦品质的太赫兹波段光学与光谱特性研究. 光谱学与光谱分析,2014,34(11):2897-2900.

[53] 廉飞宇,秦建平,牛波,等. 一种利用太赫兹波谱检测地沟油的新方法. 农业工程,2012,2(6):37-40.

[54] Albert R S, Gerard S, Regina G, et al. Assessment of terahertz spectroscopy to detect antibiotic residues in food and feed matrices. Analyst,2011,136(8):1733-1738.

[55] 李向军,杨晓杰,刘建军. 基于反射式太赫兹时域谱的水太赫兹光学参数测量与误差分析. 光电子·激光,2015,26(1):135-140.

[56] 刘欢,韩东海. 基于太赫兹时域光谱技术的饼干水分定量分析. 食品安全质量检测学报,2014,5(3):725-729.

[57] Haddad J, DeMiollis F, BouSleiman J, et al. Chemometricsapplied to quantitative analysis of ternary mixtures by terahertz spectroscopy. Analytical Chemistry,2014,86:4927-4933.

[58] 夏佳欣,范成发,王可嘉,等. 基于太赫兹透射谱的土壤含水量测量. 激光与光电子学进展,2011,48:023001.

[59] 赵春喜. 土壤中有机污染物的太赫兹时域光谱检测分析. 科技信息,2010(8):102.

[60] Dworak V, Augustin S, Gebbers R. Application of terahertz radiation to soil measurements: initial results. Sensors, 2011,11:9973-9988.

[61] 胡颖,王晓红,郭澜涛,等. 一氧化碳的太赫兹时域光谱研究. 光谱学与光谱分析,2006,26(6):1008-1022.

[62] Castro-Camus E, Palomar M, Covarrubias A A. Leaf water dynamics of Arabidopsis thaliana monitored in-vivo using terahertz time-domain spectroscopy. Scientific Reports,2013(1):5.

[63] Santesteban L G, Palacios I, Miranda C, et al. Terahertz time domain spectroscopy allows contactless monitoring of grapevine water status. Frontiers in Plant Science,2015(6):1-9.

[64] Jördens C, Scheller M, Selmar B, et al. Evaluation of leaf water status by means of permittivity at terahertz frequencies. Journal of Biological Physics, 2009, 35:255-264.

[65] Breitenstein B,Scheller M,Shakfa M K, et al. Introducing terahertz technology into plant biology:A novel method to monitor changes in leaf water status. Journal of Applied Botany and Food Quality, 2011,84:158-161.

第7章 低场核磁分析技术的新进展

7.1 引言

7.1.1 核磁共振技术发展

1946 年珀塞尔和布洛赫发现了核磁共振（Nuclear Magnetic Resonance，NMR）现象，并以此而获得了诺贝尔奖，此后多位科学家投入到该领域研究，核磁共振技术得到迅猛发展，其主要经过的发展阶段如下：

1946—1954 年：该阶段核磁共振技术开始逐渐形成一门具有完整理论及应用的综合学科，基础研究逐步深入，并逐步渗透到各个相关领域。

1955—1965 年：核磁共振理论及检测手段不断完善，脉冲技术的出现，进一步推动了核磁共振技术的全面发展及普及应用，该阶段流行的大多是连续波核磁共振技术。

1965—1968 年：随着脉冲核磁技术、超导磁体技术及傅里叶变换技术的发展，核磁共振分析技术的灵敏度及分辨率进一步提高，极大地提高了核磁共振技术的应用范围，掀起了分析化学、生物及医疗领域的革命。

1986 年至今：核磁共振技术在医学成像、化学分析及工业等领域的应用广泛普及，分析方法也逐渐细化，除了高场核磁共振技术以外，中低场及小型便携化核磁共振技术因其低成本、易维护的特点，也逐渐普及。

7.1.2 核磁共振技术原理及分析方法

所谓核磁共振是指将待测样品放入静态外磁场中，样品中具有磁矩的原子核发生能级裂分，受到相应射频电磁波（射频场）的激励作用，原子核吸收电磁波能量并在量子能级间发生共振跃迁，关闭电磁波，处于高能级跃迁的原子核恢复到原来的低能级平衡态时对外释放特定频率的电磁波，由检测器检测该电磁波形式的核磁共振信号，经过信号处理后以不同种类的核磁共振谱图呈现。核磁共振研究的是两种外加磁场，即静态磁场 B_0 和射频电磁场 B_1 同时作用下物质原子核共振的磁性现象，常用两种模型来研究这种现象，分别是经典力学模型和量子力学模型。

（1）磁共振技术经典力学模型 珀塞尔于 1946 年首次通过经典力学模型提出核磁共振概念，引入了进动的概念，该理论认为没有施加外部磁场时样品体系内部的质子磁矩随机排布，施加外部磁场后，质子指向磁场方向，形成宏观的磁化矢量 M_0，质子最终按一定的角频率以一定的夹角各自绕主磁场运动，即进动：

$$\omega_0 = \gamma \times B_0 \tag{7-1}$$

该公式称为拉莫尔进动方程，其中 ω_0 称为拉莫尔进动频率，它与静磁场的大小 B_0 成正比，γ 称为原子核的磁旋比。

上述进动系统会在静磁场中达到平衡状态，当向系统施加电磁波时，电磁波的磁性部分为周期性电磁场 B_1，当周期性电磁场的频率和上述拉莫尔进动频率 ω_0 相等时，发生共振现象，该平衡系统会吸收电磁波能量，导致质子进动频率增加，平衡被打破，当电磁脉冲结束后，宏观磁化矢量会重新恢复到平衡状态，通过研究此过程可以探索样品体系的核磁特性，进行核磁分析。

（2）**磁共振技术量子力学模型**　量子力学模型认为，当一个质子处于静磁场 B_0 时，它的磁矩取向是离散化的，即只能取正方向和反方向，自旋和磁矩的投影取值是已知数据，分别取 $S = \pm\frac{1}{2}h$，$\mu = \pm\frac{1}{2}\gamma h$，其中 h 为普朗克常数，也就是说，质子的能级通过外磁场 B_0 作用而分裂，磁矩的取向分别代表两个不同的能级，不同场强下的能级差不同，如图 7-1 所示。

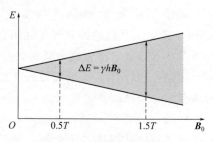

图 7-1　不同场强下的能级差

与磁场方向一致时，质子能量为 $E_1 = -\gamma h B/2$，与磁场方向相反时，质子能量为 $E_2 = +\gamma h B/2$，其能级之差为 $\Delta E = E_1 - E_2$，当样品处于静磁场 B_0 时，处于高能级的质子数比低能级的稍少一些，处于自旋平衡状态，也就是在恒定磁场的作用下，两个不同能级间保持了能量跃迁平衡的热力学平衡状态；当外界电磁波的能量恰好等于 ΔE 时，会引发处于不同能级 E_1、E_2 的质子跃迁，处于非平衡状态，电磁波结束后系统将返回平衡状态，处于高能级的质子回到低能级（弛豫过程），该弛豫过程通常可分解为纵向弛豫和横向弛豫两个过程，弛豫的快慢可以用弛豫时间（T_1 与 T_2）来描述，通过对弛豫时间的测量，可以研究样品的差异。

（3）**磁共振技术原理之弛豫现象**　当静置于磁场 B_0 中时，样品中的质子处于平衡状态，宏观磁化矢量的纵向分量为 M_{z0}，这时当频率等于拉莫尔进动频率（满足共振条件）的电磁波（90°脉冲）激发时，质子会吸收能量，出现不同能级之间的能量跃迁，导致宏观磁化矢量纵向分量 M_{z0} 的消失和宏观磁化矢量横向分量 M_{xy} 的出现（电磁波结束时达到最大值），这个状态是不稳定的，从电磁波结束开始，系统将返回平衡状态也就是稳定状态，这个过程发生了相反的现象，如图 7-2 所示。一方面通过 E_2 能级到 E_1 能级的反向跃迁，宏观磁化矢量的纵向分量 M_z 缓慢的恢复（纵向弛豫）；另一方面通过自旋快速的消散，宏观磁化矢量的横向分

量 M_{xy} 迅速的减小（横向弛豫）。

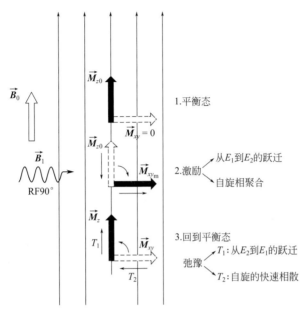

图 7-2　核磁共振弛豫过程

　　其中纵向弛豫又叫作自旋-晶格弛豫，所谓的晶格就是质子周围的环境，在环境（晶格）中，分子实际上总是处于不停的运动、旋转及碰撞的运动状态，也就是所谓的布朗运动，其中的碰撞频率可以用 ω_c 来表示，分子碰撞频率越接近拉莫尔进动频率 ω_r，自旋-晶格弛豫就越快速，这是因为当 $\omega_c=\omega_r$ 能级匹配，更有利于能量的传递。反之，例如纯水中，水分子的运动速度和拉莫尔进动频率并不接近（$\omega_c>\omega_r$），所以自旋-晶格弛豫时间较长（能量交换得速度慢），当极端情况比如水分子结冰时，分子运动极端缓慢（$\omega_c<\omega_r$），同样会导致自旋-晶格弛豫时间较长。纵向磁化矢量的恢复表现为递增的指数函数，其中常数 T_1 定义为对应样品恢复到最大值的 63% 时所需要的时间，如图 7-3 所示。

　　横向弛豫是质子相互间作用的结果，也称之为自旋-自旋弛豫，由于质子实际上处于不同的分子环境中，质子本身的自旋会形成局部的小磁场，这些小磁场会相加或相减到静止主磁场 B_0 上面，也就是说会造成主磁场的非均匀性出现。在这种情况下，质子因为受到干扰而以相对于拉莫尔进行频率略有不同的角频率进行进动，这就是在施加电磁脉冲前质子相位散乱的原因，同时也是施加电磁脉冲后相位状态不能持久的原因，横向弛豫不涉及能量的交换，横向磁化矢量的散相过程表现为递减的指数函数，常数 T_2 定义为递减到最大值的 37% 时所需要的时间，如图 7-4 所示。

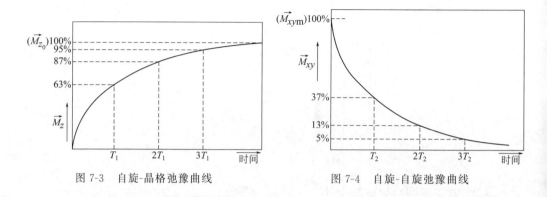

图 7-3 自旋-晶格弛豫曲线   图 7-4 自旋-自旋弛豫曲线

核磁共振技术大致上分为三类：核磁共振波谱、磁共振成像（MRI）与时域核磁共振技术，各有各的用途。如图 7-5 所示，以磁体分类，可粗略地分为低场核磁共振仪器和高场核磁共振仪器，高场核磁共振仪器（如 $3T$ 以上）一般使用超导磁体，价格较高；而低场核磁共振仪器的磁体采用稀土永磁体制造，具有成本低、安全性高、开放性强等特点，已广泛应用于能源、岩土、材料、食品、农业、生命科学及教学等领域，具体而言基于低场的核磁共振仪器可以实现以下几种样品分析方法。

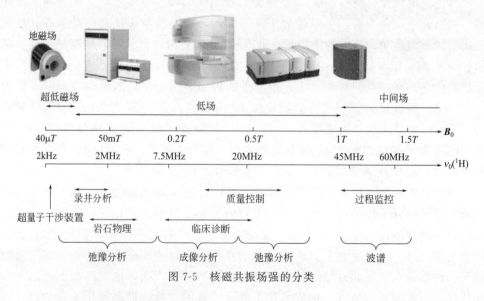

图 7-5 核磁共振场强的分类

（1）**基于信号幅值的分析检测** 根据核磁共振基本原理，待测样品的待测磁性核数目与接收信号幅值成正比关系，即：$N \propto S$。式中，N 为待测核数目；S 为接收的信号幅值。图 7-6 为纯水定标的 FID 拟合曲线，可以测定茶叶等的含水量。

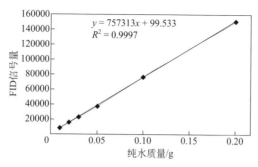

图 7-6　纯水定标的 FID 拟合曲线

（2）基于图像的分析检测　基于图像的分析检测与磁共振医学成像类似，只是检测样品从人体换成了待检测样品。

常用的成像序列有多层自旋回波成像（MSE）序列，其信号强度表达式为式（7-2），通过改变等待时间 TR 与回波时间 TE 可得多种加权成像：质子密度加权成像、T_1 加权成像及 T_2 加权成像。图 7-7 为鸡蛋随着储藏和冷藏时间的 MRI 图像，可以由内部结构的改变进行无损的空间检测。

$$SI \propto \rho(H)(1 - \mathrm{e}^{-TR/T_1})(\mathrm{e}^{-TE/T_2}) \tag{7-2}$$

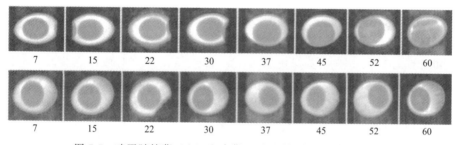

图 7-7　鸡蛋随储藏（上）和冷藏（下）时间变化的 MRI 图像

（3）基于弛豫时间的应用　由于弛豫时间与样品的物理环境（如温度、压强）直接相关，通过物理环境的改变，可以研究样品的分子动力学变化特性，因此基于弛豫时间的应用中往往结合变温或变压来进行。其中纵向弛豫时间的检测可以用反转恢复序列（图 7-8），横向弛豫时间的测定可以用 CPMG（Carr-Purcell-Meiboom-Gill）序列（图 7-9）。

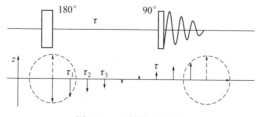

图 7-8　反转恢复序列

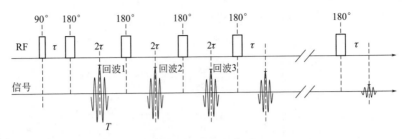

图 7-9　CPMG 序列

7.1.3　国内外低场核磁仪器的进展

低场核磁共振（LF-NMR）技术由于其可深入物质内部而不破坏样品，并具有迅速、准确、可重复等优点而得以迅速发展和广泛应用。

在欧美等发达国家，高校、科研单位、企业科研水平和科研工作深度在一定程度上与其使用的科学仪器的技术水平挂钩。尤其在包括石油化工、食品安全、材料科学、生物医药等众多领域中，LF-NMR 设备能够对样品进行无损检测和高准确率的分析检测，是其他方法无法替代的。因此，市场对此类产品的需求相当旺盛。

目前，国际上主流的 LF-NMR 科学仪器由德国布鲁克公司和英国牛津仪器公司生产。

布鲁克的 LF-NMR 设备历史悠久，Minispec mq 系列时域核磁共振分析仪提供最全面的测量频率，从大样品直径的 7.5MHz 到 10MHz、20MHz 和 40MHz，再到工作频率达 60MHz 的 mq60，可进行弛豫和扩散分析，可测定脂肪，液滴粒度，油料种子和坚果中的水分和油分，分析油页岩和油砂的含油量，牙膏中的单氟磷酸钠或氟化钠，交联密度，轮胎老化及其他聚合物试样及建筑材料的含水量、孔隙率，活体鼠的瘦肉组织、脂肪和体液含量和全身组分分析等。

牛津仪器在 1959 年创建于英国牛津，是牛津大学衍生出的一个商业公司，生产分析仪器、半导体设备、超导磁体、超低温设备等高技术产品。公司最初致力超导磁体与超低温设备的研究和销售。公司主营产品包括：NMR、扫描电镜（SEM）、扫描探针显微镜 SPM ［原子力显微镜（AFM）、扫描隧道显微镜（STM）］、原子层沉积系统（ALD）、CCD 相机（影像 CCD）、X 射线能谱仪（EDS）、高光谱仪（高光谱成像仪）等。

进口的 LF-NMR 仪器因价格昂贵、应用面单一、售后服务不及时、国内的应用支持欠缺等，导致进口设备在国内的使用不理想。近年来一些重点高校、科研单位和大型企业开始认识到 NMR 分析技术对相关科学研究和分析检测的重要性，因此此类 LF-NMR 设备的采购量逐年提高；同时新设备安装很好地促进了相关学科的快速发展。以苏州纽迈分析仪器股份有限公司（纽迈分析）为代表的国产品牌日益壮大，经过十余年的开拓创新，纽迈分析在多个领域打破了进口设备的垄断，形成十余款 LF-NMR 产品，包括工业核磁设备、成像系列与分析系列，为工业和科研提供准确有效的分析手段及应用解决方案。

7.2　低场核磁共振仪器的应用进展

LF-NMR 作为一种无损、快速的技术被广泛应用于农业食品领域、多孔介质领域、石化领域和生物医药领域等。随着化学计量学方法和计算机技术的快速发展，LF-NMR 结合化学计量学方法在各个领域得到了更广泛的应用。

7.2.1　农业食品领域

7.2.1.1　油作物品质评价

油作物，如葵花籽、油菜籽、芝麻、黄豆，是食用油的重要来源，这些作物的含油量越高，其经济价值越高，而含水量的高低则决定了其储存特征。因此，检测油籽含油量和含水量成为生产、加工和销售油籽的重要步骤。测试油作物含油量、含水量的传统方法是萃取法和烘干法，这两种方法具有测试时间长、化学试剂对人体危害大等缺点，而 NMR 技术弥补了传统方法的不足，具有十分广泛的应用前景[1]。

NMR 法作为新兴的种子水分检测方法，具有简便、快速、无损等优点，并可实现单粒种子成像，从而得到单粒种子含水量的同时，直接显示水分分布情况。张垚等[2]利用 LF-NMR 实现对玉米单子粒含水量的快速、准确、无损检测。基于相关方法，结合玉米籽粒灌浆不同时期，可在果穗发育至成熟收获期对单籽粒进行选择，可在籽粒播种前了解分离后代籽粒含水量情况，从而为快速脱水种质的选育提供直接证据，克服传统育种的盲目性。

在食品品质检测中，LF-NMR 不仅可以对水分含量进行检测，还可以对食品中煎炸油的理化性质及弛豫特性进行检测，从而来判断煎炸油的品质[3]。Sun 等[4]研究了超声波对微波真空油炸中煎炸油的过氧化物、酸值、羰基值、黏度等理化性质和 LF-NMR 弛豫特性的影响，并用主成分回归分析建立了 LF-NMR 弛豫特性与物化性质之间的相关模型，相关性良好，分析结果可信。

7.2.1.2　果蔬类食品质量评价

随着人们消费水平的提高，人们对水果、蔬菜内外品质的要求越来越高。目前，水果、蔬菜品质的无损检测分级主要是根据农产品的光学特性、声学特性和电学特性来进行。NMR 技术由于具有无损检测和可视化检测的特点，并且植物组织比动物组织在 MRI 图像上有更高的对比度，所以 NMR 技术在水果、蔬菜检测方面具有很大的潜力。NMR 技术在水果的内在品质及成熟度、水果内部缺陷及损伤和水果储藏过程中的变化有广泛应用。

在一些水果和蔬菜的质量评估中，对于内部有烂心或者腐烂痕迹的水果或蔬菜，靠肉眼无法做出判断，利用 MRI 技术就可轻易解决这类棘手问题。在水果、蔬菜中，腐烂或者碰伤的组织会因为水浸而产生较强的核磁信号，而空穴和发生絮状变质部位则信号减弱或者没有信号，所以可以把发生不同变质的水果、蔬菜鉴别出来[5]。Qiao 等[6] 将 LF-NMR 用于分析和检测腐烂的蓝莓果实。利用 NMR 弛豫分析，腐烂果实的横向弛豫时间（T_{21}，T_{22}，T_{23}）存在不同程度的增加，而信号强度（A_{21}，A_{22}，A_{23}）存在不同程度的减弱（图 7-10）。利用 LF-NMR 和 MRI 的 11 个特征变量（包括横向弛豫特征和图像特征）作为 BP-NN 模型的参数来识别水果的腐烂情况，训练集的识别精度为 98.8%，而验证集的识别精度为 94.2%，说明 LF-NMR 和 MRI 适用于水果腐烂的分析检测，为水果病害的无损检测提供了理论依据。

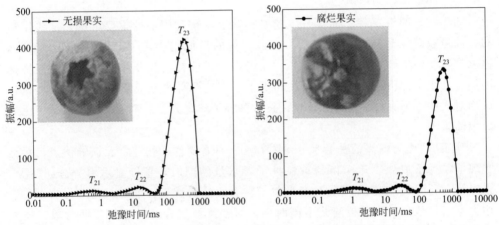

图 7-10　无损和腐烂蓝莓果实的 CPMG 序列分布
T_{21}—细胞壁；T_{22}—细胞质；T_{23}—液泡

也有大量研究者将 LF-NMR 与化学计量学的方法相结合来检测果蔬的含水量及水分状态的变化规律。刘传菊等[7] 利用 LF-NMR 技术研究红薯微波干燥过程水分状态及其变化规律。LF-NMR T_2 谱图峰总面积与样片的绝对含水量成正比；不同的吸收峰位置代表了红薯中不同状态的水分，且其面积与不同状态的水分亦成正比。Sun 等结合 LF-NMR 建立了一种快速、实时、无损检测含水量的方法[8]，发现胡萝卜（蔬菜）、香蕉（水果）和杏鲍菇（食用菌）三种材料在不同微波真空干燥条件下干燥参数与水状态之间具有较好的相关性，总面积和 T_{23} 的信息可用于分析干燥行为，而 A_{20}、A_{21} 和 A_{22} 的信息可作为材料鉴别的"指纹"特征。利用 A_{20}、A_{21}、A_{22}、A_{23} 等参量结合 BP-ANN 可以出色地预测含水量，相关系数 R^2 为 0.9969，均方根误差 RMSE 为 0.0184，可以满足当前行业和生产的需求。Li 等[9] 研究了 LF-NMR 预测山药片介电性能的可行性。研究了微波真空干燥过程中样品的弛豫行为和介电性能（在 915MHz 和 2450MHz 时）的变化及其关系。单变量线性模型表明，游离水峰的信号强度（A_{23}）和固定水的横向弛豫时间（T_{22}）与介电性能具有良好的相关性。此外，用 4 个 NMR 参数作为偏最小二乘回归（PLSR）模型的变量预测介电性能具有更好的预测结果，表明 LF-NMR 适合作为一种快速、无创的方法来预测介电性能。通过对 52 个样品的 NMR 参数进行 PCA 分析，可以将水分含量不同的样品分为三类（图 7-11），类别间的差异说明弛豫特性受水分含量的影响很大。

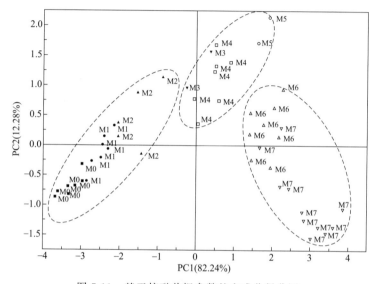

图 7-11　基于核磁共振参数的主成分得分图
■—M0；●—M1；▲—M2；▼—M3；□—M4；○—M5；△—M6；▽—M7；

7.2.1.3　注水（胶）肉检测

注水肉是指猪、牛、羊等动物在屠宰前被强制性地从口腔处连续灌水，或宰后不久通过血管、心脏高压注水，从而达到增重牟利的目的。畜禽注水以后，很容易造成营养物质流失、微生物大量繁殖、肉质迅速下降，甚至引入非肉源性污染物。注胶肉是利用胶的凝固性将水分"锁"住，注胶后，肉吸水量可增加 20% 以上，这不仅导致肉的品质下降，更严重的是给生鲜肉品的安全带来很大隐患。

现阶段，注水肉检测方法主要有感官检测和理化检测两种方法，感官检测方法虽然可以对肉品进行快速判断，但是准确性差。理化检测方法虽然可以得到准确的检测结果，但是进行化学实验需要的时间过久，且目前普通检测方法很难鉴别注胶肉。LF-NMR 技术在研究很多与水分密切相关的食品性质上具有特殊的优势，利用氢原子核在磁场中的活动特性，可以追踪待测物质食品中的氢原子特别是水，包括结合水、不易流动水和自由水，观察水分分布状况及其随着时间的变化而产生的改变，利用 LF-NMR 技术与最小二乘法（LSE）、偏最小二乘回归法（PLSR）和主成分回归法（PCR）等算法相结合建立预测模型，来预测猪肉的含水量[10]。

　　研究表明，横向弛豫时间（T_2）的差异可以有效区分肉品中水分的三种分布状态，一般认为 $T_2=1\sim10ms$ 是与大分子紧密相连的水，其为结合水；$T_2=30\sim60ms$ 是位于高度组织化的蛋白质结构内部的水或者细胞内水，其为不易流动水；$T_2=100\sim400ms$ 为肌原纤维蛋白外部的水或者细胞外部的水，其对应于自由水。人工强行注入肌肉中的水分多以自由水存在，可以通过测定 T_2 值及对应峰值而识别。

　　王胜威等[11]利用 LF-NMR 技术对正常羊肉及注水、注胶肉进行检测，根据样品的 T_2 时间所反映的水分存在状态及分布结果，结合主成分分析法及逐步线性判别分析对不同类的羊肉样品进行区分辨识。结果表明：基于羊肉样品的弛豫特性，结合主成分分析法，纯羊肉和注水肉在主成分得分图上可以得到很好的区分；纯羊肉及注胶肉也可以得到有效的辨识；逐步线性判别分析的区分情况更为显著，同时样品随着掺加比例的变化在图中呈现规律性分布。吴艺影等[12]以正常猪肉及注射不同种类胶（黄原胶、卡拉胶、明胶、琼脂）的注胶肉为对象，利用 LF-NMR 并结合主成分分析法分析处理的检测数据，根据肉品中的水分存在状态及分布结果，对猪肉进行快速检测。结果表明：正常肉与注胶肉之间、各类注胶肉及不同注胶量之间在主成分得分图上具有很好的区分效果。

　　Zang 等[13]利用 LF-NMR 的 CPMG 数据，结合主成分回归或偏最小二乘回归建立水和脂肪含量的预测模型，对小黄鱼干燥过程中水分的变化及卡拉胶掺假进行了研究。结果表明：LF-NMR 在海产品掺假分析的快速检测领域具有巨大潜力。Li 等[14]利用 LF-NMR 光谱和 MRI 检测了掺入明胶、卡拉胶、琼脂、魔芋和黄原胶等不同水胶体的虾，建立了具有特征性的 T_2 拟合曲线，可用来区分掺假虾与正常虾。此外，高质量 MRI 图像能显示虾中注射的水胶体的主要积累部位如在大脑区域和三个微妙部位（背部、尾巴和爪，如图 7-12 所示）。通过主成分分析，可以成功地区分不同水胶体的掺假虾（图 7-13）。因此，快速、无创且低成本的 LF-NMR 技术为实时识别水胶体掺假提供了强大的工具。

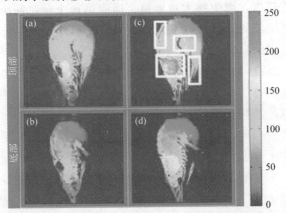

图 7-12　代表性分析：注射 2% 明胶溶液前(a、b)和注射后(c、d)对虾放大后的 MRI 质子密度加权图像

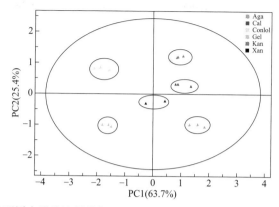

图 7-13　五种不同水明胶注射的虾 NMR T_2 弛豫数据经主成分分析后的分布情况

7.2.1.4　乳制品掺假检测

乳制品营养价值高，受到人们的广泛青睐。但是，乳制品掺假、掺杂现象普遍，如掺水、食盐、尿素、豆浆等，导致了严重的食品安全问题。LF-NMR 技术利用氢原子核在磁场中的活动特性，追踪被测食品中含氢原子的物质的存在状态随时间的改变而产生的变化，可以对纯牛乳和掺假牛乳进行辨别。

陈亚斌等[15]　利用 LF-NMR 技术结合化学计量法对掺假牛奶进行了检测。利用 LF-NMR 技术结合主成分分析法、偏最小二乘判别法、线型判别法对掺水、食盐、尿素和蔗糖的牛奶以及纯牛奶进行测定。结果表明：在主成分得分图中，不同掺假牛奶随掺假物质的掺假比例呈一定规律性分布，并得到了很好的区分，如不同掺水比例的牛奶样品在坐标轴上呈规律性偏移，且掺水比例越大与纯牛奶的差异越大。利用最小二乘判别法和线性判别法建立不同掺假牛奶的判别模型，其中掺水、掺尿素牛奶的判别准确率均为 100%，掺食盐牛奶的判别准确率分别为 83.3% 和 100%，掺蔗糖牛奶的判别准确率分别为 73.3% 和 76.67%。

7.2.2　多孔介质领域

7.2.2.1　石油勘探领域的应用

石油是经济发展的血液，也是重要的战略资源，随着勘探开发程度的加深，国内不少油田已进入开采的中后期。因此，加强油气资源勘探开发的技术攻关成为我国当前油气资源勘探开发工作的重点。

岩石多孔介质是由不同大小的孔道组成，核磁共振技术作为多孔介质物性试验分析检测的手段，可以从多孔介质中得到孔隙度、孔径分布、油水饱和度、渗透率、各向同性程度、润湿性等多种参数。目前，该项技术已经在裂缝识别、孔隙分布、岩石内部结构等方面开展了大量的试验和研究，是一种能够提供多孔介质微观结构、介质分布状态的先进检测技术。李杰林等[16,17] 用低场核磁共振设备研究岩石在冻融循环作用下微观结构的变化特征，对冻融循环后的岩样进行核磁共振测量，得到不同冻融循环次数后岩样的横向弛豫时间 T_2 分布及核磁共振成像图像，研究了冻融循环条件下岩石核磁共振特征的变化规律，为岩石冻融损伤的研究提供了可靠的试验数据。

水平井分段压裂技术的进步使得页岩油产量快速增加，尽管初始采油速度较高但一次采收率低的问题亟须解决，而 CO_2 具有良好的注入能力、较好的溶解性和萃取能力，对页岩油藏注 CO_2 成为提高页岩油采收率的有效方法之一。赵清民等[18]开展了对页岩油注 CO_2 的实验，利用核磁共振 T_2 谱及核磁成像方法研究了页岩微纳米空隙中原油动用特征及动用机理，研究结果表明页岩油注 CO_2 可以有效提高采收率。Jin 等[19,20]在巴肯油储藏条件下（34.5MPa，110℃）采用保存好的天然岩心开展超临界 CO_2 萃取实验，在 24h 内上、中、下巴肯岩心采收率最高分别为 60%、99%、60%，CO_2 的扩散作用对原油动用过程影响较大。

7.2.2.2 建筑材料领域的应用

水泥是现代建筑中比较重要的建筑材料之一，作为一种多孔介质，其孔隙度、孔隙大小分布、孔隙连通情况决定了其性能参数以及应用场合。比如在海水环境中的建筑，为了防止钠和氧等腐蚀性物质通过水泥孔隙进入并腐蚀钢筋，水泥材料的孔隙检测就很重要。核磁共振作为最具优势的多孔介质分析技术，已经应用于水泥等建筑材料的性能测试中[21]。通过检测灌注进孔隙内的水分子的弛豫时间分布可以分析孔隙大小分布情况，通过扩散系数的检测可以进行孔隙连通情况的分析。通过对核磁信号振幅、弛豫时间等的研究，可测水泥基材料裂缝愈合[22]、材料内部膨胀[23]、干燥收缩[24]和抗压强度[25]等。郎泽军等[26]发现水泥浆体初、终凝时间界于核磁信号量一阶导数曲线的谷和峰之间，通过对核磁信号量的计算分析，可以获得水泥浆体的水化程度和胶空比。硬化水泥浆体的实测抗压强度与计算所得胶空比呈幂函数关系。

7.2.2.3 水合物领域的应用

随着近年来天然气水合物在全球范围内的大量发现，天然气水合物已成为能源与资源领域的一大研究热点，天然气水合物作为一种新型洁净的潜在能源受到了广泛关注。它是一种分布广泛、矿藏规模大、能量密度高、清洁的优秀能源，具有极其重要的能源价值和环境意义。另一方面，在油气开采和输气工程中天然气水合物又是造成井筒、管线阻塞的主要原因，气体水合物还与常规油气开采、运输、加工以及一系列新技术的开发、全球气候变迁、地质灾害等密切相关。因此有必要对天然气水合物的形成和分解机理进行研究。

天然气水合物的形成条件较为苛刻，对实验设备要求较高，真实可靠的实验数据的匮乏成为制约研究进展的关键因素之一。四氢呋喃（THF）能与水互溶，在常压下 4.4℃就能形成与二氧化碳水合物和甲烷水合物具有类似性质的水合物客体分子，引起了广大研究人员的注意。目前关于 THF 水合物形成过程的研究多采用间接法，即通过研究试验系统的温压变化或浓度等物性参数，经过计算来反映水合物形成过程的物质转化，其研究结果受实验环境、仪器精度、计算误差的影响比较大。NMR 技术是一种具有高分辨率的分析技术，其中 LF-NMR 技术中的 NMR 谱峰的面积正比于相应质子数，可用于定量分析。当 THF 与水以摩尔比 1 : 17 混合时，体系刚好可以完全生成化学计量的 II 型水合物，因此以 19% THF 溶液为主要研究对象，采用 LF-NMR 技术来研究溶液中水和 THF 的 T_2 时间（氢核横向弛豫时间）分布和总核磁信号来探讨水合物形成过程的特征。

　　水合物在多孔介质中形成的动力学对于碳储存和开发天然气水合物的可行性评估很重要。Ji 等[27]将水合物形成系统与 LF-NMR 测量系统相结合对水合物形成过程进行实时监测（实验装置原理图见图 7-14），以研究甲烷水合物形成的特征。横向弛豫时间分布分析发现，自由气体主要存在于大孔中，而甲烷分子可以通过溶解和扩散进入小孔，在没有自由气体的情况下与水分子形成甲烷水合物。MRI 表明，水合物的空间分布受砂岩中水的初始分布影响，水分在控制水合物形成的终止中起作用。通过过量气体法在大孔和小孔的中心都形成甲烷水合物，甲烷水合物的形成速率在小孔中比在大孔中慢。孔径尺寸随着水合物的形成而逐渐减小。

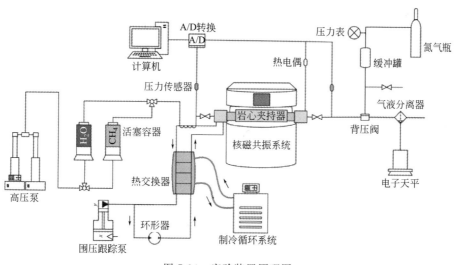

图 7-14　实验装置原理图

7.2.2.4　煤层

　　研究煤储层孔裂隙结构对查明煤岩物性和提高煤层气产量具有积极的现实意义，越来越多的研究者利用核磁、压汞等测试方法来研究煤储层孔裂隙特征及其对渗透率的影响[28,29]，也可利用 LF-NMR 方法，研究无烟煤吸附水生产甲烷水合物的弛豫特性[30]。有效孔隙率是地下流体流动的关键因素，但褐煤较软，可能在水中膨胀（取决于饱和状态），并且易碎。因此，传统的饱和水 NMR 方法在应用于褐煤时（煤溶胀，并且在离心过程中会碎裂以去除孔隙水）面临挑战。为防止样品碎裂，Xu 等[31]开发了一种改进的褐煤有效孔隙率实验方法。核心是用热收缩塑料包裹，用煤油代替水作为饱和流体，建立了煤油 LF-NMR 信号和孔隙率的关系，并证实了内蒙古二连盆地胜利油田煤层中下白垩统赛汉塔拉组褐煤的存在，该地区可能有利于煤层气的生产。

7.2.3 石化领域的应用

7.2.3.1 原油总酸值和硫含量的测定

随着我国原油品种和来源的不断多样化，来自不同产地的原油差异较大，即使是同一油田不同开采时间、不同油层的原油，性质上也存在很大差异。另外，原油品种繁多，混兑原油日益增多，及时获得原油评价数据对于原油市场交易和生产操作显得尤为必要。对炼厂而言，在原油性质变化波动比较大的时候，操作人员一般根据温度、压力以及经验进行调整，这样就不得不在进行原油切换时留有一定的安全余地，使处理量降低，产品收率降低，操作费用增加。因此如何能快速准确地得到原油的性质历来是各炼油企业所关注的焦点。Barbosa 等[32]利用 LF-NMR 结合多元线性回归（MLR）方法建立了预测原油中的总酸值（TAN）和硫含量的方法（图 7-15）。所建立的方法校准系数分别为 0.915 和 0.959，TAN 和硫含量的回归标准偏差分别为 0.30mg KOH/g 和 0.051%（质量分数），该方法有望替代电位滴定和 R 射线荧光光谱法。

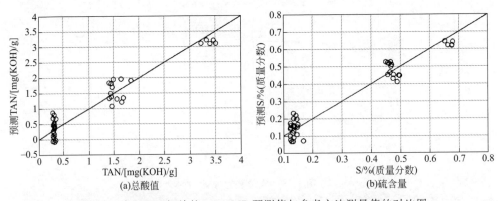

图 7-15 与 MLR 相关的 LF-NMR 预测值与参考方法测量值的对比图

7.2.3.2 掺假燃料油的测定

面对汽油、柴油需求量的增加，众多不法商贩受利益驱使，在对汽油和柴油生产、运输、销售的各个环节掺杂非法添加物，不合格混合燃料油的使用不仅会对机动车本身造成伤害，还会因燃烧不充分，造成环境污染。由于添加物在理化性质上跟汽油和柴油极其相似，较难识别，因此迫切需要新的技术手段对掺假燃料油进行快速准确的监测。

　　醇类作为添加剂被加入汽油中，以提高辛烷值。而有些不法燃料经销商将其作为稀释剂添加到汽油中，一起作为纯汽油被销售。而巴西石油监管机构（ANP）规定汽油中掺入乙醇的最大允许含量为 27%（体积分数），超过该限值会导致燃油箱过早腐蚀，并引起着火和发动机性能等问题。Romanel 等[33] 提出了利用时域核磁共振（TD-NMR）来监测巴西汽油中乙醇的掺假情况，发现成品汽油的横向弛豫时间（T_2）在 2.02～2.05s 之间变化，而乙醇的 T_2 等于 1.6s。掺假乙醇百分比在 5% 和 50%（体积分数）之间的样品显示 T_2 范围在 1.70～2.05s 之间（图 7-16）。利用该方法可以有效测定汽油中乙醇的含量，结果与中红外光谱保持一致，可用于多种商业汽油。TD-NMR 操作简单，测量迅速，无损且数据易于解释。

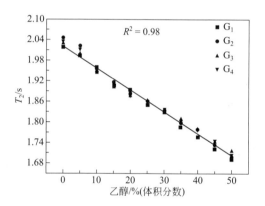

图 7-16　横向弛豫时间（T_2）与汽油中掺假乙醇体积分数的关系（G_1、G_2、G_3、G_4）。
[左起第一个点：成品汽油（含有 27% 的乙醇）；
从左第二点到右边最后一点：增加的掺假量在 5%～50% 之间]

　　为了满足对柴油燃料进行快速质量控制的需求，引入了一种紧凑型[1]H NMR 光谱仪，以开发 PLSR 模型来快速确定柴油的几种质量参数，例如相对密度、十六烷值、闪点、蒸馏温度等。对于所有这些质量参数，已开发的模型显示出的误差幅度比参考分析技术更好或具有可比性。紧凑型 NMR 光谱仪也可以通过单变量校准曲线对柴油中生物柴油的含量（甲基和乙基酯）进行定量（图 7-17）。对于所有测试的成品柴油样品，所建立的模型容许误差范围与中红外光谱方法相当。紧凑型 LF-NMR 光谱仪的操作既简单又快速，不需要样品预处理或在氘代溶剂中稀释，并且每次扫描每光谱只需 15s[34]。

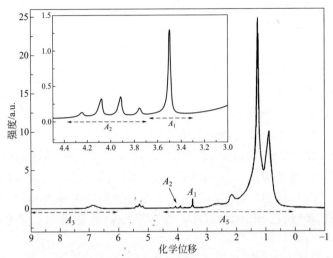

图 7-17   柴油样品的低场 ^{1}H NMR 谱图

内含从大豆油中提取 10%（体积分数）的甲基和乙基生物柴油（80：10：10），插图光谱描绘出酯质子
（生物柴油）的甲氧基（A_1）和乙氧基（A_2）信号，虚线箭头描绘 A_1（$d=3.27\sim3.68$），
A_2（$d=3.69\sim4.38$），A_3（$d=6.00\sim9.00$），A_4（$d=-1\sim9.00$），A_5（$d=0\sim4.50$）区域整合

7.2.3.3   重油沥青特性测定

沥青质作为原油的重要组分，因沥青质自身的高黏度，对原油开采和加工过程产生较大影响，沥青质已成为研究者特别关注的对象。为了避免因沉淀造成管道堵塞和降低生产率等问题，Morgan 等[35] 利用 LF-NMR 技术的横向弛豫时间（T_2）确定沥青质沉淀的起始点。根据 ASTM D6560 方法，使用正庚烷作为沉淀剂评估了 6 个巴西原油样品（轻、中和重），其中沥青烯含量为 0.10%～7.10%（质量分数）。T_2 与正庚烷/油比值之间的良好相关性表明起始沉淀值介于 0.931～2.759mL/g 之间。在重油储层中，黏度在垂直和水平方向上的变化可能高达一百倍，因此沥青质黏度空间分布的信息不仅会影响井眼的位置和产油率，还会影响数学模拟。由于沥青质的高黏度，从储层岩石中采油时往往需使用各种热强化油采收（EOR）技术。NMR 井下工具提供了一种无损测定油黏度的方法，而不必从井眼中回收样品（岩心或产油）。Markovic 等[36] 开发了增强型 NMR 黏度模型并在 23 种加拿大重油中进行了测试。该模型在 26～200℃ 温度范围内的单个沥青样品上进行了测试。与已有报道的 9 个众所周知的 NMR 黏度模型相比，所开发的增强型模型的均方根误差（RMSE）最低。

7.2.3.4   橡胶、聚合物性能评价

橡胶在我们的生活中具有非常广泛的应用，成为无法代替的天然高分子材料。交联密度是表征硫化橡胶交联程度最重要的指数；对硫化配方的设计和改进具有重要的指导意义，所以测量交联密度是橡胶研究过程中必不可少的一步。

利用 MRI 技术则可以提供与材料参数相应的二维和三维图像，如交联密度在硫化橡胶中随时间和空间的分布、溶剂及液体在固体橡胶中的溶胀和渗入过程等。采用此种方法评价橡胶的交联结构，技术上快速便捷、重现性好、信息量大，而且可以将化学交联和物理交联区分出来。利用 NMR 技术可对天然橡胶交联密度进行测量的常用技术有 ^{1}H 哈恩（Hahn）回波、^{1}H CPMG 回波和 ^{1}H 双量子（DQ）[37]。Nie 等[38]利用傅里叶流变学和双量子核磁共振技术对天然橡胶的老化过程进行了研究，发现有氧老化过程橡胶材料的流变非线性在早期阶段先增加后降低，而对于机械老化过程，流变非线性随疲劳循环数的增加而持续降低，而聚合物网络的局部交联密度保持恒定，该方法将局部链动力学与宏观力学响应联系起来。

苯乙烯-丁二烯橡胶（SBR）是制造弹性产品的主要原料，利用台式 NMR 观察到不同来源的 SBR 样品之间的差异性与大分子链的组成有关。有研究者通过 $1T$ 低场 ^{1}H 和 ^{13}C NMR 波谱仪分析了 108 个 SBR 样品，开发了一种用于生橡胶质量控制的方法。建立了 PLSR 模型来量化 SBR 中存在的单个单体单元，揭示了以定性和定量的方式展示相同和不同制造商和制造批次的样品间的差异性。说明结合有效的数据分析程序（例如化学计量学），使用小型 LF-NMR 光谱分析对生橡胶的质量控制具有非常大的应用潜力[39]。

LF-NMR 技术可以得到样品的时域谱（T_1、T_2 弛豫时间谱），基于样品的时域信息，可以得到样品分子运动信息，这对于结构复杂、成分多样的高分子材料表征来说至关重要。除了可以利用 LF-NMR 技术表征橡胶材料的交联密度以外，还可以通过实验数据分析共聚材料软硬段比例、两种或多种材料成分含量分析、聚合反应机理研究等。LF-NMR 技术还广泛应用于聚合物材料中增塑剂、添加剂、单体成分等的测定，例如测定聚丙烯材料中二甲苯残留量和等规度、聚合物表面涂层测试、乳状液固含量测试、聚合物结晶类型测试、聚合物氟含量测试、聚合物填充物含量测试等[40-42]。

7.2.4 生物医药领域

（1）**医用造影剂性能评价** 造影剂（又称对比剂）是为增强影像观察效果而注入（或服用）到人体组织或器官的化学制品。这些制品的密度高于或低于周围组织，形成的对比用某些器械显示图像。造影剂中往往包含或螯合着一些金属粒子（如钆、铁、锰、钡、钠）等，这些金属粒子具有一定的顺磁性或抗磁性，改变周围分子的信号强度，因此可以采用 NMR 技术进行性能研究。LF-NMR 技术是一种临床前造影剂开发的有效检测手段，可以准确测定造影剂的弛豫速率，并直观评价造影剂对于组织对比度的增强效果。

（2）**食源性致病菌快速筛选检验** 食源性疾病被定义为通过摄取食物而进入人体的生物或者化学物质引起的急性或亚急性的感染性疾病或者中毒性疾病。在食品安全健康问题中食源性疾病显得至关重要。大多数食源性致病菌在食品中含量极少，但是危害严重，因此迫切需要一种快速、灵敏的检测方法来确保食品供应的安全性。随着纳米技术的发展，生物功能化超顺磁性纳米颗粒（连接有不同生物分子，如核酸、小分子、多肽、抗体），在生物富集、识别等方面得到广泛发展。生物功能化磁珠富集在生物大分子上，引起体系中 T_2 的变化，采用 LF-NMR可敏感地检测到这一变化。上海师范大学的李先富等[43]研究了一种采用 LF-NMR分析仪快速筛选检测沙门氏菌的方法。以 Fe_3O_4 为核心的纳米磁珠包裹上二氧化硅，使其具有很好的分散性和生物相容性，通过氨基硅烷修饰磁珠，使磁珠固定抗体。在富集过程中，免疫磁珠特异性结合在沙门氏菌表面，由 NMR 技术测得其 ΔT_2 值，并以此判断。采用同样方法对 5 株食源性致病菌大肠杆菌 0157、单核细胞增生李斯特菌、志贺氏菌、金黄色葡萄球菌、副溶血性弧菌进行分析，可很好地区分这 5 种食源性致病菌与沙门氏菌，表现出很好地特异性。

（3）**发酵过程中油含量检测**　油在发酵过程中具有多种用途，主要作为消泡剂和碳源。为了提高发酵效率，需要对油脂进行定量检测，有效控制发酵过程的进行。但是，现在油脂的定量检测方法在指导发酵调控的过程中还有很多不足。Chen 等[44]利用 LF-NMR 技术测试发酵过程的油含量，利用 LF-NMR 对球拟假丝酵母发酵产生槐糖脂（SL）的过程实时监测残留油和 SL 的浓度。有效降低了预处理和检测时间，避免使用常用的有机溶剂，还可以有效提高 SL 的产率和产量。

（4）**体成分测试**　测定体成分对于诊断肥胖症，评价人体营养状况和体质状态、减肥效果以及指导临床治疗都具有重要的意义。传统的全身化学成分分析法存在的弊端是实验过程长、工作量大，因此，建立一种快速、无损、准确、可靠的测量动物身体成分随时间而发生变化的方法，有利于对食品功能性的进一步研究。NMR 法可以对活体的、未麻醉的动物进行快速的身体成分检测。其测量原理为：液体和组织中 H 质子 NMR 的特性不同，利用这种差异从而得到不同的组织的 T_2 特性，即可来测量脂肪量、瘦肉量、全身总水量和自由水量，适用于小至果蝇，大到人体的动物身体成分的精确测量。

谭明乾等[45]利用 LF-NMR 的 CPMG 序列获得小鼠样品的弛豫信号，并通过直接干燥法、索氏提取法、凯氏定氮法和 550℃灼烧法测定小鼠体液、脂肪和瘦肉含量。LF-NMR 技术结合 PLSR 和 PCR 预测模型对未知体成分的小鼠进行体成分含量预测，可以快速检测小鼠体液、脂肪和瘦肉含量。LF-NMR 技术还可以测试动物总的脂肪含量、瘦肉含量、自由水含量、体内总水含量，应用在候鸟新陈代谢研究、小鼠肥胖研究、啮齿类动物体内胆固醇代谢研究、小鼠糖尿病研究、小鼠骨骼发育研究、胰岛素抗性的基因疗法研究等方面。

7.3　低场磁共振技术的潜在市场

目前开发的 LF-NMR 的应用还只是冰山一角，有更多的应用领域有待于挖掘，可以说 LF-NMR 无论是在以纤维、食品、材料、能源为代表的传统行业，还是在以纳米材料、新能源、智能制造、基因医学为代表的新型行业，都大有可为。在倡导绿色发展、大力发展高科技含量产业的大趋势下，如同大浪淘沙一般，高能耗、粗放、污染环境的技术和检测方法都将被时代淘汰，时代的需求和科技的创新如同汽车车轮般推动技术的替代，LF-NMR 技术以其绿色、环保、精准、快速、无损、多参数、直观等多方面的优势迎来全面开花、广泛运用的春天。

7.3.1 传统行业的潜在市场

7.3.1.1 高分子材料

高分子材料在目前的国民生产、生活中几乎无处不在，小到玩具、饭盒、瓢盆，大到电脑、汽车、电力、航天等，未来材料领域将是全面蓬勃发展的行业。新材料开发、复合材料研究、特殊环境材料等需求的出现对分析方法提出了更高的要求，加上全是工业化作业，更对成本有很高的要求，无论是时间成本还是金钱成本。传统的溶剂分析、称重分析等方法显然满足不了需求，另外从质控、保证产品一致性、数据可追溯、可导入大数据库分析的角度看，LF-NMR 技术有很大的方法优势，具备广阔的应用空间。

具体来看，从应用广度来说，不仅仅局限于橡胶、聚酯、聚烯烃，种类扩大至含氟材料、聚酰类、聚酮、硅橡胶、凝胶材料、生物膜材料、纳米材料、航天材料。从深度来看，不只限于交联密度、相容性、分散性等特性，还可测定等规度、二甲苯可溶物含量、聚乙烯密度、丁二烯和聚丁二烯含量、橡胶弹性体中添加物如弹性体和塑化剂以及单体含量等。除了定量测试之外，在聚合物之间反应、老化、加工等过程实时在线监测方面前景广阔。例如，聚合物的老化、聚合物共混物中的橡胶含量、共聚物的比率、胶乳的固体含量、尼龙中的玻璃纤维、监控聚合反应、聚合反应混合物的黏度测量、聚合物和牙膏中的总氟含量分析等。尤其是 NMR 技术与低温、高温控制模块结合，实现−100～200℃的温度变化，配备高低温检测探头，保证在变温条件下样品的精准测量。

纺织工业作为传统行业的典型代表，给人的第一印象是高能耗、粗放、资源密集型产业，在守护绿水青山的时代浪潮下，成为重点改革的对象。GB/T 6504—2017《化学纤维 含油率试验方法》标准从 2018 年 7 月 1 日起开始实施[46]，NMR法测试纤维中油脂含量史上首次列入国标方法，标志着这个行业对创新检测方法的需求。未来在纤维纺织行业检测项目将会增加等规度等多个指标，检测对象也会涵盖诸如玻璃纤维、树脂等多种材料。

7.3.1.2 食品领域

近年来，世界各国对食品安全问题高度重视并不断加大监管力度，LF-NMR检测技术因其便捷高效的优点逐渐受到极大的关注和广泛的应用，尤其是在食品品质分析、食品掺假检测、食品微生物快速检测等方面。然而这部分成果主要来源于科研实验室，真正应用到工业和现场检测还不是很多。未来，LF-NMR 技术有望与多种方法（理化分析、液相、气相、质谱、拉曼）等耦合连用，充分发挥低场核磁信息多元、快速的优势，用其他检测方法弥补其分辨率不高的问题，取长补短。此外，将成熟的人工算法、智能神经网络算法内置其中，深入抽提有用的信息，分别设置多个预测模块，一次实验就能准确计算出食品中水分含量、水分相态分布、油脂含量。在食品安全领域，将仪器小型化、便携化、探针化，只需几秒钟即可识别出"非真"疑似假的样品，根据内置的信息预警模块，设定阈值范围，超出阈值的判为假，在阈值区间的判为疑似，继而使用高场核磁共振指纹图谱技术进行仲裁评判。

在食品中微生物菌体检测中，利用生物功能化的磁性纳米颗粒结合低场核磁快速定量检测食品中沙门氏菌、大肠杆菌、李斯特菌。未来在检测精度上需要下大功夫，例如增强超顺磁性纳米粒子在磁场中的信号，根据检测对象设置不同模块的纳米颗粒，实现精确定量、半定量、定性等不同的功能供实际需要选择；此外，针对目前存在检测难度的食源性致病菌，在磁性纳米颗粒上连接特异性抗体、DNA 定量结合序列、病菌代谢物质检测等多种检测方法，提高测量精度，将检测浓度范围尤其是将下限远远降低。未来这种检测将以检测试剂盒、试纸条等方式联合 NMR 技术广泛应用于食品的质量控制、质检单位的现场执法、出入境检验检疫的产品检验等。

7.3.1.3　农业领域

在农业方面，未来 LF-NMR 技术定量检测农产品中的淀粉含量、糖分含量、油脂含量、油脂颗粒尺寸及分布、玻璃态转变温度等。当然，LF-NMR 在农业生产过程中也有突出的应用。利用 NMR 原理探测地下水，是解决这些问题的有效、直接方法。NMR 信号对探测深度范围内地层中的自由水存在响应，含水量越多，响应越强[7]。另有学者进行不同土壤基质吸水、保水、渗水能力的比较研究，利用核磁共振成像（NMRI）技术直线显示水分在纵向切面的分布情况。

7.3.1.4　水泥混凝土材料

相比于 NMR 在岩心储层测井方面的应用，其在水泥混凝土等多孔材料中的应用相对较少，因此有巨大的发展潜能。目前，国内外主要应用 LF-NMR 技术研究水泥基材料的水化进程、孔隙结构（孔径分布）、水分迁移和扩散过程以及在不同孔隙之间水分的扩散、扩散系数等[47]。值得注意的是，LF-NMR 技术可准确测试水泥内部孔隙比表面积。但水泥基材料中水泥本身及矿物掺合料含有大量的顺磁性物质，众多研究者为了减少顺磁性物质对试验结果的影响，目前有研究者采用了白色硅酸盐水泥，但并不能从根本上解决这个问题。未来消除顺磁干扰问题任重道远。此外，在 LF-NMR 设备发展方面，长时间、连续、无人值守的应用与工程上的监测成为趋势。

7.3.1.5　生命科学

NMRI 技术在临床诊断和研究中具有重大的价值和意义，而磁场强度是决定其应用范围广度的最重要指标，随着对血管、脑组织等医学研究的深入，1.0T 及以上的磁共振技术的研发大势所趋。1.0T 及以上的 MRI 的应用范围较广，可应用在监控肿瘤生长和转移、神经生物学、心脑血管、胚胎与发育、糖尿病与肥胖、干细胞和骨质研究、造影剂研发等领域。

7.3.2　低场核磁共振技术在新兴市场的应用前景

7.3.2.1　智能制造

2019 年工业和信息化部根据《中国制造 2025》时间目标制定工作计划，全面启动包含智能制造的五大工程，着力布局新材料、高端装备、智能制造产业。智能制造是一种由智能机器和人类专家共同组成的人机一体化智能系统，它在制造过程中能进行智能活动，诸如分析、推理、判断、构思和决策等。智能制造像是金字塔的塔尖，而深处却是更多基础和阶梯的支撑，比如光网宽带、移动互联网、自动分析监测技术、云计算、物联网及大数据等。在智能制造方面，未来 LF-NMR 结合高温、低温探头，显微镜探头，提高 NMR 的检测精度、分辨率和在特定环境下的适用性，无论在工厂车间、实验室检测、现场作业、海关安检都能看到各式各样的 NMR 设备，为食品安全、工业品质监测、现场执法、检验检疫等提供有力的科学保障。

7.3.2.2　磁性微纳米粒子应用

磁共振技术在医学中是最成熟的应用之一，如今在生物医学研究中，其在构造磁性微纳米粒子研究靶向药物、肿瘤治疗、生物病毒检测等方面应用广泛。磁性纳米粒子不仅具有普通纳米粒子的四个基本效应（表面效应、量子尺寸效应、体积效应和宏观隧道效应），还具有超顺磁性、高矫顽力和低居里温度等特性。由于这些特殊的性质，使得纳米粒子在靶向药物载体、癌症的过热治疗、磁共振成像、环境处理、化学催化、免疫分析等方面具有潜在的应用[48]。纳米粒子要想真正实现人们想要的功能，必须进行修饰，并且结合荧光、NMR 等检测方法进行最终的结果检测。磁共振检测技术抗干扰能力强，不依赖光信号，一般的生物样品磁学信号基本忽略不计，因而能避免复杂基质的干扰，适用于成分复杂、浑浊的生物样品检测，具有检测速度快、检测灵敏度高等优点。

7.3.2.3　化学新材料

化学新材料是指在各个高新技术领域新出现的或正在发展中的具备优异性能和功能的先进材料，新材料在国际上被誉为先进材料，是近年来引领高新技术产业发展的开路先锋。利用 NMR 技术测定液相分子弛豫时间的变化，可以反映液相分子与吸附剂的相互作用情况。针对碳纳米材料，国内外学者利用 NMR 技术研究了氧化石墨烯的结构和动力学特性。LF-NMR 技术对悬浮液状态下的颗粒进行比表面积测量和分析，目前仍存在巨大的研究空间[26,49]。

7.3.2.4 能源

随着我国经济的转型和国民生产水平的上升，环境污染问题越来越严重，迫切需要开发环境友好型的清洁能源，加上新能源汽车的大力推行，使得对电池及材料的研究成为趋势[50]，其中全固态锂电池拥有比锂电池更高的能量密度，其不可燃的固态电解质还可以大大提高使用过程的安全性。MRI 具有元素选择性的特点，在全固态锂电池成像中常常被用于观察特定离子（如锂离子）在电极间的移动，为研究固体电解质以及电极/电解质界面的离子传导速率做出贡献[51]。除了锂电池，燃料电池的电池溶液、反应材料、催化剂中都涉及反应、浓度平衡、电解质溶液选择、离子交换膜等，LF-NMR 在这些方面未来还有很大的应用空间，等待科研工作者去实践探索和挖掘。

7.4 低场核磁共振未来发展的方向

7.4.1 高灵敏度——超极化

NMR 是目前可用的最强大的分析技术之一，应用于从合成化学到临床诊断的各个领域。由于高场光谱仪的尺寸大和成本高，NMR 通常被认为不适合工业环境和野外工作。这种传统认知目前正在通过开发更小、更便宜、更坚固和便携的 NMR 系统而受到挑战。尽管在该领域取得了显著进展，但潜在的应用往往受到低灵敏度的限制。超极化技术有可能克服这种限制并彻底改变紧凑型 NMR 的使用。常见的超极化方法有强力超极化（Brute-force Hyperpolarization，BFH）、动态核极化（Dynamic Nuclear Polarisation，DNP）、自旋交换光泵浦（Spin-exchange Optical Pumping，SEOP）、使用仲氢的超极化（PHIP 和 SABER）。

NMR 超极化为解决与紧凑型核磁共振相关的最重大挑战提供了一个令人兴奋的机会。目前可用的技术，包括 BFH、DNP、SEOP、PHIP 和 ME Halse/趋势分析化学，已经与各种紧凑型 NMR 仪器一起使用，以实现核极化水平。有前途的应用包括低成本的 NMR 和 NMRI，使用超极化造影剂的生物医学应用的紧凑型 MRI 和用于表征多孔材料以及反应监测和控制的台式仪器。值得注意的是，NMR 中的超极化仍然是一个动态的研究领域，本章强调了几个重大突破（例如溶出 DNP 和 SABER），这是在过去的 10～15 年内完成的。用于超极化产生和存储的仪器和方法的新发展将进一步推进开发适用于广泛实际应用的真正低成本、高灵敏度、便携式 NMR 和 MRI 设备的目标。

7.4.2 新功能——原位测井

NMR 测井是引入石油工业最复杂的技术之一。测量得益于几种模式，用于推断不同油藏评估阶段（勘探、评估和开发）的各种信息，这使得 NMR 成为评估岩石物理和流体性质的有效方法。当前的 NMR 仪器由于样品磁化衰减而产生回波衰减序列，诸如等待时间（TW）、回波时间（TE）、回波数（NE）和磁场梯度（G）的采集参数是可控的，并且可以根据多孔介质或流体类型而改变。NMR 是通过其孔径分布产生毛细管压力数据和模拟渗透性的上佳选择。NMR 测量的优点在于，它是唯一可以通过裸眼测井的原位方法，并且除了与岩性无关的孔隙外，还提供了孔径的分布。从水饱和岩石测量的 NMR T_2 分布对孔径分布敏感，因此，可以将推断的 T_2 信号转换成毛细管压力。来自 NMR 测量的毛细管压力不受 MICP 测量所承受的系统误差的影响。将孔径分布转换为毛细管压力曲线允许使用 MICP 渗透率模型来模拟转化的合成 Pc 的渗透性。

　　然而，NMR 受岩石矿物学的影响，铁含量的存在导致磁化率的增大。铁与测量的沉积岩中氯化物和黑云母的存在有关。铁氧化物通过增加表面积来增加表面弛豫，由于铁涂覆晶粒，导致更短的弛豫时间，从而影响弛豫率。此外，使用 NMR T_2 模拟岩石性质（渗透率和毛细管压力），假设 NMR T_2 与孔径成正比；然而，在与润湿相同时存在非润湿液的情况下，这会影响分布，因此 NMR 谱不会与孔径成比例。如果测量样品的孔喉比与孔体积之比变小或变大，则 NMR 测定毛细管压力曲线的准确度也会受到影响。

7.4.3　新结构——Halbach 单边磁体

　　（1）**单边磁体**　最近，单面 NMR 引起了很多关注，因为在某些情况下，这种仪器比传统的孔形磁铁更灵活。简而言之，单面 NMR 装置被设计成在磁体外产生适度的、均匀的静磁通密度，其执行射频（RF）激发和信号检测。该仪器几乎可以连接到任何样品上，并检测磁体外的 NMR 信号，因此，样本大小是无限制的。小型便携式单面 NMR 仪可以促进原位 NMR 实验，特别是在固定样品上。一些研究人员还采用单边移动 NMR 来控制软材料或食品系统的质量。单面 NMR 磁体通常具有比传统孔形磁体更低的信号灵敏度和光谱分辨率，但这些缺点已逐渐被克服。

　　（2）**Halbach 磁体**　一些研究人员最近应用 Halbach 磁体构建 NMR 磁体，用于桌面 NMR，采用移动（但不是单边）NMR 仪器进行钻孔岩石和预极化样品在地球场中的核磁共振实验。Halbach 磁体在其中心附近产生高度均匀的静磁通密度，在其顶部附近也产生适度均匀的静磁通密度，并且可以构建得非常紧凑。因此，构建了具有小 Halbach 磁体的单边移动 NMR，该仪器的敏感区域接近其顶部。使用 Maxwell 3D 商业软件进行有限元模拟。结果表明，Halbach 磁体顶部的场均匀性优于马蹄形磁体。

　　（3）**小结**　具有小型 Halbach 磁体的单边 NMR 仪器，杂散场的最均匀区域非常靠近磁体的顶部，其中可以放置样品以收集 NMR 信号。NMR 仪器的灵敏度令人满意，并且可以在磁体的薄层上进行一维分析实验。实验表明，开发的单边移动 NMR 仪器可以方便地用于无限大小样品的无损评估，可以组合其他单面 NMR 设计以提高仪器的性能。

目前，低场或小型 NMR 过程分析技术在食品、农业、石油化工、生物制药等领域的应用越来越广泛，相关的报道也日益增多。然而，要想将 NMR 技术得到更广泛的应用仍然面临诸多挑战。一方面由于我国 NMR 技术起步较晚，因此要克服 NMR 分析技术自身的复杂性，真正自主研发更多高效的 NMR 分析仪；另一方面，应着力开发 NMR 与其他技术的联合应用方式，例如利用微反技术联合 NMR 探头来检测反应过程，或是将 NMR 分析技术与各种光谱仪［如 Mid-IR、NIR、Raman、电子自旋共振（ESR）、UV-Vis］联合使用，这样能使在线 NMR 技术在过程控制中发挥更大的作用。

参 考 文 献

[1] McDowell D, Defernez M, Kemsley E K, et al. Low vs high field ^{1}H NMR spectroscopy for the detection of adulteration of cold pressed rapeseed oil with refined oils. LWT, 2019, 111:490-499.

[2] 张垚, 陈琛, 陈明, 等. 基于低场核磁共振技术的玉米单子粒含水率测定方法研究. 玉米科学, 2018, 26(3): 89-94.

[3] 郭启悦, 李烨, 任舒悦, 等. 场核磁共振技术在食品安全快速检测中的应用. 食品安全质量检测学报, 2019, 10(2): 380-384.

[4] Sun Y A, Zhang M, Fan D. Effect of ultrasonic on deterioration of oil in microwave vacuum frying and prediction of frying oil quality based on low field nuclear magnetic resonance (LF-NMR). Ultrasonics sonochemistry, 2019, 51:77-89.

[5] 冯蕾. 基于电子鼻及低场核磁共振的黄瓜与樱桃番茄新鲜度智能检测研究[D]. 无锡: 江南大学, 2019.

[6] Qiao S C, Tian Y W, Song P, et al. Analysis and detection of decayed blueberry by low field nuclear magnetic resonance and imaging. Postharvest Biology and Technology, 2019, 156:110951.

[7] 刘传菊, 汤尚文, 李欢欢, 等. 基于低场核磁共振技术的红薯微波干燥水分变化研究. 食品科技, 2019, 44 (8): 58-64.

[8] Sun Q, Zhang M, Yang P Q. Combination of LF-NMR and BP-ANN to monitor water states of ical fruits and vegetables during microwave vacuum drying. LWT, 2019, 116:108548.

[9] Li L L, Zhang M, Yang P Q. Suitability of LF-NMR to analysis water state and predict dielectric properties of Chinese yam during microwave vacuum drying. LWT, 2019, 105:257-264 .

[10] 崔智勇, 丁杰, 徐艳, 等. 基于 LF-NMR 技术下 3 种猪肉水分含量预测模型的建立与比较. 食品工业科技, 2020, 41(5): 215-221.

[11] 王胜威, 母应春, 赵旭, 等. 基于 LF-NMR 弛豫特性对注水、注胶羊肉辨别研究. 食品工业, 2015, 36(6): 184-188.

[12] 吴艺影, 章倩汝, 韩剑众, 等. 基于低场核磁共振技术的注胶肉快速检测. 肉类研究, 2013, 27(3): 26-29.

[13] Zang X, Lin Z, Zhang T, et al. Non-destructive measurement of water and fat contents, water dynamics during drying and adulteration detection of intact small yellow croaker by low field NMR. Journal of Food Measurement and Characterization, 2017, 11(4): 1-9.

[14] Li M,Li B,Zhang W. Rapid and non-invasive detection and imaging of the hydrocolloid-injected prawns with low-field NMR and MRI. Food chemistry,2018,242:16-21.

[15] 陈亚斌,刘梅红,王松磊,等. 低场核磁技术结合化学计量学法快速检测掺假牛奶. 食品与机械,2016,32 (7):51-55.

[16] 李杰林,朱龙胤,周科平,等. 冻融作用下砂岩孔隙结构损伤特征研究. 岩土力学,2019,40(9):3524-3532.

[17] 李杰林,刘汉文,周科平,等. 冻融作用下岩石细观结构损伤的低场核磁共振研究. 西安科技大学学报, 2018,38(2):266-272.

[18] 赵清民,伦增珉,章晓庆,等. 页岩油注 CO_2 动用机理. 石油与天然气地质,2019,40(6):1333-1338.

[19] Jin L,Hawthorne S,Sorensen J,et al. Advancing CO_2 enhanced oil recovery and storage in unconventional oil play-Experimental studies on Bakken shales. Applied Energy,2017,208: 171-183.

[20] Jin L,Hawthorne S,Sorensen J,et al. Extraction of oil from bakken shale formations with supercritical CO_2. Unconventional Resources Technology Conference,Austin,Texas,24-26 July 2017. Society of Exploration Geophysicists, American Association of Petroleum Geologists, Society of Petroleum Engineers,2017:1934-1950.

[21] 王学兵,王涛,刘劲松. 基于低场核磁共振研究掺加磷石膏对水泥硬化体孔结构的影响. 混凝土与水泥制品,2018(11):82-85.

[22] Huang H,Ye G,Pel L. New insights into autogenous self-healing in cement paste based on nuclear magnetic resonance (NMR) tests. Materials and Structures,2016,49(7):2509-2524.

[23] Holthausen R S,Raupach M. Monitoring the internal swelling in cementitious mortars with single-sided ^{1}H nuclear magnetic resonance. Cement and Concrete Research,2018,111:138-146.

[24] Gajewicz A M,Gartner E,Kang K,et al. A ^{1}H NMR relaxometry investigation of gel-pore drying shrinkage in cement pastes. Cement & Concrete Research,2016,86:12-19.

[25] Diaz-Diaz F,Cano-Barrita D J,Prisciliano C B,et al. Embedded NMR sensor to monitor compressive strength development and pore size distribution in hydrating concrete. Sensors,2013,13(12): 15985-15999.

[26] 郎泽军,金丹,姚武. 基于低场核磁共振技术的水泥浆体凝结时间及早期强度分析. 建筑材料学报,2020 (1):25-28.

[27] Ji Y K,Hou J,Cui G D,et al. Experimental study on methane hydrate formation in a partially saturated sandstone using low-field NMR technique. Fuel,2019,251:82-90.

[28] Hou X W,Zhu Y M,Chen S B,et al. Investigation on pore structure and multifractal of tight sandstone reservoirs in coal bearing strata using LF-NMR measurements. Journal of Petroleum Science and Engineering,2020,187:106757.

[29] Xue D J,Liu Y T,Zhou J,et al. Visualization of helium-water flow in tight coal by the low-field NMR imaging:An experimental observation. Journal of Petroleum Science and Engineering,2020,188:106862.

[30] Turakhanov A H,Shumskayte M Y,Ildyakov A V,et al. Formation of methane hydrate from water sorbed by anthracite:An investgation by low-field NMR relaxation. Fuel,2020,262:116656.

[31] Xu H,Tang D Z,Chen Y P,et al. Effective porosity in lignite using kerosene with low-field nuclear magnetic resonance. Fuel,2018,213:158-163.

[32] Barbosa L L,Sad C M,Morgan V G,et al. Application of low field NMR as an alternative technique to quantification of total acid number and sulphur content in petroleum from Brazilian reservoirs. Fuel,2016, 176:146-152.

[33] Romanel S A,Cunha D A,Castro E V,et al. Time domain nuclear magnetic resonance (TD-NMR):A new methodology to quantify adulteration of gasoline. Microchemical Journal,2018,140:31-37.

[34] Killner H M,D anieli E,Casanova F,et al. Mobile compact[1] H NMR spectrometer promises fast quality control of diesel fuel. Fuel,2017,203:171-178 .

[35] Morgan V G,Basto T M,Sad C M,et al. Application of low-field nuclear magnetic resonance to assess the onset of asphaltene precipitation in petroleum. Fuel,2020,265:116955.

[36] Markovic S,Bryan J L,Turakhanov A,et al. In-situ heavy oil viscosity prediction at high temperatures using low-field NMR relaxometry and nonlinear least squares. Fuel,2020,260:116328.

[37] 高鹏飞. 硫化天然橡胶交联密度与溶胀过程的核磁研究[D]. 上海:华东师范大学,2018.

[38] Nie S,Lacayo-Pineda J,Willenbacher N,et al. Aging of natural rubber studied via Fourier-transform rheology and double quantum NMR to correlate local chain dynamics with macroscopic mechanical response. Polymer,2019,181:12180.

[39] Singh K,Blümich B. Compact low-field NMR spectroscopy and chemometrics:A tool box for quality control of raw rubber. Polymer,2018,141:154-165.

[40] 陈玮,王雪娇. 核磁共振仪在聚丙烯测定中的应用. 山东化工,2019,48(8):87-88.

[41] 张连进,刘蓓. 布鲁克 MINISPEC MQ-one 型小核磁测定聚丙烯等规度指数的应用. 当代化工研究,2018(7):99-100.

[42] 赵伟. 核磁谱仪测定 PP 粉料等规指数的主要影响因素. 当代化工,2017,46(8):1575-1578.

[43] 李先富,陈艳,张之韵,等. 食源性致病菌低场磁共振快速筛选检验方法. 中国食品学报,2013,13(3):171-175.

[44] Chen Y,Lin Y,Tian X,et al. Real-time dynamic analysis with low-field nuclear magnetic resonance of residual oil and sophorolipids concentrations in the fermentation process of Starmerella bombicola. Journal of microbiological methods,2019,157:9-15.

[45] 谭明乾,林竹一,李晨阳,等. 基于低场核磁共振技术的小鼠体成分无损分析方法开发. 分析科学学报,2018,34(4):463-470.

[46] GB/T 6504—2017,化学纤维含油率试验方法.

[47] 李春景,孙振平,李奇,等. 低场核磁共振技术在水泥基材料中的应用. 材料导报,2016,30(13):133-138.

[48] Zhao Y,Li Y X,Jiang K,et al. Rapid detection of Listeria monocytogenes, in food by biofunctionalized magnetic nanoparticle based on nuclear magnetic resonance. Food Control,2017,71:110-116.

[49] 张文蝶. 基于低场核磁共振技术的碳纳米材料比表面积快速测定方法的研究[D]. 南京:东南大学,2018.

[50] 朱军,张红霞,赵成. 有色金属与新能源材料发展. 电池技术,2019,43(4):731-733.

[51] 赵一博,刘蕙蕙,陈松良. 先进成像技术在全固态锂电池关键问题研究中的应用. 电化学,2019,25(1):17-30.

第8章 深度学习算法在谱学分析中的新进展

在光谱分析领域，使用传统的多元线性回归和机器学习方法建立定性、定量分析模型前通常需要对光谱进行预处理和特征波长筛选，达到剔除随机噪声和干扰信号的目的。然而，不同的预处理方法组合和顺序导致模型的性能也不同，滥用预处理方法可能会造成原始光谱信号的扭曲以及降低模型的性能。因此，需要一种集成的数据驱动分析方法来简化模型建立的步骤，减少对经验知识的需求，从而降低谱学建模的门槛。

近年来，伴随着大数据分析技术、并行计算芯片技术和深度学习算法模型的发展，新一轮的人工智能浪潮已经到来。以卷积神经网络（Convolutional Neural Network，CNN）为代表的一系列端到端（End-to-End）深度学习算法，无需用户对数据进行预处理和特征提取操作，可以自动地抽取数据的内在特征，在人脸识别、无人驾驶汽车、人机对弈、生物医学、艺术创作（小说、歌曲、诗篇）等领域取得了巨大成功。相应地，在过去5年左右的时间里，不少研究者将深度学习算法应用到谱学定性、定量分析领域，取得了阶段性的研究成果。因此，本章将重点介绍深度学习算法在谱学分析中的研究进展及成果，提出值得深入研究的若干问题，并展望未来5～10年的发展趋势。

8.1 研究与应用进展

众所周知，在深度学习算法诞生之前，机器学习算法（包括BP神经网络、极限学习机、支持向量机、决策树和随机森林等）在化学计量学领域占据着非常重要的位置，因为与传统的一元/多元线性回归模型相比，机器学习算法具有更强的非线性映射能力，能够更准确地刻画待分析组分（模型输出）与光谱（模型输入）之间的关系。许多研究者尝试将各种机器学习算法应用到不同的行业领域，譬如农业、石油化工、医药等，取得了丰硕的成果。考虑到各种机器学习算法理论较为成熟，这里不再赘述。本章仅聚焦深度学习算法在谱学分析领域的研究与应用进展。

8.1.1 国内外研究现状

以NIR分析领域为例，截至2019年10月，根据文献检索，一共查询到了28

篇相关的论文[1-27]。使用的检索词组合为"Deeplearning ＋ NIR"和"CNN ＋ NIR"，检索源包括 Google Scholar 和 Web of Science。检索结果中包含了许多红外成像（譬如，基于红外相机的人脸识别等）方面的论文，进行了剔除，并没有包含进来。经过整理发现，这 28 篇论文均发表在 2017—2019 年，且呈逐年上升的趋势（2017 年 8 篇，2018 年 9 篇，2019 年 11 篇）。如图 8-1 所示，28 篇论文中，第一作者来源于中国的论文有 17 篇，占据了 60％ 左右。澳大利亚和韩国分别贡献了 3 篇论文，剩余的论文来源于欧洲（英国、荷兰、芬兰、丹麦、意大利等）。28 篇论文中，定性分析和定量分析方面的论文均有涉及；光谱类型包括近红外光谱、拉曼光谱和可见光光谱等；所用到的数据集样本量规模跨度较大，少到几十，多到两万左右均有报道；建模方法大部分都采用 CNN，另有少量几篇论文用到了自编码器；应用领域范围较广，包括农业、林业、医药、煤炭、化工等。

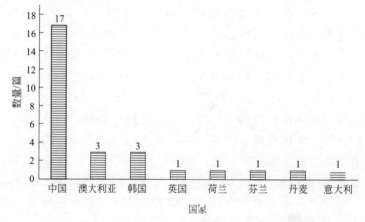

图 8-1   在近红外光谱分析领域已发表论文第一作者国家来源分布

8.1.2   基于卷积神经网络的谱学分析模型构建方法

如图 8-2 所示，通常情况下，利用 CNN 构建谱学分析模型包含以下几个步骤：

首先，区别于传统机器学习方法的是，CNN 模型为端到端模型，不要求用户对原始光谱数据进行预处理，直接将原始光谱数据放置在 CNN 模型输入端即可，因此大大降低了近红外光谱建模的门槛。

其次，需要做的是对 CNN 的拓扑结构进行设计，包括卷积层数、每一层卷积核个数、卷积核窗口宽度、卷积核移动步长、是否需要补零操作等。需要说明的是，目前还没有一套 CNN 拓扑结构设计的指导性原则，很大程度上依赖于用户的经验以及通过反复实验进行设计。

接着，在 CNN 迭代训练算法方面，目前有成熟的开源算法框架以供使用，例如 Google TensorFlow、Keras、MATLAB 等，除非需要对训练算法的底层进行改进，一般情况下用户无需自行设计一套新的迭代训练算法。

　　然后，利用训练好的 CNN 模型就可以对测试集的样本进行预测并计算模型泛化性能的评价指标。需要注意的是回归拟合问题和分类识别问题的评价指标是不一样的，回归拟合通常采用均方根误差、决定系数 R^2 等作为评价指标，而分类识别问题多采用准确率（Accuracy）、精确率（Precision）和召回率（Recall）等。

　　上述步骤通常需要重复若干次，才可以得到一个泛化性能满足要求的谱学分析卷积神经网络模型。

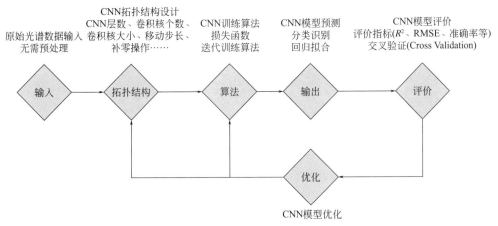

图 8-2　基于卷积神经网络的谱学分析模型构建步骤

8.1.3　基于卷积神经网络的谱学分析模型基本原理

　　如图 8-3 所示，与图像处理领域的 CNN 模型类似，CNN 谱学分析模型的拓扑结构也可以看作由三部分组成：输入层、特征提取层和非线性映射层。

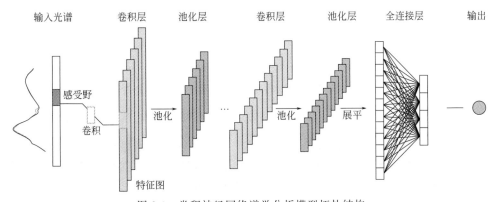

图 8-3　卷积神经网络谱学分析模型拓扑结构

　　不同的是，输入层不再是二维或者三维的图像，而是一维的 NIR 光谱原始数据。对应地，卷积核的尺寸也是一维的。特征提取层通常由多个卷积层和池化层组成，逐步地提取蕴藏在光谱数据中的微观特征和宏观特征。与传统 BP 神经网络相同，CNN 的非线性映射层采用的也是全连接方式，实现提取的特征和输出层待分析组分含量（浓度）或类别标签间的非线性映射。

一维光谱信号的卷积运算与池化运算过程分别如图 8-4（a）和图 8-4（b）所示。从图中可以看出，当卷积核在以一定的步长移动时，对卷积核与光谱信号重叠的区域做加权和计算，也就是对应位置相乘再相加。最大池化运算就是在给定的池化区间里取元素的最大值。当光谱给定时，不难发现有以下规律：

① 卷积核尺寸越大，卷积核提取的特征越少，因为当卷积核窗口宽度越宽时，卷积核在整个光谱区间上移动的次数将会越少；反过来，如果卷积核尺寸越小，那么卷积核提取的特征就会越多。

② 卷积核移动的步长越大，那么卷积核提取的特征将会越少。反之，如果减少卷积核的移动步长越小，那么卷积核提取的特征将会越多。

③ 通常，在同一个卷积层中，将会包含多个不同的卷积核。每个卷积核将从某个特定的角度提取它感兴趣的特征。与图像处理领域的 CNN 一样，池化运算的主要目的也是为了降维，减少卷积核提取的特征个数，不至于引发"维度灾难"问题。

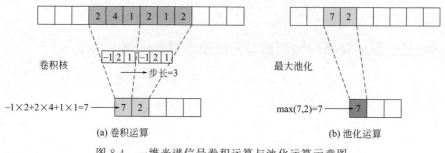

图 8-4　一维光谱信号卷积运算与池化运算示意图

值得注意的是，卷积核尺寸和卷积核移动步长这两个参数，都是需要用户在定义 CNN 拓扑结构时给定的参数。但是在谱学分析领域，这两个参数取值之间的大小关系，有着明确的物理意义。

如图 8-5 所示，当卷积核移动步长小于卷积核尺寸时，即卷积核在移动的过程中会出现重叠现象，意味着可以提取更多的特征；当卷积核移动步长等于卷积核尺寸时，这种情况与区间偏最小二乘法（iPLS）中的均匀区间划分类似；而当卷积核移动步长大于卷积核尺寸时，即卷积核会跳过一些光谱子区间，不提取其中的特征，换句话说，这种情况和波长筛选、区间筛选存在一定的对应关系。

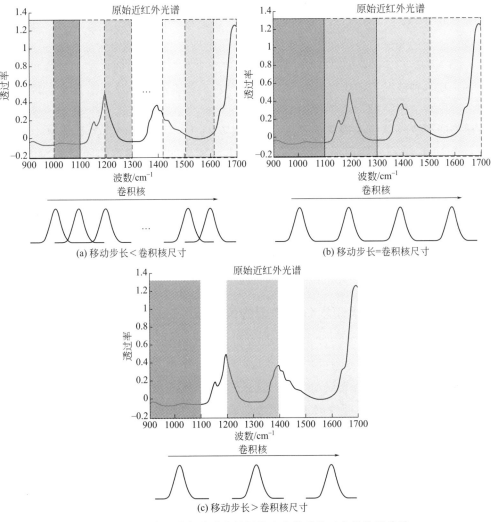

图 8-5　卷积核尺寸与移动步长间的大小关系及对应的物理关系

8.1.4　卷积神经网络参数整体设计原则

调参是深度神经网络的关键，也是最为繁琐的一个环节，需要不断地试错。CNN 模型中需要人为给定的参数通常包括：卷积核窗口宽度（Convolutional Kernel Width，CKW）、卷积核个数（Number of Convolutional Kernels，NCK）、卷积核移动步长（Stride Steps）。Chen 等[14]发现，上述三个参数与模型性能之间的关系不是单调的，并非越大越好或越小越好；而且，这三个参数之间不是完全独立的，存在着相互耦合的关系。在一系列实验研究的基础上，总结出了在 NIR 分析领域中 CNN 模型参数的一般性设计原则，具体如下：

① CKW 不宜太小。当 CKW 较小（10、25）时，卷积核会在一些不是吸收峰

附近的子区间上提取出特征，利用这些特征建模，模型的泛化性能通常较差；反过来，当 CKW 较大（50、100）时，基本上卷积核提取出的每个特征中都会包含吸收峰附近的光谱信息，利用这些特征建模，模型的泛化性能通常会好一些。

② NCK 不需要太多。当 CKW 较小时，单个卷积核提取的特征个数就相对比较多，在这种情况下，继续增大 NCK，所有卷积核提取的特征总个数将会翻倍增加，会出现"特征数远大于样本数"的情况，即会发生"过拟合"现象，从而导致模型的预测性能逐渐降低。反之，当 CKW 较大时，模型的预测性能呈上升趋势，当 NCK 达到一定值后，继续增大 NCK，模型的预测性能将不会继续上升，反而会微弱下降。因此，NCK 的取值不是越多越好，当 CKW 这个参数取值合适的时候，NCK 不需要太大，不大于 5 就已足够。

③ 卷积核移动步长小于 CKW。卷积核移动步长较小时，可以提取更多的特征，有助于提升模型的泛化性能。

④ 结合具体的问题，需要综合考虑训练集样本量的大小，避免出现"过拟合"现象。

8.1.5   卷积神经网络谱学分析模型的优化

为了提升 CNN 模型的泛化性能，可以从模型集成（Ensemble）和模型裁剪（Pruning）两个角度对模型进行优化。

（1）模型集成   在传统机器学习领域，集成学习（Ensemble Learning）方法已经被证实是一种简单有效的模型性能提升方法。因此，集成学习思想也可以引入到深度学习算法中。顾名思义，一个 CNN 集成模型由若干个 CNN 子模型组成。CNN 集成模型的构建流程如图 8-6 所示。

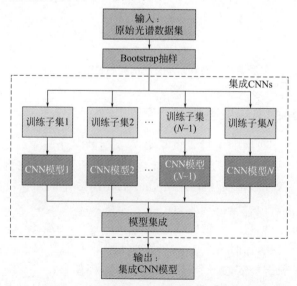

图 8-6   卷积神经网络集成模型构建流程

集成学习方法的第一步是通过 Bootstrap 抽样（也就是有放回随机抽样）从原始的数据集中随机抽取若干组数据子集，接着在每个数据子集上构建 CNN 子模型，最后在对未知样本进行预测时，每个 CNN 模型都会给出一个预测结果，通过投票或者平均的方法进行汇总。文献 [13] 建立了 CNN 集成模型并对模型性能进行了验证，与单一的 CNN 模型相比，可以发现，引入集成学习思想后，模型的泛化性能将会提升，同时模型的鲁棒性（也就是模型的稳定性）会增强，但是缺点是模型的计算量和复杂度将成倍增加。当然，伴随着 GPU 的出现，这个问题可以解决。因为各个子模型之间是相互独立的，可以通过并行计算进行加速。

（2）**模型裁剪**　如前文所述，CNN 模型的拓扑结构（即多少个卷积层和全连接层）和参数（NCK、CKW、移动步长等）的设计是一件比较棘手的工作，大多依赖经验选取。因此，一般情况下，大部分用户处于"安全"考虑，会多增加若干层以及多设置一些卷积核等，导致了建立的 CNN 模型存在许多冗余。以 CNN 领域大名鼎鼎的 AlexNet 模型为例，曾有研究人员将 AlexNet 模型的参数缩减为原来的 1/10 左右，发现模型的性能几乎没有损失。因此，模型裁剪是降低 CNN 模型复杂度，提升模型泛化性能的一个重要手段。目前，主要的方法包括两种：随机丢弃和特征映射图启发式选择。

随机丢弃方法最早由 2018 年图灵奖得主之一的 Geoffrey Hinton 团队提出，其基本思想如图 8-7 所示，当卷积核提取的抽象特征（特征映射图，Feature Mapping）往下一层传递时，以一定的随机概率丢弃掉其中的一部分（也可以理解为将全连接神经网络中的一部分连接权值设置为零），从而达到减少模型参数，降低模型冗余度，防止模型过拟合的目的。随机丢弃方法已被广泛应用于各种主流的 CNN 模型。

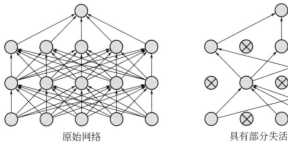

原始网络　　　　　　　　　具有部分失活节点的网络

图 8-7　随机丢弃方法示意图

众所周知，深度学习算法与传统机器学习算法的本质区别在于深度学习算法利用卷积核自动提取的抽象特征代替传统人工提取的特征。特征映射图启发式选择方法的基本思想与传统的波长筛选类似，不同的是，传统的波长筛选方法是从原始光谱中挑选一部分最重要的波长组合，而特征映射图启发式选择方法则是从卷积核提取的所有的抽象特征中挑选最具代表性的特征组合，即在 CNN 的最后一层卷积层和第一层全连接层之间新接入一个特征选择层，该层的具体实现方法可以使用任何一种启发式搜索方法，例如过滤（Filter）方法（相关系数法、互信息法、信息熵增益法等）和封装（Wrapper）方法（遗传算法、蜻蜓算法、粒子群算法等）。文献［18］通过公开的汽油数据集对基于遗传算法的特征映射图启发式选择算法进行验证，结果如图 8-8 所示。从图中可以看出，不同的光谱范围，最适合的 NCK、CKW 和移动步长也是不一样的，在原始光谱吸收峰附近区域，选用相对更多的 NCK、更小的 CKW 和移动步长将更有利于提取蕴藏在原始光谱中的关键信息；反之，在原始光谱非吸收峰区域，选用更少的 NCK、更大的 CKW 和移动步长，甚至是直接丢弃该区域，不进行任何的卷积运算，可以有效地减少模型参数，从而提升模型的泛化性能。

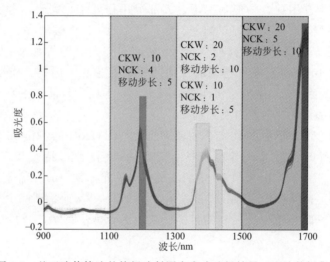

图 8-8   基于遗传算法的特征映射图启发式选择结果（汽油数据集）

8.2   值得深入研究的若干问题

8.2.1   深度学习算法和传统机器学习算法的对比

伴随着深度学习算法的崛起，不禁让人思考：深度学习是否适用于所有的领域和场景？传统的多元线性回归及机器学习方法是否过时？等等。已有的研究表明，深度学习算法应用于谱学分析是可行的，但是否一定优于传统方法仍是一件值得商榷的事情。与传统的机器学习方法类似，深度学习算法模型在设计时也需要遵守"奥卡姆剃刀定律"（Occam's Razor：Simpler solutions are more likely to be correct than complex ones）。不论是应用传统方法或是深度学习算法建立谱学分析模型，本质上都是求解一个带约束条件（训练集样本对信息）的如下优化问题：

$$\min_{W} \sum_{i} \left[y_i - f(x_i，W) \right]^2 + \lambda g(W)$$

式中，$f(\cdot)$ 为建立的模型函数；W 为模型参数；上式中的第一项为训练集样本的真实输出与模型预测输出间的误差；第二项中 $g(\cdot)$ 表示模型的复杂度。换句话说，模型建立的过程其实是在经验风险（第一项）和结构风险（第二项）之间通过参数 $\lambda(0 \leqslant \lambda \leqslant 1)$ 来折中平衡，当 λ 比较小时，表明倾向于选择第一项误差更小的模型；反之，当 λ 比较大时，表明倾向于选择更为简单的模型。

模型的复杂度与模型的误差间通常呈现如图 8-9 所示的关系，即对于训练集而言，随着模型复杂度的增大，误差逐渐减小；而对于测试集而言，随着模型复杂度的增大，误差则呈现先减小后增大的趋势。从图中可以看出，当模型复杂度较低时，训练集和测试集的误差均较大，此时模型处于"欠拟合"（Underfitting）状态；反之，当模型复杂度较高时，训练集的误差非常小，但测试集的误差非常大，此时模型处于"过拟合"（Overfitting）状态。

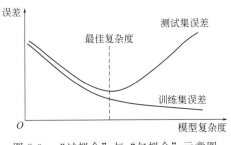

图 8-9　"过拟合"与"欠拟合"示意图

因此，当利用深度学习算法建立谱学分析模型时，也需要检查模型是否出现"过拟合"或"欠拟合"现象。在满足模型性能的前提下，应尽可能地选择复杂度更低（参数更少）的模型。

8.2.2　模型泛化性能评价指标的选取

当构建的谱学分析模型为定性（分类）模型时，模型的输出为若干个有限的类别标签，研究者们通常采用验证集/测试集的准确率（Accuracy）作为模型泛化性能评价的指标。但需要注意的是，准确率在有些情况下（尤其是样本不平衡时）不能反映模型泛化性能的真实情况，在机器学习领域通常会关注另外两个评价指标：精确率（Precision）和召回率（Recall）。精确率和召回率的具体定义如下：

$$P = \frac{TP}{TP + FP}$$

$$R = \frac{TP}{TP + FN}$$

式中，P 为精确率；R 为召回率；TP 表示把真实的正类预测为正类的样本数；FP 表示把真实的负类预测为正类的样本数；FN 表示把真实的正类预测为负类的样本数。如图 8-10 所示，精确率 P 反映了预测为正类的样本中真正的正类样本所占的比例，$1-P$ 反映了负类样本被误预测为正类的概率，因此，精确率有时也称为查准率；召回率 R 反映了真正的正类样本中预测正确的样本所占比例，$1-R$ 反映了正类样本中被漏掉的预测为正类的样本所占的比例，因此，召回率有时也称为查全率。

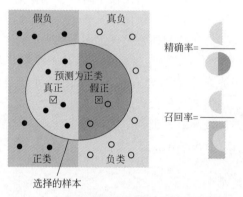

图 8-10　精确率和召回率概念辨析示意图

　　当构建的谱学分析模型为定量（回归拟合）模型时，模型的输出为待分析组分的含量（浓度）连续值，研究者们通常采用验证集/测试集的绝对误差、相对误差、均方根误差（RMSE）、决定系数 R^2 等作为模型泛化性能的评价指标。当 A 和 B 两个模型进行比较时，一般情况下，若 A 模型的 RMSE 小于 B 模型，则 A 模型的 R^2 将比 B 模型更高，即 A 模型的泛化性能整体优于 B 模型，会倾向于选择 A 模型。但是，在一些特殊的情况下，例如，当验证集/测试集样本的待分析组分含量（浓度）极低（逼近检测限）时，光谱仪器设备将不会处于线性工作区，导致模型的输入/输出误差均会变大，这样的样本将会导致整个验证集/测试集的性能指标变差，因此，需结合自身的实际问题设计更有针对性的评价指标。

8.2.3　数据扩增

　　与传统机器学习方法不同，这一轮深度学习算法是在大数据分析技术的基础上逐渐发展起来的，这是因为传统的机器学习算法模型复杂度很低（模型参数通常只有几个至几十个），而深度学习算法模型的复杂度则非常高（模型参数通常会有几万至上千万甚至上亿个，典型的 AlexNet 模型包含的模型参数约为 6000 万个）。与图像识别、目标检测和图像分割等领域相比，尽管一维的光谱信号所蕴含的信息较为简单，但模型的复杂度仍然较高，大多数情况下都是模型参数远远大于样本量，因此，很容易导致模型出现"过拟合"现象。除了前文所述的模型裁剪方法外，数据扩增（Data Augmentation）也是一个非常重要的手段。

　　已有的许多研究已表明，通过增加训练样本可以显著提升深度神经网络的泛化性能。数据扩增的方法主要有以下两种。

（1）给现有数据适当添加噪声　利用传统的多元线性回归/机器学习方法建模，采集光谱数据时的实验条件通常是要严格设计的，如果实验操作不当，那么采集出来的光谱数据便是"脏"数据，在建模的时候会将之丢弃，不会使用这些数据。但是，深度学习领域最新的研究结果表明，在建模的时候不仅要利用这些"脏"的数据，甚至有时候需要人为地添加一些随机噪声，生成一些"脏"数据，帮助模型训练，用于增加模型的鲁棒性，提升模型的泛化性能。

（2）利用生成式对抗网络方法生成新数据　生成式对抗网络（Generative Adversarial Networks，GAN）是由 Ian Goodfellow 于 2014 年提出的方法，该方法内部由生成器（Generator）子模型和判别器（Discriminator）子模型两部分组成。生成器子模型从随机数出发，通过学习已知训练集样本的分布，随机产生新的数据，而判别器子模型为一个二分类模型，识别数据是真实世界采集的数据（标签为＋1）还是生成器子模型随机产生的"假"数据（标签为－1）。生成器子模型和判别器子模型交替学习训练，互相博弈，达到提升各自性能的目的。最终，生成器子模型可以完美地生成足以"以假乱真"的假样本。

利用 GAN 方法生成若干新的数据，再送入到 CNN 模型中学习训练，从而提升模型的泛化性能。该方法已在许多领域得到了广泛应用。我们有理由相信，在谱学分析领域，GAN 也可以作为一种新的有潜力的数据扩增手段。

8.2.4　模型移植

模型移植是谱学分析领域的一个名词，其实对应到计算机领域，有另外一个名词与它对应，那就是"迁移学习"（Transfer Learning）。迁移学习考虑的问题是假如已经有了一个模型，但是在新的对象、新的环境、新的场景中直接应用效果比较差，那么是否有可能利用已有的模型去提升新场景中模型的性能呢？

在传统机器学习的范畴中，如果已有的模型（称之为源域模型，即 Model A）没办法直接应用到新场景中，那么只有一个选择，那就是在新场景中从零开始，收集数据、构建模型（称之为目标域模型，即 Model B），得到的新模型与原来已有的模型之间是相互独立的。而迁移学习的基本思想是利用源域模型或者源域数据去提升目标域模型的性能，这里面有一个隐含的前提条件，那就是目标域上的训练集样本量通常要远小于源域上的训练集样本量，即仅依靠目标域上的训练集样本，还不足以建立一个泛化性能较好的模型，因此需要寻求外界的帮助。人工智能领域专家吴恩达曾经在 2016 年的计算机顶级会议"神经信息处理系统大会"（NIPS）上预测"迁移学习将会是下一个机器学习成功的驱动力"，因为在各行各业现在都面临类似的问题，无法建立一个普适的模型。

目前，主流的迁移学习算法有两种：基于实例（Instance-based）的迁移学习和基于模型（Model-based）的迁移学习。

（1）基于实例的迁移学习　基于实例的迁移学习最经典的算法是TrAdaBoost，这个算法是由 AdaBoost 算法改进而提出来的。它的基本思想是：先把源域和目标域上的所有数据合在一起，构建一个模型。然后检查这个模型在哪些样本上预测误差比较大，针对这些样本，再构建第二个模型重点学习这些样本。这个时候，需要做一下区分，如果预测误差比较大的这个样本来自目标域，那么增加这个样本的权重后面重点学习；反过来，如果预测误差比较大的这个样本来自源域，那么就认为这个样本对于目标域的模型构建没有帮助，减少这个样本的权重。重复这个过程，一直到构建若干个模型。因此，TrAdaBoost 算法本质上也是一种集成学习算法。

在谱学分析领域，实际的测量中经常会出现如图 8-11 所示的两种情况：同一个样品放在不同的仪器上得到的光谱存在较大差异，如图 8-11（a）所示；在同一台仪器上，不同的样品对应的光谱可能比较接近，如图 8-11（b）所示。

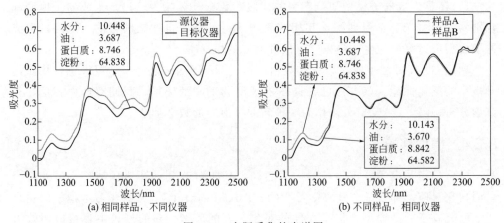

(a) 相同样品，不同仪器　　　　　　　(b) 不同样品，相同仪器

图 8-11　实际采集的光谱图

传统的模型移植方法（例如 SBC、PDS）大多研究的是相同样品、不同仪器间的模型转移问题，文献基于 TrAdaBoost 算法设计了面向谱学分析领域的一般性模型移植框架，并结合汽油数据集和玉米数据集设计了三种不同的实验场景，验证了该方法在跨仪器、跨待分析组分和跨目标物中的模型移植性能。实验结果表明：

① 当源域和目标域上的目标物和待分析组分都相同，只是仪器不同时，与未移植的模型相比，经过模型移植后，模型的预测性能可以得到提升。尤其是当目标域的训练集样本数量较少时，通过充分利用源的训练样本信息，可以显著提升模型的预测性能。

② 当源域和目标域上的目标物相同，但待分析组分不一样时，TrAdaBoost 算法仍然适用，因此，该方法不仅可以支持相同组分间的模型移植，也可以支持不同组分间的跨组分迁移。需要注意的一点是，当源域和目标域的待分析组分的值存在数量级差异时，例如蛋白质的范围在 7～10，淀粉的范围在 62～67，这种情况

需要在建模之前增加一个归一化预处理操作。

③ 当源域和目标域上的目标物相同，但是仪器和待分析组分均不一样时，结果表明，不同仪器间的跨组分模型移植仍然可行，而且与①比②迁移性能更好。

值得一提的是，TrAdaBoost 算法最早提出的时候，假设源域和目标域的输入、输出均相同，只是数据分布不同而已，但是上述实验结果显示，该算法的适用范围更广，当源域和目标域的输入、输出不同时，也可以实现迁移。另外，需要深入思考的一个问题是，在谱学分析领域，模型迁移的边界究竟在哪里？源域和目标域相差多大的时候，就没办法迁移了？这些仍然是尚未解决的开放性问题。事实上，在图像处理领域，已经证实可以成功实现完全不同的两个目标间的迁移。

（2）基于模型的迁移学习　基于模型的迁移学习是在 CNN 的基础上提出来的。以图像处理领域的迁移学习为例，如图 8-12 所示，它的基本思想是：源域模型是用 CNN 构建起来的，当把源域模型往目标域上迁移时，固定前面的若干层卷积层所有参数不变，从全连接层开始把后面的几层给打断掉，重新替换上若干层全连接层。利用目标域上的数据去训练新的全连接层的连接权值。

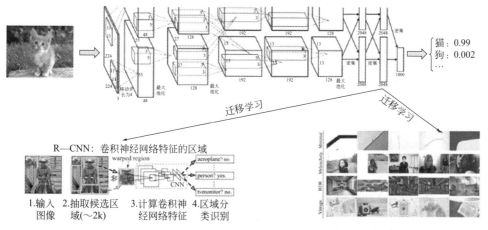

图 8-12　基于模型的迁移学习原理示意图（以图像处理领域为例）

类似地，在谱学分析领域，通过修改已有 CNN 模型的拓扑结构，结合目标域上的少量训练集样本数据，即可实现模型的移植。需要指出的是，为了尽可能充分利用源域模型已训练出的有效信息，在训练过程中通常会将保留下来的 CNN 模型前面若干层中的参数冻结，仅训练新拼接上的最后若干层全连接层的连接权值即可。有关基于模型迁移学习的更多信息，读者可参阅参考文献[28-38]。

8.3　未来 5～10 年的发展趋势展望

（1）谱学大规模数据集的构建　众所周知，由美国斯坦福大学李飞飞教授领导的超大规模图片数据集 ImageNet（目前包含约 1500 万张图片，仍在不断扩大）

的建成，极大地推动了深度学习算法在图像识别、目标检测和图像分割等领域的发展和应用。类似地，很多领域都在建立自己的大规模数据集，那么对于谱学分析领域而言，构建包含更多样本、更多样品种类、更广光谱范围的大规模数据集（不妨称之为 SpectraNet），在此基础上建立深度学习算法模型，从而提升谱学分析模型的泛化性能，将会是未来的一个重要发展趋势。

（2）**深度学习模型的可视化与可解释性研究**　如前文所述，在谱学分析领域，当卷积核移动步长等于卷积核宽度这种特殊情况时，卷积核在整个光谱区域移动抽取特征的过程可以等价为传统的 iPLS 中的均匀区间划分，因此，卷积核抽取的特征是具有明确的物理意义的，与传统的根据吸收峰寻找特征波长是一致的。然而，对于更为一般的情况，如何解释卷积核抽取的特征，仍是一个比较棘手的问题，也是未来的一个重要研究方向。

（3）**半监督/无监督谱学分析算法研究**　目前，无论是传统的机器学习算法还是深度学习算法，都是在有监督学习（Supervised Learning）的框架下建立谱学定性/定量分析模型。有监督学习的前提是要求每个训练集样本是带有标签的，也就是说，扫描的每个光谱，对应的输出待分析组分含量（浓度）都需要用传统的实验室方法事先测定。尤其是在深度学习算法需要大量训练集样本的场景下，这是一个非常耗时、费力的工作，因此，怎样充分利用大量无标签的样本信息进行半监督（Semi-supervised）或无监督（Unsupervised）谱学分析模型的构建，是一个未来很值得深入研究的问题和方向。

参 考 文 献

[1] Acquarelli J, van Laarhoven T, Gerretzen J, et al. Convolutional neural networks for vibrational spectroscopic data analysis. Analytica chimica acta, 2017, 954: 22-31.

[2] Baik K J, Lee J H, Kim Y, et al. Pharmaceutical tablet classification using a portable spectrometer with combinations of visible and near-infrared spectra. 9th International Conference on Ubiquitous and Future Networks (ICUFN), IEEE, 2017: 1011-1014.

[3] Bjerrum E J, Glahder M, Skov T. Data augmentation of spectral data for convolutional neural network (CNN) based deep chemometrics. arXiv, 2017: 1710.01927.

[4] Li W, Lin M, Huang Y, et al. Near infrared spectroscopy detection of the content of wheat based on improved deep belief network. Journal of Physics: Conference Series, 2017, 887(1): 012046.

[5] Liu T, Li Z, Yu C, et al. NIRS feature extraction based on deep auto-encoder neural network. Infrared Physics & Technology, 2017, 87: 124-128.

[6] Yang H, Hu B, Pan X, et al. Deep belief network-based drug identification using near infrared spectroscopy. Journal of Innovative Optical Health Sciences, 2017, 10: 1630011.

[7] Afara I O, Sarin J K, Ojanen S, et al. Deep learning classification of cartilage integrity using near infrared spectroscopy. Microscopy Histopathology and Analytics, 2018: 27.

[8] Cui C, Fearn T. Modern practical convolutional neural networks for multivariate regression: Applications to NIR calibration. Chemometrics and Intelligent Laboratory Systems, 2018, 182: 9-20.

［9］ Li H G,Pan Y,Shen X F, et al. Single coated maize seed identification based on deep learning. 13th IEEE Conference on Industrial Electronics and Applications (ICIEA)，2018：1520-1525.

［10］ Du J, Huang B L, Liu Y Z,et al. Study on quality identification of macadamia nut based on convolutional neural networks and spectral features. Spectroscopy and Spectral Analysis，2018，38(5)：1514-1519.

［11］ B T Le, Xiao D, Mao Y,et al. Coal analysis based on visible-infrared spectroscopy and a deep neural network. Infrared Physics & Technology, 2018, 93：34-40.

［12］ Malek S, Melgani F, Bazi Y. One-dimensional convolutional neural networks for spectroscopic signal regression. Journal of Chemometrics, 2018, 32：e2977.

［13］ Ni C, Zhang Y, Wang D. Moisture content quantization of masson pine seedling leaf based on stacked autoencoder with near-infrared spectroscopy. Journal of Electrical and Computer Engineering，2018：8696202.

［14］ Chen Y Y, Wang Z B. Quantitative analysis modeling of infrared spectroscopy based on ensemble convolutional neural networks. Chemometrics and Intelligent Laboratory Systems，2018，181：1-10.

［15］ Zhang W, Liu Z, Hu J,et al. Near infrared spectroscopy drug discrimination method based on stacked sparse auto-encoders extreme learning machine. Artificial Intelligence and Robotics，2018：203-211.

［16］ 鲁梦瑶，杨凯，宋鹏飞，等.基于卷积神经网络的烟叶近红外光谱分类建模方法研究.光谱学与光谱分析，2018，38：3724.

［17］ Chen X, Chai Q, Lin N, et al. 1D convolutional neural network for the discrimination of aristolochic acids and their analogues based on near-infrared spectroscopy. Analytical Methods, 2019, 11：5118-5125.

［18］ Chen Y Y, Wang Z B. End-to-end quantitative analysis modeling of near-infrared spectroscopy based on convolutional neural network. Journal of Chemometrics, 2019, 33：e3122.

［19］ Chen Y Y, Wang Z B. Feature selection based convolutional neural network pruning and its application in calibration modeling for NIR spectroscopy. Chemometrics and Intelligent Laboratory Systems, 2019, 191：103-108.

［20］ Ng W, Minasny B, Montazerolghaem M,et al. Convolutional neural network for simultaneous prediction of several soil properties using visible/near-infrared, mid-infrared, and their combined spectra. Geoderma, 2019, 352：251-267.

［21］ Ni C, Wang D, Tao Y. Variable weighted convolutional neural network for the nitrogen content quantization of Masson pine seedling leaves with near-infrared spectroscopy. Spectrochimica Acta Part A：Molecular and Biomolecular Spectroscopy, 2019, 209：32-39.

［22］ Padarian J, Minasny B, McBratney A. Transfer learning to localise a continental soil vis-NIR calibration model. Geoderma，2019，340：279-288.

［23］ Padarian J, Minasny B, McBratney A. Using deep learning to predict soil properties from regional spectral data. Geoderma Regional, 2019, 16：e00198.

［24］ Xu S, Sun X, Lu H,et al. Detection of type, blended ratio, and mixed ratio of pu'er tea by using electronic nose and visible/near infrared spectrometer. Sensors, 2019, 19：2359.

［25］ Yang J, Xu J, Zhang X,et al. Deep learning for vibrational spectral analysis：Recent progress and a practical guide. Analytica chimica acta, 2019, 1081：6-17.

［26］ Yang S Y, Lee H G, Park Y, et al. Wood species classification utilizing ensembles of convolutional neural networks established by near-infrared spectra and images acquired from Korean softwood lumber. Journal of the Korean Wood Science and Technology, 2019, 47：385-392.

［27］ You H, Kim H, Joo D K, et al. Classification of food powders with open set using portable VIS-NIR spectrometer. International Conference on Artificial Intelligence in Information and Communication

(ICAIIC)，IEEE，2019：423-426.

[28] Zhang X，Lin T，Xu J，et al. DeepSpectra：An end-to-end deep learning approach for quantitative spectral analysis. Analytica Chimica Acta，2019，1058：48-57.

[29] Chen Y Y，Wang Z B. Cross components calibration transfer of NIR spectroscopy model through PCA and weighted ELM-based TrAdaBoost algorithm. Chemometrics and Intelligent Laboratory Systems，2019，192：103824.

[30] Li H，Kadav A，Durdanovic I，et al. Pruning filters for efficient convnets. arXiv，2016：1608. 08710.

[31] Molchanov P，Tyree S，Karras T，et al. Pruning convolutional neural networks for resource efficient inference. arXiv，2016：1611. 06440.

[32] Anwar S，Hwang K，Sung W. Structured pruning of deep convolutional neural networks. Journal on Emerging. Technologies in Computer Systems，2017，13：1-18.

[33] He Y，Zhang X，Sun J. Channel pruning for accelerating very deep neural networks. Proceedings of the IEEE International Conference on Computer Vision，2017：1389-1397.

[34] Luo J H，Wu J，Lin W. Thinet：A filter level pruning method for deep neural network compression. Proceedings of the IEEE international conference on computer vision，2017：5058-5066.

[35] Yu R，Li A，Chen C F，et al. NISP：Pruning networks using neuron importance score propagation. arXiv，2017：1711. 05908.

[36] He Y，Kang G，Dong X，et al. Soft filter pruning for accelerating deep convolutional neural networks，arXiv，2018：1808. 06866.

[37] Rui T，Zou J，Zhou Y，et al. Convolutional neural network feature maps selection based on LDA. Multimedia Tools and Applications，2018，77：10635-10649.

[38] Zou J，Rui T，Zhou Y，et al. Convolutional neural network simplification via feature map pruning. Computers & Electrical Engineering，2018，70：950-958.

第 9 章 红外光谱技术在环境检测领域的应用进展

9.1 引言

环境光学（Environmental Optics）是由环境科学（Environmental Sciences）和光学（Optics）发展起来的一门交叉学科，以光与环境的相互作用为基础，一方面研究光与环境相互作用的机理和规律，另一方面则是使用光学的方法和手段研究并解决环境问题。其中，红外光谱技术是一种典型的环境光学技术，在剖析环境的物理变化、化学变化、生物变化及其交叉变化方面特别有优势，可以把环境污染变化在分子水平、精细的时空结构上展现，深化对污染变化机理的认识。同时，红外光谱技术与光学遥感等多项技术的联合，在三维空间上大范围甚至全球意义上监测污染物的时空分布，通过连续遥测可获得污染变化规律，为污染防治提供科学依据。[1-3]

红外光谱主要是研究分子中以化学键连接的原子之间的振动光谱和分子的转动光谱，与分子结构密切相关，是表征分子结构的一种有效手段。红外光谱分析的基本手段是红外光谱仪，红外光谱仪是利用物质对不同波长的红外辐射的吸收特性，进行分子结构和化学组成分析的仪器。根据光学调制分光原理的不同，红外光谱仪可分为空间调制型和时间调制型两种类型，通常认为空间调制手段有滤光片、光栅、棱镜等；时间调制则是采用光学干涉原理，通过傅里叶变换，将红外干涉图转换成红外光谱。到目前为止，红外光谱仪已经发展了三代，由最初的棱镜色散型红外光谱仪到光栅型色散式红外光谱仪，再到现在的干涉型红外光谱仪。傅里叶变换红外光谱技术（FTIR）是近年来快速发展起来的一种综合性探测技术[1]。由于大气中大多数的微量、痕量气体都是红外活性气体，在 $2 \sim 30 \mu m$ 波段范围内具有吸收和发射红外特征光谱的能力，这个波段称为中红外区或指纹区，对于光谱测量非常有利，因而 FTIR 在大气环境监测中应用前景非常广泛。红外光谱检测技术是环境光学的重要组成部分，它采用光学和光谱学方法，结合现代科学技术手段获取环境参数，具有实时、动态、快速、非接触遥测、监测范围广、成本低，以及多组分待测物条件下的高选择性和痕量、超痕量的检测分析灵敏度等优势，具有其他常规方法不可替代的优越性，是当今国际环境检测的发展方向和主导技术。

9.1.1　红外光谱技术简介

任何一门科学应用的产生与发展都与科学进步和人类社会发展的水平相联系，与人类认识水平相适应，红外光谱技术在环境领域的应用也不例外，它是人类社会生产力水平和科学技术水平发展到一定程度的产物，是在人类认识和解决环境问题的过程中产生和发展起来的。红外光谱技术应用于环境监测是利用待测物的吸收或辐射特性以及大气辐射传输模型等方法来研究环境污染的机理，提供监测防治技术。

大气中主要包含气体分子和大气颗粒物等，人们主要是研究大气光学特性如大气消光、大气吸收、大气能见度、大气浑浊度等与环境污染的关系。国际上，红外光谱应用于环境监测方面的研究机构主要有德国海德堡大学、马普化学所、布莱梅大学环境物理研究所，瑞典查尔莫斯大学，日本千叶大学，韩国新技术研究中心，波兰海洋生态研究所等。中国的研究机构主要有中国科学院安徽光学精密机械研究所、北京师范大学、青岛海洋大学、中国科学院南海海洋研究所、天津大学、长安大学等。

红外光谱又称为分子振动转动光谱，是一种分子吸收光谱。当样品受到频率连续变化的红外光照射时，分子吸收某些频率的辐射，并由其振动或转动运动引起偶极矩的净变化，产生分子振动和转动能级从基态到激发态的跃迁，使相应于这些吸收区域的透射光强度减弱。记录红外光的百分透射比与波数或波长关系曲线，就得到红外光谱。红外光谱环境检测技术是其中一个重要的研究方向，结合了环境科学、光学和光谱学等学科，利用物质的光学吸收、发射以及大气辐射传输等方法研究环境污染物的定量分析方法与监测技术。目前，红外光谱环境检测技术主要形成了以非分散红外技术（NDIR）、FTIR 技术、光栅光谱检测技术等为主的环境监测技术体系。如图 9-1 所示，可以看出 IR 技术在整个光波谱区中所占的波段范围达 $0.78\sim1000\mu m$，由此可见其应用范围之广。

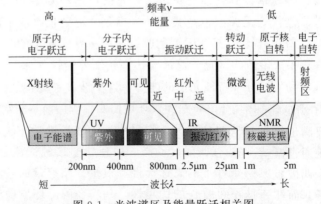

图 9-1　光波谱区及能量跃迁相关图

9.1.2　红外光谱基础

红外光谱技术是以光与环境相互作用为基础，结合现代光电子学和信息技术手段来获取环境参数信息，具有实时、动态、快捷、非接触远距离遥测、范围广、灵敏度高等优点，是当今国际环境监测领域中主要发展的环境监测技术之一。一方面研究光与环境相互作用的机理和规律；另一方面研究如何将 IR 技术更准确地应用于环境监测领域。利用物质的光学特性以及大气辐射传输等方法研究环境污染的机理及监测防治技术。

9.1.2.1　光谱的形成

所有的原子或分子均能吸收电磁波，且对吸收的波长有选择性，这种现象的产生主要是因为分子的能量具有量子化的特征。在正常状态下原子或分子处于一定能级，即基态，经光激发后，随激发光子能量的大小，其能级提高一级或数级，即分子由基态跃迁到激发态，也就是此分子不能任意吸收各种能量，只能吸收相当于两个或几个能级之差的能量。换言之，即原子或分子只吸收一定能量的光子或其倍数。当以某一范围的光波连续照射分子或原子时，有某些波长的光被吸收，于是产生了由吸收谱线所组成的吸收光谱。然而，分子或原子能级从基态受外界激发条件激发跃迁到激发态时，由于在激发态时分析或原子不稳定，故向低能级跃迁产生辐射，将多余的能量发射出去形成的光谱称为发射光谱。

无论吸收光谱或者发射光谱都服从能级跃迁过程中的能量守恒定律。以吸收光谱为例，原子或分子吸收光子后能量由基态的 e_i 提高到激发态的 e_f，其能量的改变 $e_f - e_i$ 与所吸收的光子的能量 e 相等。此能量传递过程可视为光谱形成的基本条件，其中能量与被吸收光的频率成正比，能量与频率或波长的关系可以由下式表示：

$$分子的能量：e_f - e_i = h\nu \tag{9-1}$$

$$每摩尔能量：E_f - E_i = E = Nh\nu = \frac{Nhc}{\lambda} \tag{9-2}$$

式中，h 为普朗克常数，$6.626 \times 10^{-34} \text{J·s}$；$c$ 为光速；ν 为频率；λ 为波长；N 为阿伏伽德罗常量，6.023×10^{23}（每摩尔中的分子数）。

$$E(\text{J/mol}) = \frac{1.20 \times 10^8 (\text{J·nm/mol})}{\lambda (\text{nm})} \tag{9-3}$$

IR 形成除了满足辐射光子具有的能量与发生振动跃迁所需的跃迁能量相等的条件外，还需要满足辐射与物质间有耦合作用。红外跃迁是偶极矩诱导的，即能量转移的机制是通过振动过程所导致的偶极矩的变化和交变的电磁场相互作用发生的，只有发生偶极矩变化的振动才能引起可观测的红外吸收光谱，该分子也称为红外活性分子。而红外吸收谱带的强度取决于分子振动时偶极矩的变化，而偶极矩与分子结构的对称性有关。振动的对称性越高，振动中分子偶极矩变化越小，谱带强度也就越弱。极性较强的基团（如 C＝O、C—X 等）振动，吸收强度较大；极性较弱的基团（如 C＝C、C—C、N＝N 等）振动，吸收较弱。红外光谱的吸收强度一般用很强（vs）、强（s）、中（m）、弱（w）和很弱（vw）表示。

9.1.2.2 光谱线特征

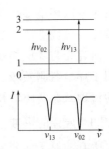

光谱按其特征可分为分立谱与连续谱。分立谱由一些线光谱组成，线光谱的光强分布是在一些频率上出现极大值的分布形式。从量子的观点来看，原子的束缚能级之间的跃迁产生分立的线光谱。按爱因斯坦跃迁理论，当原子从入射光中吸收了频率为 $\nu=(\varepsilon_k-\varepsilon_i)/h$ 的光子后，它从低能级 i 跃迁到高能级 k，如图 9-2 所示。由于原子吸收，当一束白光通过一原子系统时，在透射光中将出现吸收谱线。

图 9-2　分立能级间的跃迁产生吸收线光谱

连续谱是在一段光谱区上光强为连续过渡而无法分离的光谱。一般热辐射所产生的光谱是连续谱。当原子或分子在辐射的激发下电离时，能形成连续的吸收光谱。在等离子体中，电子的韧致辐射或电子与离子的复合会产生连续的发射光谱。

9.1.2.3 分子光谱特征

分子是由原子组成的，依靠原子间的相互作用力形成化学键，并把原子结合在一起。参与成键的主要是原子的最外层电子，即价电子。形成分子后价电子的运动状态发生了很大的变化。分子内部存在着下列三种运动：价电子在键连着的原子间运动、各原子间的相对运动-振动、分子作为一个整体的转动。

分子内部的三种运动并不是互相独立的，而是互相影响的，不能严格加以区分。但是三种运动的快慢明显不同，其中价电子的运动比原子间的振动快得多，因此在价电子运动的时候可以认为原子是不动的；而在研究原子的振动时，可以认为分子不在转动。这样，一个分子的总能量可以近似地写成三种能量之和：

$$E=E_e+E_v+E_J,\tag{9-4}$$

式中，E_e、E_v、E_J 分别代表分子的电子、振动与转动能量。

分子的三种运动状态都有与之相应的振荡偶极矩，因而产生的分子光谱可以分为电子、振动与转动光谱。由于分子的结构比较复杂，运动自由度的数目比原子多得多，因而与原子光谱相比，分子光谱要复杂得多，主要特点是能级的数目和可能跃迁的谱线数目很多，有许多谱线密集地连在一起形成带状光谱。纯粹的转动光谱只涉及分子转动能级的改变，不产生振动和电子状态的改变，转动能级间距离很小，吸收光子的波长长、频率低。两个转动能级相差 $10^{-3}\sim10^{-2}$ kcal/mol（1kcal＝4.186kJ），单纯的转动光谱发生在远红外和微波区。振转光谱反映分子转动和振动能级的改变，分子吸收光子后产生振动能级的跃迁，在每一振动能级改变时，还伴有转动能级改变，谱线密集，显示出转动能级改变的细微结构，吸收峰加宽，称为"振动-转动"吸收带，或"振-转"吸收。引起这种改变的光子能量比第一种的高，两个振动能级相距为 $0.1 \sim 10 \text{kcal/mol}$，产生于波长较短、频率较高的近红外区，主要在 $1 \sim 30 \mu\text{m}$ 的波长区。分子吸收光子后使电子跃迁，产生电子能级的改变，即为电子光谱。引起这种改变所需的能量比前两种高，为 $20 \sim 300 \text{kcal/mol}$。电子能级的变化都伴随有振动能级与转动能级的改变，所以两个电子能级之间的跃迁不是产生单一吸收谱线，而是由很多相距不远的谱线所组成的吸收带。样品在气态或非极性溶剂中测定时，吸收带显示出由于振动和转动能级的改变而引起的复杂细微结构改变。

图 9-3 画出了几个分子能级间的跃迁，可以看出分子光谱分成不同的带系。例如，(a) 和 (b) 同是 ($n=1 \rightarrow 2$) 电子能级间的跃迁，但相应不同的 ($\nu=0 \rightarrow \nu'=0$ 和 $\nu=0 \rightarrow \nu'=1$) 振动能级；(c) 和 (d) 同是 ($n=1 \rightarrow 3$) 电子能级间的跃迁，但相应不同的 ($v=2 \rightarrow 0$ 和 $v=0 \rightarrow 0$) 振动能级。在同一振动能级间的跃迁中，包含有若干条密集的分立谱线，这些谱线对应着不同转动能级间的跃迁。分子光谱线的特征可以归纳如下：

电子光谱：紫外与可见区域，E_e，E_v，E_J 都发生改变（能量：$1 \sim 20 \text{eV}$）；
振动光谱：近红外区域，E_v，E_J 发生改变（能量：$0.05 \sim 1 \text{eV}$）；
转动光谱：远红外至微波区域，E_J 发生改变（能量：$10^{-4} \sim 0.05 \text{eV}$）。

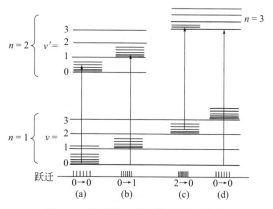

图 9-3　分子的一些可能的跃迁能级

9.1.2.4　线强和线型

强度为 I_0，频率为 ν 的单色激光，通过长度为 L 的吸收介质后，在接收端测得的强度为 I，设 $T(i)$ 为透过率，则有：

$$T(i) = \left(\frac{I}{I_0}\right)_\nu = \exp\left[-\int_\nu k_\nu(x)\mathrm{d}x\right] \tag{9-5}$$

光谱吸收系数 k_ν 在 K 种痕量气体的多组分情况下，包括了 N_j 重叠跃迁。

$$k_\nu = P \sum_{j=1}^{K} X_j \sum_{i=1}^{N_j} S_{i,j}(T) \Phi_{i,j} , \tag{9-6}$$

式中，P 为压力；X_j 为气体 j 的浓度（摩尔分数）；$S_{i,j}$ 和 $\Phi_{i,j}$ 分别为气体 j 的某种分子能级跃迁 i 时的吸收线强和线型，线强是温度的函数，线型与压力有关，其单位分别为 $\mathrm{cm}^{-2}/\mathrm{atm}$（$1\mathrm{atm}=101325\mathrm{Pa}$）和 cm。

分子能级跃迁的线强，反映了吸收和受激发的综合效果，它依赖于光学跃迁概率和处于低能态和高能态的分子数目。光学跃迁概率是一个基本的参数，与温度无关，但是，低能态和高能态的分子数是温度的函数。在 HITRAN96 数据库中，线强的单位为 cm/分子，这个单位是吸收的一个基本描述，但应用在气体浓度测量中，不是很方便，经常用压力和摩尔质量代替分子数，因此，线强经常用 $\mathrm{cm}^{-2}/\mathrm{atm}$ 为单位，它们之间的转化关系为：

$$S(T)\left[\mathrm{cm}^{-2}/\mathrm{atm}\right] = S(T)\left[\mathrm{cm}/\text{分子}\right] \cdot \frac{N[\text{分子}]}{PV[\mathrm{cm}^3 \cdot \mathrm{atm}]}$$

$$= S(T)\left[\mathrm{cm}/\text{分子}\right] \cdot \frac{7.34\mathrm{e}^{21}}{T[\mathrm{K}]}\left[\frac{\text{分子} \cdot \mathrm{K}}{\mathrm{cm}^3 \cdot \mathrm{atm}}\right] \tag{9-7}$$

分子的吸收线强可以用在标准温度 T_0 下测得的线强 $S(T_0)$ 表示：

$$S(T) = S(T_0)\frac{Q(T_0)}{Q(T)}\left(\frac{T_0}{T}\right)\exp\left[-\frac{hcE''}{k}\left(\frac{1}{T} - \frac{1}{T_0}\right)\right]$$

$$\left[1 - \exp\left(\frac{-hc\nu_0}{kT}\right)\right]\left[1 - \exp\left(\frac{-hc\nu_0}{kT_0}\right)\right]^{-1} \tag{9-8}$$

式中，h 为普朗克常数；c 为光速；k 为玻尔兹曼常数；E'' 为分子处于低能态时的能量，Q 是摩尔分子量函数，可以用下面多项式拟合得到：

$$Q(T) = a + bT + cT^2 + dT^3 \tag{9-9}$$

其中多项式的系数可以在 HITRAN96 数据库中查到。

线型函数一般是归一化后的形式，即：

$$\int_\nu \Phi_{i,j}(x, i)\mathrm{d}i \equiv 1 \tag{9-10}$$

分子吸收光谱的线宽和线型的存在，是由分子吸收或发射的线光谱频率所致，严格说它并不是单色的，即当使用分辨率极高的分光仪器，所观察到吸收或发射

强度，仍是以 $\nu_0 = \dfrac{E_2 - E_1}{h}$ 为中心的光谱分布，如图 9-4 所示，称 ν_0 附近的函数 $I(\nu)$ 为谱线的线型。在强度下降到一半时，所对应的频率间隔 $\Delta\nu = |\nu_2 - \nu_1|$，称为谱线的全半值宽度，简称谱线线宽或谱线半宽（HWHM）。

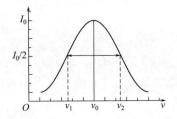

图 9-4　吸收线线型、线宽示意图

线型依赖于压力，在高压下，是碰撞展宽，其线型为洛伦兹线型：

$$\Phi_{\rm L}(\upsilon) = \frac{1}{\pi} \frac{\gamma_{\rm L}}{[(\upsilon - \upsilon_0)^2 + \gamma_{\rm L}^2]} \tag{9-11}$$

式中，$\gamma_{\rm L}$ 为洛伦兹半宽；υ_0 是谱线的中心频率。$\gamma_{\rm L}$ 随着压力 P 和温度 T 的变化可以通过下式来表示：

$$\gamma_{\rm L} = \gamma_{\rm L0}(p/p_0)(T_0/T)^{1/2} \tag{9-12}$$

$\gamma_{\rm L0}$ 是在标准状况下 γ_L 的值（T_0，p_0）。

当采样的压力降低时，线宽开始减小。当压力减小到几个 mbar（$1{\rm bar} = 10^5{\rm Pa}$）时，是多普勒展宽，其线型为高斯线型：

$$\Phi_{\rm D}(\nu) = \frac{1}{\gamma_{\rm D}} [(\ln 2)/\pi]^{1/2} \exp\left[-\frac{(\nu - \nu_0)^2 \ln 2}{\gamma_{\rm D}^2}\right] \tag{9-13}$$

式中，$\gamma_{\rm D}$ 为多普勒半宽。

$$\gamma_{\rm D} = [2kT(\ln 2)/M']^{1/2} \nu_0/c \tag{9-14}$$

式中，M' 是分子质量；c 为光速。

洛伦兹线宽和多普勒线宽相当（一般在 $10\sim50{\rm mbar}$）时，其灵敏度并没有迅速下降，在这个压力范围内系统工作正常，在这样的压力范围内线型为洛伦兹线型和多普勒线型的卷积，称之为沃伊特（Voigt）线型，它可以用一个复杂的误差函数表示，但因为函数非常复杂，难以计算，所以为方便起见，可以用一个近似的表达式来表示：

$$\begin{aligned}\Phi_{\rm V}(\nu) = \Phi_{\rm V}(\nu_0)\{&(1-x)\exp(-0.693y^2) + x/(1+y^2) \\ &+ 0.016(1-x)x[\exp(-0.0814y^{2.25}) - 1/(1+0.021y^{2.25})]\}\end{aligned} \tag{9-15}$$

这里 $x = \gamma_{\rm L}/\gamma_{\rm V}$，$y = |\nu - \nu_0|/\gamma_{\rm V}$，$\gamma_{\rm V}$ 是沃伊特线型的半宽，可近似地由下式来表示：

$$\gamma_{\rm V} = 0.5346\gamma_{\rm L} + (0.2166\gamma_{\rm L}^2 + \gamma_{\rm D}^2)^{1/2} \tag{9-16}$$

沃伊特吸收线在其中心处的值可由下式确定：

$$\Phi_{\rm V}(\nu_0) = 1/[2\gamma_{\rm V}(1.065 + 0.447x + 0.058x^2)] \tag{9-17}$$

在高压下（$x=1$），沃伊特线型变为洛伦兹线型，而在低压下（$x=0$），它变为多普勒线型，因此它是线型的一般形式。如图 9-5 所示为以上所述三种线型的谱线。

IR 最基本原理是物质对电磁辐射的吸收，物质之所以能够吸收光是由物质本身的能级状态所决定的。分子吸收光谱比较复杂，它们不是分立的谱线而是包括许多吸收带。因为每个分子的能量包括三部分，即分子的电子能量、振动能量和转动能量。每种能量都是量子化的，它们相应地都存在着一定数目的电子能级、振动能级和转动能级。当电子由一个能级跃迁到另一个能级时，同时可能伴随着许多不同的振动能级和转动能级的跃迁。因此分子吸收光谱是一系列的吸收带。

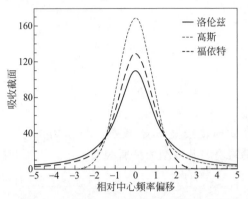

图 9-5   洛伦兹、高斯和沃伊特线型比较

物质对不同波长的光具有不同的吸收能力，这一性质称为选择吸收。物质只能选择地吸收那些能量相当于该分子振动能量变化、转动能量变化以及电子能量变化之和的能量辐射，由于各种分子的能级是千差万别的，它们内部各种能级之间的间隔也就各异。因此各种物质对光线具有选择吸收的性质，反映了它们的分子内部结构的差异。换句话说，各种物质的内部结构决定了它们对不同光线的选择吸收，特定的吸收波段反映了物质的特性，吸收的强度则反映了物质的浓度，这就为光谱分析方法在环境污染成分的定性和定量检测提供了依据。

9.2   红外光谱检测技术及其应用

红外光谱检测技术主要是研究分子中以化学键连接的原子之间的振动光谱和分子的转动光谱，与分子结构密切相关，是表征分子结构的一种有效手段。结合信息科学技术获取环境信息并进行加工和处理，实现多空间尺度、多时间尺度、多参数的环境污染物定量测量和分析的技术。红外光谱环境监测技术具有实时、动态、快速、非接触监测等特点，不仅可以获取痕量瞬变物种的时空分布信息，而且可以搭载在遥感平台上实现区域污染的实时监测。

红外吸收带的波数位置、波峰的数目以及吸收谱带的强度反映了分子结构上的特点，可以用来鉴定未知物的结构、组成或确定其化学基团；而吸收谱带的吸收强度与分子组成或化学基团的含量有关，可以进行定量分析和纯度鉴定。IR 分析对气体、液体、固体样品都可测定，具有用量少、分析速度快、不破坏试样等特点。

根据红外光谱检测技术的实现方法和手段不同，红外分析仪可分为分散型分析仪、多倍仪和非分散型分析仪。分散型分析仪利用光栅或棱镜实现波长选择，通常用于定性分析。多倍仪，如 FTIR，使用迈克尔逊干涉仪来调制（调频）红外光信号强度，然后采用傅里叶变换的方法将所产生的时间相关频谱转换成标准的波数谱。傅立叶变换光谱可用于定性和定量分析。非分散型分析仪具有比分散型分析仪或多倍仪更简单的结构，但分辨率比 FTIR 要低。本章介绍的红外光谱检测技术主要涉及 NDIR 和 FTIR 的原理及其在环境监测领域的应用。

9.2.1　非分散红外光谱技术原理与应用

红外波段（$1 \sim 10 \mu m$）为分子振转光谱的基频吸收区，很多气体在这一波段都存在指纹吸收带，吸收强度约为近红外波段的 $10 \sim 10000$ 倍。这类分子通常包括两个或三个原子，吸收带由周期性或近似周期性的吸收线结构组成。NDIR 是指使用含有待测气体的过滤器，在非分散光束中展示目标光谱的光谱印记。这类气体分析仪通常具有结构简单、成本低、检测灵敏度高、稳定性好等优点，然而由于它们选择的气体吸收带较宽，通常容易受到目标气体间的交叉干扰和外界水汽的干扰。

9.2.1.1　原理与方法

图 9-6 为中红外区域一些气体的红外吸收光谱图，从图中可以看出，气体间的干扰非常明显，而干扰修正的好坏直接影响到非分散红外分析仪的性能指标。

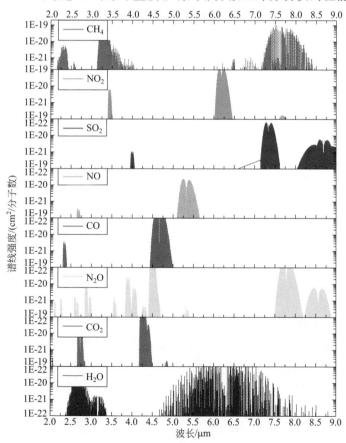

图 9-6　一些气体的红外吸收光谱图

假若气体混合物中包括 n 种气体分子，气体 0 为目标气体，气体 i（$i=1\sim n-1$）为需要扣除的干扰气体，那么在波长 λ 处，气体混合物的总体光谱透过率可以表示为[1]：

$$T(\lambda) = \prod_{0}^{n-1} T_i(\lambda) \tag{9-18}$$

这里，根据朗伯-比尔定律得：

$$T_i(\lambda) = \exp[-\alpha_i(\lambda)C_i L] \tag{9-19}$$

式中，L 为气体吸收光程；C_i 为第 i 种气体的浓度；$\alpha_i(\lambda)$ 为第 i 种气体的单位浓度光谱吸收系数，单位为 cm^2/分子数。其中 L 与 $\alpha_i(\lambda)$ 为已知量，如果 $I_0(\lambda)$ 表示光源在波长 λ 处的信号强度，则经混合气体吸收后，到达探测器的信号强度 $I(\lambda)$ 可以表示为：

$$I(\lambda) = I_0(\lambda)T(\lambda)T'(\lambda) = I_0(\lambda)T_0(\lambda)\prod_{i=1}^{n-1} T_i(\lambda)T'(\lambda) \tag{9-20}$$

在式（9-20）中，函数 $T'(\lambda)$ 包括任何其他原因造成的光强缩减：粒子的散射、仪器窗片上沉积物的消光效应、老化或电压波动导致的光源信号强度变化等，都可以纳入 $T'(\lambda)$ 中。因此，$I_0(\lambda)$ 表示理想的光源信号强度，而并非实际测量时的瞬时信号强度，即 $T_0(\lambda)$ 可以通过普朗克黑体辐射公式精确地得到。

式（9-20）中，$I_0(\lambda)$ 为已知量，$T_0(\lambda)$ 为目标气体的纯透过率，$\prod_{i=1}^{n-1} T_i(\lambda)$ 和 $T'(\lambda)$ 从广义上来讲都称之为干扰：

① 第 I 类干扰为来自其他气体的干扰 $\prod_{i=1}^{n-1} T_i(\lambda)$，它随波长 λ 而变化，成线状或带状分布；

② 第 II 类干扰归总于 $T'(\lambda)$，它与第 I 类干扰有很大不同，因为它不随波长 λ 发生明显变化，不成线状或带状分布。

干扰修正的目标是尽量扣除这两类干扰并对目标气体 0 保持良好的灵敏度。为此，需要精心选择目标气体的光谱吸收带，以尽量减少与干扰气体间的交叉重叠吸收，并通过窄带滤光片滤除其他光信号。如果 $F(\lambda)$ 表示滤光片的光强透过率，那么经过滤光片后，式（9-20）可以修正为：

$$I(\lambda) = F(\lambda)I_0(\lambda)T(\lambda)T'(\lambda) = F(\lambda)I_0(\lambda)T_0(\lambda)\prod_{i=1}^{n-1} T_i(\lambda)T'(\lambda) \tag{9-21}$$

式中，理想光源强度 $I_0(\lambda)$ 用滤波后的理想光源强度 $F(\lambda)I_0(\lambda)$ 代替。如果滤光片的带宽为 $\Delta\lambda$，则式（9-21）转化为：

$$\frac{1}{\Delta\lambda}\int_{\Delta\lambda} I(\lambda)d(\lambda) = \frac{1}{\Delta\lambda}\int_{\Delta\lambda} \left[F(\lambda)I_0(\lambda)T(\lambda)T'(\lambda) \right] d\lambda$$

$$= \frac{1}{\Delta\lambda}\int_{\Delta\lambda} \left[F(\lambda)I_0(\lambda)T_0(\lambda)\prod_{i=1}^{n-1} T_i(\lambda)T'(\lambda) \right] d\lambda$$

$$\tag{9-22}$$

如果引入一个参考分析通道，该通道滤光片带宽内不存在任何气体吸收或吸收可以忽略，那么，任意时刻外界干扰造成的信号衰减（如光源老化、电压波动、尘埃散射等）幅度与目标气体分析通道相同，可以很好地消除第 Ⅱ 类干扰，则式（9-22）转化为：

$$I = I'_0 \frac{1}{\Delta\lambda}\int_{\Delta\lambda}\prod_{i=1}^{n-1}\exp(-\sum_{j=1}^{N_i}\alpha_j(\lambda)C_iL)\mathrm{d}\lambda \tag{9-23}$$

式中，I 为气体吸收后的信号强度；I'_0 为气体吸收前的信号强度，这里的 I'_0 包括非气体吸收造成的衰减。转化为吸光度后，下式成立：

$$A_{\text{total}} = \ln(\frac{I'_0 \cdot I'_{\text{ref}}}{I_0 \cdot I_{\text{ref}}}) = \sum_{i=0}^{n-1}A_i = \sum_{i=0}^{n-1}(\alpha_iC_iL) \tag{9-24}$$

式中，A_{total} 为总吸光度；I'_{ref} 与 I_{ref} 分别为气体吸收前后的参考信号强度；A_i 为第 i 种气体的吸光度；α_i 为用逐线积分气体吸收模型得到的第 i 种气体在带宽 $\Delta\lambda$ 内的吸收截面，为已知量。NDIR 进行多组分气体分析时，如果有 n 个滤光片分别用于测量 n 种目标气体，每一个分析通道内的总吸光度都是一系列吸光度的叠加，那么，n 个分析通道就会建立成 n 元线性回归方程组，即：

$$\begin{cases} A_{\text{total}}^0 = \sum_{i=0}^{n-1}A_i^0 = \sum_{i=0}^{n-1}(\alpha_i^0C_iL) & (1) \\ A_{\text{total}}^1 = \sum_{i=0}^{n-1}A_i^1 = \sum_{i=0}^{n-1}(\alpha_i^1C_iL) & (2) \\ \qquad\qquad\cdots\cdots \\ A_{\text{total}}^{n-1} = \sum_{i=0}^{n-1}A_i^{n-1} = \sum_{i=0}^{n-1}(\alpha_i^{n-1}C_iL) & (n) \end{cases} \tag{9-25}$$

一般而言，求解式（9-25）中包括 n 个未知量 C_i 的 n 个方程，就可以得到混合气体中每一种气体的浓度，然而，为了方便浓度反演、零校准和跨度校准，式（9-25）通常改写成以纯吸光度 A_i^{P} 为未知量的形式，即：

$$\begin{cases} A_{\text{total}}^0 = A_0^{\text{P}} + \frac{\alpha_1^0}{\alpha_1}A_1^{\text{P}} + \cdots + \frac{\alpha_{n-1}^0}{\alpha_{n-1}}A_{n-1}^{\text{P}} & (1) \\ A_{\text{total}}^1 = \frac{\alpha_0^1}{\alpha_0}A_0^{\text{P}} + A_1^{\text{P}} + \cdots + \frac{\alpha_{n-1}^1}{\alpha_{n-1}}A_{n-1}^{\text{P}} & (2) \\ \qquad\qquad\cdots\cdots \\ A_{\text{total}}^{n-1} = \frac{\alpha_0^{n-1}}{\alpha_0}A_0^{\text{P}} + \frac{\alpha_1^{n-1}}{\alpha_1}A_1^{\text{P}} + \cdots + A_{n-1}^{\text{P}} & (n) \end{cases} \tag{9-26}$$

这里，A_i^{P} 对应于式（9-25）中的 $\alpha_i^iC_iL$，$\frac{\alpha_i^j}{\alpha_i}$ 定义为第 i 种气体在 j 分析通道的响应系数，可以通过逐次积分得到，为已知量。解线性回归方程组（9-26）就可以得到混合气体中每一种气体 i 的纯吸光度，可以直接用于浓度反演。

至此，已成功修正了 NDIR 多组分分析的干扰：引入参考滤光片，将气体吸收转化为吸光度形式，可以有效地修正第 II 类干扰；引入 n 个滤光片用于分析 n 种气体，每一个分析通道的总吸光度是一系列气体吸光度的叠加，通过建立和求解 n 元线性回归方程组，可以得到每一种待测气体的纯吸光度，可以有效地修正第 I 类干扰。干扰修正后的吸光度可以直接用于气体浓度反演。

非分散型红外分析仪存在三种主要形式：整体吸收型、负滤波型以及正滤波型。整体吸收型光谱仪对任何气体都没有选择吸收性，其工作机理为红外辐射的整体吸光度。负滤波型分析仪通过滤光片或滤波池滤除特定波段的光波来达到选择吸收的目的。与之相反，正滤波分析仪通过引入包含目标红外吸收气体的探测器来达到选择吸收的目的。

（1）整体吸收型 如图 9-7 所示，整体吸收型分析仪一般包括两个红外光源，一个装有非吸收气体或惰性气体的参比池，一个装有待测样气的样品池，一个探测器（这里描述的只是基本结构，还有很多其他变体结构）。从每个光源发出的光信号穿过参比池和样品池后到达探测器，当样品池为真空或充满惰性气体时，到达探测器的样本光束强度与参比光束强度相等。然而，当样品池中装有样品气体时，由于样品气体对光强的吸收，通过样品池到达探测器的光强就会减弱。探测器探测到的两束光强的差值与样品池中目标气体的浓度有关，准确获取光强差值就可以准确反演样品池中目标气体的浓度。

图 9-7　整体吸收型非分散红外多组分分析系统

由于整体吸收没有波长选择性，整体吸收的应用仅仅局限于待测目标气体所选的 IR 而不受其他组分的影响。

（2）负滤波型 负滤波型非分散红外光谱仪如图 9-8 所示，它一般包括两个红外光源，一个样品池，一个感应池，一个补偿池，两个滤波池，两个探测器（这里描述的只是基本结构，还有很多其他变体结构）。样品气体连续通过样品池，从光源出发的两束光先穿过样品池，然后，一束光穿过装有非吸收气体或惰性气体的补偿池，而另一束光穿过装有目标气体的感应池，然后，两束光到达各自的探测器上，两个热辐射测量仪探测器通过惠斯通电桥连接起来。

当样品池为空时，由于感应池气体对光强的吸收，这样到达两个探测器的强度不相等。因此，必须减少从补偿池一侧透过的辐射强度，以使到达两个探测器的信号强度相等。当目标气体通过样品池时，由于样气的吸收，补偿池内的辐射强度会减弱。然而，由于感应池已经滤掉了目标气体特定波段的光信号，所以感应池内的信号强度不会减少。这样补偿池内的光强就会低于感应池内的光强，这种情况称为正感应。

如果一些气体的吸收光谱存在重叠，将会造成吸光干扰。例如，CO_2 和 H_2O 就存在吸收带重叠，如果想要测量样品池中 CO_2 的浓度，滤波池内的水汽能消除水汽干扰。样品池和参比池内都装有滤波池，这样两条光路上减弱的光强就会相等。当光信号通过滤波池时，H_2O 会吸收特定波段的所有辐射，这样两个探测器信号的差值就仅仅反映 CO_2 的吸收。

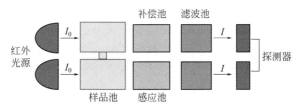

图 9-8　负滤波型非分散红外多组分分析系统

（**3**）**正滤波型**　图 9-9 为 NDIR 正滤波光谱仪。它由两个红外光源，一个装有非红外吸收气体或惰性气体的参比池，一个用于分析待测气体的样品池和一探测器组成（这里描述的只是基本结构，还有很多其他变体结构）。波段选择由探测器的选择吸收完成。拉夫特型探测器包括两个装有红外吸收气体的吸收池，它们被一个薄金属膜分开。探测器之所以能进行波长选择，是因为它仅对某些特定波段的气体吸收有响应。

光源辐射经过参比池和样品池后，照在探测器上。当样品池空时，两个探测器所接受到信号强度相同。而当样品池存在红外吸收气体时，与样品池对应的测量信号将会减弱，探测器两边就会存在压力差，引起两者之间的感应膜弯曲，进而导致感应膜和邻近静电极之间电容发生变化。该压力差和样品池中气体浓度有一定的对应关系，探测器将其转化为一定比例的电压输出。

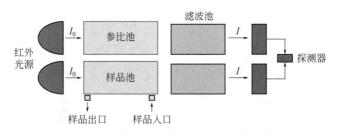

图 9-9　正滤波型非分散红外多组分分析系统

9.2.1.2　非分散红外光谱环境检测技术应用典例

NDIR 可用于测量气体 CO、CO_2、CH_4、NO_2、NO 以及总有机碳的测量，在环境监测方面有很广泛的用途，除此之外在测定淡水和咸水的油污染程度以及土壤分析方面也有一定的用途。下面主要介绍其在环境气体检测方面的应用。

（1）典例1　工业生产中的一些环节，如原料生产、加工过程、燃烧过程、加热和冷却过程、成品整理过程等使用的生产设备或生产场所都可能成为工业污染源。多数工业污染源属于点污染源。它不仅排放废气、废水、废渣和废热，污染大气、土壤和水体，还产生噪声、振动、核辐射，危害周围的环境。美国、欧洲、日本等制定了大量的监测技术标准，对各种工业污染源排放进行监测，监测的污染组分从过去的几种发展到包括 SO_2、NO_x、CO、CO_2、颗粒物、挥发性有机物、氟化物、硫化物、有害重金属等几十种组分。SO_2、NO_2、NO、CO 以及 CO_2 等作为烟气排放的重要组成部分，不仅会破坏大气环境、危害人类健康，也是城市雾霾的重要成因之一，降低了城市能见度，破坏了地球辐射平衡，影响全球气候。有效测量烟气的多种组分是控制污染源排放的重要手段，同时测量烟气中的多种组分成为烟气测量领域的重点研究方向。

针对国家节能减排的要求，需要对各类型工业污染源废气排放进行监测。而先进的烟气自动连续监测设备是准确、有效地监测工业源排放以及制定相应控制措施的重要手段。中国科学院安徽光学精密机械研究所研制的非分散红外多组分气体分析仪能够实现工业污染源废气中多种气体如 SO_2、NO_2、NO、CO 及 CO_2 的连续在线测量。并在安徽铜陵一家钢铁公司进行了现场运行示范，并与差分吸收光谱（DOAS）分析仪进行了对比。图 9-10 为现场实验时各系统的分布图，两台仪器并行安装在气体分析装置内，从烟囱采样的气体经预处理后，直接送入两台分析仪进行测量，仪器的测量值直接传输到地面的数据分析系统，当浓度异常时，将会发出报警。图 9-11 为两台仪器 NO 实测值的对比图，两台仪器反映的NO 浓度变化趋势一致。图 9-12 为两台仪器的测量相关度对照图，相关系数为 94.28％。

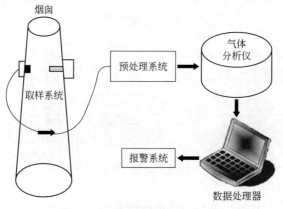

图 9-10　CEMS现场实验装置图

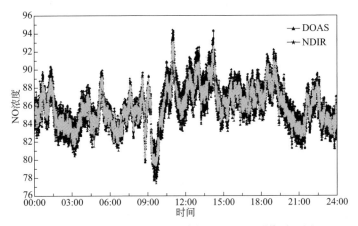

图 9-11 NDIR 分析仪监测值与 DOAS 监测值对比图

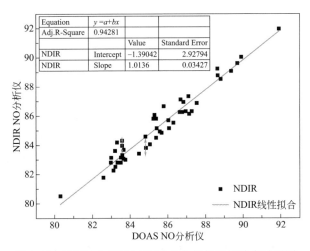

图 9-12 NDIR 分析仪与 DOAS 分析仪的相关度对照图

国外一些发达国家的非分散红外技术发展较早，技术相对成熟，主要集中在美国、德国、英国、日本、法国、加拿大等。国外几种常用烟气排放连续监测系统（CEMS）非分散红外多组分分析仪产品特点及比较如表 9-1 所示。

表 9-1 几种典型 CEMS 非分散红外多组分分析仪产品特点及比较

项目	美国 Thermo 公司 60i	法国 ESA 公司 MIR9000	英国 XENTRA 4900 型	日本 HORIBA 公司 ENDA-600	瑞典 ABB 公司 AO-2000 型	德国 smartGas R134A
测量组分	O_2, SO_2, CO_2, CO, NO_2, NO	HCl, SO_2, NO_x 等 10 种组分	O_2, SO_2, CO_2, CO, NO	O_2, SO_2, CO_2, CO, NO_x	N_2O, CH_4, NO, CO, CO_2, C_2H_2	NO, CH_4, SF_6 CO, CO_2, C_2H_2

续表

项目	美国 Thermo 公司 60i	法国 ESA 公司 MIR9000	英国 XENTRA 4900 型	日本 HORIBA 公司 ENDA-600	瑞典 ABB 公司 AO-2000 型	德国 smartGas R134A
检测范围 /10^{-6}	O_2:1%~25% SO_2:1~10000 CO_2:2%~25% CO:1~2500 NO_2:1~500 NO:1~2000	HCl:1%~25% SO_2:0~500mg/m³ CO_2:0~500mg/m³ CO: 0~60mg/m³ NO_x:0~500mg/m³ 等	O_2:0~25% SO_2:1~200 CO_2:0~25% CO:1~200 NO:1~200 量程可扩展	NO_x:10~5000 SO_2:50~5000 CO_2:5%~50% CO:50~5000 O_2:10%~25%	NO_x:0~1500 SO_2:0~500 CO_2:0~500 CO:0~1000 C_2H_2:0~300 CH_4:0~500	NO:0~2000 CH_4:0~2000 SF_6: 0~2000 CO: 0~2000 CO_2:0~2000 C_2H_2:0~2000
最低检测限	O_2: 0.01% SO_2: 1 CO_2:0.5% CO: 1 NO_2: 0.5 NO: 1	O_2:<0.05% SO_2:<5 CO_2:<2% CO:<2 NO:<2	O_2:<0.05% SO_2:<5 CO_2:<2% CO:<2 NO:<2	O_2:<5% SO_2:<50 CO_2:<5% CO:<50 NO_x:<10	NO_x:<20 SO_2:<25 CO_2:<5 CO:<10 C_2H_2:<5 CH_4:<10	NO:2 CH_4:2 SF_6:2 CO:2 CO_2:2 C_2H_2:2
其他特性	零漂: $1×10^{-6}$/天 线性度: 量程2%	精度: 量程2% 重复性: 读数0.5%	标漂:每周 SO_2:$10×10^{-6}$ NO:$1×10^{-6}$ CO:$4×10^{-6}$ CO_2:2%	零漂: ±1%FS/周 响应时间: SO_2:240s 其他:60~90s	零漂:$1×10^{-6}$/天 线性度:±2% FS	精度: 量程2% 重复性: 读数0.5%

　　中国的环保产业发展相对比较晚,早期的 CEMS 气体分析仪绝大多数依赖于进口,价格昂贵、技术被动。随着国家相关法规的完善和 CEMS 需求量的增加,国内一些科研院所和企业也开始研发自己的分析仪产品,NDIR 多组分分析仪也加入这一庞大的国产化进程中。国内几种常用 CEMS 非分散红外多组分分析仪产品特点及比较如表 9-2 所示。

表 9-2　国内几种典型 CEMS NDIR 多组分分析仪产品特点及比较

项目	中科院安徽光机所 NDIR-001	中国中兴 ZE-CEM2000F	重庆川仪科技 PA100-GXH	武汉四方科技 Gasboard-3800P	西安研鼎科技 DY-Q
测量组分	SO_2,CO_2, CO,NO_2,NO	SO_2,CO_2, CO,NO	CO_2,CO, CH_4 等	SO_2,CO_2, CO,NO	SO_2,CH_4, CO,CO_2,NH_3
检测范围 /$×10^{-6}$	SO_2:1~12500 CO_2:1%~25% CO:1~2500 NO_2:1~500 NO:1~2000 量程可扩展	SO_2:0~500mg/m³ CO_2:0~1000mg/m³ CO: 0~1000mg/m³ NO:0~500mg/m³ 量程可扩展	CO_2:0~100 CO:1~200 CH_4:1~200 量程可扩展	NO:0~5000 SO_2:0~5000 CO_2:0~25% CO:0~5000 量程可扩展	SO_2:0~1500 CO_2:0~2% CO:0~5000 NH_3:0~10% CH_4:0~99.99% 量程可扩展

续表

项目	中科院安徽光机所 NDIR-001	中国中兴 ZE-CEM2000F	重庆川仪科技 PA100-GXH	武汉四方科技 Gasboard-3800P	西安研鼎科技 DY-Q
最低检测限 $/\times 10^{-6}$	O_2：0.01% SO_2：1 CO_2：0.5% CO：3 NO_2：0.5 NO：1	SO_2：<5 mg/m³ CO_2：<2 mg/m³ CO：<2 mg/m³ NO：<2 mg/m³	CH_4：<5 CO_2：<5 CO：<5	O_2：<0.01% SO_2：<1 CO_2：<0.01% CO：<1 NO：<1	SO_2：<1 CO_2：<0.01% CO：<1 NH_3：<1 CH_4：<0.01%
其他特性	零漂：1×10^{-6}/天 线性度：2%FS 标漂：1%FS/周 响应时间：<60s	精度：1% FS 重复性：读数1% 零漂：1%FS/天 标漂：1%FS/天	标漂：2%FS/周 零漂：2%FS/周 线性度：±2%FS	零漂：±1%FS/周 响应时间：<10s 精度：<1% FS	零漂：1FS/月 标漂：±1% FS/月 响应时间：<15s

（2）**典例 2**　CO 在大气背景的光化学反应中起关键作用，CH_4 是重要的温室气体之一。了解它们在全球的分布以及对全球气候变化的影响至关重要。NDIR可以同时探测空气中 CO 和 CH_4 的浓度。气体的测量在怀特池中进行，红外光源选用能斯特灯。从光源发出的辐射光经过气体滤波调制后，就形成了一个测量信号和一个参比信号。两个信号先后进入怀特池，经过内部的反射镜反射，测量光程为 4m。参比信号在怀特池内是不会发生变化的，而测量信号经过充分吸收之后能量发生了变化，从怀特池出来之后，被探测器接收得到两个信号，然后利用相关检测技术，把包含 CO 和 CH_4 浓度信息的信号提取出来，进行处理，就可以得出相应的 CO 和 CH_4 浓度。探测器是 PbSe，响应波段是 $3\sim5\mu m$。气体滤波相关非分散红外 CO、CH_4 监测系统的最低检测限为 0.01×10^{-6}，线性误差不大于1%，测量精度达到 1%，重复性误差不大于 1%。

该系统在合肥市董铺水库区环境监测点与合肥市环境监测站的 CO 监测仪进行了日变化的试验对比。实验仪器是中科院合肥物质研究院自行研制的 CO 监测仪和美国 MONITOR 公司生产的 ML9830 型 CO 气体监测仪。图 9-13 是监测结果对比曲线图，相关性为 $R=0.917$。

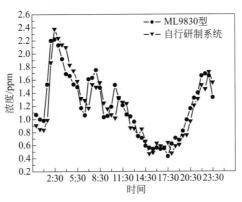

图 9-13　CO 日变化对比实验曲线图

9.2.2 傅里叶变换红外光谱技术原理与应用

FTIR 技术自 1980 年以来，已经基本替代传统光栅型光谱仪成为红外光谱分析的主要手段。作为环境气体光谱学监测技术中的一个重要分支，FTIR 技术提供了一种可对环境气体进行实时、在线、非接触测量的高效手段。使用 FTIR 进行 IR 分析具有很多的优点，如分辨率高、通量大、频带宽等。自美国国家环境保护局公布《洁净空气 1990 规范》以来，FTIR 环境气体监测技术得到了飞速的发展。

9.2.2.1 原理与方法

FTIR 技术基于对干涉后的红外光进行傅里叶变换，通过测量干涉图和对干涉图进行傅里叶积分变换获得光谱图，从而对各种形态的物质进行定性和定量分析的一种技术。由于其具有多通道、高光通量、高测量精度、测量波段宽等特点，被视为当前测量红外活性物质吸收和发射光谱的主要光谱仪器，也是整个环境光学监测技术体系中的重要组成部分。

图 9-14 给出了一台典型的主动式 FTIR 光谱仪基本结构示意图。当一束来自光源 S 的辐射经准直系统成为平行光进入干涉仪后，首先被分束器分成方向相互垂直的两束，向上反射的一束光在定镜 M1 上反射折回，再透过分束器并由透镜会聚于探测器；透过分束器的另一束光射向动镜 M2 且从 M2 返回并经分束器反射后会聚于探测器上。显然，在探测器上两个具有一定时间位移的光波将发生干涉，其总光强依赖于两束光的光程差。由于干涉效应，进入探测器的光强度是两束光的光程差的函数。干涉图 $I(x)$ 是光程差 x 的函数，光谱 $B(\nu)$ 是波数 ν 的函数，通过傅里叶变换可以实现干涉图 $I(x)$ 和相应光谱 $B(\nu)$ 的相互转换。

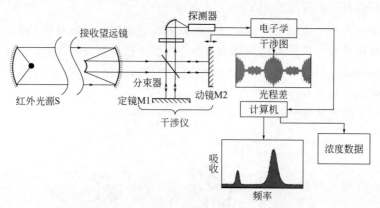

图 9-14　主动式 FTIR 光谱仪基本结构示意图

光在分束器上经过相干调制产生干涉条纹，从干涉仪中射出后被探测器接收，得到干涉图。先假定入射光波 E 是波数为 ν 的单色辐射，那么当动镜移动到距零光程差位置 $x/2$ 的位移处时，其干涉光强可表示为：

$$I = 2I_0 \left[1 + e^{-i2\pi\nu x}\right] \tag{9-27}$$

然而在实际应用中，真正的单色辐射是不存在的，这里考虑更实际的复色光情况，可将入射光理解为一组频率连续、覆盖一定波段的谐波的叠加。可以设想式（9-27）为具有无限窄线宽 $d\nu$ 的一个小谱元的干涉光强，则有：

$$dI = 2I_0 \left[1 + e^{-i2\pi\nu x}\right] d\nu \tag{9-28}$$

对上式按波数沿着整个波段积分，可得：

$$I(x) = 2\int_0^\infty I_0 \left[1 + e^{-i2\pi\nu x}\right] d\nu = 2I_0 + 2I_0 \int_0^\infty e^{-i2\pi\nu x} d\nu \tag{9-29}$$

可见，上式由直流和交流两部分组成，恒定的直流部分等于 $2I_0$，相干调制过的交流成分为 $2I_0 \int_0^\infty e^{-i2\pi\nu x} d\nu$。对光谱测量来说，只有相干调制的交流成分是重要的，通常定义这部分交流信号为干涉图。只考虑交流成分，根据式（9-29），得到：

$$I(x) = \int_0^\infty B(\nu) e^{i2\pi\nu x} d\nu \tag{9-30}$$

这样就建立了光谱分布 $B(\nu)$ 与干涉图 $I(x)$ 之间的对应关系。FTIR 光谱仪将包含有吸收物质光谱特征的入射光调制成干涉图并探测，根据式（9-30），干涉图又可以通过下式还原为光谱 $B(\nu)$，即：

$$B(\nu) = \int_0^\infty I(x) e^{-i2\pi\nu x} dx \tag{9-31}$$

式（9-29）和式（9-31）是 FTIR 的基本方程。即：干涉图 $I(x)$ 是光程差 x 的函数，光谱 $B(\nu)$ 是波数 ν 的函数，通过傅里叶变换可以实现干涉图 $I(x)$ 和相应光谱 $B(\nu)$ 的相互转换。在 FTIR 中，通常由测量得到的时域输出信号获得光谱信息，然后对含有待测物质信息的光谱进行相关分析。

实际上，式（9-29）和式（9-31）两式的无穷积分要求干涉仪动镜移动到无穷远处，而且需要对干涉图进行无穷密的采样，显然这是无法实现的，动镜的移动距离受到仪器装置的限制，同时采样间隔也受到系统采集性能和内存大小的制约。这种采样间隔和采样长度的限制将影响仪器的分辨率和谱线的表观线型。

而 FTIR 的定量分析的依据主要遵循朗伯-比尔定律。

$$A = -\ln\left(\frac{I}{I_0}\right) = -\ln(T) = acL \tag{9-32}$$

式中，A 吸光度；$T = \dfrac{I}{I_0}$，T 为透过率，小于 1；c 为气体浓度；a 为吸收系数；L 为光程长度。再根据仪器线型对光谱数据的影响，结合 HITRAN 光谱参数数据库，根据非线性最小二乘分析方法对测量光谱进行定量分析。对于测量光谱 I_m，假定它不仅非线性地依赖于各吸收组分的浓度 $\{c\}$，同时还非线性地依赖于温度、压力等环境变量和分辨率 R、切趾函数 δ 以及光源入射角 θ 等仪器参数，即：

$$I_m(\nu: R, \delta, \theta, \{c\}, \{k\}) = I_0(\nu, k) \int_{-\infty}^{+\infty} \tau(\nu - x: \{c\}) f(x: R, \delta, \theta) \mathrm{d}x$$

$$(9\text{-}33)$$

其中 I_m 是已消除参考光谱影响的光谱；I_0 是源光谱；τ 是高分辨率透过率谱，它是未经仪器线型函数卷积的标准谱；f 是归一化的仪器线型函数，它和实际使用的仪器的光谱分辨率 R 和光谱漂移 δ 有关；$\{c\}$ 为气体浓度向量；$\{k\}$ 为光谱的多项式系数向量。

通过求优值函数 χ^2 的最小值来确定最佳拟合参数。χ^2 的形式为：

$$\chi^2(R, \delta, \{c\}, \{a\}) = \sum_{i=1}^{n} [I_d(\nu_n) - I_m(\nu: R, \delta, \{c\}, \{a\})]^2 \quad (9\text{-}34)$$

为简便起见，令 $\overset{\text{r}}{a}$ 为待定系数矢量，它包括浓度、环境参数和仪器参数的估算值，则式 (9-34) 可重写成：

$$\chi^2(\overset{\text{r}}{a}) = \sum_{i=1}^{n} [I_i - I(\nu_i; \overset{\text{r}}{a})]^2 \quad (9\text{-}35)$$

其中 I_i 为每一个对应频率上的值。前文已经强调，这里的待定参数矢量依赖于非线性模型，因此必须通过迭代的方法求解 χ^2 的最小值。即对待定参数矢量先定义一个实验值，然后设计一个改善这个初始实验解的计算过程，这个过程不断重复，直到 χ^2 不再增长或明显增长为止。计算的具体过程如下：

假设当 χ^2 非常接近最小值时，χ^2 函数可以近似为一个趋近于二次型的函数，则可以将它写成如下形式：

$$\chi^2(\overset{\text{r}}{a}) \approx \gamma - d \cdot \overset{\text{r}}{a} + \frac{1}{2} \overset{\text{r}}{a} \cdot D \cdot \overset{\text{r}}{a} \quad (9\text{-}36)$$

式中，d 是长度为 M 的向量；D 是 $M \times M$ 阶矩阵（海森矩阵），为 χ^2 的二阶导数矩阵。如果这种近似是一个很好的近似，则可以使 $\overset{\text{r}}{a}$ 从当前的实验参数值直接跳到极小值：

$$\overset{\text{r}}{a}_{\min} = \overset{\text{r}}{a}_{\text{cur}} + D^{-1} \cdot [-\nabla \chi^2(\overset{\text{r}}{a}_{\text{cur}})] \quad (9\text{-}37)$$

如果采用式 (9-36) 对 $\overset{\text{r}}{a}_{\text{cur}}$ 处进行极小化的方案并不够精确，则可以沿负梯度的方向继续一次迭代，即：

$$\overset{\text{r}}{a}_{\text{next}} = \overset{\text{r}}{a}_{\text{cur}} - cons \times \nabla \chi^2(\overset{\text{r}}{a}_{\text{cur}}) \quad (9\text{-}38)$$

而常量 $cons$ 的选择需要确保搜索结果不偏离下降方向。

当 $\overset{\text{r}}{a}$ 取极小值时，χ^2 对参数 $\overset{\text{r}}{a}$ 的梯度为 0，此时其分量为：

$$\frac{\partial \chi^2}{\partial a_k} = -2 \sum_{i=1}^{n} [I_i - I(\nu_i; \overset{\text{r}}{a})] \frac{\partial I(\nu_i; \overset{\text{r}}{a})}{\partial a_k} \quad k = 1, 2, \cdots, M \quad (9\text{-}39)$$

对式 (9-39) 再求一次偏导，便可得 χ^2 的二阶偏导：

$$\frac{\partial^2 \chi^2}{\partial a_k \partial a_l} = -2 \sum_{i=1}^{n} \left\{ \frac{\partial I(\nu_i; \overset{\text{r}}{a})}{\partial a_k} \frac{\partial I(\nu_i; \overset{\text{r}}{a})}{\partial a_l} - [I_i - I(\nu_i; \overset{\text{r}}{a})] \frac{\partial^2 I(\nu_i; \overset{\text{r}}{a})}{\partial a_k \partial a_l} \right\}$$

$$(9\text{-}40)$$

这里定义变量：

$$\beta_k = \frac{1}{2}\frac{\partial \chi^2}{\partial a_k}, \quad a_{kl} = \frac{1}{2}\frac{\partial^2 \chi^2}{\partial a_k \partial a_l} \tag{9-41}$$

因此，式（9-36）可改写成线性方程组形式：

$$\sum_{l=1}^{n} a_{kl} \delta a_l = \beta_k \tag{9-42}$$

从而解出增量 δa_l，而 δa_l 由式（9-38）可表达为：

$$\delta a_l = cons \times \beta_l \tag{9-43}$$

该增量对于非线性最小二乘的实现至关重要。这里使用 Marquardt 提出的算法定义一个因子 λ，将其除以某个常数，并尽可能让 $\lambda \gg 1$ 以减少步长。由式（9-43）可得：

$$\delta a_l = \frac{1}{\lambda a_{ll}}\beta_l \tag{9-44}$$

同时根据 Marquardt 算法，此处定义一个新的矩阵 a'，该矩阵满足条件：

$$a'_{jj} = a_{jj}(1+\lambda) \tag{9-45}$$

$$a'_{jk} = a_{jk}(j \neq k) \tag{9-46}$$

于是，联合式（9-44）和式（9-42），得到统一的表达式：

$$\sum_{i=1}^{M} a'_{kl} \delta a_l = \beta_k \tag{9-47}$$

于是，当 λ 较大时，a' 强制成对角占优，此时式（9-47）和式（9-44）等价；而当 λ 趋近于零时，式（9-47）便等同于式（9-44）了。

对于一组给定初始值的拟合参数 $\vec{a}$，Marquardt 步骤如图 9-15 所示，直到 χ^2 小于预设的收敛值 χ^2_{con} 为止。

可见，基于数字合成校准的非线性最小二乘方法完全不依赖于低分辨率下吸光度和浓度内在的线性关系。在该方法中，首先输入未知光谱的相关参数，即组分的浓度、仪器线型参数等信息。对初始参数进行一次计算，然后将其与实测透过率光谱进行比较，不断重复这一过程直到得到令人满意的拟合残差为止。

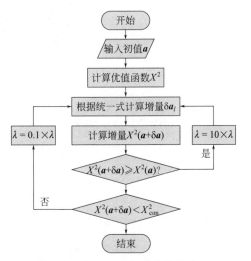

图 9-15　Marquardt 非线性最小二乘算法的流程图

9.2.2.2 傅里叶变换红外光谱环境监测应用典例

工业生产过程中多点源、面源和无组织源排放的挥发性有机化合物（VOC）及其他有毒有害气体是大气污染物的重要来源，监测各个排放源的通量信息是掌握多组分大气污染成分时空分布及扩散模型的关键环节，也是对各个排放源进行监测、评估以及污染识别的重要手段。为了进一步验证太阳掩星法傅里叶变换红外光谱（SOF-FTIR）能够更好、更精确地非接触式遥测大气中污染气体的含量，对其进行了外场高架点源的失踪气体释放实验。

（1）典例1　在高架点附近，将 SF_6 气体释放装置放置在高度为20m的桅杆平台上，SOF-FTIR 在距离该释放源100m之外的距离进行远距离遥测，实时跟踪测量该点源扩散的 SF_6 通量分布情况，该实验结果可以进一步验证高架点源气体的扩散模型。从释放气体到测量结束耗时不到15min，反应非接触式遥测系统的快速高效性。整个 SOF-FTIR 外场气体验证实验结果如图 9-16 所示。从结果表格中可以看出 SOF-FTIR 能够快速准确地测量出气体的排放通量。

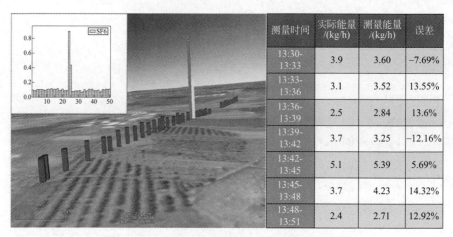

测量时间	实际能量/(kg/h)	测量能量/(kg/h)	误差
13:30-13:33	3.9	3.60	−7.69%
13:33-13:36	3.1	3.52	13.55%
13:36-13:39	2.5	2.84	13.6%
13:39-13:42	3.7	3.25	−12.16%
13:42-13:45	5.1	5.39	5.69%
13:45-13:48	3.7	4.23	14.32%
13:48-13:51	2.4	2.71	12.92%

图 9-16　SOF-FTIR 外场示踪气体释放实验结果

为了验证 SOF-FTIR 的在实际现场中的应用性能，对某工业园区的有毒有害气体排放情况进行了遥测。该工业园区主要的排放气体有：乙烯，丙烯，甲烷，还有少量的丁二烯、丁烯、乙炔、二氧化硫等。此次试验主要是对该工业园区生产时的污染气体排放通量的测量和园区停止生产后的污染气体排放通量的测量对比。

以监测乙烯气体的排放通量为例，选择厂区西南方的上风向一条测量谱为背景参考谱，见图 9-17。图 9-18 为一条含有乙烯吸收的测量谱。

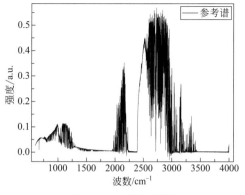

图 9-17　背景参考谱

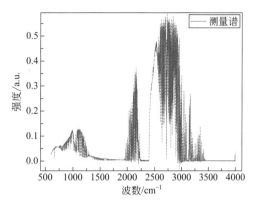

图 9-18　含有乙烯吸收的测量谱

将测量谱和背景参考光谱做归一化处理，使光谱中没有气体吸收的位置完全重合，见图 9-19。通过对比归一化后的背景参考谱和测量谱，可以比较容易地看出污染气体的吸收峰。图 9-20 为从 HITRAN 数据库中提取的 $1cm^{-1}$ 下乙烯的标准吸收截面谱，可以看出图 9-19 中，$949cm^{-1}$ 位置为乙烯吸收峰。

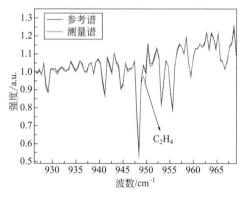

图 9-19　归一化后的背景参考谱和测量谱

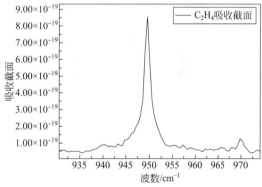

图 9-20　C_2H_4 的标准吸收截面谱

图 9-18 中测量的乙烯吸收谱除以背景参考谱可以获得乙烯透过率谱，见图 9-21，左边为两次测量水汽的变化引起的吸收峰，右边为乙烯吸收峰，通过非线性最小二乘拟合算法计算出乙烯柱浓度。图 9-22 是测量的透过率谱与非线性最小二乘计算后拟合谱的比较，可以看出测量的透过率谱与拟合的透过率谱吻合较好。

图 9-23（a）和（b）分别是该园区放空前后测量计算得到的乙烯柱浓度分布图，可以看出：该工业园区乙烯整体排放通量较高（135kg/h），最大乙烯柱浓度为 20.67ppm·m。由于西南风的影响，西南部浓度很低，几乎为大气本底，大多测量点浓度低于仪器检测限。与西南部相比东北部的乙烯浓度较高，且呈现出扩散分布趋势。而工业区放空后的通量测量结果说明 SOF-FTIR 通量测量完全符合

实际的应用场景情况，整体的排放通量为 16kg/h，最大的乙烯柱浓度为 5.154ppm·m。按照放空前—关停—放空时—放空后的时序，乙烯气体通量及最大柱浓度的随时序的变化情况如图 9-23（c）和（d）所示。测量得到乙烯通量和浓度随时序的变化情况完全符合现场放空前后实际的气体通量排放情况，说明 SOF-FTIR 可以很好地实时监测工业园区环境大气的通量排放，为工业污染控制提供了准确有效的监测手段。

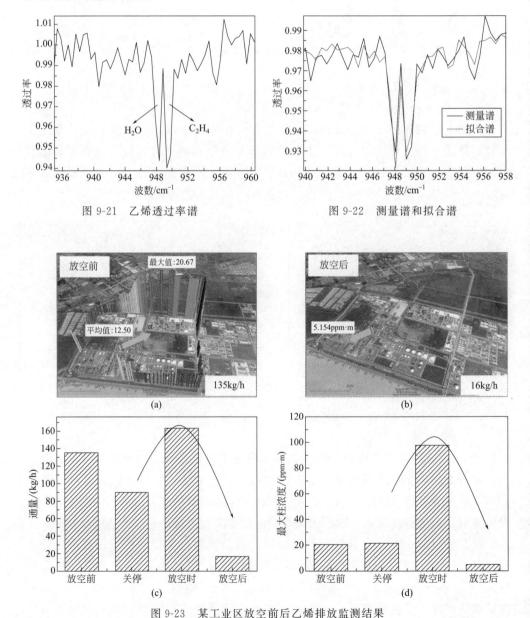

图 9-21　乙烯透过率谱　　　　　　　图 9-22　测量谱和拟合谱

图 9-23　某工业区放空前后乙烯排放监测结果

（2）**典例 2**　开放式 FTIR 具体场地布置情况见图 9-24（a）。该地区位于北京市的西南面，一般认为这里是北京工业区的下风口，同时附近的西四环高速公路交通繁忙，此处的污染气体信息具有非常典型的代表性。进行了从 2005 年 8 月 18 日到 2005 年 9 月 10 日的夏季观测，以及从 2006 年 2 月 16 日到 2005 年 2 月 28 日的冬季观测。图 9-24（b）为开放光程 FTIR 系统实测光谱，在这条光谱中主要关心分析 CO_2、CO、CH_4、N_2O 的两个波段：$2920 \sim 3140 cm^{-1}$ 和 $2140 \sim 2220 cm^{-1}$。

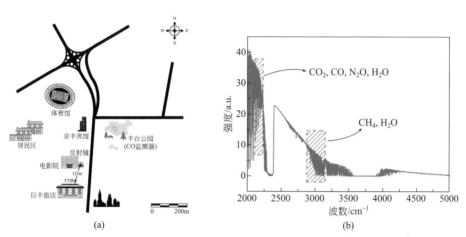

图 9-24　开放式 FTIR 具体场地布置情况示意图（a）和开放光程 FTIR 系统实测光谱（b）

图 9-25 给出了 CO_2 的测量结果。其中，图 9-25（a）给出了 2005 年 9 月 4 日到 10 日共七天的观测数据，图 9-25（b）显示的是 2006 年 2 月 17 日到 25 日共九天的观测数据。对应的 CO 的浓度观测结果如图 9-26。

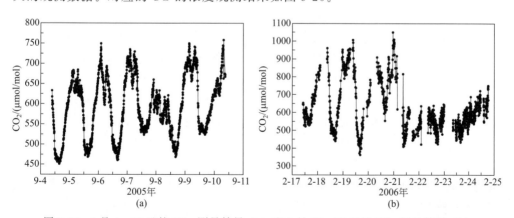

图 9-25　9 月 4—10 日的 CO_2 测量结果（a）和 2 月 17—25 日的 CO_2 测量结果（b）

由测量结果可见，不论季节如何，CO_2 和 CO 的浓度均维持在一个较高的水平，这主要是由观测的地理位置决定的，实验场地位于工业排放区的下风口，西

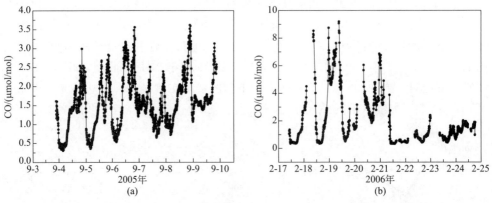

图 9-26　9 月 4—10 日的 CO 测量结果（a）和 2 月 17—25 日的 CO 测量结果（b）

四环高速公路旁边，CO 和 CO_2 浓度受机动车尾气和工业排放的影响较大。而且 CO 的日平均浓度分别为 $1.52\mu mol/mol$ 和 $2.64\mu mol/mol$，CO_2 的日平均浓度分别为 $592.67\mu mol/mol$ 和 $646.79\mu mol/mol$，可见冬季的 CO 和 CO_2 浓度明显高于夏季浓度。而 CO_2 和 CO 浓度的日变化趋势均表现为白天低，晚上高。冬季白天 CO_2 浓度在 $410\mu mol/mol$ 左右，而夜里 CO_2 浓度上升到 $610\mu mol/mol$ 左右，CO 的浓度变化也是从白天的 $1\sim2\mu mol/mol$ 上升至夜间的 $6\sim9\mu mol/mol$。气体浓度晚上增高，可能是由于在夜间，边界层大气的对流输送降低，导致工业生产、机动车尾气排放在近地层大气中逐渐积累造成的，而且直到日出左右出现峰值。而在白天，由于对流输送，浓度逐步降低。

　　从图中还可以看到，不论在夏季观测数据和冬季观测数据，这两种气体均有几天的浓度变化规律不同以往，这是由于在这几天里，伴随降雨和大风，空气中的污染气体得到迅速扩散造成的。

　　从总体上看，CO 和 CO_2 的变化趋势的表现较为类似，对其作相关性分析。图 9-27 给出了两种气体的相关性分析结果。冬夏两季的 CO 和 CO_2 均具有较好的相关性，相关系数 R 分别为 0.896 和 0.856。其中冬季的相关性方程为：$Y_{[CO_2]} = 446.06+96.30 \cdot X_{[CO]}$。夏季的相关性方程为：$Y_{[CO_2]} = 456.14+69.17 \cdot X_{[CO]}$。这种相关性提示，该地区这两种气体的排放源具有某种程度的一致性，初步估计机动车尾气排放和化石燃料燃烧为这一地区的 CO 和 CO_2 主要来源。

　　图 9-28 给出了相对应时间上的 CH_4 浓度的观测结果。从图中可以看出，该地区的 CH_4 浓度的变化趋势明显。在夏季，除突发的高浓度值外，平时该地区 CH_4 浓度基本维持在 $2\sim4\mu mol/mol$ 之间。在每日的午后 $13：00\sim14：30$，CH_4 浓度出现最低值，稳定在 $2.0\sim2.3\mu mol/mol$ 之间。而在冬季，其变化的趋势与夏季相同，浓度变化基本维持在 $1.7\sim3.5\mu mol/mol$ 之间，而且同样表现为夜间高、白天低的特征。

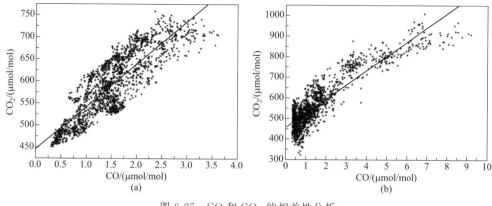

图 9-27　CO 和 CO$_2$ 的相关性分析

（a）为 2005 年夏季数据；（b）为 2006 年冬季数据

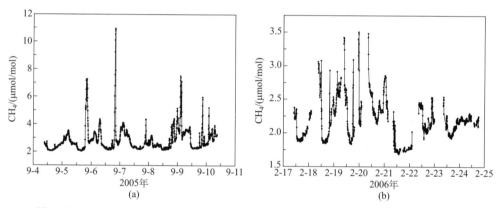

图 9-28　9 月 4—10 日的 CH$_4$ 测量结果（a）和 2 月 17—25 日的 CH$_4$ 测量结果（b）

　　和 CO 与 CO$_2$ 的浓度变化原因相类似，由于午后阳光较强烈，该地区的空气对流输送增强，因此 CH$_4$ 浓度下降，而夜间由于逆温效应，对流减弱，导致 CH$_4$ 浓度在日出前累积到最高。据估计，此处 CH$_4$ 的主要源自机动车尾气的排放以及油箱、化油器的蒸发。值得注意的是，从夏季观测结果图 9-28（a）中可以看到，几乎在每天 20 点以后，都会出现一个短暂的 CH$_4$ 浓度高峰，这可能是由于该处存在某个 CH$_4$ 排放源造成的。

　　由于光化学作用，CO 浓度的上升将导致 CH$_4$ 的浓度上升，这是由于 CO 的上升，导致了 OH 自由基浓度的降低，从而使 CH$_4$ 浓度的升高。

$$CO + OH \longrightarrow CO_2 + H$$

　　图 9-29 给出了 CH$_4$ 和 CO 浓度的相关性分析结果。夏季和冬季的相关系数 R 分别为 0.7048 和 0.7275。其中夏季相关性方程为 $Y_{[CH_4]} = 1.94 + 0.46 \cdot X_{[CO]}$，冬季相关性方程为 $Y_{[CH_4]} = 1.97 + 0.12 \cdot X_{[CO]}$。浓度最低时，相关性较高，而在浓度高时，点比较离散，相关性相对较低。

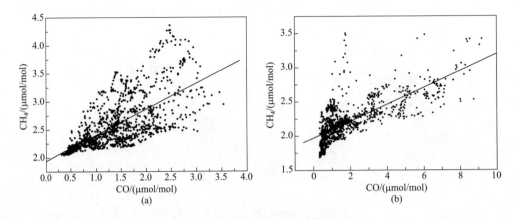

图 9-29　CO 和 CH₄ 的相关性分析

（a）为 2005 年夏季数据；（b）为 2006 年冬季数据

9.3　发展趋势

随着光学、电子、信息、生物等相关领域的技术进步，环境监测技术正向灵敏度高、选择性强的光学/光谱学分析、质谱/色谱分析方向发展；向多监测参数实时、在线、自动化监测，以及区域动态遥测方向发展；向环境多要素、大数据综合信息评价技术方向发展[4-5]。

（1）**更高精度**　国内外已经形成了较为完善的环境标准、监测技术与方法体系，但在大气复合污染形成过程监测中的大气氧化性现场监测、纳米级颗粒物在线测量、超低排放污染源监测，以及水土重金属在线监测等方面还存在检测限低、时间分辨率不高等问题。需进一步提高检测精度，使光学监测技术应用于光化学反应机理研究、工业过程控制、生产安全监控。

（2）**更多成分**　随着工业迅速发展，需要监测的污染物种类快速增加、组分更加复杂，常规分析法分析空气中 $PM_{2.5}$、PM_{10}、总悬浮颗粒物（TSP），以及水中总磷、总氮、化学需氧量（COD）、生物需氧量（BOD）已经不能满足日益增加的检测项目需求，亟须发展大气自由基、全组分有机物、重金属、生物气溶胶、二次有机气溶胶示踪物，水体细菌、浮游植物、有机物、重金属，以及土壤中残留农药和其他有机污染物的检测等。

（3）**更大范围**　区域立体遥测技术和卫星遥感技术能够快速准确得到一个区域的污染状况。发展基于区域立体遥测技术的区域排放、输送总量、排放源清单、污染物成像探测技术，可为污染源的实时监测和治理提供技术支撑。污染源监测是环境监测的重要内容，通过卫星遥感技术，可对污染源进行快速定位与评估，可对环境污染事故进行跟踪调查，预报事故发生点、污染面积与扩散速度及方向，也能够得到痕量气体、藻类等监测对象的全球分布与变迁，探究污染对气候的影响规律，并为污染物排放控制提供数据支持。

（4）**更加智慧**　　未来生态环境污染防治工作手段将会更加科学智能。发展多平台、智能化、网络化，且具有特异选择性的环境监测仪器，实时获取环境多要素监测数据，通过对海量、分散变化数据的深度挖掘和模型分析，利用大数据分析区域、流域污染源与环境质量的相应关系，构建智能管理决策平台，使环境管理向精细化、精准化转变，实现主动预见、大数据科学决策，形成生态环境综合决策科学化、监管精准化和公共服务便民化的智慧环保。

从环境监测技术的发展趋势看，高灵敏环境监测技术是今后 10～20 年的主流技术和替代技术。环境光学技术不仅表现出宏观大尺度监测的优越性，而且光学技术与化学分析的结合大大提高了探测灵敏度和痕量气体的探测种类，可以以更高的灵敏度探测环境中低剂量和难以检测的污染物种类。光学方法的应用使传统方法无法监测的大气中瞬变物种的监测成为可能。因此，针对我国环境监测能力建设中所面临的核心技术问题，通过组织重大关键技术自主创新和联合攻关，对单项技术进行集成创新，开发适宜于地基、车载、船载、无人机、气球等多种测量平台的连续、在线、小型化仪器，必将极大地提高对环境信息采样的效果，为环境管理服务，为国家的环保决策、环境安全、"环境"外交以及实现经济社会可持续发展提供科学决策依据。

参 考 文 献

[1] 王之江,顾培森,等.现代光学应用技术手册.北京:机械工业出版社,2009.

[2] 刘文清,陈臻懿,刘建国,等.环境污染与环境安全在线监测技术进展.大气与环境光学学报,2015,10(2):82-92.

[3] 刘文清,崔志成,董凤忠.环境污染监测的光学和光谱学技术.光电子技术与信息,2002,15(5):1-12.

[4] 刘建国,桂华侨,谢品华,等.大气灰霾监测技术研究进展.大气与环境光学学报,2015,10(2):93-101.

[5] 赵南京,谷艳红,孟德硕,等.激光诱导击穿光谱技术研究进展.大气与环境光学学报,2016,11(5),367-382.

第 10 章 拉曼光谱技术在气体多组分检测中的应用进展

10.1 引言

气体多组分检测是工业在线监测和过程控制的重要问题，为工业信息化提供了重要信息支撑。常用的气体多组分检测方法主要包括气相色谱法、色谱-质谱联用法、红外光谱法等，每种分析方法均有一定的应用范围和优缺点。其中，气相色谱法精度较高，可同时检测多种气体，但由于其检测周期长，影响了工业在线分析的时效性。色谱-质谱联用法精度高、速度快、时效性强，但仪器设备投入高、在线分析难度高，且需要专业操作人员。红外光谱法分析速度快，但抗水干扰性差且不耐高温，也无法检测 N_2、H_2、O_2、Cl_2 等非极性双原子分子气体。近年来，工业信息化的快速发展对于复杂气体体系的检测技术提出了很高的要求，既要求检测方法的高通量和高实时性，还需要检测过程的抗干扰性和非接触性。因此，发展新型高效的气体多组分检测技术迫在眉睫。

在各类检测技术中，拉曼光谱技术以其快速、无损、高通量等优点，逐步成为复杂气体多组分在线检测的最优技术之一。相对于传统气体多组分检测方法，拉曼光谱技术能有效克服水蒸气干扰，采样过程简单，无需对被测样品进行预处理即可完成检测，且分析过程不会破坏或污染样品，可实现常规乃至高温高压气体样品的原位实时测量。此外，拉曼光谱技术还能直接对双原子气体，如 O_2、H_2、N_2、Cl_2 等，进行定性定量分析。因此，拉曼光谱技术作为一种新型气体分析技术，开始应用于能源化工、生物医疗、环境保护等领域，逐步引起人们的广泛关注。

近年来，随着分析技术的不断发展，人们对复杂气体体系的在线分析需求不断提高。由于复杂气体的光谱信号重叠严重且谱带复杂，往往依赖化学计量学手段才能准确提取待测组分的光谱信息，因此，发展新型解析方法往往成为气体拉曼光谱分析的重要研究内容。

本章内容重点评述近年来气体拉曼光谱的新型解析算法进展，以及相关技术在能源、生物医疗、农业等领域的应用进展。

10.2　气体拉曼光谱解析方法进展

10.2.1　拉曼光谱预处理方法

在气体拉曼光谱信号中，不仅包含待测气体组分的本征信息，还包含了许多无用信息，如环境背景、检测器的热噪声、激光功率的抖动以及随机的宇宙射线对检测器的干扰等。这些干扰一般难以通过硬件手段消除，且会对光谱信号的质量造成严重影响，甚至导致建模的失败，严重阻碍光谱技术在实际应用中的发展。因此，合理的光谱数据处理和特征提取方式一直是光谱信号处理过程中必不可少的环节。如何在复杂、变动的光谱信号中准确提取微弱的本征信号，一直是光谱信号分析与处理研究中的难点，其处理结果的好坏往往将直接影响后续建模的效果，是气体拉曼光谱分析中不可或缺的一环。常见的光谱预处理方法主要包括平滑去噪、导数技术、多元散射校正、背景校正、小波变换等方法，其中，小波变换作为一种近年出现的光谱预处理新方法，以其良好的普适性而受到广泛的关注。本章重点介绍第二代小波变换在气体拉曼光谱解析中的应用。

小波变换通常可分为连续小波变换（Continuous Wavelet Transform，CWT）和离散小波变换（Discrete Wavelet Transform，DWT）。其中，CWT 的基本思想是将待处理信号与所选择的小波函数进行卷积运算，通过调整小波函数的尺度来调节滤波器的带通范围，使信号中对应于相应通带的信息能够被反映出来[1]。然而，由于该方法需要处理的数据量庞大，很难通过数据压缩的方式减少总的计算量，因此难以满足实际应用需求。随着小波变换在工程领域的发展，DWT 方法应运而生，该方法通过对 CWT 方法中小波函数和尺度函数进行不同条件的离散，生成离散小波函数及相应的 DWT 方法。该方法能够在降低 CWT 方法中变换系数的冗余度的同时，充分保持了 CWT 的紧支撑性和对称性。在拉曼光谱检测中，光谱仪器的检测方式常采用由像素点组成的点阵、面阵探测器或是通过单一检测器按一定时间间隔进行采样，其输出的光谱多为离散数据。因此在化学计量学中，DWT 是较为常用的处理光谱数据的方法。

使用 DWT 方法对光谱数据进行分解，能够实现对光谱数据信息的多分辨率（多尺度）特性分析。借助 1989 年由 S. Mallet 提出的信号塔式多分辨率分析与重构的快速算法（Mallat 算法），小波变换与多尺度分析被紧密联系起来。具体分解过程如图 10-1 所示，其中，$H_0(z)$ 和 $H_1(z)$ 为低通和高通滤波器。在每一层分解过程中，首先通过间隔采样将数据分成长度为上级数据一半的两个序列，分别采用低通和高通滤波器对两个序列进行分解，得到相应的低频信号和高频信号。之后保留高频信号，并继续对低频信号进行采样和高低频分解，最终获得一个逼近原始信号大尺度变化趋势的低频信号，和多个含有信号不同频率信息的高频信号。

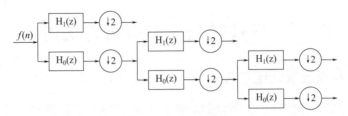

图 10-1　采用 Mallat 算法的光谱信号频率空间分解过程

　　尽管 DWT 具备良好的时/频多尺度特性，然而由于 DWT 采用下采样的方式对信号进行分解，将快速丧失时域（即光谱波长）信息，进而导致光谱解析分辨率下降。特别是对复杂体系而言，其光谱数据结构通常较为复杂，常会出现多种物质的光谱信号重叠，以及体系背景对微小信号待测物质的干扰等，常规的 DWT 通常难以解决此类问题。因此，高密度离散小波（Higher-density Discrete Wavelet Transform，HDWT）因应而生，以有效克服时/频采样的问题，并显著提升拉曼光谱解析分辨率。

　　HDWT 是在离散小波变换的基础上发展而来的新型小波分解方法，该方法是由 I. W. Selesnick 于 2006 年提出的[2]。其优势在于能够同时在时域和频域范围上对光谱数据实现过采样处理，以扩充变换后的小波系数，从而实现对光谱数据的精细解析，为局部区域内的有用信息获取提供了有力手段。在计算框架结构方面，HDWT 与 DWT 相似，二者都是通过不同尺度对光谱数据进行分解，尺度间不同组分代表着数据中不同波长宽度所具有的光谱特征。但在分解方式上，HDWT 与 DWT 有着明显的区别，HDWT 的分解方法是通过三通道滤波器组实现的，具体结构如图 10-2 所示[3,4]。其中，$H_0(z)$、$H_1(z)$、$H_2(z)$ 分别表示 HDWT 中的低通分解、带通分解和高通分解滤波器；$H_0(1/z)$、$H_1(1/z)$、$H_2(1/z)$ 分别表示 HDWT 中的低通重构、带通重构和高通重构滤波器。在分解过程中，HDWT 对前两个通道采用的是间隔为 1 的下采样，而将第三个通道的高频信息完整保留[5]。这种方法能够使 HDWT 具有间尺度以及近似的平移不变性等特点，从而有效提高光谱解析分辨率。

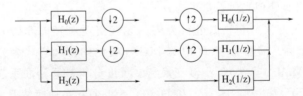

图 10-2　用于 HDWT 的采样分析和合成滤波器组示意图

　　在 HDWT 的多尺度分解中，尺度函数和小波函数可分别由式（10-1）和式（10-2）[6] 表示：

$$\phi(t) = \sqrt{2} \sum_k h_0(k) \phi(2t-k) \tag{10-1}$$

$$\psi_i(t) = \sqrt{2} \sum_k h_i(k) \phi(2t-k), i=1,2 \tag{10-2}$$

式中，$\phi(t)$ 为尺度函数；$\psi_i(t)$ 为小波函数；$h_i(k)$ 为数字滤波器且 k 为整数。设 j 和 k 为整数，则有：

$$\phi_{j,k}(t) = 2^{j/2} \phi(2^j t-k) \tag{10-3}$$

$$\psi_{1,j,k}(t) = 2^{j/2} \psi_1(2^j t-k) \tag{10-4}$$

$$\psi_{2,j,k}(t) = 2^{j/2} \psi_2(2^j t-k/2) \tag{10-5}$$

对比式（10-4）和（10-5）可知，小波函数 1 和 2 之间相差了半个整数，即 $\psi_2(t) = \psi_1(t-0.5)$。同时，输入光谱数据 $f(t)$ 的可以由式（10-6）表示：

$$f(t) = \sum_{k=-\infty}^{\infty} c(k) \phi_k(t) + \sum_{i=1}^{2} \sum_{j=0}^{\infty} \sum_{k=-\infty}^{\infty} d_i(j,k) \psi_{i,j,k}(t) \tag{10-6}$$

其中，$c(k)$ 和 $d_i(j,k)$ 分别为 HDWT 的尺度系数和小波系数，其表达式为：

$$c(k) = \int f(t) \phi_k(t) \mathrm{d}t \tag{10-7}$$

$$d_i(j,k) = \int f(t) \psi_{i,j,k}(t) \mathrm{d}t, i=1,2 \tag{10-8}$$

图 10-3 直观地给出了普通小波变换与 HDWT 的采样数据点在时频平面上的分布情况。图中横坐标为时域，表示光谱数据中的不同波长或波数信息；纵坐标为频域，表示分解后的光谱数据所具有的不同频率或尺度分量的信息；黑点表示采样点，其分布情况代表不同小波变换方法对光谱数据的不同采样方式。

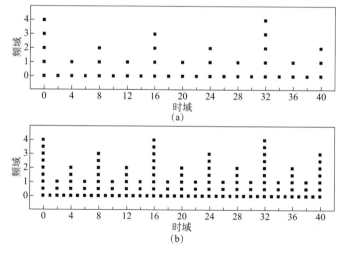

图 10-3　不同离散小波变换的时/频采样方式示意图
(a) DWT；(b) HDWT

由图 10-3 可以看出，HDWT 在时域和频域上均采用的是过采样方式，因此除了纵坐标上每两个相邻尺度之间存在着间尺度之外，在时域方向上，其采样点也比普通小波变换增加了一倍。这种特点正是源自 HDWT 在小波变换时使用的三通道滤波器组，由于滤波器组在每层分解时比普通小波变换多使用了一个带通滤波器，因此在分解时生成一个介于高频尺度和低频尺度之间的尺度，从而提高了频域方向上的采样数据点。与此同时，由式（10-4）和式（10-5）可知，HDWT 通过使用步长相差 1/2 个数据点的相邻小波函数，使时域方向上的采样数据点增加了一倍。这种时频域的过采样方式，能够有效提升 HDWT 在小波分解过程中对光谱信息的分辨能力，同时避免了由于下采样造成的光谱数据细节信息的损失，使得 HDWT 方法优于 DWT 方法，有望成为复杂体系光谱分析中一种重要的数据预处理新手段。

借助小波变换，可以有效去除拉曼光谱背景与噪音的干扰。然而值得注意的是，由于光谱数据测量信号的连续性，邻近波长或波数之间的谱峰数据通常会具有较强的共线性，这会增加预测模型的复杂程度和预测误差。从化学的角度来看，由于光谱信息通常与待分析物质的分子键位信息紧密相关，除部分波长或波数信息与能够与相应分子结构信息对应外，其余变量大多属于干扰信息。因此，可采用适合的变量筛选方法对光谱数据进行精简，无论从简化模型、降低运算量的角度，还是从剔除其他干扰因素、提高预测精度的角度都是十分必要的。

在化学计量学领域，实现变量筛选的方法有很多，有基于统计学方法的，如无信息变量消除方法（Uninformative Variable Elimination，UVE）、随机检验偏最小二乘方法（Randomization Test PLS，RT-PLS）、间隔偏最小二乘方法（interval Partial Least Squares，iPLS）、移动窗口偏最小二乘方法（Moving Window Partial Least Squares，MWPLS）、连续投影方法（Successive Projection，SP）、子窗口扰乱分析方法（Subwindow Permutation Analysis，SPA）等。也有基于智能优化算法的方法，包括模拟退火方法（Simulated Annealing，SA）、遗传算法（Genetic Algorithm，GA）、禁忌搜索方法（Tabu Search，TS）、蚁群算法（Ant Colony Optimization，ACO）、粒子群算法（Particle Swarm Optimization，PSO）等。两类方法中，前者大多属于贪心算法，其求解出的回归方程通常只是局部的最优解，而非整体角度的最优。在复杂体系的数据分析中，有些变量各自与组分浓度信息的相关系数很小，但当这些变量组合在一起时，相关系数则会显著提高。对于此类情况，前一类计算方法很难得到整体最优解。相比之下，第二类方法通常是从全局角度对数据进行分析，但由于算法计算量较大，且筛选出的变量具有一定的随机性，需要在实际应用中明确其物理化学含义后才能准确选择。

在复杂体系的光谱分析中，除了要求变量筛选方法具有能将与待测物质信息相关的最优变量准确挑选出来的能力之外，对于数据量较大的光谱数据的筛选结果稳定性和数据处理速度也有较高的要求。复杂体系光谱分析中常用的变量筛选方法主要有蒙特卡罗-无信息变量消除方法（Monte Carlo-Uninformative Variable Elimination，MC-UVE）、竞争自适应重加权采样方法（Competitive Adaptive Reweighted Sampling，CARS）、随机蛙跳（Random Frog，RF）三种，有效降低了复杂体系气体拉曼光谱数据的冗余度。

10.2.2　光谱多元校正方法

在光谱预处理的基础上，所得信息将用于后续的多元校正建模。目前应用于拉曼光谱定量分析的建模算法一般分为多元回归建模和多元曲线分辨两大类。其中，多元回归模型以统计学为基础，采用 PLSR、主成分回归（Principal Component Regression，PCR）等多元线性回归算法或支持向量机（Support Vector Machine，SVM）和人工神经网络（Artificial Neural Network，ANN）等非线性回归算法。此类算法一般以监督式学习的方式，采用已知待测物浓度的训练样本估计模型参数，从而实现未知光谱中待测物浓度的解析，在实际分析中应用较为广泛。而光谱的多元曲线分辨建模技术则是基于光谱数据的朗伯-比尔定律，假定复杂体系的拉曼光谱是由每种组分的纯光谱线性叠加而成。典型的多元曲线分辨建模技术包括最小二乘线性校正法、间接硬建模算法、多元曲线分辨算法等，比较适用于体系内成分较少的白色体系。然而多元曲线分辨模型在面对实际常见的灰色或黑色体系时，往往效果不佳，其主要原因在于拉曼光谱往往存在一定的非线性效应。因此，目前主流的拉曼光谱定量模型仍以多元回归模型为主。

目前光谱分析中主流的多元线性回归算法一般包括多元线性回归（Multivariate Linear Regression，MLR）、PCR、偏最小二乘回归（Partial Least-Square Regression，PLSR）等算法。其中，PCR 和 PLSR 方法均能在实现回归的同时，对光谱数据进行有效的特征提取和压缩，从而达到降维并克服共线性影响的目的，在拉曼光谱分析中得到了最广泛的应用。然而值得注意的是，在实际的光谱分析中，经常会出现非线性效应，例如朗伯-比尔定律在紫外吸光度范围为 $0.3\sim0.7$ 时具有线性性质，当吸光度超过这一范围时，就会产生非线性效应。对于拉曼光谱这种非严格线性的光谱而言，在混合体系中，由于体系散射和各成分间相互干扰严重等原因，这种非线性效应将更加明显，甚至可能导致拉曼谱峰位置偏移乃至谱峰改变，此时采用线性回归模型往往难以充分解释光谱体系中的非线性偏移。

随着拉曼光谱在工业领域应用的深入开展，传统的线性多元回归建模技术越来越难以满足特殊场合的气体拉曼光谱分析应用的需求，如连续变温的工艺生产过程监控等，迫切需要发展新的非线性建模方法。近年来，随着人工智能领域的快速发展，深度学习系列算法也被引入到化学计量学中，并受到了广泛的研究和关注，成为目前一大研究热点。在这股浪潮的影响下，越来越多的新型神经网络相继出现，如卷积神经网络、循环神经网络、残差神经网络等。这些新型人工智能技术大多基于神经网络的基础原理进行改进，呈现出更深的学习深度和更大的数据量，目前大多应用于图像处理、智能驾驶等方向。然而，如何应用于样本量相对较少的光谱数据解析，深度学习等相关研究仍处于起步阶段，迫切需要进一步的深入研究。

非线性回归建模技术的另一大分支是 SVM 算法，其首先由 Vapnik 等提出。该方法通过将低维数据映射至高维特征空间从而找到最佳分割的超平面来实现样本分类或回归，同时利用核函数有效地减少了高维数据的计算量。SVM 对于小样本以及非线性问题的处理具有明显优势。同时，Suykens 等对 SVM 算法进行了简化，利用线性方程组代替原算法中复杂的二次规划问题，得到最小二乘支持向量机回归模型（LSSVM），并将其应用范围扩展至化学计量学的定量分析领域。

综上所述，复杂气体体系的拉曼光谱定量分析不仅仅取决于仪器本身，更要依赖合理的化学计量学策略，才能有效提升气体拉曼光谱定量分析的精度和稳定性。

10.3　气体拉曼光谱应用进展

随着工业生产对先进控制要求的不断提高，在线检测仪器越来越多地进入了工业生产过程的各个环节，其所提供的及时、准确的分析数据，对安全生产、优化操作、提高产品质量、节能降耗起到了不可替代的作用。作为工业生产过程的重要原料和产物，工业气体的在线检测更是成为了近年来的一个研究热点。气体在线检测对拉曼光谱仪器的可靠性和稳定性有着很高的要求，在仪器系统设计的时候，应尽量通过结构的优化设计将可能的干扰因素影响降至最低。典型的气体拉曼在线检测系统主要分为以下四个部分，包括处理控制模块、光学检测模块、温控模块以及气路模块，其原理如图 10-4 所示，相关技术在诸多领域开始了实际应用尝试，获得了满意的效果。

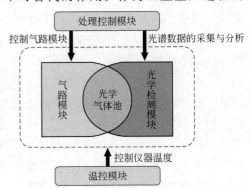

图 10-4　气体拉曼光谱分析系统原理图

10.3.1　能源化工领域的应用进展

能源化工行业作为气体拉曼光谱最先实际应用的领域之一，相关应用涉及油气勘探、天然气监测、石化制造、电力系统诊断等环节。在油气勘探领域，气体拉曼光谱作为新型气测录井手段，能同时监测油气勘探中常见气体成分，其检测周期在 5s 以内，有望显著提升复杂油气藏特别是薄层、微弱油气层的发现率，进而为我国油气勘探提供一种高效新手段。天津大学陈达等于 2015 年在国内率先开发了可用于天然气勘探用的高速气测录井技术，高效实现了 CH_4、C_2H_6、C_3H_8、C_4H_{10}、$i\text{-}C_4H_{10}$、C_5H_{12}、$i\text{-}C_5H_{12}$、CO_2、O_2、N_2、H_2 和 CO 等十余种主要组分的在线监测，并在油气勘探领域进行了大规模的推广应用，获得了满意的效果[6-8]。

相关仪器外形与操作界面如图 10-5 所示。

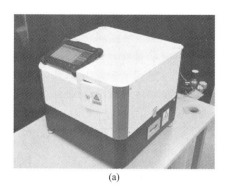

(a)　　　　　　　　　　　(b)

图 10-5　高速气测录井拉曼光谱分析仪外观（a）和录井气体在线检测软件系统界面（b）

在能源工业中，天然气占有重要的地位。天然气作为全球清洁能源的必然选择，其开采和消耗都在日益增加，在燃气输送、气体燃料热值计算、价格评估、化工原料输入等各个方面，都需要对天然气的气体组分进行定量分析。在众多在线多组分气体检测技术中，拉曼光谱分析技术以速度快、无需预处理、测量操作简单等优势获得越来越多的应用。国内外众多学者纷纷展开了基于拉曼光谱的天然气主要组分定量分析的研究，Petrov、Matrosov 和 Sharma 等于 2016 年分别研制了基于拉曼效应的快速高灵敏气体分析仪[9-11]，可以检测出天然气各组分浓度，通过与解谱算法和定量分析模型相结合，能够媲美气相色谱技术的结果。同年，Kong 等开发了基于拉曼光谱的天然气在线检测分析系统[12]。

在石油化工产业生产过程中，对裂解原料及产物的分析评价，有利于把握裂解深度，了解裂解炉的运行状况。近年来，拉曼光谱快速分析技术越来越多被应用到石化领域的原料及产物分析中。刘逸等考察了环境温度、积分时间和测试压力等因素对激光拉曼光谱响应信号的影响，采用激光拉曼光谱对乙烯装置裂解气中的 6 种基础气体 H_2、CH_4、C_2H_4、C_2H_6、C_3H_6、C_3H_8 的含量进行了测定，结果表明在优化实验条件下，激光拉曼光谱法具有可比拟于气相色谱法的结果和重复性[13,14]。Harris 等将气体拉曼光谱作为氨气生产和提纯在线过程监测手段，对其中产生的各类气体进行分析研究，从而精准掌握整个生产流程的情况[15]。

在电力行业中，电力变压器是整个供电系统最脆弱的部分，其故障与油中溶解气体包括 H_2、CO、CO_2、CH_4、C_2H_2、C_2H_4 和 C_2H_6 的形成有关。因此，对电力变压器中的溶解气体进行分析是普遍认可的一种故障早期诊断技术。拉曼光谱多种气体传感器已广泛应用于变压器油中溶解气体的在线监控和离线检测。2016 年，万福等基于腔长调制频率锁定机理，建立了变压器油中故障特征气体频率锁定腔增强拉曼测试系统，实现对变压器油中 7 种故障特征气体的同时检测。在标准大气压下，H_2、CH_4、C_2H_2、C_2H_4、C_2H_6、CO、CO_2 的最小检测浓度实验值分别达到 106×10^{-6}、25×10^{-6}、45×10^{-6}、73×10^{-6}、41×10^{-6}、170×10^{-6}

和 126×10^{-6}，实验表明，频率锁定腔增强技术使最小检测浓度增加了约 68 倍[16]。陈伟根等搭建了表面增强拉曼光谱（SERS）技术的溶解气体检测平台，实现了 7 种故障混合气体的同时检测，确定了拉曼检测的最优平均次数，使检测极限增加了约 12.8 倍[17]。陈新岗等通过对气体拉曼光谱数据的自动寻峰，达到了高效识别 7 种变压器故障特征气体的目的。其中对于甲烷气体，还得到了单位气体浓度、特征峰强度以及面积三者的线性相关性[18]。陈新岗等以变压器油中的特征气体乙炔的浓度测定为例，提出了基于峰度的拉曼检测定量分析方法，建立了待测物质特征峰强度与浓度之间的线性模型[19]。陈新岗等建立了基于密度泛函理论中 B3LYP 方法的气体分子构型优化，实现了变压器油中 H_2、CO、CO_2、CH_4、C_2H_2、C_2H_4 和 C_2H_6 分子结构和拉曼频移的仿真计算，经过与实测拉曼频移的分析，确认了 7 种故障气体的特征频移[20]。

10.3.2　生物医学领域的应用进展

对于医学和生物学方面来说，气体拉曼光谱检测技术尚处于起步阶段，应用相对较少，其应用主要包括两方面的内容：a. 实现对人体进行无创、快速的医学诊断。2015 年，Hanf 和 Bogozi 等发表论文指出光纤增强拉曼光谱技术能够快速检测分析人体呼气中的 H_2、CH_4 以及其他气体标志物，是一种具有潜力的疾病早期诊断方法[21,22]。同年，气体拉曼光谱分析技术也被 Taylor 等用来验证小儿腹腔镜手术存在的风险，患儿在手术中体内会出现空气（N_2、O_2）成分[23]。b. 拉曼光谱在非接触的情况下，实现对生物样品的连续动态监测分析。Keiner 等采用腔增强拉曼光谱作为工具，通过对 N_2、N_2O、O_2 和 $^{15}N_2$、$^{15}N_2O$ 等气体的同时、快速、连续量化分析，观察了施氏假单胞菌中硝酸逐步还原的动态过程[24]。

10.3.3　环保领域的应用进展

气体拉曼光谱技术在环境大气污染物检测分析方面具有巨大的应用潜力，但由于其产品技术难度极高，气体拉曼光谱仪器的商品化程度有待进一步提升，进而限制了气体拉曼光谱在环保领域的应用范围。龚夔等将拉曼光谱分析技术用于印染行业挥发性有机物监测，发现低沸点溶剂是其主要来源[25,26]。罗荷洲等将 SERS 作为一种高灵敏、简单、快捷的检测手段，用于测定空气中 SO_2 的含量，结果表明 SERS 可满足日常环境监测中不同区域、不同浓度的 SO_2 检测要求[27]。

10.3.4　气体拉曼光谱技术在其他领域的应用进展

除了以上提到的各项应用之外，气体拉曼光谱分析技术也逐渐出现在工业开发、科学研究和其他领域。例如，在 2015 年，高印寒等将拉曼光谱技术应用于发动机研究制造领域，利用拉曼散射光学测量系统，完成了对光学引擎中气缸内 O_2、CO_2 和 N_2 等主要物质的浓度标定[28]。Muhtar 等以共聚焦显微拉曼光谱作为研究手段，对相关气体氧化菌进行分类鉴定，通过分析成功鉴别出甲烷氧化菌、丁烷氧化菌等天然气生物学指标，实验结果表明采用显微拉曼光谱鉴别天然气相关细菌可以作为一种新的野外筛查手段，在天然气勘探方面具有重要的应用前景[29]。气体拉曼光谱分析技术还可以应用于海洋监测和勘探领域，Yang 等利用高灵敏拉曼系统对海水中的溶解气体进行了分析，CO_2 和 CH_4 气体的最低检测极限分别达到了 $2.32\mu mol/L$ 和 $0.44\mu mol/L$，实验结果表明气体拉曼光谱方法是一种具有潜力的水中溶解气体的检测手段[30]。张冀峰等还利用手持式拉曼光谱仪对气体爆炸现场的爆炸遗留物进行快速分析[31]。

10.4　气体拉曼光谱仪器技术进展

在实际的气体测量过程中，由于气体的分子密度远低于固体和液体，且气体的散射截面小，因此斯托克斯散射光的强度较弱，对于低浓度气体的检测误差较大，因此，拉曼光谱在气体检测方面的应用发展相比于液体和固体还是比较缓慢的。如何提高气体拉曼光谱的有效信号，从而提高检测灵敏度是从事气体拉曼研究者关注的热点。从以往的仪器设备开发经验来看，一方面，可以通过优化仪器结构，寻找空芯波导、表面增强、长光程等增敏技术，以最大限度提升拉曼散射信号强度；另一方面，应尽量完善信号预处理功能，消除背景信号和噪声对信号的影响，从而整体地提高气体拉曼光谱技术的灵敏度和信噪比。

国内外专家学者采用了各种方法对气体拉曼技术进行改善：2015 年，王冠军等采用基于结构牢固、易于气体扩散的开放式微结构光纤设计，提高了气体拉曼检测系统的灵敏度和响应速度，通过推导基于前向/后向拉曼耦合的拉曼信号公式，完成了对气体光纤拉曼检测系统的结构优化[32]。杨德旺等采用近共心腔法来增强激发光在腔中心附近的强度，以此提高拉曼散射强度；其所搭建的基于近共心腔直线型增强方案的拉曼光谱系统，可将气体拉曼信号强度增强 70 倍左右[33]。陆志峰等论证了空心光子晶体光纤（Hollow Core Photonic Crystal Fiber，HC-PCF）对激光能量密度的增强作用，通过优化 HC-PCF 与激光束的耦合联接，使激光谐振腔与 HC-PCF 样品反射腔部分重叠，可有效增强自发拉曼信号[34]。孙中元等设计了光子晶体光纤的拉曼效应增强系统，通过实验论证了设计的可行性，为后续微量物质、气体等检测提供了一种比较高效的分析方法[35]。Zuo 等通过一系列的实验表明，利用成像光谱仪能够有效地降低噪声、提高检测限[36]。

2016 年，郭金家等搭建了一套基于空芯光纤的气体拉曼光谱增强系统，开展了该系统与后向散射拉曼光谱实验系统的对比实验研究，实验结果表明：以空气中的 N_2 和 O_2 为探测物质，空芯光纤与后向拉曼光谱信号相比，对信号、背景和噪声都具有放大效果，在相同的探测时间情况下信号强度增强 60 倍以上，信噪比增强约 6 倍；在相同的探测强度情况下，探测时间仅为后向散射的 1/60，噪声为后向散射拉曼系统的一半[37]。同年，Zhang 等设计了一个基于压电换能器的功率累积腔增强拉曼光谱用于气体分析，通过压电换能器调节凹面高反射镜位置，从而进行腔长调制来匹配激发波长进而增强拉曼效应[38,39]。Petrov 等采用表面增强拉曼散射对气态介质中拉曼光谱信号进行放大，结果表明利用电磁放大机理可有效增强气态介质中拉曼光谱的信号强度[40]。2018 年，重庆大学的王品一等搭建了注入锁定腔增强拉曼光谱微量气体检测平台，该平台将 15mW 的半导体激光强度提高到了 7.5W，实现了对 7 种单一气体的拉曼光谱检测，确定 7 种单一气体的拉曼特征峰谱位移[41]。2020 年，黄保坤等设计的拉曼直角反射共焦腔，利用直角反射镜将入射光反射回原方向但是光路具有空间偏移的特点，采用两个相对放置、互相平行的直角反射镜，将激光在共焦腔内 10 次来回反射，并采用共焦点相对放置的两个透镜将激发光聚焦到焦点，从而提高激发光能量的使用效率。以空气作为测试对象进行实验，可以获得清晰的 CO_2 拉曼光谱和 N_2、O_2 的精细拉曼光谱[42]。

10.5　气体拉曼光谱技术展望

目前，气体拉曼光谱检测有以下几个热点方向：a. 气体能源、挥发性有机物、环境废气、工业气体等典型气体的定量分析检测，这个发展方向符合我国当前工业化和信息化两化融合的趋势，具有巨大的市场需求。b. 在生物医学应用方面，拉曼光谱分析可快速分析呼吸系统和消化道疾病的特征气体分子，并实现一些特殊药品包装上方造影剂、O_2 等气体的原位检测，具备良好的发展前景。c. 在过程分析方面，现代拉曼光谱技术已经不限于物质的静态研究，气体拉曼分析可以实现对高温高压等极端状态下气态物质分子的在线观察，可以准确捕获极端条件下化工生产的实时动态信息。因此，随着气体拉曼光谱分析技术的飞速发展，其应用前景将会越加广阔。

参 考 文 献

[1] Zhang Z M, Chen S, Liang Y Z, et al. An intelligent background-correction algorithm for highly fluorescent samples in Raman spectroscopy. Journal of Raman Spectroscopy, 2010, 41(6): 659-669.

[2] Selesnick I W. A higher density discrete wavelet transform. IEEE Transactions on Signal Processing, 2006, 54(8): 3039-3048.

[3] Qin Y, Wang J, Tang B. Higher density wavelet frames with symmetric low-pass and band-pass filters. Signal Processing, 2010, 90(12): 3219-3231.

[4] Dumitrescu B. Optimization of the higher density discrete wavelet transform and of its dual tree. IEEE Transactions on Signal Processing, 2010, 58(2): 583-590.

[5] Vosoughi A, Vosoughi A, Shamsollahi M B. Nonsubsampled higher-density discrete wavelet transform for

image denoising. International Conference on Acoustics Speech and Signal Processing. ICASSP,2009.

［6］韩汐.基于数据驱动的复杂体系光谱检测新方法及应用研究［D］.天津:天津大学,2017.

［7］陈达,韩汐,夏杰,等.基于拉曼气体光谱检测的超高速气测录井新技术研究//第三届中国石油工业录井技术交流会论文集.广西北海,2015.

［8］韩汐,黄志轩,谭棕,等.基于拉曼光谱的气体多组分在线分析新技术研究//中国化学会第30届学术年会.辽宁大连,2016.

［9］Petrov D V,Matrosov I I. Raman gas analyzer(RGA): natural gas measurements. Applied Spectroscopy, 2016,70(10): 1770-1776.

［10］Sharma R, Poonacha S, Bekai A, et al. Raman analyzer for sensitive natural gas composition analysis. Optical Engineering,2016,55(10): 104103.

［11］Sharma S K,Kumar P,Barthwal S,et al. Highly sensitive surface-enhanced raman scattering(SERS)-based multi gas sensor: Au nanoparticles decorated on partially embedded 2D colloidal crystals into elastomer. Chemistry Select,2017,2: 6961-6969.

［12］Kong D,Wang X,Zhang M,et al. Online measurement and control of natural gas based on raman spectroscopy. Proc. Of SPIE Seventh International symposium on precision mechanical measurements, 2016,9903: 99030Y.

［13］刘逸,王国清,司宇辰,等.激光拉曼光谱气体分析的研究.石油化工,2015,44(10): 1162-1167.

［14］刘逸,王国清,司宇辰,等.乙烯裂解气的拉曼光谱分析.石油化工,2016,45(1): 17-23.

［15］Harris S P . Process Raman gas analysis in ammonia production and refining. Endress＋Hauser,https://www. us. endress. com/en/Endress-Hauser-group/Case-studies-application-notes/Raman-spectroscopy-gas-analysis.

［16］万福,杨曼琳,贺鹏.变压器油中气体拉曼光谱检测及信号处理方法.仪器仪表学报,2016,37(11): 2482-2488.

［17］陈伟根,万福,顾朝亮,等.变压器油中溶解气体拉曼剖析及定量检测优化研究.电工技术学报,2016,31(2):236-243.

［18］陈新岗,李松,马志鹏.变压器油中溶解气体拉曼光谱检测及其光谱线型模型分析.光谱学与光谱分析, 2016,36(8):2492-2498.

［19］陈新岗,杨定坤,谭昊,等.基于峰度的变压器油中特征气体拉曼光谱分析.高压电技术,2017,43(7): 2256-2262.

［20］陈新岗,杨定坤,李松.基于密度泛函理论的油中溶解气体拉曼特征频谱分析.高压电器,2017,53(4): 116-121.

［21］Bogozi T,Popp J,Frosch T. Fiber-enhanced Raman multi-gas spectroscopy:what is the potential of its application to breath analysis? Bioanalysis,2015,7(3): 281-284.

［22］Hanf S,Bogozi T,Keiner R,et al. Fast and highly sensitive fiber-enhanced raman spectroscopic monitoring of molecular H_2 and CH_4 for point-of-care diagnosis of malabsorption disorders in exhaled human breath. Analytical Chemistry,2015,87: 982-988.

［23］Taylor S P,Sato T T,Balcom A H,et al. Gas analysis using Raman spectroscopy demonstrates the presence of intraperitoneal air(nitrogen and oxygen) in a cohort of children undergoing pediatric laparoscopic surgery. Anesthesia and Analgesia,2015,120(2): 349-354.

［24］Keiner R, Herrmann M, Kusel K, et al . Rapid monitoring of intermediate states and mass balance of nitrogen during denitrification by means of cavity enhanced Raman multi-gas sensing. Analytica Chimica Acta,2015,864: 39-47.

［25］韩啸天,马文艺,刘虎,等.纺织印染工业无组织排放 VOCs 的监测与泄漏排查.中国科技论文在线,2016,

http://www. paper. edu. cn/releasepaper/content/201610-35.

[26] 张英玲,韩啸天,妄言,等. 纺织印染工业排放的挥发性有机物及其监测技术. 现代科学仪器,2015,6:
126-133.

[27] 罗荷洲,陈冬梅,黄伟. 表面增强拉曼光谱法测定环境空气中二氧化硫. 环境监测,2017,7:61-63.

[28] Gao Y, Si M, Cheng P, et al. Design of electronic control system for HCCI optical engine and optical
testing. Applied Mechanics and Materials,2015,721: 639-642.

[29] Muhtar I, Gao M, Peng F, et al. Discrimination of natural gas-related bacteria by means of micro-Raman
spectroscopy. Vibrational Spectroscopy,2016,82: 44-49.

[30] Yang D, Guo J, Liu Q, et al. Highly sensitive Raman system for dissolved gas analysis in water. Applied
Optics,2016,55(27): 7744-7748.

[31] 张冀峰,潘炎辉,孙玉友. 红外和拉曼光谱快速检测技术在气体爆炸现场的应用. 刑事技术,2017,42(2):
161-164.

[32] 王冠军,谭绪祥,王志斌. 开放式微结构光纤的气体拉曼传感特性研究. 激光与光电子学进展,2015,(5):
98-102.

[33] 杨德旺,郭金家,杜增丰,等. 近共心腔气体拉曼光谱增强方法研究. 光谱学与光谱分析,2015,35(3):
645-648.

[34] 陆志峰,王晓荣,蒋书波,等. 基于 HC-PCF 的增强拉曼气体检测方法. 仪表技术与传感器,2015,4:
100-103.

[35] 孙中元,蒋书波,王凡. 光子晶体光纤的拉曼增强效应研究. 仪表技术与传感器,2015,11:89-92.

[36] Zuo D, Yu A, Li Z. Application of imaging spectrometer in gas analysis by Raman scattering. Imaging
Spectrometry,2015:96110N.

[37] 郭金家,杨德旺,刘春昊. 基于空芯光纤增强拉曼光谱气体探测方法研究. 光谱学与光谱分析,2016,36(1):
96-98.

[38] Zhang X, Jiang S, Hu J. Power build-up cavity enhanced raman spectroscopy based on piezoelectric
transducer for gas analysis//Proc. SPIE Second International Conference on Photonics and Optical
Engineering,2016,10256: 102563W.

[39] Wang C, Zhang Y, Sun J M, et al . High-efficiency coupling method of the gradient-index fiber probe and
hollow-core photonic crystal fiber. Applied Sciences,2019,9(10):2073.

[40] Petrov D V, Sedinkin D O, Zaripov A R. Enhancement of Raman scattering signals from gaseous medium
near the surface of a holographic aluminum diffraction grating. Technical Physics Letters,2016,42(11):
1087-1089.

[41] 王品一,万福,王建新,等. 注入锁定腔增强拉曼光谱微量气体检测技术. 光学精密工程,2018,26(8):
1917-1924.

[42] 黄保坤,王经卓,宋永献,等. 拉曼直角反射共焦腔检测空气中二氧化碳. 光谱学与光谱分析,2020,40(2):
432-435.

第 11 章　可调谐二极管激光吸收光谱气体检测技术在工业过程分析领域的新进展

11.1　引言

过程分析技术（PAT）诞生于 20 世纪 50 年代初期，主要应用于大型流程工业，监测关键的生产环节，在保证产品质量的前提下，尽可能降低生产成本。随着工业生产技术的迅速发展，对生产过程的环境保护提出了更高的要求，冶金、石油、化工、材料等工业生产对质量控制的要求愈益提高，这就要求对生产过程进行监控和测试，就必须用过程分析仪器。PAT 技术针对气态、液态介质，涉及物质组分、温度、压力、流量等通用参数的测量，在石化行业，还包含黏度、pH 值、辛烷值、热导率等专有参数的测量，测量技术包括色谱、光谱、质谱等[1]。

针对气体检测的需要，国内外发展了多种基于光谱学的气体探测方法[2]，主要有激光诱导荧光（LIF）、拉曼（Raman）光谱、傅里叶变换红外光谱（FTIR）、非色散红外光谱（NDIR）、光声光谱（PAS）、差分吸收光谱（DOAS）、激光雷达（LIDAR）、腔增强吸收光谱（CEAS）、腔衰荡光谱（CRDS）以及可调谐二极管激光吸收光谱（TDLAS）。其中 TDLAS 技术采用可调谐二极管激光器，通过改变激光器输入电流或温度来调谐激光器输出波长，使其扫描气体分子单根或多根完整的吸收线，获得高分辨率的气体吸收光谱，对光谱进行分析获得气体参数信息。与其他气体检测方法相比，TDLAS 技术有如下特点：原位、连续、快速、实时测量；能适应高温高压、低温低压、高湿、高流速、腐蚀性等极端环境，环境适应性强；选择性强；灵敏度高；可靠性高；成本低，使用过程没有消耗品；免标定测量，操作简单；数据处理简便快速，实时性强；易于小型化集成，适合实际工程应用，是过程分析的重要技术手段。

近年来，随着半导体激光器的发展，TDLAS 技术有了巨大的进步，应用领域迅速扩大。已经有超过 1000 种 TDLAS 仪器应用于连续排放监测以及工业过程控制等领域，每年全球出售的 TDLAS 气体检测仪器占据了红外气体传感检测仪器总数的 5%～10%。运用 TDLAS 技术，已经在不同领域实现了十几种气体分子的高选择性、高灵敏度的连续在线测量，包括气体浓度、温度、流速、压力等参数的高精度检测，为各领域的发展提供了重要的技术保障。本章综述了 TDLAS 气体检测的技术原理以及工业过程分析的应用进展，主要从 TDLAS 硬件与系统设计、光谱分析的对象与方法、应用领域等三个方面介绍新进展，并对本领域的发展趋势进行了展望。

11.2　硬件与系统设计

一套完整的 TDLAS 分析装置包括激光器、探测器、气室等核心器件，也包括气体预处理、数据采集分析、微处理器、人机界面等通用部件。第 11.2.1 节将介绍 TDLAS 的基本原理，第 11.2.2 节和第 11.2.3 节将分别介绍激光器和气室的进展情况，第 11.2.4 节将主要介绍分析系统的新设计。

11.2.1　基本原理

TDLAS 是一种将传统的吸收光谱方法与先进的可调谐二极管激光器相结合的光学技术[3,4]。通过改变激光器的驱动电流来调谐激光器的波长，使其周期性地扫描过气体的吸收峰，形成吸收光谱。透射光经过气体吸收后，光强衰减，它与入射光的关系根据朗伯-比尔定律：

$$\frac{I}{I_0} = \exp[-\alpha(\nu)CL] \tag{11-1}$$

式中，I_0 为入射光强；I 为透射光强；$\alpha(\nu)$ 是光谱吸收系数；C 是被测气体浓度；L 是吸收路径的长度。吸收系数 $\alpha(\nu)$ 与吸收截面 $\sigma(\nu)$ 的关系如下：

$$\alpha(\nu) = \sigma(\nu)N \tag{11-2}$$

式中，N 是样气的分子数浓度，分子数/cm³。分子吸收的线型是温度和压力的函数，有多种表达模型，如洛伦兹线型、高斯线型、Voigt 线型以及更为普适的二阶速率 Voigt（Quadratic Speed Dependent Voigt，QSDV）线型。气体吸收可以用整个吸收线型的积分即吸光度 A 表示：

$$A = L\int\alpha(\nu)\mathrm{d}\nu = NL\int\sigma(\nu)\mathrm{d}\nu = SNL \tag{11-3}$$

式中，S 又称为吸收强度。

TDLAS 技术分为直接吸收和波长调制两类。直接吸收获得高分辨率气体吸收光谱后，运用线型模型进行拟合，可获得气体温度、浓度或压力等参数信息。TDLAS 技术测量温度大多采用线强比值法，利用同种气体两条吸收线的线强比为温度的单值函数来反演温度[5-7]。浓度测量是通过拟合获得的积分吸光度值或吸收光谱峰值，结合气体压力及光程，计算出气体体积分数[8,9]。流速测量是基于多普勒效应，当气体流速在激光传输方向有速度分量时，会造成气体分子吸收光子，探测器接收吸收峰频率与静态吸收频率会产生多普勒频移，通过频移计算气体流速[10-12]。

由于激光器、探测器以及电子学等噪声的影响，直接吸收技术的最小吸光度

在 $10^{-4} \sim 10^{-2}$ 量级[13]，对于更小的吸光度探测（例如 10^{-4} 及更小），一般采用调制技术，包括波长调制光谱技术（WMS）[14] 和频率调制光谱技术（FMS）[15]。WMS 是将低频扫描锯齿波和高频调制正弦波同时加载至激光器上，被调制的激光光束被气体吸收后到达探测器，然后由锁相放大器解调出透过率各阶次谐波信号，灵敏度通常达到 $10^{-6} \sim 10^{-4}$[13]，是目前气体分析普遍采用的方式。

卢伟业等比较了 TDLAS 直接吸收法和波长调制法在线测量电厂锅炉烟气中的 CO_2，验证了波长调制技术确实具有两个数量级的灵敏度提高，但是直接吸收法可以免标定，在对灵敏度要求不高的应用场合有优势[16]。

11.2.2　激光器

红外波段包含了大量气体分子基频、泛频及合频谱带，所以具有大量的跃迁吸收线。HITRAN 光谱数据库详细地列出了 39 种分子吸收谱线的光谱参数，为光谱研究、激光器选择、仪器设计提供了重要依据。在实际测量中，需根据温度、浓度、压力等实际环境状态，选择合适的激光器进行测量。Zhou 等[17]详细介绍了吸收线选择要求及方法。

激光器芯片制造工艺复杂，而用于光谱分析的激光器对频率稳定性、模式等方面要求是最高的。当前这些技术基本上由德国、美国、日本等发达国家掌握，能够实现商业化生产的厂家并不多，主要有 Nanoplus、NTT、Thorlabs 等几家公司。目前国内虽然中国科学院半导体研究所在研究方面取得了一系列突破，但是基本上没有形成商业化，国内生产的分步反馈激光器主要是基于对国外芯片的封装生产。

激光器作为激光气体传感器的光源，应该具备紧凑、稳定、寿命长以及输出功率高等特点；同时，由于 TDLAS 技术需要扫描气体的单根或多根完整的吸收线，要求激光器线宽远小于吸收光谱线宽。在实际 TDLAS 气体检测应用中，使用较多的激光器有分布反馈（Distributed Feedback，DFB）二极管激光器、垂直腔表面发射激光器（Vertical Surface Emitting Laser，VCSEL）、分布布拉格反射（Distributed Bragg Reflector，DBR）激光器、带间级联激光器（Interband Cascade Laser，ICL）、量子级联激光器（Quantum Cascade Laser，QCL）。半导体激光器的封装形式有蝶形、TO Can、C-Mount 或高热负载（High Heat Load，HHL）等，如图 11-1 所示。它内含波长选择结构（例如光栅）使其发射出特定波长的光。激光可以自由空间耦合输出，也可以通过尾纤输出。有的激光器耦合输出端封装准直透镜，方

图 11-1　半导体激光器的几种封装外形图

便集成。

近红外 DFB 激光器因为在电信领域的大量使用，其制造工艺成熟，能涵盖很多气体分子的泛频吸收带，具有很高的工业应用价值，而且成本较低。典型的输出功率在 10mW 左右，带宽 2MHz 左右，工作波长范围一般在 730～2500nm，可在室温环境下工作。但是 DFB 激光器的电流调谐范围都比较窄，通常只有 0.5～1nm，这限制了它在多组分检测中的广泛应用。

VCSEL 和 DBR 激光器是两种在近红外区域的宽调谐光源。VCSEL 是沿着激光器侧表面方向发射激光的，所以其具有较小的发射角。与 DFB 相比，VCSEL 调谐范围较宽（约 5nm），有较小的阈值电流，电流调谐率（$\Delta\lambda/\Delta I$）远大于 DFB 激光器；但是激光功率偏低，约为 1mW。刘昱峰研究使用 VCSEL 检测 CH_4[18]，刘立富等使用 $1.565\mu m$ 的 VCSEL 测量了烟气排放中的 CO[19]，Lan 等采用 VCSEL 同步测量大气中的 CO_2 和 H_2O[20,21]，Wang 等使用 1684nm 的 VCSEL 测量丙烷和丁烷等宽吸收光谱的分子[22,23]，范兴龙等使用 VCSEL 检测 CO_2 气体[24]。

DBR 激光器的结构包括增益区、相区和镜区，通过综合调节镜区电流、控制温度、相区电流三个参数，交替定位到多个气体分子吸收峰。中国科学院半导体研究所潘教青课题组研制出 1650nm 的 DBR 激光器，调谐范围达到 7nm，在甲烷检测中涵盖了 R_3 和 R_4 支吸收谱线[25]。

很多分子光谱吸收的基频带位于 $3\mu m$ 以上的中远红外区域，该区域的光源主要有 QCL 和 ICL。QCL 在芯片上直接刻分布反馈光栅，因此又称为 DFB-QCL，它光谱线宽较窄。通过最大范围的温度调谐，DFB-QCL 还可以提供波长调谐，通过缓慢的温度调谐获得 $20～30cm^{-1}$ 的调谐范围。输出光功率通常大于 10mW，输出线宽约为 7MHz，光束发散角通常小于 6mrad（发散全角，$1rad=57.3°$），工作波长一般在 $4.5～17\mu m$[26]。一般中红外波段的吸收线强要大于近红外波段的吸收线强 2～3 个数量级，所以 QCL 非常适合用于痕量气体的探测。但 QCL 工作温度较低，在室温环境使用时需要附加合适的制冷装置[27]，而且一般不带尾纤输出。目前 QCL 已广泛应用于痕量气体探测[28-33]。Sun 等使用外腔式宽调谐的 $7.78\mu m$ 的 QCL 测量挥发性有机物[32]。张国勇等使用 $4.2\mu m$ 的 QCL 测量了同轴扩散火焰 CO_2 浓度[33]。Li 等使用 $5.68\mu m$ 的 QCL 测量甲醛，达到 2.5×10^{-9} 的探测灵敏度[34]。Yuan 等使用 $8.28\mu m$ 的 QCL 测量气体灭火器的溴二氟甲烷浓度，在 2.8mm 的光程上实现 500×10^{-6} 的探测灵敏度[35]。

ICL 与 QCL 不同之处在于它的光子产生机制是带间跃迁，这使得 ICL 工作波长更短，填补了 DFB 与 QCL 工作波长之间的空白，当前商用 ICL 在常温下连续工作时波长覆盖范围可达 $3～6\mu m$[36]。锑化镓（GaSb）在 $1.8～3.5\mu m$ 区域发光，DFB 结构的激光器输出功率高达 30mW，适于在近、中红外波段测量丰富的吸收分子[37]。李春光等使用 GaSb 激光器测量了甲烷和甲醛气体，检测灵敏度分别为 5.0nL/L 和 3.0nL/L[38]，使用 $3.34\mu m$ 的 ICL 测量乙烷[39]。袁志国等利用调谐波

长为 $5262\sim5265nm$ 和 $6138\sim6142nm$ 的 ICL 分别作为检测 NO、NO_2 的探测光源，实时检测柴油机的 NO_x 排放，对研究柴油机瞬态排放特性具有重要的意义[40,41]。Ghorbani 等使用 $4.69\mu m$ 的 ICL 测量呼吸气和空气的 CO 以及其中的 ^{13}C 同位素含量[42]。

激光器频率稳定是 TDLAS 气体传感器性能稳定的前提，可以通过艾伦方差分析[43] 激光器的频率稳定性，采用温度补偿等方法[44,45] 对激光器的频移现象进行修正。单只激光器的调谐范围较小（DFB 为 $0.5\sim1nm$，VCSEL 为 $5\sim10nm$），但是在某些特殊波段，一个激光器能同时覆盖两种气体的吸收峰，能实现同时测量[46,47]。

靠单独的激光器实现的波长调谐范围非常有限，外腔式二极管激光器（External Cavity Diode Laser，ECDL）和光学频率梳（Optical Frequency Comb，OFC）可以将调谐范围拓宽几个数量级，达到几百纳米。

ECDL 是通过腔外光栅运动来调谐激光器输出波长，实现更宽范围的连续波长扫描（例如 $1490\sim1580nm$）[48,49]，但是扫描慢，无法实现频率调制，偏振噪声大，不适合气体的快速测量，通常只适用于实验室。在 ECDL 中，激光芯片的一面或两面经过抗反射涂层处理，以消除光反射。反射由较大的外部空腔提供，空腔用作波长选择器，从半导体激光材料通常较宽的增益谱中选取特定波长。已经开发了几种腔结构，它们在调谐方法、组件数量、输出光束特性和输出耦合效率方面有所不同。图 11-2 显示了一种常用的外腔类型，称为 Littman 配置。它采用衍射光栅作为波长鉴别器。一阶衍射光束被用作调谐元件的反射镜折回到腔中，其角度和位置决定了输出波长。光栅还用作输出耦合器，产生零级（反射）光束，其角度和原点与波长无关。提供 ECDL 的公司有美国 Blocks、Daylight Solution 等。

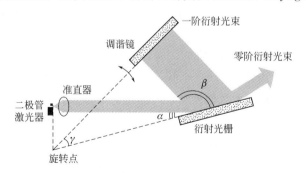

图 11-2　Littman 结构的外腔式二极管激光器结构

OFC 是指在频谱上由一系列均匀间隔且具有相干稳定相位关系的频率分量组成的光源，其频域跨度大。比如 IRSweep 研制的 IRis-core 是一个基于 QCL 的双频梳光源，通过更换激光模块实现 $5\sim10\mu m$ 的波长覆盖，线宽小于 10MHz。输出光功率 $20\sim300mW$。典型的光谱覆盖范围为 $60cm^{-1}$，可以覆盖很多有机大分子的宽光谱范围，极大地拓宽了检测的气体分子种类。

11.2.3 气室

TDLAS 装置对气体浓度的精确分析需要将样气限制在稳定的气室内。激光在气室内多次反射，有效增加了光程，提高了分析灵敏度。长程气室（MPC）的基本类型为赫里奥特池（Herriott Cell）与怀特池（White Cell），如图 11-3 所示。怀特池采用共焦（Confocal）的两块凹面反射镜，其中一块一分为二，可以分别调节。入射光从 M1 镜边缘进入，调节 M2 和 M3 镜，交替对光束进行反射，可以使光程增加达到几米到十几米[50]。

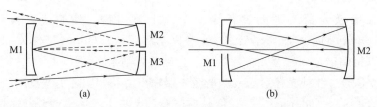

图 11-3　多次反射长光程气室的两种基本结构
（a）White 型；（b）Herriott 型

Herriott 池为采用共心（concentric）的两块凹面镜组成的多程池，凹面镜彼此面对，它们之间的曲率半径几乎相等。激光束的进出都是通过镜子边缘的小孔，每次反射时施加到光束的镜面曲率可以防止光束发散，就像在空腔中一样。可以通过调节反射镜间距来控制光束的路径长度，通过次数通常可以超过 100 次调节，可以使光程长度达到 10～40m[51]。Janata 等使用 760nm 激光器和 4.3m 光程的 Herriott 池实现了引擎出口 O_2 浓度在高温条件下的快速测量[52]。

Chernin 在 White 池的基础上，发明了 Chernin 型多通池，采用五块凹面反射镜，能有效利用腔镜面积，如图 11-4（a）所示。它有效克服多通池的色差和稳定性等问题，可靠性高且调节方法简单，有效光程在 3～330m 的范围内可变[53]。江苏师范大学蔡廷栋使用了光程长为 38.4m 的 Chernin 型光学多通池下，检测了 0.15atm 下 $1.431\mu m$ 处的二氧化碳和水汽的光谱[54]。

气体分析装置的尺寸主要取决于多反射气体吸收气室和气体处理系统的体积。传统 MPC 使用光斑分布在圆形或椭球形外径上，图 11-5（a）所示，镜面和腔体的空间利用率低，给呼吸气体分析、溶解气分析等样气量较少的应用带来阻碍。为了改善这种情况，研究人员致力于从多个方面提高利用率。早在 2007 年美国喷气推进实验室（JPL）的科学家为了实现在火星上同时测量痕量气体甲烷和水汽，从 Herriott 池的基本原理出发分析了光斑分布模式，综合考虑光斑输入输出耦合、降低相邻光斑干涉等，设计了四通道和六通道椭圆形光斑轨迹相互交叉的气室，如图 11-5（c）所示[55]。山东罗纳德分析仪器有限公司提出了一种环环相套的 Herriott 专利方案，并且结合直通和单反的简单设计，可以在一个气室上实现多个不同的光程，以满足不同分析物不同量程的测量需要，其光斑分布如图 11-5(d) 所示[56]。美国 Sentinel Photonics /Aeris Technology 公司于 2013 年研制了体积更小的新型 MPC[38,57]，它使用两个凹球面镜，光斑分布在二维的镜面上更密集，镜面利用率更高且光斑重叠明显减小[58]。李萌等研制了溶解 CO_2 的快速测量系统，使用了 10m 光程的 Herriott 气室，内部体积仅为 90mL[59]。美国 Aerodyne Research 公司的 AMAC-X 系列气室，在中红外实现光程最远 200m。

除了传统的两端镜 Herriott 气室，还有圆环形镜面气室和圆柱形镜面气室等。Ghorbani 等在呼吸气体测量 CO 及 [13]C 分析的实验中，使用了 IR Sweep 公司 IRCell-4M 圆环形 MPC，51 次反射实现光程 4m，体积仅为 38mL，更为紧凑，如图 11-4(b) 所示[42]。陈家金使用中心波长为 $1.53\mu m$ 的 DFB 激光器和有效光程为 10.5m 的柱面镜光学多通池，光斑分布如图 11-5(b) 所示。它采用免标定波长调制吸收光谱方法对 C_2H_2 气体进行了痕量探测，实现灵敏度 0.13×10^{-6}[60]。

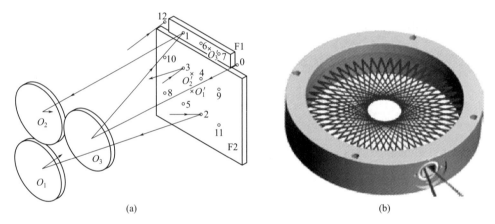

图 11-4　新型气室结构

(a) 5 个镜面的 Chernin 型；(b) 环形腔

中空的光纤也可以提供激光与气体介质相互作用的空间，并且由于光纤折叠性好，更容易在有限的空间实现长光程和低损耗。Gao 等使用 $20\mu m$ 的空心光子晶体光纤（HC-PCF）测量了 CO_2 流体的黏度[61]，Challener 等使用空心光栅测量油气管道的 CH_4 泄漏[62]。漫反射积分腔是另外一种非传统的气室，张云刚等基于漫反射立方腔内光线传播理论，建立了漫反射立方腔内光线传播的近似模型，并通过有限元法仿真获得了单次反射平均光程，通过 TDLAS 实验验证了模型的有效性[63]。Zhou 等使用 763nm 激光器测量了散射积分腔内的 O_2 浓度[64]。

目前国内从事气室定制加工的商业公司大约有十几家，其中较早的是武汉敢为科技有限公司。徐州旭海光电科技有限公司的 BOSS Cell 系列产品在气室集成化、小型化、长程化、工业化方面取得了巨大进步，为 TDLAS 的工业应用提供了大力支持。

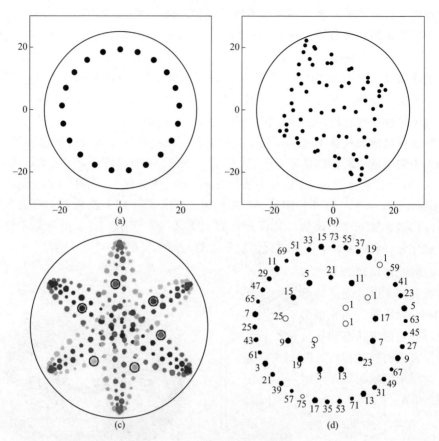

图 11-5　光斑在镜面的分布

（a）传统的 Herriott 池上的平面镜或者球面镜；（b）柱面镜；

（c）6 通道镜面光斑及输入光孔；（d）4 通道环环相套镜面

11.2.4　系统设计

为了满足多种气体探测的需要，除了多通道气室的研究方向外，发展了波分复用技术、时分复用技术及频分复用技术等，可以在一个通道上耦合多个波长的激光器[65,66]。Jiang 等在一个 10.13m 光程的气室上通过光学开关在 1653.72nm、1530.37nm、1620.04nm、1679.06nm 等四个波长的激光器之间切换，分别去检测变压器油中溶解的甲烷、乙炔、乙烯和乙烷浓度[66]。李宁等使用波分复用技术，使用 $7185.6cm^{-1}$ 和 $7444.35cm^{-1}$ 两个波长的激光分别测量高压环境下气液两相脉冲爆轰的 H_2O 浓度[67]。

在传统的调制技术上，研究人员还发展了双频调制光谱技术、差分检测技术[68]、自动平衡检测技术等[2]。蒋利军通过自平衡差分技术和波长调制技术抑制激光光源随机波动和光学机械元件不稳定因素引起的共模干扰噪声，并在此基础上搭建了 CO 气体探测系统[69]。导数吸收光谱分析技术是将某一痕量气体的光谱从较宽的干扰峰或者其他背景干扰中分离出来，并且能够分辨出吸光度随波长急剧上升所掩盖的弱吸收峰，但其对和吸收频率相近的噪声成分抑制能力较弱[70]。

由于痕量检测需要对信号增益设置较大，这也同时放大了由于光学镜面所形成的干涉条纹，影响探测的灵敏度和可靠性，Ghetti 等通过压电效应快速抖动气室的一个端镜，使两个端镜之间不能形成稳定的干涉条纹[51]。

为了解决在现场使用光学镜面时污染的问题，Liu 等设计了在 Herriott 池里面的内置式样品池，气体与光学镜面不接触，如果一旦形成污染，直接将样品池换掉，而不影响整个系统的运行[71]。

11.3　光谱分析新方法

TDLAS 技术基于光谱来反演气体浓度、温度等关键信息。在实际应用过程中，实测光谱偏离理想的孤立吸收峰光谱特征，主要面临来自三个方面的干扰：背景成分的光谱、光谱的微缓形变以及基线漂移等，是一个信号合成的过程，如图 11-6(a) 所示。而光谱分析的目标就是将目标分析物的光谱从实测光谱中分离出来，并与标定状态和标定模型相匹配，进而实现高灵敏度和高准确度，因而这是信号合成的逆过程，如图 11-6(b) 所示。下面分别针对基线问题、背景光谱问题、微缓形变问题展开阐述。

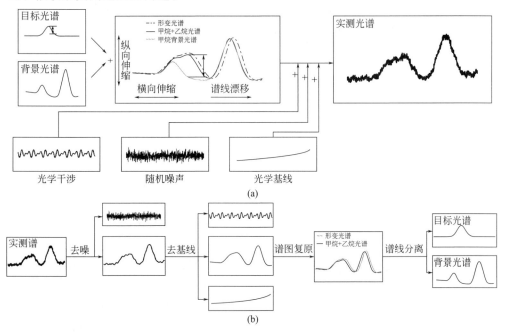

图 11-6　光谱分析过程
(a) 实测光谱的合成与演化；(b) 信息反演时的分离和分解

11.3.1　基线与噪声

广义的基线定义为在 TDLAS 系统中当没有任何吸收特征的气体（如纯氮气）通入气室时所采集到的红外光谱。这个信号及包含的特征不止出现在氮气光谱，它作为一个部分线性叠加到吸收光特征上。噪声主要包括随机噪声、周期性明显的干涉条纹、缓慢变化的基线三部分，分别具有不同的频谱特征。

针对随机噪声，多次平均、滤波算法以及小波平滑都是被采用的消除噪声的方法[58]。Li 等使用多次平均的方法消除噪声[72]；Li 等使用小波平滑的方法消除噪声[34]；Kireev 等研究使用 Kalman 滤波、Savitzky-Golay 滤波和 Wiener 滤波算法处理呼吸气体中 CO_2 的光谱以提高灵敏度和准确度[73,74]；季文海等采用多次平均和 Savitzky-Golay 滤波算法分析 CO_2 光谱[75]。这些方法提高了信噪比，得到光滑的谱线，然而在回归标定模型中，所有的光谱点对浓度反演都有贡献，随机噪声带来的误差可以忽略。

针对基线，Li 等将空气光谱作为基线从实测光谱减除实现甲醛浓度 sub-ppb 的灵敏度[34]。Liu 等使用 sym6 小波基分解灌装西林瓶中的残余 O_2 光谱信号，分离基线[76]。把基线等价于一种信号源，在回归模型中作为一个因子，把它的影响从实测光谱中移除。这种做法的假设是基线的基本结构维持不变，仅是强度发生变化。

针对干涉条纹，Hartmann 等采用对光谱进行傅里叶变换的方式，可以移除自由光谱区（Free Spectral Range，FSR）光谱宽度一般的干涉条纹，在 2cm 短程气室测试相对湿度的结果中，实现了相对误差小于 0.25%[77]。Li 等研究发现在频率调制光谱技术中，当调制频率是干涉条纹自由光谱区的整数倍或者半整数倍时，干涉条纹被有效抑制[78]。基于经验模态分解（EMD）的多次滤波方法也被用来降低多光程吸收光谱中的干涉噪声，郭心骞等对不同压强和温度下 CO_2 标准气体的光谱信号进行多次 EMD 滤波处理，光谱信号中干涉结构的幅值降低倍数达到两个数量级，信噪比提升两个数量级左右[79]。Li 等采用小波变换的方法分析了不同压力和温度下的 CO_2 光谱，比较了 fk18、haar、db02、coif1 等几种小波基函数，发现通过 fk18 小波基在 13 层分解之后，干涉条纹被极大压制[80]。Umberto 提出了一种半经验法，可以在无先验知识的情况下把吸收线的光谱从任意形式干扰的背景中分离出来[81]。

11.3.2　形变问题

TDLAS 分析仪的设计寿命为 5～10 年，在长期的现场应用过程中，检测气体的吸收光谱不可避免地产生不同程度的形变，降低了光谱保真度，影响分析仪的准确性和稳定性。复杂的工作环境、激光、探测器和电子元件的老化都会导致光谱的微缓形变：电子器件的温度漂移导致激光光源驱动电流的漂移；光路偏移、电路老化或激光光源性能退化造成光谱漂移。最直接的解决方法就是寻峰操作，通过追踪某种气体分子吸收峰的移动，并适时调节驱动电流，让谱峰始终处于标定时的位置。然而这种方法的准确性受到光谱随机噪声、背景成分、温度压力等因素变化的影响。

在校验时使用标气进行形变分析是基于形变传递的概念，由于过程气体存在太多的变化因素，而标气则具有固定的浓度、固定的背景，可以控制流量气压，它的光谱可以作为分析形变的基准。由于形变是系统性的，发生在标气光谱的形变也会同等程度地作用在过程光谱上，用标气光谱分析的形变对过程光谱进行逆运算，复原到标定时的状态，就可以准确适用标定时建立的浓度反演模型了[75]。Tang 等研究了一种时域相关度算法提高了分析精度[82]。针对高阶的形变，如光谱的伸缩效应，中国石油大学（华东）季文海课题组将智能算法引入到形变分析中，提出了最小二乘支持向量机算法（LS-SVM）结合标气定期校验的办法，分析标准气体在现场和标定时发生的相对形变，包括平移量和伸缩量，在此基础上进行反变换，对在过程测量中形变的光谱进行复原，再根据标定模型进行浓度反演，提高了分析精度[83]。

激光器功率的退变影响光谱强度。为了抵消在应用过程中的功率波动，一般对原始光谱进行光功率归一化再浓度反演。Sun 等使用三阶多项式拟合光功率曲线，归一化呼吸气体中 CO_2 的同位素光谱，$\delta^{13}C$ 的基线标准差达到 0.067%[58]。

11.3.3　干扰问题

解决光谱干扰是化学计量学研究的范畴，主要的方法分为经典算法和智能算法两大类。智能算法包括多元线性回归［MVLR 或 CLS，式（11-4）］及 PLS［式（11-5）］，是目前在商用仪器里应用最广泛的方法，对于维持分析仪器的精度起了重要作用。

$$Y = k_0 + k_1 R_1 + k_2 R_2 \tag{11-4}$$

式中，R_1、R_2 是已知浓度气体的参考谱，包括目标分析物，也包括背景成分，总参考谱的个数也不限于两个。需要指出的是，参考谱系不需要参考谱之间正交，只要它们之间线性独立，切忌不同浓度的同种物质的光谱出现在参考谱系里[49,75]。

PLS 算法光谱矩阵 X 和含量矩阵 C 的分解同时进行，并将不同浓度水平的含量信息引入到光谱数据分解过程中，在每计算一个新主成分之前，交换光谱与含量的得分，从而使光谱主成分直接与被分析组分含量相关联，直到残差低于设定阈值[49]。

$$\begin{aligned} X &= T \cdot P + E \\ C &= T \cdot Q + F \end{aligned} \tag{11-5}$$

式中，T 和 P 分别为光谱矩阵 X 的得分矩阵和载荷矩阵；T 和 Q 分别为光谱

浓度矩阵 C 的得分矩阵和载荷矩阵；E 和 F 分别为光谱矩阵 X 和浓度矩阵 C 的残差矩阵。

模型训练之后，得到系数矩阵 B_{PLS}，与实测光谱进行简单地点乘，反演浓度 C，

$$C = XB_{PLS} \tag{11-6}$$

根据浓度矩阵 C 的数据个数，PLS 分为仅分析一种组分的单组分偏最小二乘算法（PLS1）和两种以上组分的多组分偏最小二乘算法（PLS2）。从数学的角度，PLS 和 MVLR 都可以进行多元回归和多组分检测，但是由于激光器的波长仅是为了优化其中一种分析物而设计的，因而除此之外的分析物的精度不能满足要求。对于特别的应用，如裂解炉烧焦分析过程检测 CO 和 CO_2 浓度的需求，二者的浓度范围和灵敏度要求一样，都是 $0 \sim (10\% \pm 0.1\%)$，它们在 1580nm 区域的吸收强度非常接近。季文海等分别采用多变量最小二乘算法（CLS）、PLS1 和 PLS2 进行建模和评估。在后续的多组分交叉干扰实验和 CO_2 的扩展量程准确性测试实验中，PLS1 模型的最大误差小于 $\pm 0.05\%$，PLS2 的小于 $\pm 0.10\%$，CLS 的小于 $\pm 0.20\%$。证明了 PLS1 算法在实现化工过程中的多组分在线检测中具有先进性[49]。

随着人工智能研究的进展，智能算法也被引入到光谱分析研究中来。其中极限学习机（Extreme Learning Machine，ELM）算法，是 2004 年南洋理工大学黄广斌提出的一种简易有效的单隐层前向神经元网络（Single Layer Forward Networking，SLFN）。它的优势在于：计算量和时间复杂度小，训练速度快；唯一最优解，避免局部最优解。矩阵模型可线性表示为：

$$H\beta = Y \tag{11-7}$$

式中，Y 为输出矩阵包含的浓度信息；β 为输出权重矩阵；H 为隐藏层输出矩阵。

$$H = \begin{bmatrix} h(s_1) \\ \vdots \\ h(s_r) \end{bmatrix} = \begin{bmatrix} g(a_1,b_1,s_1) & \cdots & g(a_L,b_L,s_1) \\ \vdots & \vdots & \vdots \\ g(a_1,b_1,s_r) & \cdots & g(a_L,b_L,s_r) \end{bmatrix}_{r \times L} \tag{11-8}$$

式中，$g(\cdot)$ 为激发函数（如 Hardlim 函数和 Line 函数）；a_i 为隐含节点和所有输入节点的输入权重向量；b_i 为第 i 个隐含层节点处的偏置；s_i 为样本光谱（训练集或测试集）；r 为样本个数；L 为隐含层节点数。相比 SLFN，ELM 隐藏层的输入权重矩阵和隐藏神经元偏置矩阵随机生成，因此在模型训练时，根据输出矩阵和训练集光谱就可求解输出权重矩阵 β。然后在测量过程中，用 β 再进行浓度反演。

为了进一步提高分析效率，吕晓翠等提出了对光谱进行特征提取的预处理方法，降低数据维度。该方法首先在训练集通过 PLS，找出几个主成分，能最大程度地解释回归误差，然后将光谱在这几个主成分上投影，组成投影向量，这样数据维度就从数百个点降到几个点，大幅提高了训练时间。她在天然气中硫化氢的光谱分析中，发现

预测精度提升了 25%，模型运算时间由 0.12s 下降到了小于 10ms[84]。

11.3.4　标定模型问题

分析仪器需要标定，上述分析算法的训练过程是一种标定过程，即以可溯源国家标准的标准混合气光谱为基准建立关联模型，但这是一个依赖于具体硬件系统以及设置参数的过程，标定必须针对每台仪器进行。

对于有些应用，无法采用标气进行标定，需要基于物理原理独立于具体硬件系统的方法。比如，直接吸收光谱技术满足朗伯-比尔定律，可以直接根据公式推演气体浓度[16]。对于高灵敏的影响则需要研究 WMS 免标定测量方法。近几年发展的 WMS 免标定方法主要以 WMS-2f/1f 模型为基础。选择合适的光强和调制频率模型，结合朗伯-比尔定律模拟出调制吸收信号，利用模拟的 1f 归一化的 2f 信号或者扣除背景后的信号拟合相应的测量信号，当调制参数不变时，可将积分吸光度 A、吸收中心频率 ν_0、吸收半宽 ν_L 或 ν_D 作为拟合参数，多次迭代之后得到最佳拟合值，从而得到吸收气体的吸收信息[60,85,86]。Lan 等研究了的自标定 TDLAS 气体检测系统，利用多个谐波增加系统精度，发现一次谐波与三次谐波信号之比的方法达到最小的阿伦（Allan）方差[21]。Wei 等使用 1f 归一化的 2f 信号抵消 3～18 个大气压范围的冲击管实验室时光束准直所导致的光强漂移和浮动，信噪比大幅提升[87]。Zhang 等在数字化解调方案中，分别获取 1f 和 2f 信号，还避免了相位角度延迟的影响[88]。

11.4　应用进展

在工业生产过程中，为了保证产品质量、生产安全以及工艺效率，理解化学工艺的动力学过程，研究反应机理，加速新工艺和新技术的研究，需要对生产工艺过程中的气体进行监测。针对工业过程 TDLAS 气体监测，已有大量的研究成果。Qu 等利用 TDLAS 技术测量了高温煤燃烧过程中的钾原子浓度[89]；Hirmke 等运用 TDLAS 技术检测金刚石生长过程中产生的气体[90]；Chou 等利用 TDLAS 技术测量了等离子体腐蚀炉中的 HBr[91]；Guo 等测量了焦炉烟气选择性催化转化过程的氨气含量[92]；中国科学院安徽光学精密机械研究所利用 TDLAS 技术实现了天然气管道泄漏的定量遥测[93]，氨逃逸的在线监测[94]，工业过程产生的 H_2S、CH_4、O_2 以及燃烧过程产生的 CO、CO_2 等浓度的测量[95]，汽车尾气的路边监测[96] 和酒驾遥测[97] 等，是目前国内从事 TDLAS 应用研究最先进、最活跃的机构。下面按照不同领域介绍几个典型应用。

11.4.1　工业应用

在钢铁制造业中，通过实时监测控制电弧炉 O_2 的注入量，以实现脱磷、脱碳、去除杂质及迅速均匀加热至出钢温度的目的[98]；火力发电厂中，为了节能减排以及提高发电效率，燃烧气体组分（CO_2、CO、O_2、SO_2 等）及温度的测量也非常重要[99]；半导体产业中，为保证精密产品的质量，对反应气体纯度要求极高，需要严格监测杂质气体的浓度。在安全生产领域，对氨气逃逸进行监测[100]；炸药存放过程中对三硝基甲苯等材料分解产生的 NO 和 NO_2 进行实时在线监测[101] 等。

清华大学李济东等针对燃烧分析，使用波长调制直接吸收光谱法（WM-DAS）在 $300 \sim 1000K$ 和 $5 \sim 20kPa$ 的条件下测量了 CO_2 在 $1.43\mu m$ 附件的线强度、自增宽和变窄系数。在吸光度峰值为 5% 左右时，信噪比提高到 1500，在吸光度峰值为 1% 左右时，信噪比保持在 550；利用 Voigt、Rautian、Galatry 和二阶速率 Voigt 线型来恢复吸光度，测得的线强度和自增宽系数与 HITRAN 数据库中列出的数据相符，通过分析这些光谱参数确定了 GP、RP 和 qSDVP 的自收缩系数等[102]。

在脱硝工艺气体监测中，出口的逃逸氨（残余氨）浓度检测非常重要，因当喷氨过量时，一方面容易形成铵盐导致催化剂的堵塞，阻碍 NO_x、NH_3、O_2 到达催化剂活性表面，引起催化剂钝化，造成催化剂的浪费；同时逃逸的 NH_3 在尾部烟道中与 SO_3 反应生成黏结性的硫酸铵和硫酸氢铵，易造成尾部烟道腐蚀及积灰堵塞，进而造成生产设备的损坏。另一方面，会导致选择性催化还原（SCR）脱硝设备出口不可避免地存在未反应的氨，称之为逃逸氨。未反应的 NH_3 排出系统，造成二次污染，是影响区域空气质量、大气能见度以及酸性沉降的重要因素。

河南省日立信股份有限公司设计了一套以 TDLAS 为基础的逃逸氨测量系统 TDS9001，用于火电厂烟气逃逸氨含量测量。该系统选用了中心波长为 1512nm 的 DFB 激光器及 8m 的光程池。在他们的实验中，TDS9001 测量 NH_3 气体的不确定度小于 3%，响应时间为 0.01s，且 TDS9001 测量时不受烟气中其他主要组分 NO、NO_2、CO、SO_2 的干扰[103]。

在整个化工行业中包括石油化工、天然气化工、煤化工、氯碱化工及氟化工等，从上游的勘探开采，到工艺加工，再到输运储藏、过程分析都有巨大的需求，需要广大科研院所和公司共同推动。在石油化工领域，催化裂化过程中 O_2、CO_2、CO 的测量，合成氨中的 O_2、CO、H_2S、SO_2、CH_4、NH_3 等的测量，尿素合成中 O_2、CO_2、NH_3 的测量以及硫黄回收中 O_2、H_2S、SO_2 等的测量[104]。烯烃生产技术是石油化工的核心技术，它标志着一个国家石油化学工业的发展水平，它生产的三烯三苯是其他有机原料的基础原料。烯烃生产流程主要分为裂解和分离，实时在线监测特定的痕量成分对于优化生产效率，提高产品产量和终端产品的质量控制是至关重要的。具体环节如碱洗过程分析 CO_2 和 H_2S；制冷系统的干燥再生环节分析痕量水汽；乙炔转化器环节分析乙炔；一氧化碳甲烷化分析 CO；二段汽油加氢分析 H_2S；裂解炉烧焦过程分析 CO 和 CO_2。为此，中国石油大学（华东）为齐鲁石化烯烃厂研制了在线烧焦分析装置，现场测试数据证明了目前的烧焦工艺过于保守，裂解炉的烧焦时间可以减少 30% $\sim$ 50%。为了维持催化效率和提高催化剂寿命，痕量污染物如 H_2O、CO、H_2S、NH_3、HCl 等需要在 $10^{-6} \sim 10^{-9}$ 浓度水平上监测和控制。

在油气储运领域，中国科学院安徽光学精密机械研究所和中国石油大学（华东）研制了开放光程的检测系统，在油罐和管道隧道两端，对天然气泄漏的甲烷和硫化氢进行监测，实现检测距离超过 1km[105,106]。

在地质资源勘探、大气环境检测等领域，TDLAS 技术可用于煤矿和石油天然气中的碳同位素检测。检测天然气、煤层气的碳同位素可以推演油气煤藏特征，加深理解地球深部的成岩成矿机理和演化规律。张志荣等采用双波长 TDLAS 技术检测煤层气中的 CH_4 和 CO_2 的 $\delta^{13}C$，对测试数据进行 Allan 方差分析，分别实现基线方差为 0.042% 和 0.017%[107]。

11.4.2　技术标准

在工业应用中相对其他检测技术，TDLAS 技术是一个新技术，需要对应的国家标准或者行业标准才能发挥巨大的市场价值。2010 年国家质量技术监督局发布了《可调谐激光气体分析仪》（GB/T 25476—2010），于 2011 年 5 月实施，它规定了可调谐激光气体分析仪的要求、试验方法、检验规则、包装、运输、储存等，适用于使用可调谐半导体激光吸收光谱技术测量混合气体或蒸气中某一种或几种气体组分浓度的可调谐激光气体分析仪。除此之外，还有更有针对性的标准，如水含量和氨逃逸检测。2017 年国家能源局发布了中华人民共和国石油行业标准《水含量的测定激光吸收光谱法》（SY/T 7379—2017），并于 2018 年起正式实施。标准适用于经处理的管输过程，主要包括采气、净化、管输、压缩、液化等，水含量的范围为 $1 \sim 5000 \mu L/L$。《激光氨逃逸在线分析系统》（Q/HDDAF0010—2016）标准适用于环保及工业过程气体排放监测，包括燃煤发电厂、铝厂、钢铁厂、冶炼厂、垃圾发电站、水泥厂和化工厂等的脱硝过程的氨逃逸检测。伴随着 TDLAS 技术的蓬勃发展，更多的技术标准将获得通过，服务更多行业用户。

11.5　展望

随着半导体技术的研究和加工工艺的进展，尤其在宽调谐、高功率、窄线宽、任意波长等方面的进步，TDLAS 技术将会涵盖更多的分子种类，更有利于实现在一个激光器上进行多组分检测。有更多的集成光子技术的发展，将光波导气室、激光器和探测器集成到一个硅基芯片上[108]，而且结合目前专用集成芯片的发展，可以把调制解调、驱动、温度控制、光谱处理算法开发成一个专用芯片[109]，更加有利于传感器的布局和推广应用，并进一步推动智能传感的发展。

传统的 TDLAS 基于光电效应使用红外探测器，随着音叉设计的进步，基于光热效应的石英增强光声光谱（Quartz-Enhanced Photoacoustic Spectroscopy，

QEPAS）和光致热声效应光谱技术（Light-Induced Thermoelastic Spectroscopy，LITES）将会在过程分析得到应用。目前 He 等已经将高 Q-因子石英音叉（QTF）集成到 Herriott 气室，实现 CO 的探测低限为 $17 \times 10^{-9[110]}$。

  TDLAS 技术经过 40 多年的发展，已经成为一种比较成熟的光谱检测技术。TDLAS 技术在各领域气体检测中具备非接触测量、时间响应速度快、高精度、免标定、易于小型化等优势，在工业应用领域逐步获得认可。在检测原理发展成熟的基础上，相应的硬件（例如可调谐二极管激光器、微型气室等）的发展，使得激光检测波长范围不断扩大，测量气体种类不断增多；多次反射气体吸收池设计不断优化，体积不断缩小，稳定性和可靠性提高，使得 TDLAS 气体检测浓度极限不断降低；光纤技术、电子学技术及光机结构设计技术的不断发展，使得 TDLAS 测量仪器趋近于小型化并具备长期稳定性，极大地提高了工程化应用的便利性。

  但是，TDLAS 技术在各领域的应用中仍然面临着一些问题及挑战：首先表现为测量需求越来越苛刻，如集成的测量装置转向智能、小型的需求等；其次是测量对象越来越复杂，如从常压到高压、从室温到工艺温度、从表面外围到内部原位等；最后是随着化工工艺的进步，测量的气体组分越来复杂，气体的灵敏度要求越来越高。所以，TDLAS 技术未来的发展主要将朝着以下方向发展：环境适应性更强，测量的光学结构和电子学系统长期稳定性更高，算法更加高效成熟，仪器更加小型智能，检测限更低以及测量参数逐渐增多以满足不同应用领域的需求等。

参 考 文 献

[1] 褚小立,张莉,燕泽程.现代过程分析技术交叉学科发展前沿与展望.北京:机械工业出版社,2016.

[2] 聂伟,阚瑞峰,刘文清,等.可调谐二极管激光吸收光谱技术的应用研究进展.中国激光,2018,45(09):9-29.

[3] Meier A C,Schnhardt A,Bsch T,et al. High resolution airborne imaging DOAS measurements of NO_2 above Bucharest during AROMAT. Atmospheric Measurement Techniques,2017,10(5):1-42.

[4] Shen L L,Qin M,Sun W,et al. Cruise observation of SO_2,NO_2 and benzene with mobile portable DOAS in the industrial park. Spectroscopy and Spectral Analysis,2016,36(6):1936-1940.

[5] Zhang G L,Liu J G,Kan R F,et al. Simulation studies of multi-line line-of-sight tunable-diode-laser absorption spectroscopy performance in measuring temperature probability distribution function. Chinese Physics B,2014,23(12):209-214.

[6] Xu Z Y,Liu W Q,Liu J G,et al. Temperature measurement based on tunable diode laser absorption spectroscopy. Acta Physica Sinica,2012,61(23):234204.

[7] 马天.基于 TDLAS 吸收光谱法测量高温气体温度[D].哈尔滨工业大学,2018.

[8] Chen J Y,Liu J G,He J F,et al. Study of high temperature water vapor concentration measurement method based on absorption spectroscopy. Spectroscopy and Spectral Analysis,2014,34(12):3174-3177.

[9] Chen J Y,Li C R,Zhou M,et al. Measurement of CO_2,concentration at high-temperature based on tunable diode laser absorption spectroscopy. Infrared Physics and Technology,2017,80:131-137.

[10] Liu J,Ruan J,Yao L,et al. Tunable diode laser absorption based velocity sensor for local field in hypersonic

flows// Proceedings of Optics and Photonics for Energy and the Environment. November 14-17,2016,Leipzig,Germany. Light,Energy and the Environment Congress,c2016:ETu2A. 4.

[11] Jia L Q,Liu W Q,Kan R F,et al. Study on oxygen velocity measurement in wind tunnel by wavelength modulation-TDLAS technology. Chinese Journal of Lasers,2015,42(7):0715001.

[12] 韩雨佳,陈钻,薛志亮,等. 基于吸收光谱技术的气流速度测量研究. 激光与红外,2019,49(06):686-691.

[13] Wang C,Sahay P. Breath analysis using laser spectroscopic techniques: breath biomarkers, spectral fingerprints,and detection limits. Sensors,2009,9(10).

[14] Wei W,Chang J,Huang Q J,et al. Water vapor concentration measurements using TDALS with wavelength modulation spectroscopy at varying pressures. Sensor Review,2017,37(2):172-179.

[15] Peng C,Chen G,Tang J P,et al. High-speed midinfrared frequency modulation spectroscopy based on quantum cascade laser. IEEE Photonics Technology Letters,2016,28(16):1727-1730.

[16] 卢伟业,朱晓睿,姚顺春,等. TDLAS 直接吸收法和波长调制法在线测量 CO_2 的比较. 红外与激光工程,2018,47(07):155-160.

[17] Zhou X,Liu X,Jeffries J B,et al. Development of a sensor for temperature and water concentration in combustion gases using a single tunable diode laser. Measurement Science and Technology,2003,14(8): 1459-1468.

[18] 刘昱峰. 采用 VCSEL 光源的新型 TDLAS 甲烷气体检测系统研究[D]. 长春:中国科学院大学(中国科学院长春光学精密机械与物理研究所),2018.

[19] 刘立富,邱梦春,温作乐,等. 基于 TDLAS 技术在线监测烟气排放一氧化碳的应用. 中国环保产业,2019(4):29-32.

[20] Lan L J,Chen J,Zhao X X,et al. VCSEL-Based Atmospheric trace Gas sensor using first harmonic detection. IEEE Sensors Journal,2019,19(13): 4923-4931.

[21] Lan L J,Chen J,Wu Y C,et al. Self-calibrated multi harmonic CO_2 sensor using VCSEL for urban in situ measurement. IEEE Transactions on instrumentation and Measurement,2019,68(4): 1140-1147.

[22] Wang Y,Wei Y B,Chang J,et al. Tunable diode laser absorption spectroscopy based detection of propane for explosion early warning by using a vertical cavity surface enhanced laser source and principle component analysis approach. IEEE Sensors Journal,2017,17(15): 4975-4982.

[23] Wang Y,Wei Y B,Liu T Y,et al. TDLAS detection of propane/butane gas mixture by using reference gas absorption cells and partial least square approach. IEEE Sensors Journal,2018,18(20): 8587-8596.

[24] 范兴龙,王彪,许玥,等. 用于 CO_2 气体检测的 VCSEL 激光器温控系统设计. 激光杂志,2018,39(11): 18-21.

[25] Niu B,Yu H,Yu L,et al. 1.65μm three-section distributed bragg reflective (DBR) laser for CH_4 gas sensor. Optoelectronic Devices and Integration IV,2012.

[26] Wehe S,Sonnenfroh D,Allen M,et al. Measurements of trace pollutants in combustion flows using room-temperature,mid-IR quantum cascade lasers//40th AIAA Aerospace Sciences Meeting and Exhibit,January 14-17,2002,Reno,Nevada. USA,American Institute of Aeronautics and Astronautics. c2002:0824.

[27] Hofstetter D,Beck M,Aellen T,et al. Continuous wave operation of a 9.3μm quantum cascade laser on a Peltier cooler. Applied Physics Letters,2001,78(14):1964-1966.

[28] Li J S,Parchatka U,Fischer H. Development of field-deployable QCL sensor for simultaneous detection of ambient N_2O and CO. Sensors and Actuators B:Chemical,2013,182(3):659-667.

[29] Yu Y J,Sanchez N P,Griffin R J,et al. CW EC-QCL-based sensor for simultaneous detection of H_2O, HDO, N_2O and CH_4 using multi-pass absorption spectroscopy. Optics Express, 2016, 24 (10): 10391-10401.

［30］Cao Y C, Sanchez N P, Jiang W Z, et al. Simultaneous atmospheric nitrous oxide, methane and water vapor detection with a single continuous wave quantum cascade laser. Optics Express, 2015, 23(3):2121-2132.

［31］Upadhyay a, Wilson D, Lengden M, et al. Calibration-free WMS using a CW-DFB-QCL, a VCSEL, and an edge-emitting DFB laser with in-situ real-time laser parameter characterization. IEEE Photonics Journal, 2017, 9(2).

［32］Sun J, Liu N W, Deng H, et al. Laser absorption spectroscopy based on a broadband external cavity quantum cascade laser. International Conference on Optical and Photonics Engineering, 2017.

［33］张国勇, 王国情, 刘训臣, 等. 基于 TDLAS 的同轴扩散火焰温度与 CO_2 浓度测量. 内燃机与配件, 2018(12):87-92.

［34］Li J, Parchatka U, Fischer H. A formaldehyde trace gas sensor based on a thermoelectrically cooled CW-DFB quantum cascade laser. Analytical Methods, 2014, 6(15):5483-5488.

［35］Yuan W, Zhang D, Lu S, et al. Fast-response concentration measurement of bromotrifluoro methane using a quantum cascade laser(QCL) at 8.280um. Optics Express, 2019, 27(6):8838-8847.

［36］Vurgaftman I, Canedy C L, Kim C S, et al. Midinfrared interband cascade lasers operating at ambient temperatures. New Journal of Physics, 2009, 11(12):125015.

［37］Milde T, Hoppe M, Tatenguem H, et al. New GaSb based single mode diode lasers in the NIR and MIR spectral regime for sensor applications. Novel in-Plane Semiconductor Lasers XVII, 2018.

［38］李春光, 董磊, 王一丁, 等. 基于 TDLAS 和 ICL 的紧凑中红外痕量气体探测系统. 光学精密工程, 2018, 26(08):1855-1861.

［39］Li C G, Dong L, Zheng C T, et al. Compact TDLAS based optical sensor for ppb-level ethane detection by use of a 3.34 μm room-temperature CW interband cascade laser. Sensors and Actuators B-Chemical, 2016, 232:188-194.

［40］袁志国, 杨晓涛, 谢文强, 等. 基于 TDLAS 直接检测法的柴油机 NO_x 排放在线测试. 光谱学与光谱分析, 2018, 38(1):194-199.

［41］Yang X T, Fei H Z, Xie W Q. NO_x emission on-line measurement for the diesel engine based on tunable diode laser absorption spectroscopy. Optik, 2017, 140:724-729.

［42］Ghorbani R, Schmidt F M. ICL-based TDLAS sensor for real-time breath gas analysis of carbon monoxide isotopes. Optics Express, 2017, 25(11):12743-12752.

［43］Allan D W. Statistics of atomic frequency standards. Proceedings of the IEEE, 1966, 54(2):221-230.

［44］Zen L Z, Lu Y H, Kan R F, et al. Electronic design of a high-stable low-drift diode laser driver. Chinese Journal of Quantum Electronics, 2014, 31(5):569-575.

［45］Yuan S, Kan R F, He Y B, et al. Laser temperature compensation used in tunable diode laser absorption spectroscopy. Chinese Journal of Lasers, 2013, 40(5):0515002.

［46］Lackner M, Totschnig G, Winter F, et al. In situ laser measurements of CO and CH_4 close to the surface of a burning single fuel particle. Measurement Science & Technology, 2002, 13(10):1545.

［47］季文海, 吕晓翠, 李国林, 等. TDLAS 技术在烯烃生产过程中的多组分检测应用. 光学精密工程, 2018, 26(08):1837-1845.

［48］Chen F, James S, Tatam R. A 1.65μm region external cavity laser diode using an InP gain chip and a fiber Bragg grating. Proceedings of SPIE, 2012, 8421:84215F.

［49］Jiménez A, Milde T, Staacke N, et al. Narrow-line external cavity diode laser micro-packaging in the NIR and MIR spectral range. Applied Physics B, 2017, 123(7):207.

［50］孙彦森. 基于 TDLAS 的甲烷检测系统开发与试验研究//2018 中国汽车工程学会年会论文集. 中国汽车工程学会, 2018.

[51] Ghetti A，Cocola L，Tondello G，et al. Performance evaluation of a TDLAS System for carbon dioxide isotopic ratio measurement in human breath. Optical Sensing and Detection V，2018.

[52] Jatana G S，Perfetto a K，Geckler S C，et al. Absorption spectroscopy based high-speed oxygen concentration measurements at elevated gas temperatures . Sensors and Actuators B-Chemical，2019，293：173-182.

[53] 杨西斌. Chernin 型光学多通池的设计及在 VOCs 探测中的应用[D]. 北京：中国科学院大学，2010.

[54] 陆恒，张刚，张国贤，等. 基于 TDLAS 的二氧化碳和水汽同时检测技术研究. 现代科技信息，2018，35(05)：41-43.

[55] Tarsitano，C G，Webster C R. Multilaser herriott cell for planetary tunable laser spectrometers. Applied Optics，2007，46(28)：6923-6935.

[56] 刘运席，王文龙. 一种多光程单气室的采样气室装置：中国，ZL201511008275.0. 2017.

[57] Overton G. New multi-pass gas cells beat conventional design. Laser Focus World，2013，49：17.

[58] Sun M G，Ma H L，Liu Q，et al. Highly precise and real-time measurements of(CO_2)-C13/(CO_2)-C12 isotopic ratio in breath using a 2 μm diode laser. Acta Physica Sinica，2018，67(6).

[59] 李萌，郭金家，叶旺全，等. 基于微型多次反射腔的 TDLAS 二氧化碳测量系统. 光谱学与光谱分析，2018，38(03)：697-701，707.

[60] 陈家金. 基于长光程激光吸收光谱痕量气体及同位素探测技术研究[D]. 北京：中国科学技术大学，2018.

[61] Gao R K，O'byrne S，Sheehe S L，et al. Transient gas viscosity measurement using tunable diode laser absorption spectroscopy. Experiments in Fluids，2017，58(11)：156.

[62] Challener W A，Kasten M A，Karp J，et al. Hollow-core fiber sensing technique for pipeline leak detection. Photonic Instrumentation Engineering V，2018.

[63] 张云刚，刘如慧，汪梅婷，等. 漫反射立方腔单次反射平均光程的理论和实验研究. 物理学报，2018，67(1)：239-245.

[64] Zhou X，Yu J，Wang L，et al. Investigating the relation between absorption and gas concentration in gas detection using a diffuse integrating cavity. applied sciences，2018，8(9).

[65] Yang C，Liu J，Hu M，et al. Multi-QCLs based open-path sensor for atmospheric NO，NO_2 and NH_3 detections//Optics and Photonics for Energy and the Environment 2016，November 14-17，2016，Leipzig，Germany. Fourier Transform Spectroscopy，c2016，JW4A. 26.

[66] Jiang J，Wang Z W，Han X，et al. Multi-gas detection in power transformer oil based on tunable diode laser absorption spectrum . IEEE Transactions on Dielectrics and Electrical Insulation，2019，26(1)：153-161.

[67] 李宁，吕晓静，翁春生. 基于光强与吸收率非线性同步拟合的吸收光谱测量方法. 物理学报，2018，67(5)：243-250.

[68] Wang Z M，Chang T Y，Zeng X B，et al. Fiber optic multipoint remote methane sensing system based on pseudo differential detection. Optics and Lasers in Engineering，2019，114：50-59.

[69] 蒋利军. Co、C_2H_2 的近红外吸收光谱及测量仪器的小型化研究[D]. 太原：太原科技大学，2018.

[70] He J F，Kan R F，Xu Z Y，et al. Derivative spectrum and concentration inversion algorithm of tunable diode laser absorption spectroscopy oxygen measurement. Acta Optica Sinica，2014，34(4)：0430003.

[71] Liu J H，Wang S Y，Lü J W，et al. Design and research of built-in sample cell with multiple optical reflections，AOPC 2017：Optical Spectroscopy and Imaging，2017.

[72] Li C L，Shao L G，Jiang L J，et al. Simultaneous measurements of CO and CO_2 employing wavelength modulation spectroscopy using a signal averaging technique at 1. 578μm. Applied Spectroscopy，2018，72(9)：1380-1387.

[73] Kireev S V，Kondrashov A A，Shnyrev S L. Improving the accuracy and sensitivity of ^{13}C online detection in expiratory air using the TDLAS method in the spectral range of 4860~4880 cm^{-1}. Laser Physics Letters，

2018,15(10).

[74] Kireev S V,Kondrashov A A,Shnyrev S L. Application of the Wiener filtering algorithm for processing the signal obtained by the TDLAS method using the synchronous detection technique for the measurement problem of $^{13}CO_2$ concentration in exhaled air. Laser Physics Letters,2019,16(8):085701.

[75] 季文海,杨雅涵,李国林,等. TDLAS分析仪谱图微缓形变的复原算法. 光子学报,2017,46(8):131-140.

[76] Liu Y S,He J J,Zhu G F,et al. A new method for second harmonic baseline correction and noise elimination on residual oxygen detection in packaged xilin bottle. Spectroscopy and Spectral Analysis,2017,37(8):2598-2602.

[77] Hartmann A,Strzoda R,Schrobenhauser R,et al. Ultra-compact TDLAS humidity measurement cell with advanced signal processing. Applied Physics B-Lasers and Optics,2014,115(2):263-268.

[78] Li C L,Shao L G,Meng H Y,et al. High-speed multi-pass tunable diode laser absorption spectrometer based on frequency-modulation spectroscopy. Optics Express,2018,26(22):29330-29339.

[79] 郭心骞,邱选兵,季文海,等. 基于经验模态分解的可调谐半导体激光吸收光谱中干涉条纹的抑制. 激光与光电子学进展,2018,55(11):463-469.

[80] Li C,Guo X,Ji W,et al. Etalon fringe removal of tunable diode laser multi-pass spectroscopy by wavelet transforms. Optical and Quantum Electronics,2018,50(7):1-11.

[81] Umberto M,Francesca V. Novel semi-parametric algorithm for interference-immune tunable absorption spectroscopy gas sensing. Sensors,2017,17(10):2281.

[82] Tang Q X,Zhang Y J,Chen D,et al. Research on wavelength shift correction algorithm for tunable laser absorption spectrum. Spectroscopy and Spectral Analysis,2018,38(11):3328-3333.

[83] 季文海,宋迪,李国林,等. 通过标气校验和支持向量机提高光谱保真度的应用. 光学精密工程,2019,27(10):2144-2153.

[84] 吕晓翠,李国林,季文海,等. 基于特征提取的极限学习机算法在可调谐二极管激光吸收光谱学中的应用. 中国激光,2018,45(9):145-152.

[85] Wei M,Kan R F,Chen B,et al. Calibration-free wavelength modulation spectroscopy for gas concentration measurements using a quantum cascade laser. Applied Physics B,2017,123(5):149.

[86] Qu D S,Hong Y J,Wang G Y,et al. Measurements of gas temperature and component concentration based on calibration-free wavelength modulation spectroscopy. Acta Optica Sinica,2013,33(12):330-335.

[87] Wei W,Peng W Y,Wang Y,et al. Demonstration of non-absorbing interference rejection using wavelength modulation spectroscopy in high-pressure shock tubes. Applied Physics B-Lasers and Optics,2019,125(1).

[88] Zhang K K,Zhang L J,Zhao Q,et al. Application of digital quadrature lock-in amplifier in TDLAS humidity detection. AOPC 2017:Optical Spectroscopy and Imaging,2017.

[89] Qu Z,Steinvall E,Ghorbani R,et al. Tunable diode laser atomic absorption spectroscopy for detection of potassium under optically thick conditions. Analytical Chemistry,2016,88(7):3754-3760.

[90] Hirmke J,Hempel F,Stancu G D,et al. Gas-phase characterization in diamond hot-filament CVD by infrared tunable diode laser absorption spectroscopy. Vacuum,2006,80(9):967-976.

[91] Chou S I,Baer D S,Hanson R K,et al. HBr concentration and temperature measurements in a plasma etch reactor using diode laser absorption spectroscopy. Journal of Vacuum Science and Technology,2001,19(2):477-484.

[92] Guo X Q,Zheng F,Li C L,et al. A portable sensor for in-situ measurement of ammonia based on near-infrared laser absorption spectroscopy. Optics and Lasers in Engineering,2019,115:243-248.

[93] Zhang S,Liu W Q,Zhang Y J,et al. Research of quantitative remote sensing of natural gas pipeline leakage based on laser absorption spectroscopy. Acta Physica Sinica,2012,61(5):050701.

［94］ Chen D,Liu W Q,Zhang Y J,et al. Fiber distributed multi-channel open-path H_2S sensor based on tunable diode laser absorption spectroscopy. Chinese Optics Letters,2007,5(2):121-124.

［95］ Zhang Z R,Pang T,Yang Y,et al. Development of a tunable diode laser absorption sensor for online monitoring of industrial gas total emissions based on optical scintillation cross-correlation technique. Optics Express,2016,24(10):A943.

［96］ Tang Y Y,Liu W Q,Kan R F,et al . High sensitivity online detection of vehicle exhaust gas concentration based on quantum cascade laser(QCL)//Summary of the 2011 academic conference of the Chinese Academy of Optics. Beijing:Chinese Academy of Optics,2011.

［97］ Geng H,Zhang Y J,Liu W Q,et al. Acquisition method of high resolution spectra of ethanol vapor in near-IR range. Journal of Atmospheric and Environmental Optics,2012,7(1):57-62.

［98］ Wang L,Zhang Y,He Y,et al. A laser diode sensor for in-situ monitoring of H_2S in the desulfurizing device// Proceedings of 2011 International Conference on Electronics and Optoelectronics. IEEE,2011,V4:276-279.

［99］ Deguchi Y,Kamimoto T,Wang Z Z,et al. Applications of laser diagnostics to thermal power plants and engines. Applied Thermal Engineering,2014,73(2):1453-1464.

［100］ Zhang Z,Zou D,Chen W,et al. Online monitoring of escaped ammonia based on TDLAS. Proceedings of Nanophotonics,Nanoelectronics and Nanosensor,2013.

［101］ Zakrzewska B. Very sensitive optical system with the concentration and decomposition unit for explosive trace detection. Metrology & Measurement Systems,2015,22(1):101-110.

［102］ Li J D,Du Y J,Peng Z M,et al. Measurements of spectroscopic parameters of CO_2 transitions for Voigt, Rautian,Galatry and speed-dependent Voigt profiles near 1.43μm using the WM-DAS method. Journal of Quantitative Spectroscopy and Radiative Transfer,2019:197-205.

［103］ 汪献忠,李建国. 一种基于 TDLAS 技术的逃逸氨浓度检测装置和方法:CN105806806B. 2019-04-30.

［104］ Wang Y,Wei Y B,Chang J,et al. Tunable diode laser absorption spectroscopy(TDLAS) -based detection of propane for explosion early warning by using a vertical cavity surface enhanced laser(VCSEL) source and principle component analysis(PCA) approach. IEEE Sensors Journal,2017,15(17):4975-4982.

［105］ Liu S. Towards aerial natural gas leak detection system based on TDLAS. Proceedings of SPIE,2014, 9299:92990X.

［106］ Han X L. The study of technique for natural gas leak detection based on TDLAS. China University of Petroleum(East China),2009.

［107］ Zhang Z R,Sun P S,Li Z,et al. Novel coalbed methane(CBM) origin analysis and source apportionment method based on carbon isotope ratio using infrared dual-wavelength laser absorption spectroscopy. Earth and Space Science,2018,5(11):721-735.

［108］ Tombez L,Zhang E J,Orcutt J S,et al. Methane absorption spectroscopy on a silicon photonic chip. Optica,2017,4(11):1322-1325.

［109］ Xu L,Yu N,Zhang H,et al. A gas detection chip based on TDLAS technology. 2019 IEEE International Conference on Electron Devices and Solid-State Circuits(EDSSC),Xi'an,China,2019:1-3.

［110］ He Y,Ma Y F,Tong Y,et al. Ultra-high sensitive light-induced thermoelastic spectroscopy sensor with a high Q-factor quartz tuning fork and a multipass cell. Optics Letters,2019,44(8):1904-1907.

第 12 章　过程分析技术在制药领域中的新进展

　　近年来，我国制药水平得以大幅度提升。随着自动化和工业化进程的推进，制药行业过程分析技术的应用也越来越广泛。以近红外光谱（NIR）技术等光谱技术为核心技术的过程分析技术，由于其快速、无损、实时、多变量同时测定、无需预处理或简单预处理、不引入污染物等优点，正使得药品检测从"事后"走向"事前"，从"离线"走向"在线"，从"实验室"走向"现场"等。特别是过程分析技术在中药制药领域的成功实施，极大地提升了该技术的应用信心。

　　近 20 年来，我国在中药、化学药、生物制剂等生产过程的各个环节，开展了不同层面的理论研究和实际应用研究。尤其是近 10 年来，随着对该技术认识的逐渐加深，再加上对生产过程的深入理解，过程分析技术已经成为制药行业生产过程在线检测和质量控制的重要技术手段。

　　本章重点评述近五年来，以近红外光谱技术为主要技术的过程分析技术在国内外制药领域中的应用进展，为制药领域广泛应用过程分析技术提供参考。

12.1　过程分析技术在制药领域的政策与指南概况

12.1.1　过程分析技术相关的几个概念[1]

　　过程分析技术（Process Analytical Technology，PAT），是指以保证终产品质量为目的，通过对有关原料、生产中物料及工艺的关键参数和性能指标进行实时检测的一个集设计、分析和生产控制为一体的系统。从 FDA 定义上看，PAT 中的"分析"是将化学、物理、微生物、数学、风险分析整合为一体的学科，即"分析"一词在此是指"分析性的思维"。

　　质量源于设计（QbD）：是一系统的研发方法。此法基于可靠的科学和质量风险管理之上，预先定义好目标以及强调对产品与工艺的理解，及对工艺的控制。

　　关键工艺参数（CPP）：是一类工艺参数，其变化会对关键质量属性产生影响，因而须对其监控以确保工艺流程得以预期的质量。

　　关键质量属性（CQA）：物理、化学、生物学或微生物的性质或特征，其应在适当的限度、范围或分布内，以保证产品质量。

12.1.2　欧美主要政策与指导原则[2]

2004 年，美国 FDA[1] 发表了《Guidance for industry PAT—A framework for innovative pharmaceutical development，manufacturing，and quality assurance》，正式宣布了 PAT 在制药领域的应用大幕开启。随后，欧美等发达国家和地区也第一时间跟进，先后出台了与 PAT 相关的标准和指导原则。

自 2004 年以来，FDA 发布了《Quality systems approach to pharmaceutical cGMP regulations》（2006 年）、《Guidance for industry process validation：general principles and practices》（2011 年）、《Development and submission of near infrared analytical procedures，Guidance for industry，Draft guidance》（2015 年）、《Guidance for industry advancement of emerging technology applications for pharmaceutical innovation and modernization》（2017 年）等指南，分别从动态药品生产管理规范（cGMP）、工艺验证、NIR 分析等新兴技术的应用做了相应的政策指引，为 PAT 在制药领域的广泛有效应用等做了很多努力。

同期，欧盟在 PAT 的推广与应用上，也修订了诸多标准和指导原则。2014 年欧洲药品管理局（EMA）发布《Guideline on process validation for finished products information and data to be provided in regulatory submissions》，并在 2016 年作了修订，强调连续工艺确认（CPV）可替代传统工艺验证。欧洲药品质量管理局（EDQM）则于 2018 年发布了 PAT 草案，拟收于欧洲药典（EP），以推动 PAT 的应用。

值得注意的是，欧美针对光谱技术，特别是 NIR 和拉曼光谱做出了有指导价值的推荐。美国药典（USP）和 EP 则增加了 NIR 和拉曼光谱等光谱分析技术通则，说明可以采用 PAT 和/或实时放行检测策略替代仅检测终产品的方法。2014 年，EMA 在原有指南的基础上，发布了新版《Guideline on the use of near infrared spectroscopy by the pharmaceutical industry and the data requirements for new submissions and variations》，进一步明确了 NIR 方法作为 PAT 的应用场景与要求。

12.1.3　我国过程分析技术相关的政策文件与指南

在重大新药创制、中医药现代化、绿色制造、仪器专项等重大科技专项的支持下，我国企业界在 PAT 应用与实践的道路上进行了具有鲜明特色的探索与尝试，积累了较丰富的经验，为我国 PAT 相关政策的出台与实施提供了一手的原始素材。

《中华人民共和国药典》2015 年版，收录 NIR 和拉曼光谱技术作为通则[3]。2015 年，我国发布《中国制造 2025》，作为中国实施制造强国战略第一个十年的行动纲领。战略任务中，提出"推进生产过程智能化"。五大工程其中包括"智能制造工程"，依托优势企业，紧扣关键工序智能化、关键岗位机器人替代、生产过程智能优化控制、供应链优化，建设重点领域智能工厂/数字化车间。2016 年，我国发布《医药工业发展规划指南》和《智能制造工程实施指南（2016—2020）》，说明 PAT 是未来医药领域发展的主要任务之一。

12.1.4 制药过程常用的过程分析技术简介

我国药品分类包括化学药、生物药和中药（天然药物），其生产过程不一致且复杂，涉及过程类型较多，每个过程涉及的参数也较多。鉴于此，为有效实施PAT，所使用的技术手段也是多种多样。

12.1.4.1 过程分析技术应用场景类型

PAT 贯穿于药品生产的整个过程，包括原料、生产过程、制剂成型与上市后质量追踪等各个环节。以较为复杂的中药生产为例，不同品种涉及的工艺环节极多，应用场景也极具代表性。典型的中药生产过程如图 12-1 所示。

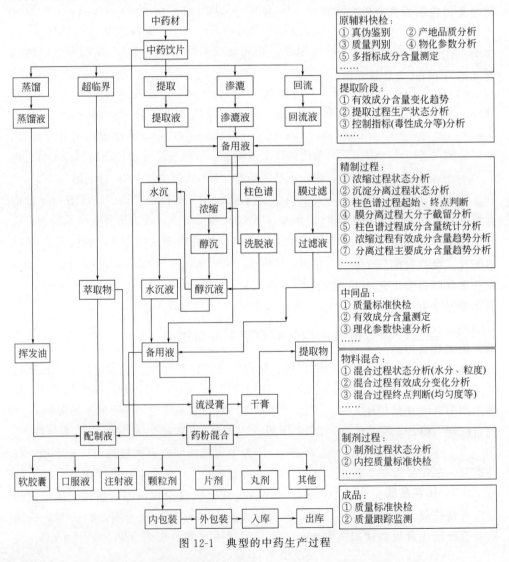

图 12-1 典型的中药生产过程

　　PAT 所采用的测量类型，包括四种：a. 线内检测（in-line），又称原位检测；b. 在线检测（on-line），又称线上检测；c. 近线检测（at-line），又称线旁检测；d. 离线检测（off-line），又称实验室检测[4]。一般来看，线内检测、在线检测和近线检测常被认为是典型的 PAT，尤以线内检测、在线检测为甚。后文所阐释的 PAT 应用多以二者为例。

12.1.4.2　常用的过程分析技术与工具

　　按照 FDA 颁布的指南，在 PAT 实施过程中，一般采用四种工具：a. 设计、数据采集及分析的多变量工具；b. 过程分析工具；c. 过程控制工具；d. 持续改进和知识管理工具。针对 PAT，目前常用技术手段（具体实施技术）包括：光学（光谱）及其成像技术、色谱技术、质谱技术、核磁技术等。其中制药领域目前应用最广的是以 NIR、拉曼光谱技术为典型代表的光谱技术。

　　光学（光谱）及其成像技术中，包括光谱技术、光学成像技术等。其中光谱技术多为 NIR、拉曼光谱、UV-Vis（紫外-可见光谱）、IR、XRF（X 射线荧光光谱）、LIF（荧光光谱）、THz（太赫兹光谱）、LIBS（激光诱导击穿光谱）等。

12.2　基于光谱分析技术的制药工业在线过程分析技术应用

　　为简介制药领域 PAT 实施，以典型的中药生产过程 NIR 在线检测为例，如图12-2 所示。中药生产过程涉及提取、分离、浓缩、过滤、干燥、混合制剂等工艺环节，每一步均需要对生产目标物（中间体或终产品等）的关键质量属性进行及时的全面评估。在这些工艺环节，现行评估策略多为核验温度、压力、黏度、物料配比、生产时间等关键工艺参数，通过对这些参数的控制以对应预期关键质量属性来保障每步工艺产品的质量。这些参数与关键质量属性均有一定的相关性，但不能完全直接地反应关键质量属性。引入 PAT（NIR）后，可以采用预先建立好的经过校验的"光谱-关键质量属性值"相关联的数学模型，对生产过程通过光谱采集工具获得的与关键质量属性密切相关的光谱进行实时分析，获得具有经过方法确证的关键质量属性预测值，并以此与生产过程当前操作进行对比分析，将结果发送至决策系统，并由决策系统将命令反馈至自动控制系统。整个过程实时动态调节，实现最优内在质量属性保证的生产过程控制，最终获得质量得以保证的目标物（终产品）[4]。

12.2.1　反应监测

12.2.1.1　化学合成

　　有机合成是化学药品生产的起始步骤，也是决定药品安全有效的关键步骤。目前对合成反应过程的认识与控制多采用离线方法，导致对此步骤的理解深度不足。

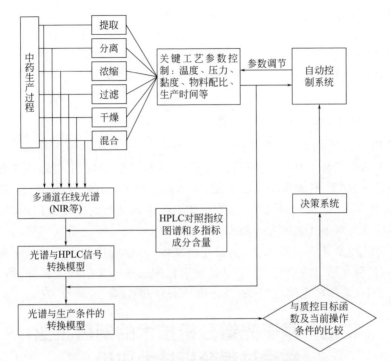

图 12-2 典型的中药生产过程近红外光谱在线检测系统

而这些决定了药品生产后续步骤的选择,因此合成反应是决定药品安全有效的关键步骤。PAT 工具可以用于实时监测合成过程,检测原料药(API)含量,分析其过程变化趋势,判断合成终点,调节反应进程。例如,为了检测 9-烯丙基-2-氯硫杂蒽-9-开环(N714-乙烯基乙醇)脱水反应,Mitic 等在管层流反应器设计了在线 NIR 检测系统,实时监测反应过程,与离线 HPLC 化学值相比,NIR 预测效果良好[5]。

12.2.1.2 中药提取过程

中药提取的主要目的是将有效成分溶出,其常用水或乙醇等溶剂进行提取。GMP 约束了提取工艺的温度、时间、溶剂用量等,希冀对过程进行质量控制。目前主要靠提取时间和提取次数来判定提取终点,不能保证提取完全或批次间均一性。在提取过程中运用 PAT 工具,可以实现在提取过程监控中,不是以提取时间和提取次数来判定提取终点,而是以有效成分是否提取完全来判定终点。NIR 技术的引入,可以实现中药提取过程的快速分析。

在中药生产过程中,目前提取工艺阶段使用在线 NIR 技术较多。清华大学、浙江大学、北京中医药大学、山东大学、中山大学、天士力集团、康缘制药等研究团队做了大量的研究及实际应用。如清华大学罗国安教授研究团队在清开灵注射液、参麦注射液、安神补脑液、血府逐瘀口服液、参芪王浆养血口服液等品种的植物药材提取过程中实现了多指标在线质量控制研究,并因此获得了国家科技进步二等奖和多项省部级奖励。肖雪等[6]则采用在线 NIR 建立红参提取液含量预测模型,用 HPLC 测定 5 种人参皂苷的含量,对两种方法的结果做比较研究,发现变化趋势一致,真实值与预测值绝对偏差小,说明 NIR 可用于快速在线监测红参提取工艺阶段。

北京中医药大学乔延江教授研究团队则搭建了中试提取 NIR 分析平台,以金银花提取过程做示范,以绿原酸为定量指标,系统考察了采样设计、预处理系统等对 NIR 分析结果的影响[7],并比较了多种光谱预处理方法和波长选择方法,利用多种评价参数评估了 NIR 模型[8],开发了两类误差检测理论[9];针对水牛角水解过程的氨基酸成分,也开展了在线检测和质量控制研究[10]。开发了 SIC 算法并应用于丹参醇提取过程 NIR 定量模型的更新研究[11],建立了 Bagging-PLS 模型,应用于黄柏中试提取过程在线 NIR 质量监测[12]。李洋等则在中试规模上探索了黄芩配方颗粒提取工艺在线监测研究[13]。

浙江大学的杨越也开展了金银花整个提取过程的在线实时监控研究[14]。李文龙等搭建光纤 NIR 在线系统,以黄芪总皂苷为检测指标,实现了对黄芪提取过程的在线监测和终点判断[15]。黄红霞等则实现了丹红注射液提取过程的实时分析[16]。

范剑则以桂皮醛为指标成分,以在线 NIR 技术研究了干姜和桂枝混合蒸馏提取过程中蒸馏液和水提取液的快速含量预测,并采用 AMWSD 算法开展了生产状态趋势分析[17]。该团队亦开展了白芍药材的提取过程监控研究[18]。

中山大学葛发欢团队搭建了中试规模的中药提取、柱色谱、浓缩和喷雾干燥在线 NIR 检测系统,实现了王老吉凉茶[19]、益母草[20]、丹参等品种的在线检测。

仲怿等[21]建立了五味子醇甲、果糖、葡萄糖和可溶性固形物的 NIR 模型,实现了五味子提取过程中关键指标的快速检测。张叶霞则系统开展了茵栀黄口服液[22]、三拗汤[23]提取过程的 NIR 在线监测研究。周雨枫等[24]以三七提取物中三七皂苷 R1、人参皂苷 Rg1 和人参皂苷 Rb1 为定量研究对象,以人参皂苷 Re 为定性考察对象,在实验室模拟三七提取过程,建立了 NIR 模型,预测效果良好。李军山等[25]以甲基麦冬黄烷酮 A、甲基麦冬黄烷酮 B 和亚油酸为指标,考察了麦冬提取过程中的 NIR 预测效果,经与 HPLC 检测数据对比,认为在线 NIR 可用于监控麦冬提取工艺。邵平等[26]通过 NIR 模型预测水提过程中指标成分芍药苷的含量,实现了气滞胃痛颗粒提取过程的在线实时监测。

Han 等[27]采用在线 NIR 技术,以总皂苷、总黄酮总糖及可溶性固形物为指标,实现了复方阿胶浆 4 味药材混合提取过程的实时分析。Wang 等[28]则针对葛根提取过程中的 4 个指标(葛根素、大豆苷、大豆苷元和总异黄酮)进行了快速检测研究。贾建忠等[29]以龙胆苦苷为指标,对实际生产线上的秦艽提取液开展了 NIR 模型构建和预测研究,预测效果良好。Kang 等[30]对复方双花口服液的提取过程开展了在线 NIR 检测研究,对绿原酸、总酚酸、总黄酮和可溶性固形物等指标实现了在线监测。

Delueg 等[31]开发了迷迭香叶提取过程中的多种指标成分的检测方法,并成功地将 NIR 技术应用于检测提取过程中没食子酸的在线预测,与参比方法相比较,二者趋势一致,预测偏差小。

李晶晶等[32]则对中药保健品中的多糖含量、可溶性固形物含量及 pH 值,利用 NIR 技术进行了实时在线检测研究;同时发现了最佳的建模方法及模型传递解决方案[33]。

值得一提的是,目前国内已有研究人员开展了对医疗机构中药制剂提取过程的 PAT 研究。黎珊珊等[34-36]针对贞术调脂方(FTZ)的三个不同的提取工艺,分别实现了 A(三七皂苷 R1、人参皂苷 Rg1、人参皂苷 Rb1)、B(丹酚酸 B、蒙花苷)、C(盐酸小檗碱、盐酸巴马汀)的过程监控研究。

除了 NIR,UV-Vis 也是 PAT 的选择之一。戴连奎教授课题组设计了一套在线 UV 系统,已成功应用于实际车间运行[37];后又基于 UV 光谱建立了千年健提取液的动态变化趋势模型,缩短了提取时间,从设定的 180min 缩短至 122min[38]。黄凯毅等[39]则建立了 UV 光谱法快速测定醒脑静注射液郁金-栀子水蒸气蒸馏提取过程蒸馏提取液中的 9 种成分(异佛尔酮、4-亚甲基-异佛尔酮、莪术双环烯酮、莪术烯醇、莪术二酮、莪术酮、莪术呋喃二烯酮、莪术醇、吉马酮),其预测效果良好,并能区分异常批次。

12.2.1.3 生物发酵工艺

生物制品生产过程因素众多,需要检测的指标多样,生产工艺难以控制,极大地制约了 PAT 的应用。除了传统的参数如温度、体积、pH 值、溶氧、流速、电导率等外,国内外研究人员也通过检测微生物/细胞数量、活性、营养物、代谢物、产物等指标,逐步实现 PAT 在生物制品中的应用。

在氨基葡萄糖发酵工艺中,李灿[40]首先评价了 FT-NIR 光谱仪和微型光谱仪用于测定 N-乙酰葡糖胺(GlcNAc)浓度的可行性,发现两种仪器没有显著性差异;随后采用微型光谱仪开展了发酵过程中 GlcNAc 浓度和光密度(OD)值的研究,并实现了浓缩过程的在线监测研究。Liang 等[41]采用 NIR 技术在线检测了温度敏感谷氨酸棒杆菌发酵制备谷氨酸过程中底物和产物的浓度,如图 12-3 所示,展现了良好的应用前景。白钢团队[42]实现了 γ-氨基丁酸酶法制备与转化的在线 NIR 监测研究。除 NIR 外,二维荧光技术也可以实时监测细胞浓度和抗体滴度[43]。

有部分中药也由发酵制备而来,如六神曲。戚岑聪等[44]重点进行了六神曲发酵过程质量监测的可行性研究,运用 LS-SVM 建立了六神曲蛋白酶与淀粉酶活力的 NIR 模型,取得了良好的预测效果,同时发现模型在面粉和麦麸(1:1)发酵组与全面粉发酵组中都能适应。本研究表明 NIR 技术可以应用于传统的中药发酵炮制领域,拓宽了 NIR 技术的应用范围。

12.2.2 精制纯化

12.2.2.1 结晶工艺

结晶是制药工艺中常用的纯化方法,在化学药生产中常用,在中药生产中少用。

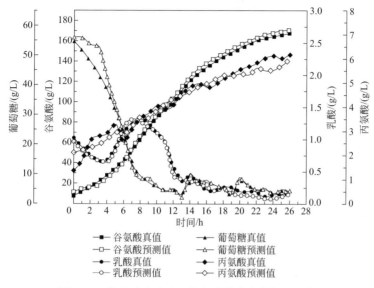

图 12-3　谷氨酸发酵过程指标成分真值与预测值

结晶过程中,由于工艺参数控制不理想,容易造成物料批次间差异大,产品质量存在较大变动。

Schaefer 等[45-47]利用在线 NIR 技术,在实验室及工业化生产规模,均实时准确地预测了 API 及残留溶剂(甲醇)的含量,以判断 API 蒸馏过程中是否达到了结晶步骤。

为了研究不用温度下磺胺噻唑不同晶型的成核过程,Abu 等[48]使用聚焦光束反射测量(FBRM)检测溶液中的总粒子数,用 UV-Vis 检测浓度,两种技术联用实现了不同晶型成核过程的在线分析。Barrett 等[49]则联用遥感(RS)、ATR-FTIR 和 FBRM 技术在线检测了吡乙酰胺间歇结晶过程的晶型、浓度和晶点等。

Mazivila 等[50]采用两种 API——拉夫米定和茶碱,合成了新的药物拉夫米定:茶碱的多晶型物 I 和 II,并采用 FTIR 和 MCR-PLS 对其合成过程开展了在线监测,与差示扫描量热分析法(DSC)和 X 射线粉末衍射(XRPD)等方法比较,取得了良好的结果。

12.2.2.2　柱色谱工艺

李建宇等[51]首先在大孔树脂柱色谱小试规模上建立了栀子提取物纯化工艺中醇洗脱过程的 NIR 模型,继而通过中试样品对模型进行更新,实现了中试规模的在线监测。陈厚柳等[52]建立了银杏叶柱色谱过程的在线监测模型,可以有效识别多种过程异常。杨辉华等[53]也基于银杏叶柱色谱开发了新的状态监测算法,并结合实测数据进行了验证,采用 AMWSD 的预测趋势与 HPLC 测得真实值趋势一致。在柱色谱洗脱终点判断上,陈雪英等[54]通过建立羟基红花黄色素的 NIR 模型,可以快速测定柱色谱过程中红花提取物的浓度,并判断吸附终点。魏惠珍等[55]则建立了白芍指标成分(芍药内酯苷和芍药苷)的定量模型,用以监测水洗除杂和醇洗收集过程,实现了指标成分在纯化过程的在线检测。刘桦等[56]则开展了人参叶提取物大孔树脂分析纯化的 NIR 在线检测研究。

制定基于 PAT 的定性定量放行标准,实现实时放行,实现柱色谱工艺 PAT 的实际应用。吴莎等[57]以热毒宁注射液为例,建立了基于 NIR 信息的定性放行标准和关键指标成分的定量放行标准,实时反馈柱色谱过程的异常状况,最终保证了中间体的均一性。

在丹参及其药材大孔树脂柱色谱工艺的研究上,国内有多个团队同时在开展。侯湘梅等[58]采用 NIR 技术对丹参多酚酸大孔树脂柱色谱开展了在线检测研究,以 7 个正常批次建立了多变量统计过程控制(MSPC)模型和迷迭香酸、紫草酸、丹酚酸 B 的定量模型,并对 2 个测试批次进行了在线分析,取得良好的应用效果。在本项目的实施过程中,同时讨论了将 NIR 分析技术运用于中药制造过程质量监测及控制的潜在问题及解决思路,包括中药 NIR 分析技术团队建设、生产过程 NIR 分析系统的设计、NIR 分析方法的规范化以及过程分析系统管理制度的完善等内容[59]。中山大学葛发欢团队则对丹参素钠柱色谱工艺进行了中试规模的研究[60],如图 12-4 所示,丹参素钠的外部验证与在线验证中真实值与预测值拟合度较好。

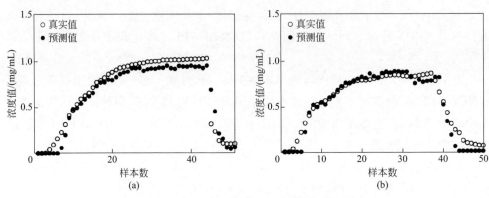

图 12-4　丹参素钠定量校正模型预测趋势图[60]
(a)丹参素钠的外部验证趋势图;(b)丹参素钠的在线验证趋势图

在生物制品的纯化工艺中,PAT 也有部分应用研究,而且采用的方法多样。如采用 NIR 技术检测 API 的收获环节[61],采用超高效液相色谱(UPLC)提升单抗纯度及产量[62],提升均一性[63],表征多种流感病毒颗粒[64],采用表面等离子共振成像技术(SPRI)应用于流感疫苗制备和纯化过程实时测定病毒颗粒[65]等。

UV-Vis 在线检测技术也在中药柱色谱中得以应用。范冬冬等开展了绞股蓝总皂苷大孔树脂纯化工艺的在线 UV 监测研究[66]。

12.2.2.3　萃取工艺

Xiong 等[67]通过建立 MSPC 模型,实现了金银花液液萃取过程的实时监测,可以对萃取过程异常故障进行诊断,并对工艺的一致性起到了一定的保障作用。

12.2.2.4　沉淀工艺

沉淀反应也是药品生产过程常用的纯化手段。一般来说,较为常用的是醇沉技术。醇沉过程的目的是在保留有效成分的基础上去除水提液中多糖、鞣质和蛋白质等成分。由于醇沉过程主要依靠经验,其指标检测也多以离线方法开展,难以适应现代化工业生产,继续 PAT 的探索与应用。

在这个领域,浙江大学刘雪松课题组开展了较多的应用研究。如采用 NIR 实现了热毒宁注射液金银花青蒿醇沉过程中的在线检测与自动化控制,可实时获取醇沉过程中绿原酸的含量及总固形物的变化趋势,并可实时调整工艺参数保障生产过程顺利进行[68]。孙笛等[69]则成功地建立了吲哚类生物碱量的定量模型,实现了华蟾素醇沉过程中指标性成分的快速定量控制。在此基础上,还研制了一种中药水沉过程的在线监测装置,并获得专利授权[70]。

袁佳[71]则采用在线颗粒技术 FBRM 和并行虚拟机(PVM)对丹参醇沉过程颗粒微观特征开展研究,实时监测醇沉过程中颗粒数目及形态变化,考察包裹损失现象。罗雨[72]同样实现了参芪扶正注射液黄芪一次醇沉过程的在线检测。

徐冰等[73]也开展了金银花提取液醇沉过程的在线检测,并建立多变量统计过程控制模型对终点进行判断。在金银花提取物的制备工艺中,会采用石灰乳沉淀法制备绿原酸,这个过程往往难以实现直接评价。沈金晶[74]通过建立 NIR 光谱与时间的多协议标记交换(MPLS)模型,实现了对原料、工艺、仪表的异常状况诊断,并能及时发现沉淀过程的微小波动。

12.2.3　浓缩富集

浓缩过程是药品生产的关键工艺之一,浓缩液质量稳定性对后续工艺中间体的质量均一性具有直接影响,继而影响终成品的用药安全性和质量可控性。其主要检测指标为水分或目标成分含量、密度、固含量等参数,传统方法一般采用离线分析手段。将 PAT 应用于药品浓缩过程,特别是中药生产浓缩过程,通过在线检测,可实现对浓缩过程终点的快速、准确判断。

在线检测浓缩工艺,通常在浓缩设备循环通道上搭建外部检测回路,必要时可搭建 2 个回路,以保障在线检测连续运行。在此类系统上,实现了热毒宁注射液[75]、感冒灵颗粒[76]等品种及单方药材提取液——青蒿提取液[77]等特定浓缩工艺阶段的大生产或中试规模的应用,实现了对中药提取液浓缩过程的在线质量监测。

陈佳善[78]以穿心莲提取液浓缩过程为研究对象,以穿心莲内酯和脱水穿心莲内酯为定量指标,对比在线 NIR 和 UV 定量模型,发现独立情况下 UV 模型优于 NIR 模型,融合光谱所建的模型性能最佳。

12.2.4 干燥工艺

常用的干燥工艺有冷冻干燥、流化床造粒干燥和烘干等。由于水分子在近红外光谱区域有很强的特征吸收,可以通过采集 NIR,建立判别模型或水分含量模型快速实现干燥工艺阶段的在线检测。

12.2.4.1 冷冻干燥工艺

由于药品自身的特性,化学药或生物药常用冷冻干燥以保证药品质量。但由于冷冻干燥过程复杂,耗时耗能,稍有操作不慎或过程异常容易导致产品在干燥过程中出现异常,如产品多孔、均一性不佳等。特别是对生物制品,为了提高其质量稳定性,最后一步往往通过冻干工艺来实现。冻干一直是许多 PAT 应用的焦点。因此有必要采用 PAT 提高对冻干过程的理解和优化。

Kauppinen 等[79]利用多点 NIR 技术分析在线冷冻干燥过程水分含量。Rosas 等[80]利用 NIR 技术在线监测多组分药物制剂整个冻干过程。结果表明:在冰冷的环境下,使用 NIR 技术在线测量是可行的。

TDLAS 技术在制药领域也有部分应用。刘超[81]报道了一种基于 TDLAS 技术的可用于冻干工艺过程中水分检测的控制装置,通过检测冻干机内水气浓度、流速及排除总量判断冻干过程及终点。AwotweOtoo 等[82]也采用 TDLAS 技术和 ControLyo™ 成核技术控制单抗产品在冻干过程中的冰核形成,检测一次干燥过程中的水汽浓度和流速,实现对本工艺的实时监控。

12.2.4.2 沸腾干燥工艺

沸腾干燥是一种经典的干燥工艺。一般而言,在干燥过程中,需要实时检测水分含量,以便于控制系统及时停机进行卸料。由于水分在 NIR 区域的特征吸收,使得 NIR 作为 PAT 应用于水分检测成为一种可能,可以实现干燥终点的快速判断。以中药配方颗粒为例,高波等[83]成功设计了一套用于沸腾干燥过程水分检测的装置,并应用于茯苓配方颗粒,获得专利授权。张广仁等[84]则采用 NIR 分析技术在散结镇痛胶囊干燥过程中对水分含量检测的可行性进行分析研究。

12.2.5 混合工艺

不管是中药,还是化学药,混合工艺是制剂生产过程的关键环节。一般混合包括药品 API（或提取物）与辅料的混合,也包括 API 与 API 的混合;混合的形式既包括固固混合,也包括液液混合和固液混合。由于多种因素,如药物粒径大小、药物晶型、环境温度、湿度、人员操作等,会对混合过程特别是混合终点的判断带来较大的影响。混合时间短则混合不均匀,混合时间长则浪费资源或造成过混合。而采用 PAT，可以实现混合过程的实时监测，并能及时地判断混合终点，具有较为明显的应用优势。

12.2.5.1 化学药混合工艺监测

混合反应一般在混料罐中进行，通过设置一点或多点进行在线监测。李沙沙等[85]实现了基于 NIR 技术的硫酸羟氯喹原辅料混合过程的均匀度在线定量监测应用。Lee 等[86]则成功地监测了扑尔敏（马来酸氯苯那敏）混合过程赋形剂乳糖的粒径分布，实现了对赋形剂变异性实施控制。彭秋实[87]也通过 NIR 结合移动块标准偏差（MBSD）算法实现了布洛芬复方片混合过程中的均匀性检测，认为混合达到终点需要 13min。王斐等[88]则使用 NIR 实现了注射用美洛西林钠舒巴坦钠药物混合过程中混合终点的判断。

光谱成像技术可将 API 分布可视化，同时获取样品的光谱信息和空间分布信息，已有研究人员将其应用于混合均匀性的分析。周璐薇等[89]采集了扑尔敏片上下表面的近红外成像信息，定量分析了 API，实现了本品种 API 均匀性的在线分析。

12.2.5.2 中药制剂混合过程

将中药粉碎成一定粒径的粉末，然后加以混合，以保证物料均匀，终产品质量一致。在这个过程中，PAT 的应用，可以快速有效地判断混合终点，同时可以检测混合过程中指标成分的含量。设置合适的取样点和检测位置，运用优选的光谱预处理方法和算法，可以准确地实现混合过程中混合均匀性的测定和混合终点的判断。

现有研究中，可以仅通过对样品的光谱进行分析，就可以实现混合过程的均匀性分析。杨婵等[90]实现了对中药配方颗粒乌梅提取物与辅料糊精的混合过程分析，给配方颗粒行业带来了有意义的探索，也可以实现对混合终点的判断。林兆洲等[91]进一步选用递增窗口移动块标准偏差（DMBSD）算法并将其成功地应用于上述混合体系的终点判断。

陈红英等[92]在正天丸混合终点的判断研究中，发现 PCA 结合马氏距离（MD），显示混合 20min 即可达到终点。匡艳辉等[93]则开展了复方丹参片中微量冰片与药粉/药膏混合均匀性的研究，结果显示 NIR 在线检测可以快速有效判断混合均匀性。律涛等[94]则开展了金银花喷干粉与糊精混合过程的在线分析。

刘倩[95]以六一散为研究对象，通过定量模型实现了甘草酸、丹参提取物与糊精的快速定量分析，具有一定的准确性和可靠性。王媚等[96]以盐酸小檗碱和吗啡为指标，实现了 NIR 在线监测固肠止泻丸混合过程多种药粉的均匀性。

NIR 结合成像技术，也逐渐开始应用于中成药的分析中。吴志生等通过两种技术的结合，分析药效成分的分布均匀性，成功描绘了乳块消片 API 的空间分布及其均匀性[97]，也成功应用于安宫牛黄丸混合过程在线分析，以水牛角分布区域为分析对象，构建了多元体系成分的空间分布图[98]。

12.2.6 制剂工艺

制剂工艺一般是指将药品制备成指定剂型的过程。常见工艺过程包括制粒、压片、包衣、包装等。

12.2.6.1 制粒工艺

流化床制粒是一种常用的湿法制粒技术。在流化床生产过程中，一般需要监测粒径、水分、包衣厚度等重要参数。但是传统的检测技术一般需要对样品进行处理，不能实时获取流化床内的实际情况。目前，已有多种 PAT 工具应用于流化床工艺的过程监控。Kona 等[99]研究发现，在流化床制粒过程中，NIR 吸光度与水分成高度线性相关，建立了 NIR 光谱与干燥失重的 PLS 定量模型，通过外部数据集的验证确定了该模型的线性和适用性。Reimers 等[100]实现了流化床制粒过程的实时监测和反馈调节。如图 12-5 所示，Gavan 等[101]开发了一种在流化床过程中采用 NIR 技术在线测定筋骨草总多酚含量的方法，实现了筋骨草提取物干燥过程的在线质量检测，与参比方法相比较，NIR 法预测效果良好，并能够基于此判断过程终点。

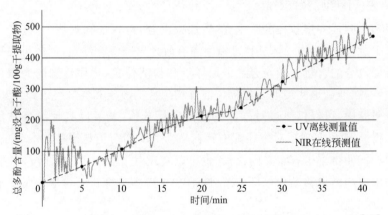

图 12-5　筋骨草提取物干燥过程总多酚含量 NIR 预测值与 UV 测量值[101]

热熔挤出技术是一种相对较新的制剂技术，可用于提高难溶性药物的溶出度等。Vo 等[102]将 FT-NIR 应用于热熔挤出过程检测，如图 12-6 所示，超过 1000 个样品的预测结果表明，在线 FT-NIR 分析以及量身定制的 NIR 反射器是监测活性药物成分浓度和加工参数的可行过程分析工具。Netchacovitch 等[103]则开展了伊曲康唑及其辅料在热熔挤出中的在线检测研究。UV-Vis 光谱技术也作为一种 PAT 工具应用于热熔挤出过程分析[104,105]。

除 NIR 外，空间滤波速度测量技术(SFV)和 FBRM 也是流化床 PAT 常用工具。在两个报道中，Burggraeve 等[106,107]采用 SFV 在线测定了不同工艺和配方变量下的颗粒平均粒径和颗粒粒度分布，结果发现与实际粒径匹配度较好。Kukec 等[108]利用 FBRM 实现了在线测定流化床熔融制粒过程，可实时调节工艺参数和配方参

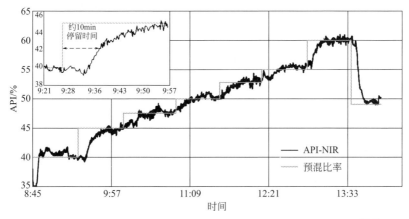

图 12-6　NIR 预测的药物载量(黑实线)与理论预测曲线(灰度线)[102]

数,有效控制颗粒大小。

拉曼光谱作为 PAT 工具,Harting 等[109]将其应用于双螺杆湿法制粒过程中连续 API 定量。首先以布洛芬和双氯芬酸钠作为模型药物,构建了 API 和 5%～50% 的一水合乳糖的二元混合体系,并在制粒机中混合制粒。收集其拉曼光谱,并建立了 PLS 模型,模型精度良好。随后,将校正模型应用于在线检测,分别预测两种 API 浓度,与 UV-Vis 法相比,取得了良好的预测效果。

光致荧光(LIF)光谱技术适合检测低浓度的成分,也可作为一种 PAT 工具。基于评估水分含量和颗粒粒径对 LIF 的显著影响,Guay 等[110]实现了 LIF 技术在湿法造粒过程中的应用,既实现了 API 浓度的预测,又实现了混合过程的在线检测。

12.2.6.2　压片工艺

压片是片剂生产过程必不可少的步骤。片剂的一般要求为含量均一、硬度适当、崩解时间合理等。目前企业主要根据生产经验控制压片过程。压片过程可监测参数多,PAT 技术可量化压片过程,为其提供智能化监测手段。

针对压片过程中的重要参数,Pestieau 等[111]采用 NIR 建立了 PLS 模型,成功地预测了含量均匀性和片剂硬度,并测试了片剂的脆碎度。而 Wahl 等[112]则采用 NIR 技术成功预测了压片过程中 API 和 2 种辅料的含量,并评价了含量均匀性。Dalvi 等[113]实现了布洛芬压片前后 API 的在线检测。

孙飞等[114]在小试层面,以三七总皂苷速释片为例,基于 NIR 技术和 β-期望容许区间确定了实时放行控制限,为有效实现中药生产过程质量控制提供了新的思路。林翔等[115]则利用 NIR 技术,可实现辛伐他汀片制备过程中水分、制片压力、片剂硬度、API 含量的监控。

12.2.6.3　包衣过程

包衣过程是将适当的药用辅料均匀包裹在片剂、胶囊剂、丸剂及颗粒剂等固体制剂的表面并形成稳定衣层。包衣效果影响药品的质量,可采用 PAT 检测包衣过程的主要指标——包衣厚度及其均匀性等。

Avalle 等[116]考察了 NIR 在中试规模的包衣过程中与涂层质量、厚度和溶解性能之间的关系,发现产品自身的特性决定了 NIR 与产品性能的相关性,在一定程度上可以预估大规模生产的良好应用前景。同样,Podrekar 等[117]实现了对微型片剂包衣厚度的在线检测。Mehle 等[118]则采用视觉成像预测了流化床颗粒包衣过程的在线集聚度。中成药包衣过程与化学药类似,也有大量的 PAT 应用。吴建程等[119]通过 NIR 与薄膜包衣厚度构建数学模型,实现了健胃消食片生产过程中薄膜包衣的终点快速判断。

除单纯使用 NIR 外,Wiegel 等[120]采用 SFV 在线测量了流化床微丸包衣过程的核心指标——体积和数量密度分布。同样,SFV 也可以检测包衣厚度和颗粒磨损[121]。Pei 等[122]则采用 THz 成像技术开展了包衣厚度的在线检测,实现了包衣厚度分布的定量检测。

12.2.6.4　包装过程

一般来说,包装过程是制剂工艺的最后一步。包材的质量优劣直接关系到产品上市后的质量稳定性。一般可采用光谱技术作为快检手段实现对包材的快速质量评价。赵伟杰等[123]采用 NIR 准确实现了对 7 种药用高分子包装材料化学结构的快速鉴别。Laasonen 等[124]则成功判别了药品塑料包装的厚度和材料的类型。Xie 等[125]实现了聚丙烯包装瓶的掺假评估。

12.2.7　成品与原辅料

12.2.7.1　化学药与原料药

NIR 结合化学计量学技术和统计学方法,可以对不同种类、不同类型的药物制剂和原辅料进行定性和定量分析。

在化学药定性研究方面,国内外研究者,特别是国内药检系统做了大量卓有成效的研究工作。在颗粒剂、片剂(硫酸亚铁片、吡哌酸片[126]、维 D$_2$ 磷酸氢钙片[127])、滴眼剂、注射剂[128]等均建立了具有代表性的 NIR 模型,可搭配快检车进行推广应用。在定量研究方面,也有大量的案例报道,典型的应用有三磷酸腺苷二钠注射液[129]、鼻炎喷剂[130]等。

不管是药检系统,还是企业质检部门,原辅料快速定性定量分析均已经成为一种常规技术手段和需求。通常要求在不破坏包装或者无损的情况下进行快速质量评价,光谱分析技术成为一种优选方案。耿颖等[131]对 4 个厂家普伐他汀原料药的晶型进行了有效区分,而王海敏等[132]则在无损的情况下测定了头孢丙烯中的水分。

12.2.7.2　中成药与中药材

对中成药质量的快速评价,也展开了众多研究。定性分析的品种包括当归配方颗粒[133]、天麻配方颗粒[134]、男宝胶囊[135]等。

已有报道的中成药定量分析品种包括片仔癀(三七皂苷 R1、人参皂苷 Rg1 和人参皂苷 Rb1 及总皂苷)[136]、复方丹参片(丹酚酸 B 和冰片)[137]、茵栀黄注射液(黄芩苷)[138]、银黄口服液(绿原酸、黄芩苷)[139]、小柴胡颗粒(黄芩苷)[140]、珍菊降压片(芦丁、氢氯噻嗪)[141]、安胎丸(阿魏酸、黄芩苷、汉黄芩苷、黄芩素、汉黄芩素、洋川芎内酯 A)[142]等。

在原药材质量评价方面,NIR 技术主要应用于药材真伪鉴别、产地识别、指标成分含量测定与质量分级等。目前,已经开展了红花[143]等药材的真伪鉴别;开展了白及粉[144]、人参[145]等药材的产地识别或道地性研究。

在中药材指标成分含量测定和质量分级等方面,国内外学者采用快速光谱技术开展了三七中皂苷[146]和水分及醇溶性浸出物[147]的检测以及穿心莲(穿心莲内酯)[148]、赤芍(没食子酸、儿茶素、芍药内酯苷和芍药苷)[149,150]、当归(绿原酸、阿魏酸、异绿原酸 A、藁本内酯、丁烯基苯肽、洋川芎内酯 I 和欧当归内酯 A)[151]、丹参(丹酚酸 B、二氢丹参酮、丹参酮 I、隐丹参酮和丹参酮 IIA)[152]、南五味子(五味子酯甲、安五脂素、五味子甲素)[153]等主成分的定量检测。

如图 12-7 所示,白钢教授研究团队[154]则首次将 NIR 与中药质量标志物(Q-marker)相结合,建立了一种利用 NIR 快速评价当归药材血管扩张功效的方法,为中药品质分析提供了一种崭新的思路。

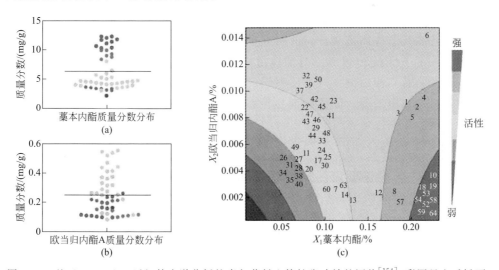

图 12-7　基于 Q-marker 近红外光谱分析的当归药材血管扩张功效的评价[154](彩图见文后插页)
(a)(b)藁本内酯、欧当归内酯 A 的含量分布图;(c)血管扩张功效快速评价图

中药炮制也是一个主要依靠经验和控制"火候"的关键工艺,目前多以检查炮制后的"色香味"或理化指标为评价手段,十分缺少炮制过程的检测与控制。杨华生等[155]以麦芽炒制为例,通过 NIR 模型快速检测麦芽中的总还原糖、总氨基酸、总黄

酮、A420 及含水量，并提出了基于"成分变化率"的终点判断方法，这项研究为中药炮制工艺的在线检测提供了有意义的探索。钟永翠等[156]则采用 NIR 法以 96 批栀子不同炮制品为研究对象，开展了不同炮制品中栀子苷含量的测定研究。

12.2.7.3 辅料

在中药传统辅料的快速质量检测上，聂黎行等[157]采用 NIR 法分析了炼蜜中还原糖及黄酒中乙醇含量，展示了 NIR 用于中药辅料质量控制的可行性。刘倩等[158]使用 NIR 测定丹参提取物中糊精的含量，王馨等[159]则开展了陈皮提取物粉末中糊精含量的测定研究。孟昱等[160]对 41 种常用药用辅料进行了快速鉴别。

12.3 典型的生产全（多）过程分析技术案例

针对制药行业存在的若干瓶颈问题以及重大技术需求，张伯礼院士团队以中药工业为例，提出中药制药工程科技创新战略方向，构建了新一代中药制药核心技术框架，提议创新发展以制药工艺"精密化、数字化及智能化"为主要特征的第三代中药制药技术[161]。构建从原料开始，涵盖生产过程，到终产品整个生产过程的质量监控系统和网络化分析平台，发挥 PAT（NIR）的优势，保障产品质量的稳定性、可传递性和安全性[162]。

在公开的报道中，特别是博士和硕士毕业论文，发现国内 PAT 在制药行业的探索和应用较多。特别是基于 NIR 在线技术在中成药生产过程的应用，有着典型的生产过程多环节应用范例。目前已有多个上市中成药实现了多个生产工艺环节的 PAT 应用。已有报道实现多环节应用的中药液体制剂包括丹参注射剂、痰热清注射液、复方苦参注射液、丹红注射液、清开灵注射液、血必净注射液、复方阿胶浆、参枝苓口服液等，固体制剂品种有感冒灵颗粒、养心氏片、正天丸、银杏叶分散片等。本节以复方苦参注射液和感冒灵颗粒、银蓝调脂胶囊为例概述中药生产过程关键工艺阶段的 PAT 应用。

12.3.1 复方苦参注射液生产过程在线近红外光谱质量评价研究[163]

复方苦参注射液是由苦参和白土苓经现代制造工艺制造而成的中药注射液，其质量控制体系多集中于成品，且分析方法多为常规方法。瞿海斌研究团队开展了苦参注射液全程质量评价研究，实现了药材—中间体—成品的 PAT 应用。

（1）原药材 针对苦参药材，研究人员开展了两个方面的研究。一是提出了一种基于 NIR 相似度匹配值与阈值比较的方法，通过建立标准药材的 NIR 相似度匹配模型，去评估未知样品的质量。二是通过两个指标成分（苦参碱和氧化苦参碱）的定量模型，评价药材相似度与指标成分的相关性。从定性分析和定量分析两个角度，实现了苦参药材的质量快速综合评价。针对白土苓药材，采用聚类分析、相似度匹配法、判别分析法等技术，结合 NIR，开发了快速识别白土苓药材的方法，实现了易混药材的正确分类。

（2）**提取阶段**　研究人员建立了总生物碱和可溶性固形物的 NIR 校正模型，并成功地应用于复方苦参注射液在渗漉和煎煮过程的实时在线分析。

（3）**醇沉和碱沉阶段**　研究人员以透射和透反射两种模式采集醇沉液和碱沉液的 NIR 并建立校正模型，最后优选透射光谱作为光谱采集模式。在此基础上，建立了 4 种生物碱（苦参碱、氧化苦参碱、槐果碱、氧化槐果碱）的 NIR 校正模型，并应用于实际生产。同时对校正模型也进行了相应维护。

（4）**成品快检阶段**　研究人员开发了同时测定 4 种生物碱的离子对 HPLC 法，该方法无需样品预处理，可以快速得到 4 种生物碱含量的准确信息。

12.3.2　感冒灵颗粒生产过程在线近红外光谱质量评价研究[164]

感冒灵颗粒由 4 味中药和 3 种化学药组成，是一款经典的中西药结合药品。感冒颗粒生产的质量评价以中间体和成品检测为主，缺少对生产过程的控制。尤其是中药生产部分，制造过程主要依靠事后分析方法控制质量。因此，陈国权针对感冒灵颗粒的提取、醇沉和浓缩等关键工艺环节，开展了基于 NIR 技术的全面有效的 PAT 应用研究。

（1）**提取阶段**　以中药的主要指标成分（蒙花苷、绿原酸和总固体量）为指标，建立了 NIR 校正模型，并应用于实际生产中，预测结果实时显示，其误差和精度均较好，便于及时控制生产工艺。

（2）**醇沉阶段**　采用 PSO-LS-SVM 算法构建了 NIR 定量校正模型，其模型性能和预测精度均优于 PLSR 所构建的模型。认为 PSO-LS-SVM 更适于感冒灵颗粒醇沉过程的在线分析。

（3）**浓缩阶段**　建立了蒙花苷、绿原酸和总固体量的 NIR 定量模型，其预测 SEP 均小于 10%；同时建立了 MSPC 监控模型，可以实现对生产工况的判断，能准确识别异常批次且正常批次无误报。两者结合，实现了感冒灵颗粒浓缩过程的在线监控研究。

12.3.3　近红外分析技术在银蓝调脂胶囊制备过程中的应用研究[165]

银蓝调脂胶囊是广东省中医药工程技术研究院开发的中药新药，由化橘红、银杏叶、绞股蓝和蜂胶组方而成。银蓝调脂胶囊正在开展临床试验，作为药学研究的重要内容，研发团队提前将 QbD 和 PAT 应用到该品种的工艺开发与控制之中。以银蓝调脂胶囊为研究对象，在中试规模层面上，将 NIR 分析技术应用于原药材、提取、浓缩、回收乙醇、物料混合等生产过程及成品检测中，实现了银蓝调脂胶囊的全过程快速质量控制。本研究为中药质量控制现代化、标准化提供了研究范例。

（1）**原药材**　采用 NIR 结合化学计量学技术分别建立了化橘红药材中柚皮

苷、水分含量，银杏叶药材中总黄酮醇苷、萜类内酯、水分含量和指纹图谱相似度，绞股蓝药材中绞股蓝总皂苷含量、水分含量的定量校正模型，对相应未知样品指标成分预测准确。同时开展了化橘红药材基源和产地的定性鉴别研究。这些研究可有效支持药厂的原料药采购和投料前检验。

（2）**提取阶段**　以柚皮苷、芦丁、固形物含量及电导率为指标，分别建立了一提和二提的相关 NIR 定量模型，外部验证显示模型的预测值与参考值相关性较好，并可以预测趋势实现终点判断。

（3）**浓缩阶段**　利用 NIR 分析技术结合化学计量学软件建立了本过程中相对密度、电导率及有效成分柚皮苷和芦丁浓度的定量校正模型，可对浓缩过程实施在线监测。

（4）**回收乙醇阶段**　通过已建好的 NIR 校正模型，可以实现对未知样品相对密度、电导率及有效成分柚皮苷和芦丁的浓度实施预测，可有效监测乙醇回收过程。

（5）**物料混合阶段**　在本过程中，仅需实时扫描物料混合过程中的 NIR 光谱，通过计算其相似度、标准差图谱的平均吸光度、标准差图谱最高-最低峰差值，就可以准确判断混合的终点。

（6）**成品**　采用 PLS 法建立成品水分含量的定量校正模型，以控制成品中的水分含量。如产品后期具有更多批次，可以建立多个指标成分的 NIR 模型，实现对产品质量的快速检测。

12.4　化学计量学与制药过程分析

在制药领域 PAT 应用过程中，经典的化学计量学技术多用于光谱预处理、波长范围选择、回归算法（判别分析）、过程状态分析等。近年来，有较多的化学计量学技术逐渐应用于 PAT。

12.4.1　光谱预处理与波长范围选择

对于一个以光谱为核心应用技术的稳健的 PAT 应用模型，除了保障原始数据的精准外，还极大程度地依赖于良好的建模方法，特别是合适的光谱预处理方法，以及与理化指标相关的特征光谱信息提取，是 PAT 和模型研究的重点内容。

Yang 等[166]提出新的 Si-GA-PLS 算法，融合了 Si-PLS 和 GA 两种变量筛选算法的优势，并对金银花水提过程总酸和总固体量进行研究。郭拓[167]针对 NIR，提出了采用拉普拉斯特征映射算法提取 NIR 的有用特征，并应用于舒血宁注射液聚酰胺柱色谱阶段。

12.4.2　回归算法和判别算法

在以光谱分析为主要应用的 PAT 研究中，不管是定性研究，还是定量研究，已经出现较为稳定的回归算法和判别算法。如无监督模式识别算法，包括 PCA 等，有监督模式识别算法包括 SIMCA、PLS-DA、OPLS-DA 等。在定量研究中，常用的方法包括 MCR、PCR、PLS、SVR 等。

在药品鉴别中，针对高维非线性小规模近红外数据，杜师帅等[168]提出了一种基于特征选择与代价敏感学习的多层梯度提升树（CS-FGBDT），经过对胶囊和药片的测试，认为经此算法后 NIR 模型具有更高的预测精度和稳定性。同时提出了wSDAGSM 和 wSDAMRMF 两种算法，均能较好地应用于药品鉴别[169]。

随着分析仪器和算法的发展，NIR 的检测限已达到（10～100）×10^6 量级。吴志生等[170-172]以清开灵注射液部分中间体为载体，研究了不同体系的近红外多变量检测限估计值，实验表明：水溶液体系比醇溶液体系的近红外检测限高，固体体系比液体体系的近红外检测限高。

12.4.3　过程状态分析

反应状态的改变或持续，反映在物料本身上，通常表现为组成成分种类的改变，或者组成成分浓度的变化，或者环境因素的变化，如温度的变化等。这些变化，可以迅速地反映在光谱信息中。因此，基于目标导向的品种 PAT 应用，开发适用于特定状态的化学计量学手段，逐渐成为研究的重点和热点。生产过程往往指标参数较多，需要建立 MSPC 模型，才能更加真实地反映实际生产过程工况。状态分析中常用到的算法为 MBSD、PCA、MD 等。

在光谱相似度评价的基础上，杨辉华等[53]提出了相异度评价的新方法，结合AMWSD算法，对银杏叶大孔树脂柱色谱工艺进行了实时监测，可以指导收集起点、终点和溶液相变点的判断，预测结果得到了 HPLC 离线分析验证。

12.4.4　模型转移

模型转移一直是 PAT 应用的重大难题。由于仪器台间差的问题，导致校正模型不能自如地在同品牌同型号仪器间转移，更难以在不同品牌不同型号仪器间传递，严重制约了 PAT 的推广。鉴于此，研究人员从光谱预处理、波长选择、仪器标准化等方面开展了较多有价值的研究。

如杨辉华教授研究团队，重点开展了基于一元线性回归直接标准化算法（SLRDS）的模型传递[173]。根据 FT-NIR 光谱仪核心硬件迈克尔逊干涉仪的结构，提出了一种将小波变换与 SLRDS 结合的模型传递方法，更好地消除仪器机械和环境因素带来的测量误差[174]。

倪力军等[175]则开发了一种无标样近红外模型传递方法，其筛选两台同型号并且仪器间光谱信号一致且稳定的波段进行模型构建，减少了仪器台间差带来的干扰。而梁晨等[176,177]则通过去除 NIR 漂移，实现了国产仪器光栅型 SupNIR2700和进口仪器 FT-NIR 之间的模型传递。

12.4.5　过程分析技术参数评价指标

经典的模型评价指标，主要为 SEC、SECV、SEP、R 等化学计量学参数。这些参数是基于数学统计获得的，对于制药领域的应用有一定的局限性。鉴于此，国内外研究人员提出了新的参数，以供参考。

Wu 等成功地将准确性轮廓概念[178]应用于中药金银花水提醇沉工艺过程中绿原酸的 NIR 模型评价中，进而又绘制不确定度曲线评估六一散粉末不同浓度下的甘草酸 NIR 定量模型[179]。在此基础上，提出了多元信息融合的 NIR 模型评价方法[180]，评价指标包括准确性、精密度、风险性、线性、定量限、检测限、不确定性和灵敏性，并应用于丹参提取过程[181]。

12.5　制药行业智慧制造前景展望

12.5.1　专业化人才队伍和培养体系亟须建立

制药行业 PAT 研究及应用涉及多个学科，需要专业化的人才队伍作为有效支撑。一般认为，与 PAT 相关的学科至少有分析化学、化学工程、电子工程、自动化控制、计算机、光谱学、药学、药物分析、制药工程等。由于 PAT 自身的复杂性，导致其归属于当前的学科门类均有一定的偏差。如同其他新兴的交叉学科一样，建议可以将 PAT 作为一个新兴交叉学科对待，设立专门专业，制定专业教材，培养专业化人才。

12.5.2　共性关键技术亟待突破

尽管制药行业工艺复杂，但对于同类型制剂，是存在着共性关键技术的。而这些关键的核心技术或装备，是 PAT 必须要面对的重要问题。

第一，针对特定的工艺环节，有必要开发专用品质分析仪，而非采用通用型仪器。如由于水分的近红外敏感性，可以开发用于干燥过程的专用水分检测仪。对于具有明显终点判断需求的工艺阶段，可以将 PAT 工具（如 NIR 光谱仪）内置在集成设备中作为一个传感仪表，匹配优化算法，开发人性化、客户友好的软件系统，实现在提取、柱色谱、干燥等工艺阶段的广泛应用。国内 NIR 光谱仪品牌众多，但高端仪器欠缺。另外，对于中药提取或生物发酵等工艺，建议开发样品预处理设备，以保证样品均匀稳定。

第二，由于药品生产过程变量较多，导致对生产过程的深入理解不够，不能真正掌握 CPP 与 CQA 的内在联系。因此，建议 PAT 团队在实施 PAT 工程前，应提前熟悉并掌握生产过程，充分理解物料、工艺参数、环境因素等各种 CPP 对于产品的质量影响。在此基础上，建议有选择地针对关键工艺环节开展 PAT 应用研究。

第三，重视模型转移和维护研究。由于 NIR 光谱仪品牌多、型号多，台间差异也较明显，导致生产实践的模型推广应用陷入瓶颈。后期，基于仪器自身、光谱信号等多个方面，可重点开展模型转移研究。需要注意的是，PAT 校正模型使用一段时间后，需要定期维护，这也需要开展深入评估研究。

12.5.3　实施"交钥匙"工程

以中药生产过程在线控制为例，由于中药生产环节较多，每个环节的重要性存在差异。对于实际生产控制而言，受限于项目具体实施细节要素，距离"交钥匙"尚存在较大距离。从已有的实施案例来看，已有部分项目实现了"交钥匙"，并良好运行了一段时间。但随着应用的持续，在线检测系统需要开展维护、升级甚至改造，这就需要执行人员密切关注在线系统获取的光谱信息和预测数据信息，并评估其潜在的价值及风险。因此，建议实施在线检测系统项目时，需要从顶层设计一整套具有可操作性和便利性的"交钥匙"工程方案，对可能出现的异常工况（预测警戒）等信息作出预判，并提供相应的解决方案，以保障整套在线检测系统持续良好稳定运行，发挥 PAT 优势，创造更大价值。

12.5.4　过程分析技术促进制药领域行业发展

以中药质量为例，白钢教授建议开发以中药质量标志物为核心的 NIR 检测方法，并希望探索药材的光谱属性与特定功效的关系，智能化评价药材的质量[182]。

对于整个制药行业，整合现有技术体系，融合多学科优势，将药品质量控制支撑点前移，构建从源头到生产各环节直至终产品的全程化质量控制，在深入理解生产工艺的基础上，开展 PAT 的合理应用，攻克行业共性关键技术，建立一套完整的实时在线质量控制体系，解决药品生产现存的瓶颈问题，大幅度提高我国制药行业整体水平，助推制药行业的升级和发展。

参 考 文 献

[1] Guidance for industry: PAT-A framework for innovative pharmaceutical development, manufacturing, and quality assurance. Food and Drug Administration, Washington, D. C. USA, 2004.

[2] 冯艳春, 肖亭, 胡昌勤. 欧美制药工业中过程控制主要标准和指导原则简介. 中南药学, 2019, 17(9): 1416-1420.

[3] 国家药典委员会. 中华人民共和国药典(第四部). 北京: 中国中医药出版社, 2015.

[4] 罗国安, 梁琼麟, 王义明, 等. 中药指纹图谱——质量评价、质量控制与新药研发. 北京: 化学工业出版社, 2009.

[5] Mitic A, Cerverapadrell A E, Mortensen A R, et al. Implementation of near-infrared spectroscopy for in-line monitoring of a dehydration reaction in a tubular laminar reactor. Organic Process Research and Development, 2016, 20(2): 395-402.

[6] 肖雪, 罗国安, 张博, 等. 近红外光谱快速测定红参提取过程中 5 种人参皂苷成分含量. 南开大学学报(自然科学版), 2017, 50(3): 44-48.

［7］隋丞琳. 中药提取过程在线 NIR 分析平台的开发与适用性研究［D］. 北京：北京中医药大学，2013.

［8］李洋. 中药提取过程在线近红外实时检测方法研究［D］. 北京：北京中医药大学，2015.

［9］杜晨超，李志生，赵娜，等. 基于两类误差检测理论金银花提取过程的 MEMS-NIR 在线分析建模方法研究. 2016，41(19)：3563-3568.

［10］程伟. 清开灵注射液水牛角水解液质量控制与近红外方法学研究［D］. 北京：北京中医药大学，2012.

［11］贾帅芸，徐冰，杨婵，等. 基于 SIC 算法的丹参醇提过程近红外定量模型更新研究. 中国中药杂志，2016，41(5)：823-829.

［12］周正，吴志生，史新元，等. Bagging-PLS 的黄柏中试提取过程在线近红外质量监测研究. 世界中医药，2015，10(12)：1939-1942.

［13］李洋，吴志生，史新元，等. 中试规模和不同提取时段的黄芩配方颗粒质量参数在线 NIR 监测研究. 中国中药杂志，2014，39(19)：3753-3756.

［14］杨越. 基于近红外光谱技术的中药生产过程质量控制方法研究［D］. 杭州：浙江大学，2018.

［15］李文龙，瞿海斌. 黄芪提取过程总皂苷质量浓度的在线监测. 中草药，2012，43(8)：1531-1535.

［16］黄红霞，李文龙，瞿海斌，等. 丹红注射液提取过程轨迹及质量在线监控研究. 中国中药杂志，2013，38(11)：1663-1666.

［17］范剑. 近红外光谱技术在干姜和桂枝混合蒸馏提取过程中的应用研究［D］. 济南：山东大学，2017.

［18］张慧，胡甜，臧恒昌. 近红外光谱分析技术在白芍水提过程中的在线控制研究. 药学研究，2015，34(5)：272-275.

［19］马晋芳，肖雪，王雪利，等. 王老吉凉茶中试提取过程的近红外在线检测研究. 世界科学技术——中医药现代化，2018，20(5)：629-636.

［20］张易，马晋芳，彭银，等. 近红外光谱法测定益母草提取过程中的盐酸水苏碱含量. 亚太传统医药，2019，14(11)：34-37.

［21］仲怿，潘万芳，朱捷强，等. 基于近红外光谱的五味子提取过程在线检测方法研究. 药学与临床研究，2014，22(4)：332-335.

［22］张叶霞，潘金火，徐佳颜，等. 茵栀黄口服液提取过程的近红外光谱在线监测模型和含量测定研究. 中药材，2015，38(12)：2616-2618.

［23］张叶霞. 中药液体制剂提取过程的近红外定量模型研究［D］. 南京：南京中医药大学，2016.

［24］周雨枫，周立红，张凤莲，等. 近红外光谱技术在三七提取过程中的在线控制. 中药材，2019，42(10)：2368-2371.

［25］李军山，陈钟，高晗，等. 麦冬提取工艺近红外光谱与液相色谱比较研究. 西部中医药，2017，30(1)：20-23.

［26］邵平，林丽峰，曲艳国，等. 近红外分析技术在气滞胃痛颗粒提取过程质量控制中的应用研究. 亚太传统医药，2017，13(11)：19-21.

［27］Han H F，Zhang L，Zhang Y，et al. Rapid analysis of the in-process extract solution of compound E Jiao oral liquid using near infrared spectroscopy and partial least-squares regression. Analytical Methods，2013，19(5)：5272-5278.

［28］Wang P，Zhang H，Yang H L，et al. Rapid determination of major bioactive isoflavonoid compounds during the extraction process of kudzu(*Pueraria lobate*) by near-infrared transmission spectroscopy. Spectroscopy Acta A Mol Biomol Spectrose，2015，137：1403-1408.

［29］贾建忠，吴春燕，李小安，等. 近红外光谱法在秦艽提取过程中的应用. 药物分析杂志，2013，33(9)：1567-1571.

［30］Kang Q，Ru Q G，Liu Y，et al. On-line monitoring the extract process of Fu-fang Shuanghua oral solution using near infrared spectroscopy and different PLS algorithms. Spectrochimica Acta Part A：Molecular and Biomolecular Spectroscopy，2016，152：431-437.

［31］Delueg S，Kirchler C G，Meischl F，et al. At-line monitoring of the extraction process of Rosmarini Folium via wet chemical assays, UHPLC analysis, and newly developed near-infrared spectroscopic analysis methods. Molecules，2019，24：2480.

［32］李晶晶，周昭露，黄生权，等. 近红外光谱技术应用于中草药口服液在线质量控制的化学计量学建模. 化工进展，2018，37(5)：1923-1932.

［33］李晶晶. 近红外光谱技术在中草药口服液量控制过程中的应用研究[D]. 广州：华南理工大学，2018.

［34］黎珊珊，吴春蓉，许思敏，等. 近红外光谱技术快速测定三七提取过程中三种成分含量. 南开大学学报(自然科学版)，2018，51(3)：6-12.

［35］黎珊珊，吴春蓉，许思敏，等. 近红外光谱技术快速测定黄连女贞子提取过程中 2 种成分含量. 广东化工，2018，45(10)：33-35.

［36］黎珊珊. 复方贞术调脂方物质基础及过程分析技术研究[D]. 广州：广东药科大学，2018.

［37］郭正飞. 中药提取过程在线紫外光谱分析系统的开发及其工业应用[D]. 杭州：浙江大学，2014.

［38］刘薇，戴连奎. 中药提取过程在线紫外动态趋势回归分析及终点判定. 光谱学与光谱分析，2017，37(2)：497-502.

［39］黄凯毅，魏丹妮，方金阳，等. 紫外光谱法快速测定醒脑静注射液一次提取过程中 9 种成分. 中国中药杂志，2017，42(19)：3755-3780.

［40］李灿. 微型近红外光谱仪用于氨基葡萄糖关键生产过程中的质量分析研究[D]. 济南：山东大学，2017.

［41］Liang J B，Zhang D L，Guo X . At-line near-infrared spectroscopy for monitoring concentrations in temperature-triggered glutamate fermentation. Bioprocess Biosystems Engineering，2013，36：1879-1887.

［42］Ding G Y，Hou Y Y，Peng J M，et al. On-line near-infrared spectroscopy optimizing and monitoring biotransformation process of gamma-aminobutyric acid. Journal of Pharmaceutical Analysis，2016，6：171-178.

［43］Teixeira A P，Duarte T M，Carrondo M J，et al. Synchronous fluorescence spectroscopy as a novel tool to enable PAT applications in bioprocesses. Biotechnology and Bioengineering，2011，108(8)：1852-1861.

［44］戚岑聪，林兆洲，周蓉蓉，等. NIR 结合 LS-SVM 用于六神曲发酵过程质量监测的适用性研究. 世界科学技术——中医药现代化，2015，17(3)：643-647.

［45］Schaefer C，Lecomte C，Clicq D，et al. On-line near infrared spectroscopy as a process analytical technology (PAT) tool to control an industrial seeded API crystallization. Journal of Pharmaceutical and Biomedical Analysis，2013，83：194-201.

［46］Schaefer C，Clicq D，Lecomte C，et al. A process analytical technology(PAT) approach to control a new API manufacturing process：development，validation and implementation. Talanta，2014，120：114-121.

［47］Sarraguca M C，Paisana M，Pinto J，et al. Real-time monitoring of cocrystallization processes by solvent evaporation：a near infrared study. European Journal of Pharmaceutical Sciences，2016，90：76-84.

［48］Abu B，Mohd R，Nagy Z K，et al. Investigation of the riddle of sulfathiazole polymorphism. International Journal of Pharmaceutics，2011，414(1/2)：86-103.

［49］Barrett M，Hong H，Maher A，et al. In situ monitoring of supersaturation and polymorphic form of piracetam during batch cooling crystallization . Organic Process Research and Development，2011，15(3)：681-687.

［50］Mazivila S J，Castro R A E，Leitão J M M . At-line green synthesis monitoring of new pharmaceutical co-crystalslamivudine：theophylline polymorph I and II，quantification of polymorph I among its APIs using FT-IR spectroscopy and MCR-ALS . Journal of Pharmaceutical and Biomedical Analysis，2019，169：235-244.

［51］李建宇，徐冰，张毅，等. 近红外光谱用于大孔树脂纯化栀子提取物放大过程的监测研究. 中国中药杂志，2016，41(3)：421-426.

[52] 陈厚柳. 银杏叶提取和层析过程在线质量控制方法研究[D]. 杭州:浙江大学,2015.

[53] 杨辉华,郭拓,马晋芳,等. 一种近红外光谱在线监测新方法及其在中药柱层析过程中的应用. 光谱学与光谱分析,2012,32(5):1247-1250.

[54] 陈雪英,陈勇,王龙虎,等. 红花醇沉浓缩除醇过程中多元质控指标的近红外快速检测. 药物分析杂志,2010,30(11):2086-2092.

[55] 魏惠珍,张五萍,毛红梅,等. 近红外光谱法在白芍提取物纯化过程中快速质量控制研究. 中草药,2013,44(9):1128-1133.

[56] 刘桦,赵鑫,齐天,等. 人参叶总皂苷大孔树脂分离纯化工艺的近红外光谱在线监测模型及其含量测定. 光谱学与光谱分析,2013,33(12):3226-3230.

[57] 吴莎,刘启安,吴建雄,等. 统计过程控制结合近红外光谱在栀子中间体纯化工艺过程批放行中的应用研究. 中草药,2015,46(14):2062-2069.

[58] 侯湘梅,张磊,岳洪水,等. 基于近红外光谱分析技术的丹参多酚酸大孔吸附树脂色谱过程监测方法. 中国中药杂志,2016,41(13):2435-2441.

[59] 张磊,岳洪水,鞠爱春,等. 基于近红外光谱技术的注射用丹参多酚酸生产过程分析系统构建及相关探讨. 中国中药杂志,2016,41(19):3569-3573.

[60] 马晋芳,毕昌琼,欧邦露,等. 丹参素钠大孔树脂吸附分离过程的近红外在线监测研究. 世界科学技术——中医药现代化,2018,20(5):621-628.

[61] Rathore A S, Bhambure R, Ghare V. Process analytical technology (PAT) for biopharmaceutical products. Analytical and Bioanalytical Chemistry,2010,398(1): 137-154.

[62] Tiwari A,Kateja N,Chanana S,et al. Use of HPLC as an enabler of process analytical technology in process chromatography. Analytical Chemistry,2018,90(13): 7824-7829.

[63] Shekhawat L K,Rathore A S . Mechanistic modeling based process analytical technology implementation for pooling in hydrophobic interaction chromatography. Biotechnology Progress,2019,35(2): e2758.

[64] Ladd E C,Oelmeier S A,Hubbuch J . High-throughput characterization of virus-like particles by interlaced sizeexclusion chromatography. Vaccine,2016,34(10): 1259-1267.

[65] Durous L,Julien T,Padey B,et al. SPRi-based hemagglutinin quantitative assay for influenza vaccine production monitoring. Vaccine,2019,37(12): 1614-1621.

[66] 范冬冬,匡艳辉,董利华,等. 基于"伴随标志物"在线控制技术的绞股蓝总皂苷纯化工艺及成分鉴定研究. 中国中药杂志,2017,42(7):1331-1337.

[67] Xiong H S,Qi X Y, Qu H B . Multivariate analysis based on chromatographic fingerprinting for the evaluation of batch-to-batch reproducibility in traditional Chinese medicinal production. Analytical Methods,2012,5(2): 465-473.

[68] 吴春艳. 两种中药特色大品种生产过程快速质控体系构架的关键技术研究及应用[D]. 杭州:浙江大学,2017.

[69] 孙笛,袁佳,胡晓雁,等. 一种基于近红外光谱的华蟾素醇沉过程指标成分及其转移率快速测定方法. 中国中药杂志,2011,36(18):2479-2483.

[70] 刘雪松,王龙虎,陈勇,等. 一种中药水沉过程的在线检测装置:中国,201320000687. X . 2013-09-18.

[71] 袁佳. 丹参和红花提取液醇沉工艺及包裹损失现象的研究[D]. 杭州:浙江大学,2011.

[72] 罗雨. 近红外光谱法在参芪扶正注射液醇沉工艺质控中的应用研究[D]. 杭州:浙江大学,2017.

[73] 徐冰,罗赣,林兆洲,等. 基于过程分析技术和设计空间的金银花醇沉加醇过程终点检测. 高等学校化学学报,2013,34(10):2284-2289.

[74] 沈金晶. 金银花提取物关键精制工艺质量控制方法研究[D]. 杭州:浙江大学,2018.

[75] 王永香,郑伟然,米慧娟,等. 热毒宁注射液青蒿金银花浓缩过程近红外快速定量检测方法的建立. 中草药,

2017,48(1):102-108.

[76] 刘雪松,陈佳善,陈国权,等.近红外光谱法结合自动化控制系统在感冒灵颗粒浓缩过程中的在线检测技术研究.药学学报,2017,33(3):462-467.

[77] 徐芳芳,冯双双,李雪珂,等.青蒿浓缩过程在线近红外快速检测模型的建立.中草药,2016,47(10):1690-1695.

[78] 陈佳善.近红外光谱法在中药分析中的若干关键技术研究[D].杭州:浙江大学,2017.

[79] Kauppinen A,Toiviiainen M,Lehtonen M,et al.Validation of a multipoint near-infrared spectroscopy method for in-line moisture content analysis during freeze-drying.Journal of Pharmaceutical and Biomedical Analysis,2014,95：229-237.

[80] Rosas J G,H de Waard,T de Beer,et al.NIR spectroscopy for the in-line monitoring of a multicomponent formulation during the entire freeze-drying process.Journal of Pharmaceutical and Biomedical Analysis,2014,97：39-46.

[81] 刘超.基于 TDLAS 技术的冻干工艺过程控制装置的设计与探讨.化工与医药工程,2019,40(5):16-20.

[82] AwotweOtoo D,Agarabi C,Khan M A.An integrated process analytical technology(PAT)approach to monitoring the effect of supercooling on lyophilization product and process parameters of model monoclonal antibody formulations.Journal of Pharmaceutical Sciences,2014,103(7)：2042-2052.

[83] 高波,罗川.一种中药配方颗粒浓缩过程真空度稳定性控制装置及方法:中国 2014108175964.2014-05-20.

[84] 张广仁,吴云,孙仙玲,等.近红外光谱分析技术在散结镇痛胶囊干燥过程水分检测中的应用.世界科学技术——中医药现代化,2016,18(2):313-317.

[85] 李沙沙,赵云丽,陆峰,等.近红外光谱分析技术用于硫酸羟氯喹原辅料混合均匀度在线定量监测.第二军医大学学报,2019,40(9):995-1000.

[86] Lee W B,Widjaja E,Heng P W S,et al.Near infrared spectroscopy for rapid and in-line detection of particle size distribution variability in lactose during mixing.International Journal of Pharmaceutics,2019,566：454-462.

[87] 彭秋实.近红外光谱技术在布洛芬复方片制备工艺中的应用研究[D].贵阳:贵州大学,2018.

[88] 王斐,姜玮,张惠,等.注射用美洛西林钠舒巴坦钠药物混合过程在线混合均匀度的近红外光谱监测.中国医药工业杂志,2015,46(10):1100-1104.

[89] 周璐薇.基于近红外化学成像技术的固体制剂组分分布均匀度评价方法学研究[D].北京:北京中医药大学,2015.

[90] 杨婵,徐冰,张志强,等.基于移动窗 F 检验法的中药配方颗粒混合均匀度近红外分析研究.中国中药杂志,2016,41(19):3557-3562.

[91] 林兆洲,杨婵,徐冰,等.中药混合过程终点在线判定方法研究.中国中药杂志,2017,42(6):1089-1094.

[92] 陈红英,李琼娅,陈佳乐,等.近红外光谱技术用于正天丸混合过程终点的判断.中国实验方剂学杂志,2016,22(12):13-16.

[93] 匡艳辉,唐海姣,王德勤,等.基于近红外光谱判定复方丹参片参片生产过程中冰片的混合均匀性.中国实验方剂学杂志,2018,24(6):7-11.

[94] 律涛,薛忠,刘彦,等.近红外光谱法快速测定金银花-糊精混合粉末中辅料糊精的含量.中国医院用药评价与分析,2017,17(9):1228-1231.

[95] 刘倩.中药粉末混合过程分析和中试放大效应研究[D].北京:北京中医药大学,2014.

[96] 王媚,史亚军,刘力,等.近红外光谱法监测固肠止泻丸生产过程中混合均匀度的研究.陕西中医,2016,37(1):109-110.

[97] 吴志生,陶欧,程伟,等.基于光谱成像技术的乳块消素片活性成分空间分布及均匀性研究.分析化学,2011,39(5):628-634.

[98] 刘姗姗. 安宫牛黄丸生产过程混合均匀度及牛黄药材鉴别研究[D]. 北京：北京中医药大学，2014.

[99] Kona R, Qu H, Mattes R, et al. Application of in-line near infrared spectroscopy and multivariate batch modeling for process monitoring in fluid bed granulation. International Journal of Pharmaceutics, 2013, 452 (1-2)：63-72.

[100] Reimers T, Thies J, Stöckel P, et al. Implementation of real-time and in-line feedback control for a fluid bed granulation process. International Journal of Pharmaceutics, 2019, 567：118452.

[101] Gavan A, Colobatiu L, Mocan A, et al. Development of a NIR Method for the In-Line Quantification of the Total Polyphenolic Content A Study Applied on Ajuga genevensis L. Dry Extract Obtained in a Fluid Bed Process. Molecules, 2018, 23：2152.

[102] Vo A Q, He H M, Zhang J X, et al. Application of FT-NIR Analysis for In-line and Real-Time Monitoringof Pharmaceutical Hot Melt Extrusion：a Technical Note. AAPS PharmSciTech, 2018, 19(8)：3425-3429.

[103] Netchacovitch L, Thiry J, Bleye C D, et al. Global approach for the validation of an in-line Raman spectroscopic method to determine the API content in real-time during a hot-melt extrusion process. Talanta, 2017, 171：45-52.

[104] Wesholoski J, Prill S, Berghaus A, et al. Inline UV Vis spectroscopy as PAT tool for hot-melt extrusion. Drug Delivery and Translational Research, 2018, 8：1595-1603.

[105] Schlindwein W, Bezerra M, Almeida J, et al. In-Line UV-Vis Spectroscopy as a Fast-Working Process Analytical Technology (PAT) during Early Phase Product Development Using Hot Melt Extrusion (HME). Pharmaceutics, 2018, 10：166.

[106] Burggraeve A, Van D K T, Hellings M, et al. Evaluation of in-line spatial filter velocimetry as PAT monitoring tool for particle growth during fluid bed granulation. European Journal of Pharmaceutics and Biopharmaceutics, 2010, 76(1)：138-146.

[107] Burggraeve A, Van D K T, Hellings M, et al. Batch statistical process control of a fluid bed granulation process using in-line spatial filter velocimetry and product temperature measurements. European Journal of Pharmaceutical Sciences, 2011, 42(5)：584-592.

[108] Kukec S, Hudovornik G, Dreu R, et al. Study of granule growth kinetics during in situ fluid bed melt granulation using in-line FBRM and SFT probes. Drug Development and Industrial Pharmacy, 2014, 40 (7)：952-959.

[109] Harting J, Kleinebudde P. Development of an in-line Raman spectroscopic method for continuous API quantification during twin-screw wet granulation. European Journal of Pharmaceutics and Biopharmaceutics, 2018, 125：169-181.

[110] Guay J M, Lapointe-Garant P P, Gosselina R, et al. Development of a multivariate light-induced fluorescence (LIF) PAT tool for in-line quantitative analysis of pharmaceutical granules in a V-blender. European Journal of Pharmaceutics and Biopharmaceutics, 2014, 86(3)：524-531.

[111] Pestieau A, Krier F, Thoorens G, et al. Towards a real time release approach for manufacturing tablets using NIR spectroscopy. Journal of Pharmaceutical and Biomedical Analysis, 2014, 98：60-67.

[112] Wahl P R, Fruhmann G, Sacher S, et al. PAT for tableting：in-line monitoring of API and excipients via NIR spectroscopy. European Journal of Pharmaceutics and Biopharmaceutics, 2014, 87(2)：271-278.

[113] Dalvi H, Langlet A, Colbert M J, et al. In-line monitoring of ibuprofen during and after tablet compression using near-infrared spectroscopy. Talanta, 2019, 195：87-96.

[114] 孙飞, 徐冰, 戴胜云, 等. 近红外分析用于中药产品质量实时放行测试的可靠性研究. 中华中医药杂志, 2017, 32(12)：5316-5321.

[115] 林翔,彭熙琳,陈晓春,等.基于近红外光谱技术的辛伐他汀片剂生产过程多参数的质量监控.四川大学学报(工程科学版),2015,47(4):192-197.

[116] Avalle P,Pollitt M J,Bradley K,et al. Development of process analytical technology(PAT) methods for controlled release pellet coating. European Journal of Pharmaceutics and Biopharmaceutics,2014,87(2):244-251.

[117] Podrekar G,Kitak D,Mehle A,et al. In-Line film coating thickness estimation of minitablets in a fluid-bed coating equipment[J]. AAPS PharmSciTech,2018,19(8):3440-3453.

[118] Mehle A,Kitak D,Podrekar G,et al. In-line agglomeration degree estimation in fluidized bed pellet coating processes using visual imaging. International Journal of Pharmaceutics,2018,546:78-85.

[119] 吴建程,罗晓健,刘旭海,等.近红外光谱快速测定健胃消食片薄膜包衣衣膜厚度研究.江西中医药,2018,49(4):63-67.

[120] Wiegel D,Eckardt G,Priese F,et al. In-line particle size measurement and agglomeration detection of pellet fluidized bed coating by Spatial Filter Velocimetry. Powder Technology,2016,301:261-267.

[121] Hudovornik G,Korasa K,Vrecer F . A study on the applicability of in-line measurements in the monitoring of the pellet coating process. European Journal of Pharmaceutical Sciences,2015,75:160-168.

[122] Pei C L,Lin H Y,Markl D,et al. A quantitative comparison of in-line coating thickness distributions obtained from a pharmaceutical tablet mixing process using discrete element method and terahertz pulsed imaging. Chemical Engineering Science,2018,192:34-45.

[123] 赵伟杰,孟昱,蔡蕊,等.近红外漫反射光谱法鉴定七种药用包装材料//科学仪器服务民生学术大会论文集,2011,8:43-45.

[124] Laasonen M,Harmia-Pulkkinen T,Simard C,et al. Determination of the thickness of plastic sheets used in blister packaging by near infrared spectroscopy:development and validation of the method. European Journal of Pharmaceutical Science,2004,21(4):493-500.

[125] Xie L G,Sun H M,Jin S H. Screening adulteration of polypropylene bottles with postconsumer recycled plastics for oral drug package by near-infrared spectroscopy. Analytica Chimica Acta,2011,706(2):312-320.

[126] 王聪颖,李震,丁大中,等.吡哌酸片近红外快速检测模型的建立.中国药师,2019,22(9):1737-1741.

[127] 韩莹,曾文珊,欧淑芬,等.近红外光谱法快速筛查维 D_2 磷酸氢钙片.今日药学,2019,29(3):186-188,191.

[128] 曹霞飞,毛新武,宋安华,等.建立注射用还原型谷胱甘肽钠近红外光谱法快速比对模型的研究.中国医药科学,2019,9(9):27-32.

[129] 韩莹,曾文珊,周远华,等.偏最小二乘法建立三磷酸腺苷二钠注射液近红外快速定量模型.中国药房,2015,26(7):991-994.

[130] 吕冠欣,何积芬.傅里叶近红外透射光谱法快速检测鼻炎喷剂中盐酸麻黄碱的含量.中国药师,2015,18(1):156-158.

[131] 耿颖,程奇蕾,何兰.近红外光谱法鉴别普伐他汀钠片及其原料药晶型的一致性研究.现代药物与临床,2014,29(10):1105-1108.

[132] 王海敏,李玮,赵建龙.近红外漫反射光谱法无损快速测定头孢丙烯原料药中的水分.安徽医药,2012,16(12):1777-1779.

[133] 孙夏荣,王建花,曹玉.近红外光谱法建立当归配方颗粒一致性模型.中国医院用药评价与分析,2019,19(9):1083-1084,1088.

[134] 王建花,孙夏荣,曹玉.利用近红外光谱法建立天麻配方颗粒一致性检验模型.临床医药文献杂志,2018,5(91):187.

[135] 王荣,张芦燕,丁锐,等.近红外光谱技术在男宝胶囊质量筛查中的应用.宁夏医科大学学报,2019,41(8): 856-859.

[136] 陈啟兰.近红外光谱法测定片仔癀中皂苷类成分的含量.中国中药杂志,2019,44(8):1596-1600.

[137] 唐姣姣,匡艳辉,张偲偲,等.复方丹参片丹酚酸B和冰片近红外光谱测定和相关性模型建立.中国中药杂志,2018,43(14):2857-2862.

[138] 孙晶波,姜国志,姜海,等.近红外光谱法快速定量分析茵栀黄注射液黄芩苷含量.现代中药研究与实践,2015,29(12):50-53.

[139] 张叶霞,严国俊,潘金火,等.银黄口服液近红外光谱测定和定量分析模型建立.中成药,2016,38(3): 566-570.

[140] 何月云,梁华伦,苏肯豪,等.近红外技术在小柴胡颗粒中黄芩苷快速检测的应用研究.今日药学,2019,29(7):461-463,467.

[141] 臧远芳,郭东晓,林永强.近红外技术在珍菊降压片质量研究中的应用.山东中医药大学学报,2019,43(3):308-312.

[142] 马晋芳,王雪利,肖雪,等.近红外无损检测安胎丸中关键质控指标成分的含量.世界科学技术——中医药现代化,2018,20(5):651-659.

[143] 刘攀颜,陈碧清,袁珊珊,等.近红外光谱法测定染色红花中常见染料的含量.中国中药杂志,2019,44(8): 1537-1544.

[144] 刘珈羽,李峰庆,郭换,等.白及粉品种近红外快速定性鉴别模型的建立.成都中医药大学学报,2018,41(1):34-37.

[145] 邢琳,汪树理,任谓明,等.傅里叶变换近红外光谱结合化学计量对不同类别人参的快速无损鉴别研究.上海中医药杂志,2019,53(7):75-82.

[146] 闫珂巍,陈美君,梅国荣,等.近红外光谱法测定三七中3种皂苷的总含量.药物分析杂志,2016,36(4): 691-696.

[147] 周雨枫,杨哲萱,董林毅,等.近红外光谱技术快速测定三七水分和醇溶性浸出物.药物评价研究,2018,41(11):1994-1999.

[148] 赖秀娣,林晓菁,龚雪,等.近红外光谱法快速测定穿心莲中穿心莲内酯的含量.中国医药工业杂志,2018,49(9):1300-1305.

[149] Zhan H,Fang J,Tang L,et al. Application of near-infrared spectroscopy for the rapid quality assessment of Radix Paeoniae Rubra. Spectrochimica Acta Part A:Molecular and Biomdecular Spectroscopy,2017,183:75-83.

[150] 战皓.近红外光谱技术在赤芍等中药材中定量分析应用研究[D].北京:中国中医科学院,2017.

[151] 雷晓晴,王秀丽,李耿,等.近红外光谱法快速测定当归中7种成分的含量.中草药,2019,50(16): 3947-3954.

[152] 雷晓晴,李耿,王秀丽,等.基于近红外光谱法快速测定丹参中5种成分模型的建立.中草药,2018,49(11):2653-2661.

[153] 黄得栋.南五味子药材商品规格等级与其内在质量的相关性研究[D].兰州:甘肃中医药大学,2018.

[154] 闫孟琳,丁国钰,丛龙飞,等.基于质量标志物的当归血管舒张功效的近红外快速评价.中草药,2019,50(19):4538-4546.

[155] 杨华生,吴维刚,谭丽霞,等.麦芽炒制过程中近红外在线监测模型的建立及"炒香"终点判断研究.中国中药杂志,2017,42(2):478-485.

[156] 钟永翠,杨立伟,邱蕴绮,等.NIRS法对栀子不同炮制品栀子苷含量的快速检测.光谱学与光谱分析,2017,37(6):1771-1777.

[157] 聂黎行,王钢力,李志猛,等.近红外光谱法在中药辅料质量控制中的应用.中国中药杂志,2009,34(17):

2185-2188.

[158] 刘倩,徐冰,罗赣,等.丹参提取物中辅料糊精的近红外快速定量分析.世界中医药,2013,11(8):1287-1289.

[159] 王馨,徐冰,薛忠,等.中药陈皮提取物粉末中糊精含量近红外分析方法的验证和不确定度评估.药物分析杂志,2017,37(2):339-344.

[160] 孟昱,李悦青,蔡蕊,等.近红外漫反射光谱法快速鉴别药用辅料.精细化工,2013,30(10):1143-1148.

[161] 程翼宇,瞿海斌,张伯礼.论中药制药工程科技创新方略及其工业转化.中国中药杂志,2013,38(1):3-5.

[162] 杨昌彪,李占彬,包娜,等.构建近红外网络分析平台实现从原料到产品的整个生产过程质量监控.贵州科学,2013,31(6):54-57,68.

[163] 陈晨.近红外光谱技术在复方苦参注射液质量控制中的应用[D].杭州:浙江大学,2012.

[164] 陈国权.近红外光谱技术在感冒灵生产过程质量控制中的应用研究[D].杭州:浙江大学,2017.

[165] 陈朋.近红外分析技术在银蓝调脂胶囊制备过程中的应用研究[D].广州:广州中医药大学,2015.

[166] Yang Y,Wang L,Wu Y,et al. On-line monitoring of extraction process of Flos Lonicerae Japonicae using near infrared spectroscopy combined with synergy interval PLS and genetic algorithm . Spectrochimica Acta Part A:Molecular and Biomdecular Spectroscopy,2017,182:73-80.

[167] 郭拓.中药分析中的质谱与近红外光谱特征信息提取方法研究与实现[D].桂林:桂林电子科技大学,2012.

[168] 杜师帅,邱天,李灵巧,等.多层梯度提升树在药品鉴别中的应用.计算机科学与探索,2020,14(2):260-273.

[169] 周洁茜.傅里叶近红外光谱仪模型传递及药品鉴别方法研究[D].北京:北京邮电大学,2017.

[170] Wu Z S,Sui C L,Xu B,et al. Multivariate detection limits of online NIR model for extraction process of chlorogenic acid from Lonicera japonica. Journal of Pharmaceutical and Biomedical Analysis,2013,77:16-20.

[171] Z S Wu,Y F Peng,W Chen,et al. NIR spectroscopy as a process analytical technology(PAT) tool for monitoring and understanding of a hydrolysis process . Bioresource Technology,2013,137:394-399.

[172] 吴志生.中药过程分析中 NIR 技术的基本理论和方法研究[D].北京:北京中医药大学,2012.

[173] 杨辉华,张晓凤,樊永显,等.基于一元线性回归的近红外光谱模型传递研究.分析化学,2014,42(9):1229-1234.

[174] 周洁茜.傅里叶近红外光谱仪模型传递及药品鉴别方法研究[D].北京:北京邮电大学,2017.

[175] 倪力军,韩明月,张立国,等.基于稳定一致波长筛选的无标样近红外光谱模型传递方法.分析化学,2018,46(10):1660-1668.

[176] 梁晨.近红外光谱多元校正模型传递方法的研究[D].北京:北京化工大学,2016.

[177] Liang C,Yuan H,Zhao Z,at el. A new multivariate calibration model transfer method of near-infrared spectral analysis. Chemometrics and Intelligent Laboratory Systems,2016,153:51-57.

[178] Wu Z S,Du M,Sui C L,et al. Development and validation of NIR model using low-concentration calibration range:rapid analysis of solution from Lonicera japonica in ethanol precipitation process. Analytical Methods,2012,4(4):1084-1088.

[179] 薛忠,徐冰,刘倩,等.不确定度评估在中药近红外定量分析中的应用.光谱学与光谱分析,2014,34(10):2657-2661.

[180] 吴志生,史新元,徐冰,等.中药质量实时检测:NIR 定量模型的评价参数进展.中国中药杂志,2015,40(14):2774-2781.

[181] 张娜,徐冰,贾帅芸,等.丹参提取过程多源信息融合建模方法研究.中草药,2018,49(6):1304-1310.

[182] 白钢,侯媛媛,丁国钰,等.基于中药质量标志物构建中药材品质的近红外智能评价体系.药学学报,2019,54(2):197-203.

第 13 章 近红外光谱技术在水果品质检测中的新进展

目前，我国农业的主要矛盾已经由总量不足转变为结构性矛盾，具体到水果产业，突出表现为中低端水果同质过剩和特色高端供给不足。近红外光谱（NIR）技术具有快速、无损检测等优点，是最佳的实用性水果品质检测技术。NIR 在水果产业经近 30 年发展，逐步由实验室走向采后分选、现场抽检等应用，并逐步发展成水果采后提质的主流技术手段。

我国从 2008 年引进首台便携仪应用于奥运水果品质监测，到 2010 年自主苹果糖度分选装备在山东应用，逐步在苹果、梨、柑橘、脐橙、蜜柚、西瓜等产业应用，检测指标也由单一糖度检测逐步向多指标同时检测发展。与此同时，理论研究也达到了新的高潮，2010 年迄今国内发表相关论文 968 篇，博士和硕士学位论文 84 篇，国外期刊论文 859 篇。

本章重点评述近 10 年 NIR 在水果产业的应用进展，为深入推进水果产业供给侧结构性改革及加快水果产业转型升级的目标提供科技支撑。

13.1 便携式水果品质检测仪及应用

13.1.1 便携式水果品质检测仪技术特点

便携式仪器因其便携、低成本、快速等特点，在水果现场抽样、品质监测领域应用潜力较大。2000 年，日本 Fantec 公司开始销售世界上首台水果专用检测仪 FT 20，不久又推出 FQA－NIR GUN。同年，日本 Kubota 公司推出了 KBA-100R 便携仪，2019 年 7 月对原机型进行升级换代，使其更加轻便（图 13-1）。2010 年，澳大利亚 Integrated Spectronics 公司推出了 Nirvana 手持仪，嵌入了决策支持系统（Fruit Map），实现了从单纯检测仪向仪器物联网（IoT）的转变；2014 年被美国 Flexi 公司收购，推出升级款 F750 和 F751 手持仪。2016 年，日本 Atago 公司推出 PAL-HIKARi 5 水果糖度检测专用手持仪，以 LED 为光源，重量更轻、体积更小[1,2]。我国聚光公司收购英贤公司后，于 2008 年推出首款水果便携仪 SupNIR-1000，后又升级为 HSXD-1100。上述历程基本代表了便携式水果品质检测仪器发展的若干关键节点，它们的主要技术特点见表 13-1，发展趋势归纳如下。

（1）**低成本微型化** 经历了便携型、手持型、口袋型的发展历程，体积越来

图 13-1　升级后的 Kubota KBA-100R 便携仪

越小、重量越来越轻；同时，市场销售价格也在降低，更加符合水果产业对低成本仪器的客观需求。例如，KBA-100R 约 3.5 kg、F750 约 1.05 kg、PAL-HIKARi 5 约 0.12kg（图 13-2）。

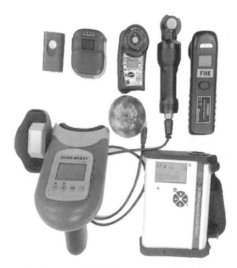

图 13-2　各种手持式 NIR 水果检测仪

（2）**分光技术**　光谱仪是水果检测仪的核心部件，绝大多数便携式仪器采用光电耦合二极管（CCD）光谱仪。目前 CCD 光谱仪仍是便携式水果检测仪的主流配置，随着线性渐变滤光片（LVF）技术的出现，也推出了 MicroNIR 光谱仪，但该光谱仪尚需二次开发，才能实现水果品质检测。

（3）**光源及其控制技术**　卤钨灯因其光源能量高，成为绝大多数水果检测仪的首选光源，但检测中光源一直保持开的状态，造成高能耗和散热不良，需要配备大容量电池，这也是导致大多数便携式检测仪体积较大的原因。而 F750 采用了间断型光源控制技术，在一次测量中主要包含如下三个步骤：光源关闭，测暗电流（D）和外界环境光谱（A）；光源开启，测量参比（R）和样品（S）光谱；然后计算吸光度$-\lg(S-A-D)/(R-D)$。这种光源控制技术，降低了功耗和发热，两节大容量干电池即可供电，使 F750 更加紧凑和轻便。同时，LED 作为新型节能光源，已在口袋型仪器 N-1 和 PAL-HIKARi 5 上使用，但其强度是否足以透过较厚果皮获取果肉信息，尚未见报道。

（4）**无模型技术**　水果是以水为主的生物体，品质因品种、产地、季节等因素而不同，且无可以长期保存的标准样品来校正数学模型；不同年份的数学模型通常需要升级后才能使用，这也是 NIR 在水果领域应用的一个主要难点，每年均需要投入人力和物力维护数学模型。而 N-1 型采用的三纤维漫反射光谱法（Three-Fiber-based Diffuse Reflectance Spectroscopy，TFDRS），通过单点发射两点接收的方式计算相对吸光度，不受漫反射光路变化的影响，且与水果糖度呈线性相关[3,4]。该模型通过标准样品模拟，推导出线性方程，然后用水果进行验证。在实际应用中，不需测量参比，不需进维护模型，是一种不同于传统方法的全新思维。

（5）**IoT 仪器**　传统 NIR 是化学计量学、数学模型和仪器三位一体，随着精准农业技术的发展，决策支持系统也逐渐被引入融合，与前者共同形成了四位一体的 IoT 仪器。例如，F750 集成了 GPS 传感器，在获取树上水果品质信息的同时，也记录了树的位置信息，将这些数据上传至决策支持系统（Fruit Map）（图13-3），生成采收作业处方图，这代表着科学仪器未来的发展方向[5]。

（6）**Y 轴校正技术**　NIR 光谱的 X 轴决定了波长的准确性，Y 轴决定了吸光度的准确性。考虑到光源强度浮动、光谱仪暗电流噪声对测量准确性的影响，故每次测量均需采集参比、暗电流，计算吸光度。而便携式仪器每次测量采集参比有难度，从而多采用间隔一定时间后采集参比，这会影响 Y 轴吸光度，进而影响模型的普适性[6,7]。为此，KBA-100R 和 F750 均内置参比，每次均测量参比、暗电流等，实时校准每个样品的吸光度，极大提高了模型的普适性。例如使用KBA-100R，用日本柑橘模型预测我国柑橘，无需校正即可使用。这也降低了 NIR果业应用的准入门槛。

图 13-3　Fruit Map 水果采收决策支持系统

表 13-1　主要的商业化便携式水果品质检测仪器的技术特点

仪器	国别	原理	波长范围	光源	质量	尺寸	响应时间	检测指标	技术特点
KBA-100R	日本	漫反射	500～1000nm	卤钨灯	3.5 kg	250mm×100mm×200mm	2s 以内	糖度、酸度、缺陷	环形发光和接收一体化探头，光纤探头位于环形光源的中心；较好地避免了杂散光；适用于苹果、梨、柑橘等绝大多数水果；提供数学模型无需升级即可使用
FQA-NIR GUN	日本	漫反射	600～1100nm	卤钨灯	0.75kg	250mm×85mm×220mm	6～100 ms	糖度、酸度、成熟度	单点入射单点接收，可同时检测糖度、酸度和成熟度；但其光斑较小，需要多点测量，不提供数学模型
N-1 Brix meter	日本	TFDRS	900,940,1060 nm	LED	0.2kg	181mm×52mm×42mm	—	糖度	采用 TFDRS 技术，吸光度比不受漫反射光路变化的影响，且与水果糖度线性相关；该数学糖度模型采用标准样品标定建立，在实际应用中不需测量参比和维护模型；具有温度补偿功能；但仅限于苹果、芒果、桃、梨和柿子糖度检测

续表

仪器	国别	原理	波长范围	光源	质量	尺寸	响应时间	检测指标	技术特点
PAL-HIKARi 5 IR Brix Meter	日本	漫反射	—	6 LEDs	0.12kg	6.1mm×4.4mm×11.5mm	3s 以内	糖度	采用 LED 光源，功耗更低，结构更紧凑；具备温度补偿功能；提供数学模型及人工校准功能
Sun Forest H-100F	韩国	漫透射	650~950 nm	卤钨灯	0.4kg	110mm×160mm×169mm	2s 以内	糖度、酸度、缺陷	针对不同水果的尺寸和果形，设计了不同的光源和检测器布置角度，形成了苹果、柑橘等不同款式；重量轻，携带方便；不提供数学模型，现场检测需配电池
Felix F-750	美国	漫反射	310~1100nm	卤钨灯	1.05 kg	180mm×120mm×45mm	—	干物质、糖度、色泽和缺陷	带 GPS，将检测结果上传至决策系统（Fruit Map），生成采收处方图；检测探头布置在光源的轴线上，构成阴影式探头；每次成测量均采比外界环境光，参比和暗电流，实现了实时和暗校正；采用两节充电干电池供电，更换方便；有部分水果的数学模型，例如苹果、芒果

续表

仪器	国别	原理	波长范围	光源	质量	尺寸	响应时间	检测指标	技术特点
Micro-NIR	美国	漫反射	950～1650 nm	卤钨灯	0.046kg	45mm×50mm（直径×高）	—	—	采用 LVF 技术；光源和检测器一体化，需二次开发；波长范围处于950 nm 以上，透射能力还有待验证
SCiO	以色列	漫反射	740～1070 nm	卤钨灯	0.033kg	27.5mm×9.5mm×3.15mm	2～5s	—	需二次开发；iOS 9或 Android 4.3 以上版本手机通过蓝牙与光谱仪通讯
聚光 HSXD-1100	中国	漫反射	600～1100 nm	卤钨灯	4.5kg	310mm×210mm×120mm	5s 以内	糖度、酸度	内置标准化校准模块，定期自检，实时掌控仪器性能状态，保障测量结果准确性；内置量参比模块，实时参比，提高测量结果重复性

注：TFDRS 为三纤维漫反射光谱；LD 为发光二极管；一为未见标注该项功能的指示值。

13.1.2 便携式水果品质检测仪应用

13.1.2.1 芒果最佳采收期预测

芒果是呼吸跃变型水果，其干物质（DM）含量是采摘的标志性指标。澳大利亚芒果产业协会（AMIA）已经建立了 DM 含量标准，其主要品种的 DM 含量要达到 15％以上才能采摘，该标准已被沃尔沃斯（Woolworhts）等主要零售商采用。

在芒果成熟的最后 6 周，果实 DM 含量呈合理的线性增长。澳大利亚芒果产业采用 F750 评估树上芒果的 DM 含量，以指导采摘。大型农场自行购买了 F750，AMIA 为较小的农场提供服务，并在各地的主要批发市场对进港芒果进行评估，将结果发表在行业周报上，主要的零售商也会雇佣第三方来协助检查。

F750 每周对树上芒果的 DM 含量进行检测，将 DM 含量和 GPS 信息上传至决策支持系统，被用于澳大利亚部分水果行业（图 13-4）。该系统在农场地图上显示 NIR-DM 测量值，依据 DM 增长率预测每个地块的采收日期，制定采收计划[8]。

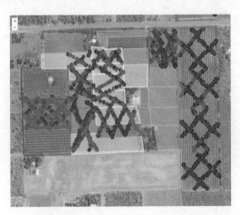

图 13-4　芒果采收决策方案图（以颜色代表成熟度）

13.1.2.2 苹果最佳采收期预测

苹果成熟度与淀粉、硬度和糖度等因素有关。Li 等基于完整果实的光谱预测苹果最佳采收期[9,10]。他们为比利时苹果产业提供了近 15 年的服务，根据颜色、硬度、酸度、糖度等成熟特性指标，与前几个季节相比，估算最佳采摘期。这项服务提供给比利时 100～150 个果园，取样水果被送到实验室进行 NIR 的收集，根据现有的收获期模型预测每个果园的最佳采收期。

13.1.2.3 猕猴桃育种应用

在猕猴桃育种中，NIR 能提供每棵树上猕猴桃 DM 的均值，而不是用于评估某个水果。猕猴桃育种面临的一个关键问题是：新的基因标本树龄较小，每个季节的结果数量可能低至 10 枚/棵。应用 NIR 便携式检测仪器，可以不破损猕猴桃，最大限度地保存树上猕猴桃的数量，同时获取猕猴桃的性状指标，用于评价储藏寿命和感官质量等[11-15]。F750 手持式 NIR 检测仪，使得无损的树上检测成为可能。此外，在收获前定期测量猕猴桃 DM 的平均值，从而可以对每一种特定果树的收获日期进行微调。该方法已经在新西兰植物和食品研究所的猕猴桃育种计划中使用了 5 年。

13.2　水果品质在线分选装备技术特点及应用

13.2.1　水果品质在线分选装备技术特点

1989 年，Mitsui 公司将近红外传感器安装在水果分选线上，推出了首套水果糖度分选装备。该装备采用漫反射结构，适用于苹果、梨和桃子糖度检测，糖度检测时间 0.13s，单通道速度 3 个/s[16,17]。21 世纪初期，日本的 NIR 在线分选装备被出口到我国台湾地区和韩国，但价格因素阻碍了其在其他地区的推广和应用。这促使了低成本的 NIR 分选装备在大洋洲甚至欧洲的发展，澳大利亚 CVS 公司于 2006 年研发了漫反射结构的 NIR 分选装备，后被法国迈夫（Maf Roda）公司收购。迈夫公司于 2015 年前后推出了全透射 NIR 分选装备，在农夫山泉公司得以应用。而华东交通大学与北京福润美农科技有限公司合作，于 2010 年推出首套 NIR 分选装备，并在栖霞苹果产业投入使用[18]。此后，相继研发了鸭梨、脐橙、蜜柚、西瓜等 NIR 分选装备，在河北、江西、广东、广西等水果主产区投入使用。江西绿萌科技有限公司于 2014 年引进了 NIR 模块，并安装在柑橘分选线上，实现了柑橘糖度检测。近两年，北京伟创英图科技有限公司、无锡迅杰光远科技有限公司等也致力于水果 NIR 分选装备研发。NIR 分选装备的技术特点见表 13-2，具体归纳如下。

（1）**由单指标向多指标同时检测发展**　目前，商业化的 NIR 分选装备，面向不同水果，已经实现了的检测指标有：干物质、糖度、酸度、成熟度、水心、褐变等[19,20]。剔除隐性缺陷果也是 NIR 分选装备的一个主要应用，例如枯水、水浸、空洞、浮皮、灼伤、黑心等。而早期的隐性缺陷检测，尚待深入研究。

（2）**多种传感器信息融合**　通常在传统电子称重或机器视觉分选上，研发 NIR 检测系统，实现尺寸、色泽和内部品质的检测（图 13-5）。但对于其他的检测指标，还需要辅以其他传感技术。例如 Shibuya 公司在同一条分选线上集成了 NIR、X 射线、声波传感器，实现了内部品质、隐性缺陷和成熟度的同时检测[21]。

（3）**面向不同类型水果的个性化解决方案**　水果种类繁多，有核无核、皮厚皮薄，需要采用不同的 NIR 检测方案。柑橘、洋葱的光散射性弱，光更容易穿透水果组织，宜用全透射检测方法，例如 Mtisui 公司的 QSCOPE-C 分选装备[22]。而桃子属于有核水果，果核阻碍光在水果组织的传输路线，故宜用漫反射光学结构，例如日本洋马公司在无锡的水蜜桃分选装备。而西瓜、蜜柚、菠萝等果皮致密，

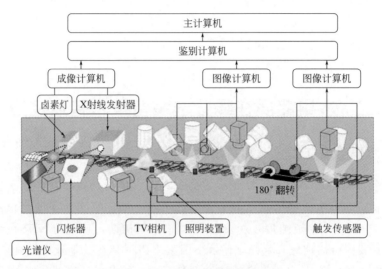

图 13-5 多种传感器信息融合

光极难穿透整果组织，故宜采用四周照射果顶接收的漫透射检测方案，华东交通大学和北京福润美农有限公司、日本 Mtisui 公司、意大利 Sacmi 公司均采用这种解决方案。

（4）**NIR 与溯源系统集成应用** 溯源技术是保证水果从田间地头到餐桌质量安全的重要技术手段。Shibuya 公司为了向消费者提供安全可靠的产品，他们将建立了一个包括 NIR 分选装备在内的集成系统，通过链接分类产品信息和生产历史信息来跟踪数据[21,22]。

（5）**传统分选装备的改造升级** 新西兰 Compact 公司的 inspectra² 以及日本尼利可公司的 imes950 型 NIR 模块，可以直接嫁接在传统电子称重或机器视觉分选线上，在线采集水果光谱，输入模型计算品质指标值，并将信号传输给后续执行装置[23]。这也为 NIR 分选装备的研发提供了一个方向，但 NIR 与已有机械控制系统的匹配型，尚需要优化和升级，以达到相应的检测性能标准。

（6）**信息共享服务平台** NIR 分选装备在高速、非接触条件下完成检测，装备台间差要高于手持式仪器，这对模型的传递和升级提出了较大的挑战。目前，各 NIR 分选装备公司极少提供模型的后续升级和维护服务，这无形中提高了设备使用的技术门槛。抑或借助 IoT 和大数据技术，建立远程模型共享服务平台，一则提供模型升级服务；二则动态跟踪各个区域的优质、中等、低档果年份统计信息，形成反馈机制，指导当地的水果种植管理。例如，某地区优质果率多年均较高，可能说明该地生产管理措施较好；而某地区优质果率持续偏低，则可能说明生产管理尚有提升空间。这也为大数据在水果产业的应用提供了有益的参考。

表 13-2　主要的商业化水果品质在线分选装备（NIR）技术特点

公司	国别	检测对象	检测指标	检测速度	公司网站
Mitsui	日本	苹果、柑橘、西瓜、菠萝等	糖度、酸度、缺陷	单通道 10 个/s	https://www.mitsui-kinzoku.co.jp/group/mkit/en/business/seika.html
Shibuya	日本	柑橘、苹果、梨、桃等	糖度、酸度、缺陷	—	http://www.shibuya-sss.co.jp/sss_e/index.html
Maf Roda	法国	柑橘、苹果、梨、芒果等	糖度、酸度、缺陷	—	https://www.maf-roda.com/en/
Sacmi	意大利	猕猴桃、桃、苹果、西瓜等	糖度、酸度、成熟度、缺陷	单通道 5～10 个/s	http://www.sacmi.it
Compact	新西兰	苹果、猕猴桃、柑橘、牛油果等	干物质、糖度、酸度、缺陷	—	https://www.compacsort.com/
华东交通大学、北京福润美农	中国	苹果、梨、柑橘、桃、脐橙、蜜柚、西瓜等	糖度、酸度、缺陷	单通道 3～8 个/s	http://www.friway-tech.com/
江西绿萌科技	中国	柑橘、猕猴桃、梨、桃、苹果等	糖度、酸度、缺陷	—	http://www.reemoon.com.cn/

注："—"表示未标注该项功能指标数值。

13.2.2　水果品质在线分选装备应用

13.2.2.1　我国水果 NIR 在线分选应用

华东交通大学与北京福润美农科技有限公司联合研制了我国首套自主知识产权的 NIR 分选装备，并于 2010 年在山东烟台投入使用，打造了晶心高糖苹果品牌。为了满足不同水果品种对 NIR 分选装备的需求，鸭梨、脐橙、蜜柚、西瓜等分选设备相继投放市场，检测指标也由最初的糖度分选机，发展为重量、糖度、黑心同时检测的分选装备，例如河北泊头鸭梨产业应用案例，重量、糖度和黑心同时检测，重量均匀无缺陷、糖度 12°Brix 以上的鸭梨作为高档品牌销售[18]。与此同时，分选出的高档优质果，例如上饶马家柚、木子金柚投入市场销售，提高了销售价格，打造了特色品牌（图 13-6）。针对低端果，也积极地研发柚子粉、柚子干、柚子酒等产品，为 NIR 在线分选装备产业应用提供了可行方案。

农夫山泉果汁有限公司拥有脐橙种植、果汁加工等较完备的产业链。基于高端优质脐橙入市鲜销，打造品牌提高销售收入，低端脐橙作为果汁原料的构想，公司于 2017 年成功引进并安装 10 套法国迈夫公司的 NIR 在线分选装备，2018 年安装 36 套 NIR 在线分选装备，均采用全透射方式。从 2017 年开始，在部分超市鲜销 17.5°甜橙，其更重要的价值在于打造了一种 NIR 在线分选商业应用的典型模式（图 13-7）。NIR 在线分选应用的关键在于低端果能否产生价值，而农夫山泉的 NIR 应用方案，为 NIR 分选的果业应用提供了有益探索。

图 13-6　木子金柚糖度 NIR 分选装备

图 13-7　农夫山泉脐橙 NIR 在线分选

13.2.2.2　新西兰猕猴桃 NIR 在线分选应用

2015 年以来，NIR 在新西兰的猕猴桃包装线上进行了商业应用。新西兰猕猴桃出口商以最低 DM 含量作为口感标准（MTS），并应用 NIR 分选设备挑选超过 MTS 的猕猴桃用于出口（图 13-8）[24,25]。此后，NIR 分选装备从 2015 年的两套增加到 2018 年的十多套，数以百万计的猕猴桃经过检验和分级然后出口。商业利益阻碍了 NIR 分选装备客观的评价标准，但 NIR 分选装备的精度是变化的，有时偏差会超过 1%，这就要求对 NIR 分选装备进行定期管理，包括定期的偏差调整和/或校准更新，以在数天或数周内保持准确性。

图 13-8　新西兰猕猴桃 NIR 在线分选

13.2.2.3　澳大利亚苹果缺陷 NIR 在线分选应用

考虑到消费者的客观需求，通常对水果隐性缺陷有严格的标准要求。例如，澳大利亚的主要零售商将苹果内部褐变的标准设定为 2%。在配送中心，一个典型的检查程序包括切割 30 个水果，如果在第一组样品中发现缺陷，则切割第二组 30 个水果[26]。若两组样品中都有不合格的水果，整批货都被拒收。考虑到大量的苹果可能因褐变被零售商拒绝，产生高额的经济损失，这一动力促使农场主采用

NIR 在线分选装备进行褐变分选。

13.2.2.4　日本水果 NIR 在线分选应用

日本消费者对水果的消费是非常挑剔的，其水果上市前都要经过分级包装。由于竞争和营销战略的需要，有些水果在标签上标出糖度数值出售。从 20 世纪 80 年代末开始，许多高新技术在日本水果检测领域得到普及应用。日本水果 NIR 分选技术的发展，有其特定的经济、文化和社会背景：a.日本经济发达，国民收入水平高，与价格相比更重视水果质量。b.劳动力成本高，从事农业的人口老龄化问题日趋严重。c.政府大力扶持水果分级技术的发展，其主要形式是财政支持，一般为政府补助 50%，农民协会补助 25%，其余由果农负担。d.形成了较完善的大数据反馈机制，分选统计结果均反馈至果农，以便科学评估及改进生产措施。因此，以 NIR 为代表的无损检测技术和水果分选系统规模越来越大，生产率越来越高，基本实现了全程自动化和智能化。

13.3　近红外光谱技术果业应用重点

NIR1.0 水果产业应用阶段到 2.0 阶段。目前，NIR 果业应用多处于 1.0 阶段，即利用 NIR 检测目标的即时性状属性，进而做出下一步决策，例如依据分选这一时间点上水果的糖度、缺陷等指标在线筛选优质水果，以期实现优质优价的目的。而 NIR 技术的更大应用潜力在于"预测"性能，例如水果采收期 NIR 预测，通过长期监测树上水果诸如干物质等品质属性的变化规律，依据水果生长过程性状参数变化曲线，提前若干时间预判某一地块水果应在某一时间点达到采收标准，这利用了 NIR 的"预测"能力，属于 NIR 的 2.0 阶段。NIR 的果业应用重点应根据园艺种植规范，将 NIR 应用从采后移至采前，从整体上提高水果群体的优质率，最终实现 NIR 采前提质和采后分选融合应用。

NIR 应用节点由采后逐步普及至全价值链。目前，NIR 在水果产业的商业应用已经在采后分选领域逐步展开。但水果采后优中低品质属性结构相对固定，NIR 的应用难以改变既定事实，所以 NIR 的应用节点跃居于水果价值链的前端。其应用潜在价值越大，则用户可以提前采取相应的调控措施，改变水果的低中优品质结构，从整体上提高水果群体的优质率，这也正符合国家农业提质增效的主题。但我国 NIR 果业应用，在育种、采收期预测、弱势果树监控等领域尚处空白（图 13-9），

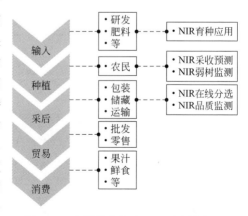

图 13-9　水果价值链和 NIR 应用构想

这些领域也是能发挥 NIR 潜力，推进 NIR 果业应用由 1.0 进入 2.0 的重要契机。

NIR 果业应用技术"交钥匙"工程。以 NIR 在线分选领域为例，距离"交钥匙"工程从技术上来讲，尚有一定的差距。水果的品质属性会因品种、季节、立地条件、管理措施和采收期不同而不同，由于 NIR 在果业应用的时间尚短，目前大部分 NIR 分选装备数学模型的覆盖范围仅限于本地品种。这就需要操作人员的手动操作和时常关注，以保持标准偏差等性能。有必要优化校准程序，包括采购和测量适当范围的校准样品，建立有效的质量控制协议，并纳入直接的校准更新程序，提高 NIR 装备的智能性。

NIR 果业应用由传统仪器到 IoT 仪器。在便携或手持式检测仪器领域，随着硬件的不断发展，从制造商的角度来看，在经济上变得更加可行，目前已有相当数量的供应商，而且后续可能有更多的供应商加入。在收获前，使用该技术评估群体水果（地块级）的优劣，可以做出改善水果质量的管理决策，例如预测最佳采收期。该技术也可以用于价值链下游发货的质量控制，或上游育种质量监控。与在线分选相比，便携式仪器成本低，技术培训人员少，从而满足有效质量控制的需求。目前，绝大多数的便携式仪器均为传统仪器，其测量结果尚未得到有效利用。以 F750 为例，决策支持系统和 NIR 仪器节点融合的 IoT 系统将更有利于为用户提供切实可行的生产调控措施。此外，为获得与采后管理相关的水果性状属性信息（尺寸、形状、色泽、硬度等），将 NIR 数据与其他数据融合，这种融合可以超越单一方法。

参 考 文 献

[1] Walsh K B. Postharvest regulation and quality standards on fresh produce//Florkowski W J, Shewfelt R L, Brueckner B, Prussia S E. Postharvest handling -a systems approach. Third edition. Boston. Academic Press, 2014.

[2] Walsh K B. Nondestructive assessment of fruit quality//Wills R B H, Golding J B. Advances in postharvest fruit and vegetable technology. Florida, Amsterdam: CRC Press, 2015.

[3] Stella E, Moscetti R, Haff R P, et al. Review: Recent advances in the use of non-destructive near infrared spectroscopy for intact olive fruits. Journal of Near Infrared Spectroscopy, 2015, 23(4): 197-208.

[4] Wang H, Peng J, Xie C, et al. Fruit quality evaluation using spectroscopy technology: a review. Sensors, 2015, 15: 11889-11927.

[5] Walsh K B, Subedi P, Tijskes P. A case study of a decision support system on mango fruit maturity. Acta Horticulturae, 2015, 1091: 195-204.

[6] Crocombe R A. Portable spectroscopy. Applied Spectroscopy, 2018, 72(12): 1701-1751.

[7] Amuah C L Y, Teye E, Lamptey F P, et al. Feasibility study of the use of handheld NIR spectrometer for simultaneous authentication and quantification of quality parameters in intact pineapple fruits. Journal of Spectroscopy, 2019: 5975461.

[8] Walsh K B, Wang Z. Monitoring fruit quality and quantity // Sauco V G, Lu P. Achieving sustainable cultivation of mangoes. London: Bureligh Dodds Publishing Limited, 2018.

[9] Li B,Lecourt J,Bishop G. Advances in non-destructive early assessment of fruit ripeness towards defining optimal time of harvest and yield prediction—a review. Plants,2018,7(1):E3.

[10] Fernández-Espinosa A J. Combining PLS regression with portable NIR spectroscopy to on-line monitor quality parameters in intact olives for determining optimal harvesting time. Talanta,2016,148: 216-228.

[11] Feng J,Wohlers M,Olsson S R,et al. Comparison between an acoustic firmness sensor and a near-infrared spectrometer in segregation of kiwifruit for storage potential. Acta Horticulturae. ,2016,1119: 279-288.

[12] Cirilli M,Bellincontro A,Urbani S, et al. On-field monitoring of fruit ripening evolution and quality parameters in olive mutants using a portable NIR-AOTF device. Food Chemistry,2016,199: 96-104.

[13] Feng J,Woolf A,Yang X,et al. Post-harvest respiration of pinus radiata logs under different temperature and storage conditions. New Zealand Journal Forestry Science,2015,45: 12.

[14] Beghi R,Buratti S,Giovenzana V,et al. Electronic nose and visible-near infrared spectroscopy in fruit and vegetable monitoring. Reviews in Analytical Chemistry,2017,36(4): 20160016.

[15] Srivastava S, Sadistap S. Data processing approaches and strategies for non-destructive fruits quality inspection and authentication: a review. Journal of Food Measurement and Characterization,2018,12(4): 2758-2794.

[16] Zhang B,Dai D,Huang J,et al. Influence of physical and biological variability and solution methods in fruit and vegetable quality nondestructive inspection by using imaging and near-infrared spectroscopy techniques: A review. Critical Reviews in Food Science and Nutrition,2018,58(12): 2099-2118.

[17] Zhang B,Gu B,Tian G,et al. Challenges and solutions of optical-based nondestructive quality inspection for robotic fruit and vegetable grading systems:a technical review. Trends in Food Science and Technology, 2018,81: 213-231.

[18] 刘燕德. 光谱诊断技术在农产品品质和质量安全检测中的应用. 武汉:华东科技大学出版社,2017.

[19] Xie L J,Wang A,Xu H R,et al. Applications of near-infrared systems for quality evaluation of fruits:a review. Transactions of the ASABE,2016,59(2): 399-419.

[20] Nturambirwe J F I,Nieuwoudt H H,Perold W J,et al. Non-destructive measurement of internal quality of apple fruit by a contactless NIR spectrometer with genetic algorithm model optimization. Scientific African, 2019,3: e00051.

[21] Li J,Sun D,Cheng J. Recent advances in nondestructive analytical techniques for determining the total soluble solids in fruit: a review. Comprehensive reviews in Food Science and Food Safety,2016,15(5): 897-911.

[22] Cortés V,Blasco J,Aleixos N,et al. Monitoring strategies for quality control of agricultural products using visible and near-infrared spectroscopy: A review. Trends in Food Science and Technology, 2019, 85: 138-148.

[23] Kawano S. Past,present and future near infrared spectroscopy applications for fruit and vegetables. NIR news,2016,27(1): 7-9.

[24] Li M,Pullanagari R R,Pranamornkith T,et al. Applying visible-near infrared(Vis-NIR) spectroscopy to classify 'Hayward' kiwifruit firmness after storage. Acta Horticulturae,2017,1154: 1-8.

[25] Khatiwada B. Sorting for internal flesh browning in apple using visible-shortwave near infrared spectroscopy//16th International Conference on Near Infrared Spectroscopy. Foz do Iguassu,Brazil:2015.

[26] Kaur H,Künnemeyer R,McGlone A. Comparison of hand-held near infrared spectrophotometers for fruit dry matter assessment. Journal of Near Infrared Spectroscopy,2017,25(4): 267-277.

第 14 章　现代过程分析技术在水分析中的新进展

14.1　水质检测与水质指标

水是人们生活中必不可少的一项物质，水污染问题会对人们的生活质量和健康造成一定威胁，这也使水质分析与检测工作变得更加重要。水质检测过程中，为了确保检测的合理性、准确性，要做好相应的控制工作；水质的优劣关系到人们正常的生产、生活，关系到社会的发展和人们的生命安全；水质化验分析中的质量控制是提升水质安全水平，降低水污染风险，减少危害因素的重要方式[1-3]。水质的化验分析对化验的精准度和数据的准确性有严格要求，人为、外界环境、仪器设备等都可能影响化验结果，导致化验分析质量下降[4]。

经济的飞速发展推动了工业化的进程，现在我国的工业水平已经得到了快速提升，但同时也带来了许多问题，如工业废水已经成为城市污水的主要来源。工业废水中含有许多对人体有害的物质，排入江河湖泊中，江河湖泊中的水再经过一系列复杂过程成为城市供水，为了保证人民的健康必须提高水质检测水平[5]。

14.1.1　水质检测指标

水质的检测、化验和水质监测实质上都是期望通过对目标水体的水样进行理化生分析指标的测定，定性定量分析鉴定水体是否受到污染，规划水的功能，判定其是否可以饮用，是否可以灌溉，是否可以作为循环水和冷凝水用于锅炉、炼油、石化等工业过程中的冷凝循环，是否可以用于过滤、精滤和超滤以便用于药用水和注射水。不同的应用场所提出了不同的技术要求指标，有共性指标，有个性指标，以上海市《生活饮用水水质标准》（DB31/T 1091—2018）为例，它是全国第一部地方饮用水标准，其所规定的指标非常具有代表性[6]。

水质常规指标提标 17 项，其中参照国外标准 6 项，参照国内标准 2 项，控制消毒副产物 3 项，改善水质 6 项，如表 14-1 所示。

表 14-1　水质常规指标提标

指标	限值	国标	指标依据
水质常规指标提标（参照国外标准 6 项）			
镉/（mg/L）	0.003	0.005	WHO、日本

续表

指标	限值	国标	指标依据
亚硝酸盐氮/(mg/L)	0.15	1	欧盟
铁/(mg/L)	0.2	0.3	欧盟
锰/(mg/L)	0.005	0.1	美国、欧盟、日本
溶解性总固体/(mg/L)	500	1000	美国、日本
总硬度/(mg/L)	250	450	与溶解性总固体同步下调
水质常规指标提标(参照国内标准 2 项)			
汞/(mg/L)	0.0001	0.001	地表水环境质量标准 GB 3838—2002
阴离子合成洗涤剂/(mg/L)	0.2	0.3	地表水环境质量标准 GB 3838—2002
水质常规指标提标(控制消毒副产物 3 项)			
三卤甲烷(总量)	该类化合物中各种化合物的实测浓度与其各自限值的比值之和不超过 0.5	1	三卤甲烷有潜在致癌风险,WHO 建议饮用水中三氯甲烷在可行的情况下尽可能保持低水平,因此三卤甲烷(总量)限值减半
溴酸盐/(mg/L)	0.005	0.01	国际癌症研究中心(IARC)将溴酸盐列为对人可能致癌的物质,将甲醛确定为 I 类致癌物
甲醛/(mg/L)	0.45	0.9	
水质常规指标提标(改善水质 6 项)			
菌落综述/(CFU/mL)	50	100	提高生物安全
色度(铂钴色度)/度	10	15	改善感官性能
浑浊度(散射浑浊度)/NTU	0.5	1	改善感官性能
耗氧量(COD_{Mn})/(mg/L)	2(水源限制,原水耗氧量＞4mg/L 时,3)	3(原水耗氧量＞6mg/L 时,5)	降低有机物含量
总氯/(mg/L)	与水接触至少 120min 后,出厂水中余氯量大于等于 0.5,限值 2;管网末梢水中余量大于等于 0.05	限值 3	改善口感
游离氯/(mg/L)	与水接触至少 30min 后,出厂水中余量大于等于 0.5,限值 2;管网末梢水中余量大于等于 0.05	限值 4	改善口感

指标	限值	国标	指标依据
常规指标新增(7 项)			
锑/(mg/L)	0.005		国际非常规指标
亚硝酸盐氮/(mg/L)	0.15		国际附录 A 指标
一氯二溴甲烷/(mg/L)	0.1		国际非常规指标
二氯一溴甲烷/(mg/L)	0.06		国际非常规指标
三溴甲烷/(mg/L)	0.1		国际非常规指标
三卤甲烷(总量)	该类化合物中各种化合物的实测浓度与其各自限值的比值之和不超过 0.5		国际非常规指标
氨氮(以 N 计)/(mg/L)	0.5		国际非常规指标

　　水质非常规指标提标 23 项，其中参照国外标准 18 项，控制消毒副产物 5 项，包括二氯乙烷、1,2-二氯乙烷、1,1,1-三氯乙烷、五氯酚、乐果、林丹、1,1-三氯乙烯、1,2-二氯苯、1,4-二氯苯、丙烯酰胺、环氧氯丙烷、邻苯二甲酸、苯、氯乙烯、氯苯、总有机碳（TOC）、氯化氢（在体内代谢形成氢氰酸，对人体有刺激作用，对健康有危害）、二氯乙酸（具有强烈的脚趾剥脱作用）、三氯乙酸（2B 类致癌物）、三氯乙醛（易引起麻醉作用）、2,4,6-三氯酚（对眼睛和皮肤有刺激作用，对水生生物极毒）。新增 4 项非常规指标，其中 3 项为原国标附录 A，1 项新增，如表 14-2 所示。

表 14-2　新增非常规水质指标

指标	限值	备注
2-甲基异莰醇/(mg/L)	0.00001	国标附录 A
土臭素/(mg/L)	0.00001	国标附录 A
N-二甲基亚硝胺(NDMA)/(mg/L)	0.0001	新增
总有机碳(TOC)/(mg/L)	3	国标附录 A

　　2-甲基异莰醇、土臭素为蓝藻代谢产物，目前上海市原水均取自水库，夏季非常容易产生藻类引起的饮用水臭味问题，因此将 2-甲基异莰醇、土臭素调整为非常规指标。世界上很多国家的供水系统会检出烷基亚硝胺类物质，其中主要是 N-二甲基亚硝胺（NDMA）。NDMA 被国际癌症研究中心（IARC）列入高疑似致癌物质，因此将 NDMA 纳入非常规项目，限值参考 WHO（第 4 版）定为 0.0001mg/L。TOC 是指水体中溶解性和悬浮性有机物含碳的总量，更能代表有机物污染程度，因此将 TOC 调整为常规指标。根据上海水质现状，综合其他国际标

准，限值定为 3mg/L。

饮用水的水质管理和监控是非常严苛的，以上水质指标中，理化指标对供水水质、消毒处理和管网末梢一系列水处理过程进行了跟踪控制，水质感官性状、理化特性、水质稳定性和安全性，其中消毒效果对水厂永远是第一位的，限制微生物指标是饮用水重要指标之一，地方标准将菌落总数限值从 100CFU/mL 降低到 50CFU/mL。亚硝酸盐是衡量水质稳定的指标，亚硝酸盐偏高，说明管网水质不稳定，世界卫生组织（WHO）明确，管网水亚硝酸盐氮如达 0.2mg/L，很有可能管网上有微生物膜或管网水停留时间过长，微生物指标就有可能不合格，需要对该区域管网进行冲洗，地方标准将亚硝酸盐氮作为常规指标，并将限值修改为 0.15mg/L。

14.1.2　水质检测标准

水质检测监测的方法主要依据国际标准（WHO、欧盟、日本、美国等）和国家标准，国家标准检验方法（简称国标法）是国家标准化管理委员会以产品性能与质量方面的检测和试验方法为对象而制定的标准，包括了检测项目、限值、仪器、操作方法步骤和精度要求等方面的统一规定[7]。我国现行的国家水环境质量标准包括：《地表水环境质量标准》（GB 3838—2002）、《海水水质标准》（GB 3097—1997）、《地下水质量标准》（GB/T 14848—2017）、《农田灌溉水质标准》（GB 5084—2005）和《渔业水质标准》（GB 11607—1989），共 5 大类。其中，《地表水环境质量标准》的前身为《地面水环境质量标准》，于 1983 年首次发布，在 1988年、1999 年和 2002 年经过三次修订之后，最新的《地表水环境质量标准》于 2002年 6 月 1 日正式实施。此外，2015 年出台的《水污染防治行动计划》（"水十条"）提出完善标准体系，制修订地下水、地表水和海洋等环境质量标准。

《地表水环境质量标准》（GB 3838—2002）规定项目共计 109 项[8]，其中地表水环境质量标准基本项目 24 项，集中式生活饮用水地表水源地补充项目 5 项，集中式生活饮用水地表水源地特定项目 80 项。《地表水环境质量标准》（GB 3838—2002）按照地表水水域环境功能和保护目标，将全国的水体按照功能高低依次划分为五类：

Ⅰ类　主要适用于源头水、国家自然保护区；

Ⅱ类　主要适用于集中式生活饮用水地表水源地一级保护区、珍稀水生生物栖息地、鱼虾类产卵场、仔稚幼鱼的索饵场等；

Ⅲ类　主要适用于集中式生活饮用水地表水源地二级保护区、鱼虾类越冬场、洄游通道、水产养殖区等渔业水域及游泳区；

Ⅳ类　主要适用于一般工业用水区及人体非直接接触的娱乐用水区；

Ⅴ类　主要适用于农业用水区及一般景观要求水域。

《地表水环境质量标准》（GB 3838—2002）中基本项目共包括 24 个污染物指

标，以化学需氧量（COD）、氨氮（NH_3-N）为主要抓手。污染物的标准限值对应地表水五类水域功能分为五个等级，不同功能类别分别执行相应类别的标准值，功能类别高的标准值严于水域功能类别低的标准值。同一水域兼有多类使用功能的，执行最高功能类别对应的标准值。地表水水质分类标准如表 14-3 所示。

表 14-3　地表水水质分类标准　　　　　单位：mg/L

序号	项目		I 类	II 类	III 类	IV 类	V 类
1	水温/℃		人为造成的环境水温变化应限制在：周平均最大温升≤1,周平均最大温降≤2				
2	pH 值		6～9				
3	溶解氧	≥	饱和率90% (或 7.5)	6	5	3	2
4	高锰酸盐指数	≤	2	4	6	10	15
5	COD	≤	15	15	20	30	40
6	BOD_5	≤	3	3	4	6	10
7	氨氮(NH_3-N)	≤	0.15	0.5	1.0	1.5	2.0
8	总磷(以 P 计)	≤	0.02 (湖、库 0.01)	0.1 (湖、库 0.025)	0.2 (湖、库 0.05)	0.3 (湖、库 0.1)	0.4 (湖、库 0.2)
9	总氮(湖库以 N 计)	≤	0.2	0.5	1.0	1.5	2.0
10	铜	≤	0.01	1.0	1.0	1.0	1.0
11	锌	≤	0.05	1.0	1.0	2.0	2.0
12	氟化物(F^-)	≤	1.0	1.0	1.0	1.5	1.5
13	硒	≤	0.01	0.01	0.01	0.02	0.02
14	砷	≤	0.05	0.05	0.05	0.1	0.1
15	汞	≤	0.00005	0.00005	0.001	0.001	0.001
16	镉	≤	0.001	0.005	0.005	0.005	0.01
17	铬(+6 价)	≤	0.01	0.05	0.05	0.05	0.1
18	铅	≤	0.01	0.01	0.05	0.05	0.1
19	氰化物	≤	0.005	0.05	0.2	0.2	0.2
20	挥发酚	≤	0.002	0.002	0.005	0.01	0.1
21	石油类	≤	0.05	0.05	0.05	0.5	1.0
22	阴离子表面活性剂	≤	0.2	0.2	0.2	0.3	0.3
23	硫化物	≤	0.05	0.1	0.2	0.5	1.0
24	粪大肠菌群/(个/L)	≤	200	2000	10000	20000	40000

　　相比而言，我国水质基准的制定过程相对缓慢。2015 年新《中华人民共和国

环境保护法》第 15 条提出，国家鼓励开展环境基准研究；2017 年《国家环境保护标准"十三五"发展规划》要求结合流域环境特征修订地表水环境质量标准，提高各功能水体与相应水质要求的对应性。2017 年 9 月，国家环境保护部发布的《淡水水生生物水质基准制定技术指南》（HJ 831—2017）、《湖泊营养物基准制定技术指南》（HJ 838—2017）和《人体健康水质基准制定技术指南》（HJ 837—2017）正式实施，首次规定了水质基准制定的程序、方法与技术要求，但相应水质基准目前还尚未出台。

14.1.3　国内外水质标准对比[9]

日本最新的饮用水水质标准于 2015 年 4 月 1 日正式实施，该标准包括了 3 类指标：a.法定标准，即依据日本自来水法第 4 条规定必须达到的标准，共 51 项；b.水质目标管理项目，可能在自来水中检出，水质管理上需要留意的项目，共 26 项；c.需要检讨的项目 47 项，因为这些指标的毒性评价尚未确定，或者自来水中存在的水平还不大清楚，所以还未被确定为水质基准项目或者水质目标管理项目。

比较中日现行生活饮用水水质标准的普通指标（即常规指标和非常规指标）发现，两国之间的水质标准相差不大。为与日本饮用水水质标准相对应，我国将《生活饮用水卫生标准》（GB 5749—2006）中的 19 种农药指标合并为 1 项，这样 GB 5749—2006 共有 88 项，即常规指标项目 42 项，非常规指标 46 项，而日本为 77 项，相对应的限值也无明显差别。

然而，在总溶解性固体和总硬度、农药及亚硝酸盐这三方面，日本的饮用水水质指标更为严格和合理。具体如下：

① 关于总溶解性固体和总硬度这两个指标，日本的限值仅为中国的 1/2 和 2/3。不仅如此，在日本的水质目标管理目标中，其对应的值分别限定在 30~200mg/L 和 10~100mg/L 的范围，使得其限值更接近人体所需的合理范围。

② 关于农药，中国的生活饮用水卫生标准里仅包含 19 种农药，而日本的标准里农药总数为 120 种；其相应的限值，中国的标准里只对每种农药逐一设定了限值，而日本的标准里除了对每种农药设定了相应的限值外，同时要求所有农药的总和不大于 1mg/L。

此外，日本的标准中，根据农药的不同特点，有些除测定其农药本身外，还要求测定该农药的主要代谢产物，比如苯硫磷（EPN）、毒死蜱、二嗪农、杀螟硫磷、草甘膦等。因为有些农药极不稳定，很容易被转化，因此在设定其标准时，包含该农药的主要代谢产物的做法更为合理，也更科学。

③ 关于亚硝酸盐，中国的限值标准为 1mg/L，而日本相应地限值已强化至 0.04mg/L。

与以往不同，在最新的日本饮用水标准中新增加了 5 种环境干扰化学物质，这是饮用水水质标准的最新发展趋势。它们分别为雌二醇（限值 80ng/L）、雌炔醇

（限值 20ng/L）、壬基酚（限值 $300\mu g/L$）、双酚 A（限值 $100\mu g/L$）以及邻苯二甲酸二丁酯（限值 $10\mu g/L$）。为减少人体的潜在危害，在自来水水质标准里对一些重要环境干扰化学物质设定标准具有重要的现实意义。

其实在我国最新的生活饮用水卫生标准中，也对双酚 A、邻苯二甲酸二乙酯以及邻苯二甲酸二丁酯这三种环境干扰化学物质设定了标准，其参考值分别为 $10\mu g/L$、$300\mu g/L$、$3\mu g/L$。然而，无论是中国还是日本的生活饮用水卫生标准，目前对环境干扰化学物质的限值，还存在以下几点问题。

① 根据文献报道，雌二醇、雌炔醇、壬基酚和双酚 A 在饮用水中的浓度分别为未检出～2.6ng/L、0.15～0.5ng/L、2.5～16ng/L 和 0.5～5ng/L，报道浓度最大不及标准限定值的 4%。因此，目前亟须解决的问题是这些环境干扰化学物质在饮用水中的潜在危害是可以忽略不计还是目前的标准还有待于进一步科学设定。

② 当前世界上大多数的净水处理厂均采用氯消毒，当这些环境干扰化学物质存在时，由于氯消毒的影响，会产生一些氯消毒副产物。这些消毒副产物的雌激素活性可能远大于其原始化学物质。因此，在制定相关环境干扰化学物质的标准时，一些对应的主要氯消毒副产物的标准也有待于制定。

③ 由于环境干扰化学物质的种类特别繁多，相比于用化学仪器对其一一测定，采用生物分析法从总量上把握环境干扰化学物质的浓度水平将更方便，也更科学。

《水质标准手册》（The Water Quality Standards Handbook）是美国环保局（EPA）水质标准计划指南的汇编，其中包括了对各州在审查、修订和实施的水质标准的建议。《水质标准手册》一共有 7 章，于 1983 年首次发布，1994 年发布了水质标准手册第二版，2014 年，EPA 更新了第 1、5、6 和 7 章的在线版本的文本，简化了这些章节的文字，2017 年 11 月，EPA 公布了其水质标准手册的第 3 张包含于水质标准有关的信息[10]。

美国的水质标准主要由四部分组成：指定用途（Designated Uses）、水质基准（Water Quality Criteria）、反退化政策（Antidegradation Policy）和一般政策（General Policies）。美国水质标准的第一部分是水体分类系统，分类的依据是水体的预期用途，称为指定用途（Designated Uses）或有益用途（Beneficial Uses）。水体用途划分为 7 大类：公共供水（Public Water Supplies），鱼类、贝类和野生生物的繁殖和保护（Protection and Propagation of Fish，Shellfish and Wildlife），水中和水上娱乐（Recreation in and on the Water），农业（Agricultural），工业（Industrial），通航（Navigation）和其他（Others）。一个水体往往具有多种指定用途，若各州希望移除水体的某个用途，则必须通过"用途可达性分析（Use Attainability Analysis，UAA）"提供证明材料，说明这些用途无法实现的原因。

美国水质基准分为定量（Numeric）和定性（Narrative）两种，定量基准的建立主要考虑对水生生物和人体健康的影响。EPA 的水生生物基准同时强调对淡水（Freshwater）和咸水（Saltwater）物种的短期（急性，Acute）和长期（慢性，

Onic）影响；人体健康基准旨在保护人类免遭食用鱼类或其他水生有机体的暴露影响，表达了污染物不会对人体健康造成重大长期风险的最高浓度。与定量基准不同，定性基准仅是对水体所需水质目标进行描述和说明。例如，定性基准可要求排放"没有反感的颜色、味道和浊度"。

EPA 制定了推荐基准（Recommended Criteria），目前联邦层面的水质基准包括 126 种优先有毒污染物（Priority Toxic Pollutants）、营养物（Nutrients，氮和磷）、温度、pH、溶解氧（Dissolved Oxygen）和细菌等污染物指标。各州在为其管辖的水体制定水质基准时，通常参考联邦出台的推荐基准，并结合水体的指定用途，为该水体制定一份满足其最敏感用途的水质基准。水质标准的制定必须是要以保护受体健康为最终目标，并且必须保证能实现水体质量的不断改善。在水质基准的研究中，会分成对生物和对人，对生物还分成急性和慢性，甚至包括咸水和淡水都有相应的基准值。而中国的水质标准缺少对基准的研究，在指标值上是整齐划一，实际上就含糊得多。保护地表水质，保障人体健康，维护良好的生态系统，需要更加细致、明确、科学的水环境质量标准来约束水污染物排放。美国水质基准反映对应的生态特性和公众健康的要求，是科学管理的必然结果，值得借鉴[11]。

美国水质标准的第三部分是反退化政策。当水体水质现状比水质基准要求还要好时，反退化政策就发挥作用。这项政策旨在保护相对未污染的水生系统，以防止进一步的水质降低。

为了防止现有水资源质量恶化，反退化政策提供了三个级别的保护水平：

第 1 级（Tier 1）：要求现有用途以及保护现有用途所需的水质水平得到维持和保护；

第 2 级（Tier 2）：水体质量超过支持水上和水中的鱼类、贝类、野生生物和娱乐的必要水平（有时被称为优质水体），第 2 级要求这一水平的水质得到维持和保护；

第 3 级（Tier 3）：要求优质国家水资源（Outstanding National Resources Waters，ONRWs）的水体质量得到维持和保护。

目前我国《地表水环境质量标准》（GB 3838—2002）中缺乏类似的要求。新《中华人民共和国环境保护法》中有类似的要求，例如第 28 条规定"未达到国家环境质量标准的重点区域、流域的有关地方人民政府，应当制订限期达标规划，并采取措施按期达标"；第 29 条规定"国家在重点生态功能区、生态环境敏感区和脆弱区等区域划定生态保护红线，实行严格保护"。为了实现"反退化"的目标，排污者在必要的情况下必须执行更严格的基于水质的排放限值，如此地表水体才能确保一天比一天好。只要水清了，就不允许倒退；只要水里的鱼活过来了，就绝不允许再枉死。这是科学，也是人类对于大自然万物生灵最基本的道义和责任。

"问渠哪得清如许，为有源头活水来"，"流水不腐，户枢不蠹"，古人已知自然之法，只有善加利用，活水自然到来。承载的功能不同，使用的主体不同，自然当以不同的检测监测标准来对待。

14.2　水质的分析与监测

水质分析就是依据国家标准方法，或者采用光学、电化学、电磁学、超声、色谱、质谱等一定的测量技术，分析水的组成、性状、污染物和健康因子等理化生特性，建立有效的水质评价方法和质量控制措施。

水质分析三要素：水样采集，检测方法，分析仪器。相对于现场采样送实验室分析的水质检测，常常把现场采样现场分析的方法称为在线水质监测，因为这种方式使得实质检测工作变得自动化、智能化和长期监测，常常被用来控制锅炉加热散热、石油化工的冷凝循环、污水处理终点控制等工业过程控制，以及用于地表水、自来水等水质质量管理，在线水质监测也可以称为过程水质监测。水质监测过程中，为了确保监测的合理性、准确性，要做好相应的控制工作[12]。

① 水质监测工作的质量首先依赖于技术人员的工作态度和业务水平。监测工作人员须掌握丰富的水质监测知识，具备较强的工作能力。监测工作人员首先要接受业务培训，对自己承担的分析项目有清楚的认识，具备过硬的理论知识和操作技术，并通过该项目的持证上岗考核。在实际工作中能够主动完成自身的工作内容，利用自己的实践经验对监测数据进行校核，从而使水质监测工作的质量能够得到进一步提高。水质监测人员还要具备较强的学习能力，能够在工作期间不断吸收新知识，掌握新设备的操作方法，能够将学习到的新知识较好地应用到水质监测中去，能够正确、熟练操作新设备，确保监测工作的顺利进行，确保监测结果的合理性。

② 水质监测分析要方法合理，设备可靠，切合标准。环境监测优先选用国家标准分析方法，或由中国环境科学出版社出版的《水和废水监测分析方法（第四版）》推荐的监测分析方法[13]。由于水质的多样性及污染种类、程度不同，有时会受监测分析方法的适用范围、检出限、测定下限的影响，造成水质监测结果的准确度下降，所以监测方法的选用也是实验室质量控制的关键。监测水质过程中，要确保仪器设备性能稳定可靠，不会对最终的监测结果造成严重影响。仪器设备的校准、维护、检定应定期按规定进行，并建立完善的仪器档案资料。此外，选择仪器时应当以国家的各项标准作为具体选择的依据，确保最终选择依据的合理性。在水质分析过程中要做好标准物的选择，标准物的质量会对水质监测的最终结果产生影响。在选择标准物时，要选择有证的标准物，避免采用的标准物质量存在问题，影响水质监测结果。

③ 过程分析一定要有平行样本和留存复核样本。水质监测结果的准确程度主要取决于水样品的稳定性和均匀性。若选取的水样稳定性和均匀性都在一个合理

范围内，对平行样本分析法进行应用，最终监测结果的精准性则较高，具体监测中涉及的各项数据的偏差也就较小。留存复核样本作为后期复核监测工作开展的样本，可以对两次监测结果存在的偏差进行查看。复核工作与作业时间密切相关，监测的间隔时间越长，实时采集的水样水质变化越大。留存样本复核还可以用于随时比较分析水质的相对变化。

14.2.1　在线水质分析方法

在线水质分析仪器[14] 是一类专门的自动化在线分析仪表，按照国际标准化组织 ISO 代号 ISO 15839—2013《水质、水用在线传感器/分析设备、规范及性能试验》标准的定义："在线分析传感器/设备（On-Line Sensor/Analyzing Equipment），是一种自动测量设备，可以连续（或以给定频率）输出与溶液中测量到的一种或者多种被测物的数值成比例的信号。"仪器可在无人值守的情况下实现水样采集到数据采集、数据传输等一系列工作，仪器通常具备自诊断、自动校准、故障报警等功能，以保证分析系统长时间无故障运行，保证分析结果具备足够的准确性和可靠性。

在线分析仪器不同于实验室仪器，必须在现场恶劣环境中长期稳定运行，因此价格昂贵、操作复杂、校准严苛的方法以及需要大剂量样品的化学分析方法都不适于在线仪器应用。

在线水质分析仪器主要可以分为电化学分析、光学分析、色谱分析以及其他分析方法四大类。

首先是电化学分析方法，其工作原理是一个电解质溶液和电极构成的化学电池，通过测量所组成电池的某些物理量来确定物质的量。其测定方法有三类：第一类是化学物质的量与物理量的相关性分析方法，包括电位分析（电位）、电导分析（电阻）、库仑分析（电量）、伏安分析法（$I\text{-}E$ 曲线）等；第二类是物理量的突变作为终点的分析法，包括电位滴定、电导滴定、电流滴定；第三类是将溶液中某一组分通过电极反应转化为固相，然后由工作电极上析出物的质量来确定组分的量，即电解分析法。

电化学分析具有灵敏度和准确度高、选择性好、分析速度快、适应于痕量甚至超衡量物质的分析，最低检测限可以达到 $10^{-12}\,mol/L$；电化学仪器装置简单，操作方便，易于工程化、自动化，尤其适用于化工生产中的自动控制和在线分析。既可用于无机离子分析，也可用于有机化合物的测定，可用于活体分析（超微电极），能进行组成、状态、价态和相态的分析。电化学工作的理论基础为能斯特方程。

在过程分析中，广泛应用的电化学传感器有 pH/ORP 分析仪，电导率分析仪，酸度计，盐度计，极谱法溶氧仪，基于离子选择电极（ISE）的氨氮、氯离子、硝酸盐氮、亚硝酸盐氮分析仪，基于伏安法的各种重金属分析仪，采用电位滴定的 COD 分析仪，高锰酸盐指数分析仪，纯水电导仪等。

　　其次是光学分析方法，被测物质发出的光，或者对入射光的吸收、散射、荧光或者光声转换等信息，代表该物质发射、吸收电磁辐射或者与电磁辐射相互作用，光学分析是通过对光信号的变化测定从而分析物质的量的分析方法。基于光信息的分析方法，可以实现对目标物的定性、定量分析与测定。光谱分析法是以光辐射与物质组成和结构之间的内在联系进行定性定量和结构分析的方法，包括发光光谱（化学发光、荧光、X 射线荧光等）、吸收光谱和散射光谱。

　　采用光谱分析的在线水质分析仪器有总磷分析仪，总氮分析仪，氨氮分析仪，SO_2 分析仪，重金属铁、铜、铅、六价铬、镉等比色分析仪，砷、硒化学发光分析仪，水中油污染紫外荧光分析仪，近红外 COD 分析仪，荧光法溶解氧分析仪等。特别是基于全光谱扫描的紫外水质多参数分析方法，在欧美和日本等得到了普遍的应用，也受到了我国在线水质分析领域的极大关注和试用。

14.2.2　水质在线分析仪器

　　英国 PI UV254Sense UVA/UVT 提供实时的有机紫外线吸收（UVA）和紫外线透射（UVT）分析监测。通过测量水样在特定波长（254nm）处吸收的光，可以确定有机污染物的浓度。UV254 监测仪所使用的光的吸收度可以指示水中芳香族（或活性）有机物的含量，这使它成为监测过程中有机物去除的 TOC 的一个很好的替代测量方法。

　　PI 的 UV254 分析仪（图 14-1）可以检测所有水域中存在的天然有机物（NOM），并且偏向于芳香族化合物。适用于要求相关参数包括 COD、TOC、BOD 的过程控制和安全事件监控，具有如下优势：

　　① UVA 是 TOC、DOC、COD 和颜色的优良替代参数。

　　② UVT 可计算消毒系统的最佳紫外线剂量，提高效率。

　　③ 准确检测，无需试剂成本。

　　④ 允许前馈优化混凝控制。

　　⑤ UVA 测量确保各种污染物去除技术的性能，如膜反渗透膜（RO）、纳滤膜（NF）、超滤膜（UF）、离子交换（硝酸盐和 TOC 去除）和颗粒活性炭（GAC）。

　　⑥ 实时 UVA 分析仪可以对出水水质进行最终检查，并在不符合要求的情况下向操作员发出警报。

　　⑦ UVA 分析仪可以监测任何处理系统中有机物的去除率。

　　⑧ 测量范围　清洁水：15％～100％ UVT，0～1 UVA；

　　　　　　　　　　废水：0～100％ UVT，0～6.5 UVA

　　⑨ 精度：±0.5％ FS。

　　西班牙 Instran 公司生产的 AMMTRACE 微量氨分析仪（图 14-2），适用于从饮用水到废水甚至是海水的各种样品。AMMTRACE 氨分析仪将实验室测量技术与在线分析仪相结合，每个分析仪都具有自校准和自清洗功能，保证了测量的高精度。独特设计的氨微量分析仪，采用注射器容积控制方式，确保注射器不接触样品或试剂，延长注射器和传感器的使用寿命。仪器维护简单，试剂用量少，功能强大，精度高。

　　图 14-1　PI UV254Sense 分析仪　　　　图 14-2　AMMTRACE 微量氨分析仪

　　其工作原理是基于离子选择电极，测量范围为 $0 \sim 100 \times 10^{-6}$，分辨率为 0.001mg/L，分析时间小于 3min，具备自动校准功能。

　　该分析仪适用于饮用水、工艺用水、水处理厂、污水处理厂、海水淡化，其他可用 Instran 分析仪在线测量的物质和参数有：氟化物、硝酸盐、苯酚、二氧化硅、铜、硼、锰、锌、铜、亚硝酸盐、氰化物、硬度等。

　　德国的 LAR 针对 COD 的 QuickCOD 采用 1200℃ 高温燃烧，该方法在处理样品含量，高盐、高脂肪和高颗粒样品方面表现优异，几乎所有类型的样品都可以用这种仪器精确测量。高温燃烧法不使用任何危险和腐蚀性物质，以确保操作安全性。测定结果来源于完全消化，无氯干扰的完全氧化，不使用催化剂，不需要过滤，即使盐浓度达 300g/L NaCl 也没有记忆效应，无需试剂，测量可靠，每次注射后清洗注射针自动运行功能。

　　测量范围为 $10 \sim 150$mg/L、$100 \sim 2000$mg/L、$500 \sim 5000$mg/L、$1000 \sim 8000$mg/L、$20000 \sim 250000$mg/L；测量时间为 1～2min。适用于污水处理厂进水和出水、工业废水、工艺用水、海水等的 COD 测定。

　　德国 LAR 在线生物分析仪是一种在线生化需氧量分析仪（图 14-3）[15]，用于测定废水中的生化需氧量、呼吸和毒性。生物监测器利用厂内的活性污泥，可以在较短的时间内准确地进行生化需氧量的测定，从而有效地对污水处理厂进行优化控制。生物监测器不仅可以测量生化需氧量，还可以同时测量活性污泥呼吸量（ASR），以每单位体积消耗氧气的总量计算这是衡量植物生物量状况的一个重要指标。LAR 生物监测器的测量仪器如图 14-4 所示，测量时间不到 4min，使用本厂的活性污泥，样品在没有任何额外稀释的情况下被降解，同时测定 ASR，检测快速的生化需氧量变化，使用免维护无过滤样品。

测量范围为 1～200.000mg/LBOD，0～100％毒性，响应时间为 3～4min。

 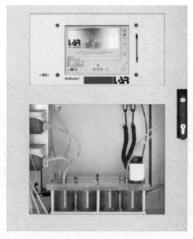

图 14-3　德国 LAR 的在线生化需氧量分析仪　图 14-4　LAR 在线生化需氧量和生物毒性分析仪

14.3　全光谱法在线水质监测技术

大多数工业污水中含有许多有机化合物，在城市污水处理厂采用活性污泥处理污水后，排水中含苯环的具有复杂性结构的化合物比例增加，如腐殖酸、棕黄酸、木质素、鞣酸等。这些物质在紫外区具有较平稳的吸收带[16]。

大部分有机物在紫外区具有光谱吸收特性，饱和脂肪烃、脂环烃或其衍生物，如醇、醚、羧酸、葡萄糖、L-谷氨酸、乙酸等，在 220～400nm 有紫外吸收，存在共轭双键、苯环、羰基或共轭羰基等共轭体系的化合物在紫外波段具有吸收，如苯系物、吡啶、苯酚类、苯胺类、腐殖酸等。因此采用紫外吸收方法，可以测定水中多数有机物污染，特别是海水中氯离子含量高，但是氯化物在紫外区无吸收，化学法测定 COD 时候，氯离子的干扰特别严重，高氯水导致 COD 值偏高，光学法不受氯离子的影响，使得应用光学法测量 COD 具有不可多得的优势，基于紫外-可见全光谱方法的水体中水质监测的技术，是一种比较客观全面的水中有机物浓度的在线分析技术[17]。

14.3.1　全光谱水质分析的技术特点

随着国家和政策的发展，对水质监测的实时性和监测频率要求越来越高，使得在线监测技术得到了广泛关注和快速发展，越来越多的水质在线监测设备应用紫外-可见全光谱方法。依据全光谱可分析得到的水质信息丰富，例如奥地利是能公司 S::can Spectro::lyser 在线水质分析仪，光谱测量范围为 200～720nm，可以用于测量地表水、污水、饮用水等环境中的 NO_3-N、NO_2-N、COD、BOD、TOC、溶解有机碳（DOC）、总悬浮固体（TSS）、芳香烃有机物等十几个参数，针对水质污染严重程度可以相应调整测量范围，并具备全球化仪器校准功能。

基于全光谱技术原理构建的仪器存在以下优点：全光谱承载了被测水样的许多信息，能够在很宽的光谱范围内展开水质监测光谱信号处理技术，可以消除系统误差、背景干扰和噪声干扰信号，提高测量精度。无需水样预处理装置，无需化学试剂，无需管道阀门结构，因此无二次污染，系统维护量小，可以远程控制，操作维护简单，故障点少，故障率低，数据可用性强；一套全光谱探头可以同时监测多组数据。集成监测站体积小，建设成本低，能精准监测水质污染指标。

目前传统断面水质监测系统并不能完全满足地方政府对河流（湖泊）环境保护的监测需求，需要对水环境进行全方位、实时监测，打造水质监测信息的综合评价、管理、预警及决策支持服务平台，这也对水质监测设备提出了更高的要求。全光谱技术来源于紫外-可见分光光度法，将传统的单、多波长分步检测升级为全波长同步扫描和数据库比对，是一种简便、快速、可靠、绿色、智能的监测技术，可以实现快速监测，第一时间发现污染事件及污染源，实现水质的网格化监测。

全光谱扫描产品起初用于污水处理行业的过程监控，优势在于结构简洁、易装易用；后被推广至水利、环保行业，并创造了全光谱扫描输出和未知污染物筛查的预警概念。相对于传统的化学分析在线仪器，它的高集成、多参数换算和较低维护量等技术特点使其更适用于无人值守的户外站组网。

目前，全光谱在线监测技术在国内发展较慢，随着"水十条"以及"河长制"的确定，这种免试剂、免维护的在线监测设备需求会逐渐加大。当前国外产品占据了国内绝大多数市场份额，生产厂家主要有德国 WTW、奥地利 SCAN 等公司。

14.3.2　全光谱在线水质分析系统

全光谱水质监测仪器由光路系统、电路系统、无线模块、控制系统等四个模块组成。该仪器由上位机监控软件控制操作。上位机监控软件可与主控制器进行通讯，驱动步进电机的转动及氙灯的定时闪烁。系统可以通过快捷键迅速完成水质常见指标的测量，还可以按照任意指定起始波长与终止波长进行光谱扫描，并对指定波长段进行峰值的锁定。监测仪器带有的 RS485 接口，能够做到将监测到的数据及时远程传输。

检测探头设计为棒状结构，由于要直接检测水质状况，所以需要使用开放型水样流通池，由石英玻璃窗口、连接柱等组成，如图 14-5 所示，光程长为 10mm，可随意置于水或溶液中，即可保证水或溶液透过流通池，进而实现在线现场检测分析；同时保证主机与检测头分离，石英玻璃窗口对紫外区没有吸收，不会带来没有必要的光强损失；由于检测环境的不确定性，开放流通池的石英玻璃窗口很容易受到灰尘、泥沙等的污染，所以使用步进电机带动橡皮刷定期进行清洗，开放的流通池使得仪器适用于直接浸入到地表水水源以及污染源的原位全光谱数据采集和水质分析。

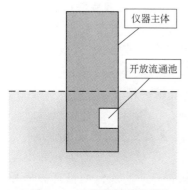

图 14-5　开放流通池示意图

全光谱水质分析仪器的光源常常采用脉冲氙灯，脉冲氙灯和其他连续发光光源不同，它能够在很短的时间内发出很强的光，且在紫外光谱区的辐射极强。

脉冲氙灯主要具有以下特点：

① 瞬时发光强度大，能量效率高。

② 本身发射的就是交变光流，由其产生的光电检测信号可直接连接交流放大器，更加方便。

③ 基线漂移小。

④ 能耗小，寿命更长。普通紫外分光用光源为氙灯，其使用寿命不超过 2000h，也就是连续工作 2 个多月，功耗约 100W。脉冲氙灯的寿命大于 10^9 次，功耗小于 5W，在每分钟测量 10 次的情况下，寿命超过 10 年。

全光谱在线水质监测系统内部电路系统，设置脉冲氙灯和光谱采集同步进行，光脉冲触发和光信号检测同步且积分时间为 1ms。

14.3.3　基于化学计量方法的水质污染指数预测模型

基于紫外吸收光谱的在线水质分析，基本原理是依据朗伯-比尔定律，物质浓度和吸光度之间是具有一定的线性关系的，通过吸光度来反演物质浓度。日本从 20 世纪开始，以及后来的许多模型，都把特定波长光的吸光度作为水质检测的项目。利用这一思想，从早期的单波长测量，到后来的双波长多波长测量，再到渐渐发展至今的把化学计量学方法运用于处理光谱数据当中，光谱法和化学计量方法联合应用，演化出全光谱法的多种分析模型[18-22]。

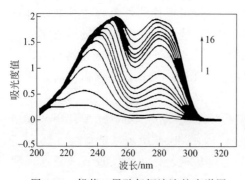

图 14-6　邻苯二甲酸氢钾溶液的光谱图

邻苯二甲酸氢钾溶液是测量 COD 的标准溶液，其化学式为 $KHC_8O_4H_4$，为白色结晶，易溶于水。每克邻苯二甲酸氢钾被完全氧化还原，耗氧量为 1.176g。配制不同浓度梯度的标准液，编号 1～16 分别对应浓度 10～450mg/L 的 16 个水样，得到如图 14-6 所示的吸收光谱曲线。

邻苯二甲酸氢钾溶液在 200～300nm 之间有显著的吸收特性，大于 310nm 几乎无吸收。同时邻苯二甲酸氢钾溶液有两个明显不同的吸收峰。该溶液在主要吸收带中的同一波长处，随着浓度的增大，吸光度越大。从图中还可以看出，第一个吸收峰不同的浓度对应波长有一定的偏移，峰值波长位于在 231～252nm 之间；而第二个吸收峰在 280nm 波长处。此时，采用 PLS 可以进行单波长建模。

如图 14-7 所示，在 254nm 和 280nm 处的线性拟合 R^2 分别为 0.9968 和 0.9993，线性关系明显。分别采集包含了河水、湖水以及废水等不同来源的水样，得到全光谱如图 14-8 所示。

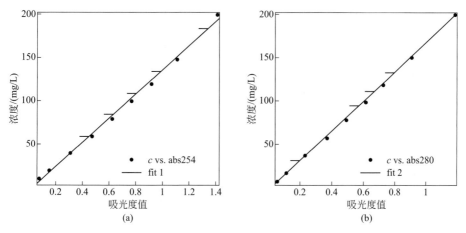

图 14-7　邻苯二甲酸氢钾单波长拟合模型
（a）254nm 下的拟合曲线；（b）280nm 下的拟合曲线

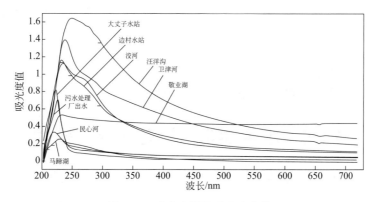

图 14-8　真实水样的吸光度曲线

比较真实水样与标准水样的光谱发现，光谱的轮廓分布差异很大，水样中紫外区基本上都是单峰，且在可见区吸光度值较大。这就导致了对于水质光谱与水质参数的反演模型不能简单地依赖 PLS 方法。可见区的吸光度值增大表明水样中有浊度物质存在，这些物质可能是泥沙、藻类或者说悬浮物颗粒，它们不仅会使得可见区产生明显的吸收，也必然会在紫外区产生光的吸收，因此，去除浊度干扰成为模型扩展的关键。

去除浊度干扰的方法,最简单的是选取 546nm 的吸光度,并根据标准浊度物质如福尔马肼的全光谱来修正在 254nm 或 280nm 处的吸光度。这种方法称为双波长模型,也即为两个变量的 PLS 回归计算。经去除浊度后,可以发现模型的准确性有较大的提高。

全光谱技术获得了水样 200~720nm 的光谱,每一个波峰和光谱分布都对应着污染物化学组分的差异和化学结构的变化。基于紫外光谱的预测模型,可以通过建立特征提取模型从而扩展模型的泛化能力和鲁棒性。采用 PCA 不仅可以获得光谱特征,而且可以通过主成分得分来计算水质污染指数。

PCA 分析水样紫外吸收光谱的基本思想是将原来具有一定相关度的 n 个波长的吸光度 An 重新组合成一组较少个数的互不相关的吸收向量 Fm ($m = 1$, 2, 3, $\cdots$, m),从而将紫外吸收光谱中的众多波长吸光度降维到主成分分量。

$$Fm = Cmn \times An \tag{14-1}$$

式中,Cmn 为 $m \times n$ 的系数矩阵;An 为 n 个水样的吸光度矩阵。而每一个主成分 Fm 代表原光谱矩阵信息的贡献率可用其方差值的大小来衡量,方差越大,贡献越大。理论上来说同种水样的吸收光谱经过 PCA 得到的主成分只有一个第一主成分的贡献率为 100%。但是由于水样组分变化和污染源不同,吸光度分布与浓度的正比例关系发生改变,主成分个数增加。

每一个主成分都是所有波长吸光度的线性组合,任意一个主成分得分都与浓度成正比例关系。故可以用主成分得分值的线性组合建立模型定量分析水样中的水质参数。对于不同水样进行 PCA 时,其主成分的得分与水样成分和浓度有关,对于成分相同、浓度相近的水样,其主成分得分差距较小。反之,主成分得分相近的水样可以为被认为是同一类,从而解决不同水样的分类问题。假如来自相同地方的水样,具有相似的化学组分和化学结构,因主成分得分值相近,因此可以分为同一类。此方法可以用于光谱法研究污染溯源。

14.4 水中油类污染在线检测技术

石油作为现代工业发展的重要能源,是国民经济发展的命脉。随着经济的迅猛发展,人类对于能源的需求与日俱增。2012 年,全世界石油每日平均需求量为 8952 万桶,相比 2011 年,增加了 139 万桶,增长 1.6%。随着人类需求量和开采量的不断增加,许多陆地油田已经枯竭,人类的开采活动不断向海洋移动,大量的海上石油开采活动伴随着石油泄漏事故频发。当油类产品在运输和储存中发生泄漏事故时会引发严重的油类污染,以江河为水源的自来水厂需要考虑应对水源油类物质突发污染的净水技术。事实上,油类产品都是由多种化合物组成的,但已有的研究多是把油类物质作为整体,以对油含量的去除为指标来进行研究,对油类污染物的成分,特别对其溶解成分的特性与去除技术的研究不足。研究的技术路线是：a. 对多种油类产品，分别测定它们在水中不同形态（浮油、乳化油）下的化合物组成；b. 根据不同形态的油的化学组成，特别是其溶解成分，确定针对性的去除技术[23]。

14.4.1　水中油类污染物组分特征

根据油类物质在水中的存在形态，对 3 种样品进行了检测：原始油品（代表浮油）、含乳化油和溶解油的水样、含溶解油的水样。不同形态柴油的组分特性：柴油的原始样品中按含量大小的顺序为链烷烃（66.86％）、环烷烃（16.48％）、芳香烃（11.98％）和其他成分（4.68％），该组分占比情况与对柴油成分检测的文献资料相符。在含乳化油和溶解油的水样中，链烷烃的比重下降（42.29％），环烷烃的含量极少（1.83％），芳香烃的比重大幅上升（50.33％），其他成分为5.55％。对于柴油的溶解油水样中，链烷烃（7.87％）和环烷烃（1.63％）比重很小，基本上都是芳香烃（87.15％），其他成分为 3.35％。在柴油的含溶解油水样中占比在前面的十几种化合物，主要是烷基苯、萘、茚满与四氢萘等。柴油中所含的化合物在水中的分布情况与柴油各组分的分散与溶解特性有关，柴油的乳化油组成已经与原始油品的组成有着很大差异，而柴油的溶解性成分主要是芳香烃类化合物。即对于受柴油泄漏污染的水，需要去除柴油的浮油、细小分散的乳化油颗粒和溶解的芳香烃化合物。

汽油的成分与柴油相比，含有更多的芳香烃，国五汽油标准中芳香烃含量限值是不大于 40％。本研究中的测定结果是，95 ＃汽油样品中芳香烃含量为23.59％，而在溶解水样中，芳香烃含量占比达到了 94.18％。因此，对于受汽油泄漏污染的水，更要重视对溶解态芳香烃化合物的去除。

原油成分与柴油相比，链烷烃中长链的组分更多，同时也含有一定量的芳香烃。重质原油比轻质原油中的长链组分所占比重更大。原油也会有一定的乳化和溶解，但程度比柴油要弱一些。

润滑油产品要求有很强的抗乳化性，以避免润滑性能下降，因此润滑油的主要成分是具有在水中不易乳化特性的环烷烃。本研究对两种润滑油的测定结果是：环烷烃的占比为 56.93％和 79.65％，链烷烃的占比为 37.16％和 15.82％，芳香烃占比仅为 0.08％和 0.03％。测试中，润滑油的乳化程度很低，少量的乳化成分主要是链烷烃。润滑油在水中的溶解性也很低，在本研究的色谱质谱分析中，溶解态润滑油的各组分均低于检出限。

食用植物油的主要成分是甘油三酯。本研究对市场采购的大豆油和菜籽油的甘油三酯中的脂肪酸成分进行了测定，主要包括棕榈酸、油酸、亚油酸和硬脂酸，菜籽油中还含有芥酸，其溶解特性的测试是：在 1.5L 自来水中加入 20mL 植物油，先搅拌再静置，分层后在下层水样中油含量的测定结果是为大豆油 2.8mg/L，菜籽油 0.33mg/L，而经混凝后两者的溶解油含量均低于检出限。即，食用植物油的乳化性很弱，且基本不溶于水。对于受润滑油或食用植物油泄漏污染的水，由于油品的乳化性很弱，且不含溶于水的成分，自来水厂在常规处理的基础上，只需增加拦截浮油的设施即可有效应对。而对于原油、柴油等石油类污染，其水中油含量高，乳化油和溶解油是在线水质监测的主要目标。

14.4.2   在线油类污染检测方法

目前，水中油的检测技术有红外分光光度法、油膜厚度测定法、紫外荧光法、油膜面积测定法等。

（1）红外分光光度法　红外分光光度法测定水中油含量被许多国家采用，美国和欧洲等国家已经将红外分光光度法作为水中油含量检测的标准方法之一，我国也制定并颁布了红外分光光度法测定水中油含量的标准方法。该方法用四氯化碳等萃取剂萃取水中的石油类物质，测定水中油类物质在红外光谱范围内的吸光度，从而确定水中油类物质的含量。水中油类污染的红外光谱图如图 14-9 所示，油类物质含量由待测溶液的萃取物在 $2930cm^{-1}$、$2960cm^{-1}$、$3030cm^{-1}$ 波数处的吸光度计算得到[6]。红外分光光度法检测精度高、检测范围广，适用于环境检测站、地表水和地下水检测、生活污水和工业污水等领域的检测，检出限为 $0.01mg/L$。

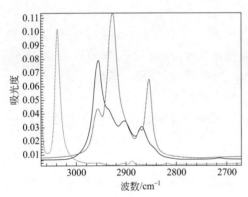

图 14-9   水中油类污染的红外光谱图

该方法测定水中油的碳氢化合物组分，结果相对准确，但是忽略了低分子量组分，不适合轻质油检测。主要问题是实验过程中的萃取等处理步骤需要在实验室中完成，操作步骤复杂，无法满足在线实时检测的要求，而实验过程中需要用四氯化碳或者三氯三氟乙烷等有机溶剂进行萃取，萃取剂毒性大。

（2）紫外荧光法　几种不同种类油的荧光光谱的紫外荧光等高线分布如图 14-10 所示，水中的油组分具有荧光特性，在激发波长为 270～290nm 光源的激发下，油类组分发射出较强的荧光，荧光波长集中在 330～370nm 范围内，根据荧光强度的大小可以测定水中油类物质的含量。紫外荧光法测定水中的油含量无需萃取剂，操作简单，最低检出限可达 $0.01mg/L$。美国和欧洲等国家已经将紫外荧光法作为水中油含量检测的标准方法之一，基于紫外荧光法，美国和德国分别研制开发了水中油含量在线检测仪器。紫外荧光法操作简单、检测精度相对较高，但是发出荧光的物质主要是低分子量的芳香族有机物，且不同种类油的荧光特性不同，紫外荧光强度容易受到油种类的影响，特别是在被测样品油的种类组成无法确定的情况下，仪器的校准变得很困难。

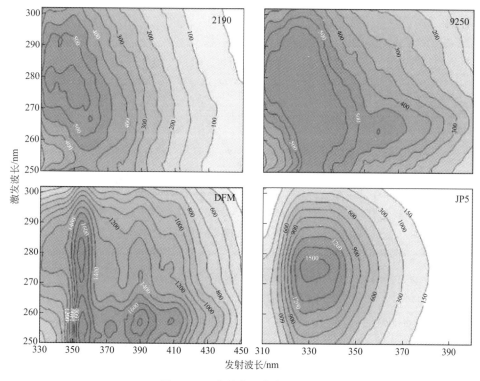

图 14-10　紫外荧光等高线分布

（3）**气相色谱法**　气相色谱法是通过物质的亲和力、阻滞作用、溶解度、吸附能力等物理性质的不同，对混合物的不同组分进行分析和分离的方法[7-8]。气相色谱法分析含油废水中油类物质的含量，水中的油经萃取剂二氯甲烷萃取后，萃取液经带氢火焰离子化检测器的气相色谱仪检测，获得的萃取液的谱图与标准物质的谱图进行对比计算得到定量检测的结果。气相色谱法具有灵敏度高、检测结果准确、能够定性分析油类物质中各种组分的特点，然而其操作步骤复杂，只能在实验室中完成，无法满足实时在线检测的要求。此外，标准物质选择困难，检测结果容易受到检测样品中油类物质组分的影响，特别是在待测样品中物质组分未知的情况下，仪器的校准很困难。

（4）**油膜厚度测定法**　一种利用反射光检测水中油的方法，如图 14-11 所示，油类物质漂浮在水面形成油膜，安装在水面下特定位置的光源发射出特定波长的光，入射光被水面的油膜反射，水面下特定角度的检测器检测反射光，通过研究水面油膜厚度与反射光强度的关系测定水中油的含量。该方法操作简单，满足实时在线原位检测要求，无需化学萃取剂，不会对生态环境造成严重污染。但是当水面形成油膜时，水中的油含量较高，该方法仅满足检测油含量较高的含油废水，不适用于油含量较低的情况，不能检测到水中的分散油和乳化油。

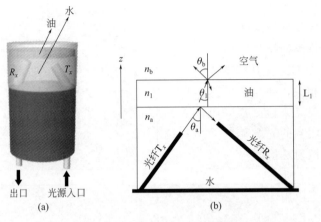

图 14-11　三角法测量油膜厚度

14.4.3　基于散射光检测的在线分析仪

水中的油类物质分别以浮油、乳化油等形式存在于水中，水中不同种类的油成分以油滴颗粒的形式存在于水中，具有不同的颗粒粒径，水中颗粒物的数量与水中油的浓度相关。当光束穿过含有油滴颗粒的溶液时，光波会被油滴颗粒散射。根据米氏（Mie）散射理论，在不相关的单散射条件下，空间中某点的散射光强度与散射体的颗粒浓度相关。通过对原油乳化液和柴油乳化液的粒径分析，得到原油乳化液的粒径分布范围在 $0.1\mu m$ 至十几微米，而柴油乳化液的粒径分布范围较为广泛，粒径范围从 $0.1\mu m$ 到几百微米。当特定波长的光穿过含有不同粒径大小的油滴颗粒物的溶液时，会发生光的散射。通过研究空间中特定位置的散射光强度与油类物质含量的关系，从油类物质颗粒光散射空间分布这一角度为水中油类物质含量测量提供新的检测技术[24]。

水中微量油光电检测系统主要包括电源、光源、检测器以及通信接口部分，电源模块为光电检测系统提供稳定的工作电源，光电检测系统通过串联通信接口实现与主控系统的数据通信。主控制器通过光源驱动电路驱动光源，安放在光源对侧的检测器接收样品的光散射信号，并将获得的光学信号转换为电信号，数据经主控器的运算和处理，得到样品中油类物质的含量值，最终通过连接在主控制器上的通信接口传输到主控制系统。

光电检测系统的流通池主要由光源和检测器以及石英玻璃管等组成，含有油类物质的水样经过入水口进入到石英管流通池内，在石英管的一侧放置一个波长为 980nm 的激光二极管光源，在光源的对侧特定位置放置一个含有 102 个像素点的线阵光电二极管检测器，光源发出的光经过溶液的散射投射到检测器。在主控制器的控制下，光电检测系统实时在线检测水中油滴颗粒物的散射光信号。激光二极管光源发出的光被水中的油滴颗粒散射，通过线阵光电二极管检测器检测油滴颗粒物前向小角度的散射光，线阵光电二极管检测器从第 1 个像素点到第 102 个像素点分别接收不同角度的前向散射光，排列在线阵光电二极管检测器上的 102 个感光点检测水中油滴颗粒散射光强度分布，102 个感光点的散射光强度分布相当于空间中连续的小角度散射光强度分布。检测器接收到的散射光的强度与水中油滴颗粒物的数目相关，即与水中油类物质的含量相关，这为通过研究油滴颗粒物前向小角度的散射光来检测水中油类物质的含量提供了可能。通过研究水中油类物质的浓度与接收到的光散射信号的关系，建立水中油类物质浓度与散射光强度的关系，实现光散射法检测水中油类物质的含量。基于光散射的油类污染检测系统示意图如图 14-12 所示。

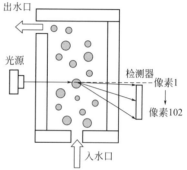

仪器校准可以用 $10\sim50\mu L$ 的微量取样器分别量取 $10\mu L$、$50\mu L$、$75\mu L$、$100\mu L$、$150\mu L$ 柴油溶液于 1L 的干燥洁净的容量瓶中，用去离子水准确定容。将装满溶液的容量瓶摇匀，注意防止柴油溶液出现粘壁的情况，并放入到超声波振荡器中振荡 120min，超声振荡过程中要经常摇匀溶液，避免柴油乳化液出现柴油粘壁附壁的情况。用移液管分别定量移取容量瓶中部的溶液，避免溶液上层的浮油，将抽取的溶液加入光电检测器中，检测其前向小角度散射光的分布，记录不同浓度不同角度的散射光并建立相关的浓度计算模型。

图 14-12　基于光散射的油类污染检测系统示意图

14.5　水质生物毒性监测技术及仪器性能指标

随着自动化技术的发展，将在线监测技术用于废水排放和地表水环境质量管理。常规在线监测指标包括常规五参数：COD、氨氮、总磷、总氮等常规参数和营养盐参数，虽然这些理化参数在监测水质情况中发挥了巨大的作用，但水体中污染物的种类也越来越复杂，用以上指标进行水质评价存在着一定的局限，主要表现在：

① 对一些新型的有毒有害污染物，由于其在水体中的浓度较低，且较难被氧化，采用常规的 COD 或 TOC 等指标无法准确反映其危害水平，但这些物质在水体中的长期积累会对人体健康和生态环境构成巨大的威胁；

② 现有的理化参数都是通过单一的监测指标对水体污染物的浓度进行评价，不能全面地评价污染物对环境的综合污染情况，特别是不同污染物的协同毒性对水质生态系统的影响。

因此，开展生物毒性监测可弥补传统监测指标的不足，有效补充污染物对水体环境的综合影响，全面直观地反映出水质的安全性。生物毒性监测是利用特定的水生生物在水质发生改变或遭受有毒污染物污染时其生态学或自主行为发生改变，以此来判定水体的综合情况，实现对水体污染的监测。水质生物毒性在线监测仪在水质在线监测中已有应用，在此从水质生物毒性监测仪的现状出发，介绍水质生物毒性在线监测仪的原理和特点，探讨水质生物毒性监测方法和主要仪器及性能指标研究。

14.5.1　水质生物毒性监测方法

依据所选择的活性生物种类不同，监测方法主要有发光细菌法、鱼法、藻类法、溞类法以及微生物燃料电池法 5 种[25,26]。

（1）**发光细菌法**　发光菌法是细菌类生物毒性监测技术中研究最为广泛的一种方法，其主要原理是：在正常条件下，发光细菌可通过细胞内的生化反应而发射出波长为 490nm 的荧光，有毒物质会抑制发光细菌的发光强度，并且有毒物质的量与发光强度之间呈线性负相关，因此，可通过发光细菌发光强度的改变程度来判断有毒污染物毒性的大小。常见的发光细菌主要有费氏弧菌、明亮发光杆菌以及青海弧菌等。这 3 种不同种类的发光细菌的发光机理相同，都是由特异性的荧光酶、还原性的黄素等分子参与的反应。在使用发光细菌法生物毒性在线监测仪器进行水质监测前，需要对冻干的发光菌活化，制成发光细菌悬浮液后再进行测定。

利用发光细菌实现有毒污染物监测具有灵敏度高、冻干菌剂可现场长期保存、使用方便、受试生物不受毒性冲击影响和可连续运行的优点，已在突发性水质污染事件的应急检测和水中重金属生物毒性监测中开展应用。发光细菌法由于使用的是发光菌的冻干粉针，因此，不同批次冻干粉针之间的发光强度存在差异，会对监测带来一定的影响。菌剂复苏活化后其活性逐渐降低，需要对发光菌的活性进行在线监控。此外，单支菌剂的使用时间较短（7 天），导致该设备的监测成本较高。

（2）**鱼法**　鱼类对水环境的变化非常敏感，当水体中的有毒物质达到一定的浓度时，会引起鱼类行为的改变。该类仪器的原理是：将鱼类在水中的生理反应与计算机相连，再进行数据分析和处理，从而得到鱼类的活动信号，以此判断水质毒性污染物的程度。目前常用于毒性测试的鱼中，斑马鱼具有体型小、易养殖、易繁殖、通体透明易于观察、与人类基因组高度同源等特点，在国际上已作为模式生物被广泛地应用于环境毒理学研究中。鱼类为高等脊椎动物，中毒模式与人最为接近，因此，在生物毒性在线监测中，其毒性响应与人体响应的一致性较高。

但由于只有当水环境中的有毒物质累积到一定浓度后，才会使鱼类产生中毒反应，因此，该法灵敏度较低、响应速度较慢，并且鱼类受毒性冲击后，需要更换新的鱼类。利用鱼类作为在线毒性监测的生物，其行为容易受到外界环境、气候等条件的影响，如强光刺激、振动惊吓、低气压缺氧等。

（3）**藻类法**　藻类法是以水藻作为监测生物，检测水体中有毒污染物对水藻的生长抑制和光合作用的影响。利用藻类法的水质生物毒性监测仪通常是采用荧光藻类法，该法通过荧光计检测与水样混合后的藻类叶绿素荧光活性变化获得抑制率，进而评价水质的毒性水平。

　　水藻个体小、繁殖快、对某些毒物敏感，是理想的生物毒性试验材料。同时，水体中的 N、P 超标会导致水体的富营养化，使藻类等生物快速繁殖。因此，利用藻类作为监测生物，不仅可以评价水质的综合毒性，还可以获取水样中 N、P 等无机营养物方面的信息。尽管藻类作为水质生物毒性的监测生物具有以上特点，但研究表明藻类对除草剂比较敏感，对其他的化学物质并不敏感。

　　（4）溞类法　溞类是体形较小的浮游动物，在自然条件下，大多数溞类通过无性繁殖产生雌性后代，当水体受到环境信号刺激时会产生雄性后代。当水体受到有毒物质污染时，溞类的生长、生殖和发育会受到影响，常用溞类的繁殖能力或生理行为变化作为水质毒性监测的指标。基于溞类的水质生物毒性监测仪是以水溞为监测生物，通过观察水质条件下大型溞的游动速度、游动高度等活动行为，转化为信号强度，计算水溞的综合活动指数，从而对水体的毒性进行判别。溞类对杀虫剂、神经毒剂和化学武器的响应灵敏，适合于含有以上物质的水环境的监测。但溞类生命周期短，受毒性物质冲击后需要更换受试生物，溞类的行为也容易受环境、气候等条件的影响。

　　（5）微生物燃料电池法　电化学活性微生物将有机物进行降解时会产生电子，这些电子转移到电极并产生电流。有毒污染物会降低电化学微生物的活性并干扰正常的电子转移系统，进而改变电流值，电流强度与污染物浓度之间有着线性相关性，电流强度的变化可以直接反映出水体受有毒有害物质污染的情况。

　　该方法利用的是原生受试生物，具有无需引入其他受试生物的特点，但同时也存在着由于受试生物的组分模糊，毒性的一致性差，且受试生物受冲击后重建过程慢的缺点。

14.5.2　主要仪器及性能指标研究

　　表 14-4 是目前生物毒性检测的主要仪器，基于发光细菌法的监测仪器主要有荷兰 Microlan 公司的 Toxcontrol、聚光科技的 TOX-3000、深圳朗石的 Lumifox8000、美国的 Lmightier 等，以上仪器的受试生物均为费氏弧菌。基于鱼法的主要仪器有德国 BBE 公司的 FishToximeter 和中国科学院生态环境研究中心的 BEWs 系统，前者是以斑马鱼为研究对象，采用视频监视和图像分析鱼的运动行为，数据转换为信号强度，计算得到综合活动指数，按设定的评价标准来判定水质的综合毒性；后者以青鳉鱼为研究对象，采用电极构建电容式流通池，探测鱼的活动信号，再通过傅里叶分频获得不同行为水平的信号强度，以此来分析判断水体的综合毒性大小。基于藻类法的仪器设备主要有 BBE 公司的 Algae Toximeter 和武汉的 WST-100，它们均采用荧光法，在一个检测周期中，系统自

动从培养装置中取出一定量的藻放到检测室中，再取一定量的水样到检测室中与藻类混合，采用荧光计检测与水样混合后的藻叶绿素荧光活性变化得到抑制率，通过抑制率评价水质的毒性水平。目前国内使用的基于溞类法的生物毒性仪器主要是德国 BBE 公司的 Daphnia Toximeter，采用视频监视和对溞的活动行为进行分析，将这些动态数据转化为信号强度，计算得到溞的综合活动指数，从而评定水体的毒性大小。

表 14-4　生物毒性检测仪器

发光细菌法	鱼法	藻类法	溞类法	微生物燃料电池法
Toxcontrol（荷兰）TOX-3000（聚光）	BEWs（中国科学院生态环境研究中心）	BBE（德国）Algae Toximeter	BBE（德国）Daphnia Toximeter	KORBI（韩国）HATXO
Lumifox8000（深圳朗石）Lmightier（美国）	BBE（德国）Fish Toximeter	WST-100（武汉）		

韩国的 KORBI 公司的 HATXO 是一款基于微生物燃料电池法的生物毒性监测仪。此外，中国科学院理化技术研究所的只金芳等也开展了基于电化学生物传感器原理的实时可在线连续监测的水体生物毒性检测新技术的研究，主要包括基于双电子介体的一体化生物传感器和基于微生物葡萄糖代谢原理的生物毒性监测方法，后者与韩国的 HATXO 仪器的方法区别是基于微生物对葡萄糖的消耗水平，通过检测体系中葡萄糖的消耗量来评价水质的综合毒性。

我国的生物毒性分析方法所使用的标准主要有：《水质急性毒性的测定发光细菌法》(GB/T 15441—1995)，《化学品　藻类生长抑制试验》(GB/T 21805—2008)，《大型溞急性毒性实验方法》(GB/T 16125—2012)，《化学品　溞类急性活动抑制试验》(GB/T 21830—2008)，《水质　物质对淡水鱼（斑马鱼）急性毒性测定方法》(GB/T 13267—1991)，《化学品　稀有鮈鲫急性毒性试验》(GB/T 29763—2013)，《水质测定——水样对于发光细菌的抑制效应测定》(ISO 11348-3) 等，这些标准基本为方法标准，不是相应方法的仪器性能要求，对生物毒性在线监测仪的性能指标做出规范性标准尚未完成。

目前，发光细菌法是使用较多且发展较为成熟的一种方法，发光细菌试验是环境样品毒性检测的生物测试技术，并已被列入德国标准（DIN 38412）和国际标准（ISO 11348）。使用一种叫作费歇尔弧菌的发光细菌，这种细菌在进行新陈代谢时会发出光，若正常代谢被抑制，就会导致发光强度减弱。毒物能抑制甚至阻止正常代谢，毒性越强，对代谢的抑制作用就越强，发光被抑制得越严重。当发光菌和水样互相混合后，水样中的毒性物质会影响发光菌的新陈代谢，发光菌发光强度的减弱与样品中毒性物质的浓度成正比。这种发光菌对 5000 余种不同类型的化学物质具有敏感效应，反映的毒性物质包括重金属、农药、真菌杀灭剂、杀鼠剂、有机溶剂、工业化合物等，包括尚未列入国家标准内需检测的有害物质。

生物毒性示值用抑制率表示，将抑制率为 50％的硫酸锌（以 Zn^{2+} 计）标准溶液与菌液接触一定时间后，重复测量 3 次，并按公式（14-2）计算仪器输出的抑制率大小，以％计，计算 3 次测量值的算术平均值，用平均值与标准值的相对误差作为示值误差，按公式（14-3）计算。

$$H = (1 - I_t/I_0) \times 100\% \tag{14-2}$$

式中，H 为抑制率；I_0 为空白对照液与发光细菌混合反应 t min 时的光度值；I_t 为样品与发光细菌混合反应 t min 时的光度值。

$$d = (H_m - H_s)/H_s \times 100\% \tag{14-3}$$

式中，d 为示值误差；H_m 为 3 次测量值的算术平均值；H_s 为标准溶液的抑制率值。

依次测量不同浓度硫酸锌标准溶液，得到对应的发光细菌的发光抑制率，以硫酸锌溶液浓度为横坐标，以其对应的抑制率为纵坐标作图，采用 PLS 将抑制率处于 0～80％范围内的数据进行线性拟合，得到抑制率为 50％时所对应的硫酸锌浓度为标准浓度。从这里可以发现，发光菌、t min 及发光抑制率都应该是固定值且可传递，实际上很难做到，菌群的活动还受到水环境的酸度、试毒物质毒性的影响，导致测定结果的重复性和稳定性不佳。

发光细菌作为一种生物，对水体的 pH 值有一定要求，pH 值过高或过低都会影响发光细菌的存活率，即对发光细菌的发光率产生影响。有研究表明，pH 值在 6.9～7.0 时，发光细菌存活率最高，发光率最大；pH 值在 5.5 以下、9.3 以上时，发光细菌存活率很低，发光率近似为零。另有研究也证实，费歇尔弧菌发光作用是其呼吸作用的附带产物。其发光强度取决于外部水体中的多个因素，包括温度、pH 值、氨氮、盐度和水中毒物的浓度。水体中的毒物影响发光菌的生物学作用，影响菌体细胞中酶的作用、能量的流动等，最终导致的结果就是抑制菌的发光强度，而且发光强度的减弱和水中毒物的浓度是成正比的。Toxcontrol 生物综合毒性监测仪所用发光细菌是费歇尔弧菌的一种，费歇尔弧菌是海洋生物，在淡水中无法存活。

荧光藻类法和微生物燃料电池法与发光细菌法相似，荧光藻类法也是通过检测毒性物质对被测生物发光强度的影响来评价毒性水平，但目前荧光藻类法还没有具有确定抑制率的标准物质。微生物燃料电池法也缺乏相应的标准物质，使得对仪器的示值误差和灵敏度的评价存在困难。鱼法和溞类法该类仪器的测试结果易受环境的影响，且受毒性冲击后需更换受试生物，同一类生物在不同的生长时期对同一毒性物质的敏感度不同，同一类生物即使在同一生长时期也存在个体差异，会对同一毒性物质产生不同的响应，因此，很难评定这类仪器的稳定性。

生物毒性在线监测技术克服了传统的单一理化指标进行水质分析的局限性，在生物综合毒性分析以及水生生态系统的评定中具有重要作用，从生物毒性监测方法的分析比较可知，每种方法均具有一定的优点，但是仍然存在很多不足，其试毒物质的与受毒载体之间的具体关系并不明确和单一。由于其具有较高的灵敏度，且能综合反映出水体受有毒物质污染的综合水平，因此，生物毒性在线监测技术可作为一种辅助监测手段，用于突发水质污染事件的早期预警。

参 考 文 献

[1] 宋宇清. 水质监测过程控制及监测质量分析. 资源节约与环保,2019,209(4):79~80.

[2] 张宗贺. 水质检验过程控制及水质监测质量. 化工设计通讯,2018,44(12):232.

[3] 靳立刚. 城市供水水质监测管理浅析. 城市建设理论研究,2017(14):209.

[4] 刘华. 试论水质化验分析中的质量控制. 城市建设理论研究,2017(14):205-206.

[5] 李丽. 水质化验分析中的质量控制措施分析. 资源节约与环保,2017(4):49-52.

[6] http://huanbao.bjx.com.cn/news/20190514/980318.shtml.

[7] 国务院关于印发水污染防治行动计划的通知,2015.

[8] 地表水环境质量标准,GB 3838-2002.

[9] 刘则华,余沛阳,韦雪柠. 日本最新饮用水水质标准及启示. 中国给水排水,2016,32(8):8-10.

[10] https://www.epa.gov/wqs-tech/water-quality-standards-handbook.

[11] http://huanbao.bjx.com.cn/news/20171030/858171.shtml.

[12] 张晓聪,张冬生,刘兰华,等. 邻苯二甲酸酯类污染物雌激素结合活性筛查. 生物技术通报,2019,35(1):214-218.

[13] 邱勇,李冰,刘垚,等. 污水处理厂化学除磷自动控制系统优化研究. 给水排水,2016,52(7):126-129.

[14] 程立,邱彤宇. 在线水质分析仪器为水工业实现过程控制提供保障. 中国仪器仪表,2008(04):74-77.

[15] https://www.lar.com/products/lar/bod-toxicity-analysis/bod-analyzer-biomonitor.

[16] 刘国肖. 紫外-可见全光谱分析仪在水质监测领域的研究进展与应用. 价值工程,2019,38(31):166-167.

[17] 何胜辉. 基于全光谱技术的水质在线监测技术. 海峡科技与产业,2019(2):67-68.

[18] 赵友全,李宇春. 基于光谱分析的紫外水质监测技术. 光谱学与光谱分析,2012,32(5):1301-1305.

[19] 李霞,赵友全. 基于 PCA 的水质紫外吸收光谱分析模型研究. 光谱学与光谱分析,2016,36(11):3592-3596.

[20] Kluge A,Silbert M,Wiemers U S,et al. Retention of a standard operating procedure under the influence of social stress and refresher training in a simulated process control task. Ergonomics,2019,62(3):361-375.

[21] Cai Q,He L Y,Wang S L,et al. Process control and in vitro/in vivo evaluation of aripiprazole sustained-release microcrystals for intramuscular injection. European Journal of Pharmaceutical,2018,125:193-204.

[22] Chen L,Han L X,Tan J Y,et al. Water environmental capacity calculated based on point and non-point source pollution emission intensity under water quality assurance rates in a tidal river network area. International Journal Environmental Research and Public Health,2019,16(3):428.

[23] 张晓健,瞿强勇,陈超. 应对水源油类物质泄漏事故的自来水厂应急净水技术研究. 给水排水,2019,55(5):12-17.

[24] 赵友全,邹瑞杰,陈玉榜. 近红外散射法测定水中矿物油含量研究. 光谱学与光谱分析,2012,32(05):1213-1216.

[25] 马啸飞,李洪枚. 我国再生水水质生物毒性监测研究进展. 环境可持续发展,2016,41(04):67-70.

[26] 李治国. 基于青鳉鱼行为的在线生物监测预警系统研究[D]. 石家庄:河北科技大学,2018.

第15章 现代过程分析技术在烟草业中的新进展

15.1 引言

过程分析技术是集分析仪器和自动化控制于一体的一种新兴分析技术，主要应用于工业现场在线、实时、自动控制分析。现代仪器技术的发展将数字化控制技术应用于仪器技术，使仪器的稳定性、扩展灵活性和数据交换有了进一步的提高，分析仪器不仅能够实现对实验结果进行自动测量，而且能够将数据传送出去。自动化技术在工业领域的广泛推广，使得工艺流程能够实现自动化生产与控制，与过程分析仪器交换数据，优化控制工艺参数，不仅为企业节省了大量的人力和资金，而且提高了生产效率和产品质量[1]。

烟叶作为农产品，在其收割、初烤、收购、打叶复烤、醇化及制丝过程中往往会混入一些非烟杂质，如金属、梗签、鸡毛、薄膜片、麻线、杂草等轻质杂物，《烟草专卖条例》明确禁止使用霉坏烟叶生产烟丝、卷烟和雪茄烟，如果这些杂物在生产过程中不能被彻底清除，将影响卷烟产品内在质量。摄像头式光学分类系统、激光分选系统和基于机器视觉的精选除杂系统等[2] PAT 被用来在线剔除烟草异物。

由于 NIR 分析具有分析过程简单、无需样品前处理、无损检测、测试过程无污染、多组分同时检测、分析结果准确、投资低、操作简便、专业要求低等诸多优点，作为一种 PAT 被广泛地应用于烟草的生产中[3,4]。NIR 分析技术不仅被用于烟草中化学成分的定量分析，而且还结合固体光纤技术和化学计量学被用于卷烟生产过程的定性分析[5]，如云南红塔集团玉溪卷烟厂将 NIR 技术应用于烟叶打叶复烤和制丝线工艺的过程分析，上海烟草集团和贵州中烟工业有限责任公司将 NIR 技术用于烟叶打叶复烤，在线监测复烤片烟中的总植物碱、总糖、还原糖、总氮、钾和氯六种化学成分。

基于此，本章首先介绍卷烟的诞生过程，进而对卷烟生产工艺流程中所使用到的现代过程分析技术进行了综述，并对未来的发展进行了展望。

15.2 烟草加工工艺概述

烟草是如何从田间的一粒种子变为消费者手中的卷烟的？主要包括育苗、栽培、烘烤调制、打叶复烤、醇化、制丝、卷接等工序[6]（图 15-1）。在田间生长的优质鲜烟叶必须经过烘烤过程才能使其优良品质得到固定和体现，烟叶烘烤调制是决定烟叶可用性的一个关键环节。烟叶烘烤过程的本质是一个与物理变化相伴随的复杂生理生化过程，其间，烟叶外观上发生了三个明显的变化：一是烟叶颜色随着烘烤进程的发展由黄绿色（绿黄色）逐渐变为黄色；二是烟叶水分不断地汽化从组织中排出，含水量由 80％～90％ 的膨胀状态随着烘烤过程发展变为凋萎发软状态，最后干燥；三是烟叶嗅香由清鲜香气变为浓郁的特殊香气。初烤后的原烟，含水率高（15％～20％）且不均匀，对安全储存不利：一是当烟包堆垛存放时，下层的烟叶受压易板结逐渐变褐色或者"出油"，影响烟叶质量；二是由于含水率高，在环境温湿度适宜的条件下，霉菌易于繁殖而霉变，使烟叶无法使用；三是在仓储过程中，特别是收购季节初期，外界温度较高，容易使烟垛内部温度迅速升高，易出现烟叶烧包现象。因此必须对原烟及时进行复烤，使含水率降到11％～13％，以避免上述现象的发生。

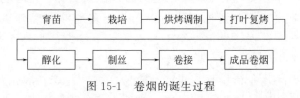

图 15-1　卷烟的诞生过程

　　烟叶复烤是将初烤烟叶再次进行回潮、加热干燥和冷却处理，使烟叶含水率控制在一定范围内，促进烟叶理化性质朝有利于加工的方向变化，提高烟叶品质，有利于烟叶长期储存和醇化工艺过程。打叶复烤生产过程由原烟投入开始到成品入库终止，根据各阶段的任务，可以将整个过程分为原料准备、烟叶预回潮、（铺叶、切尖）解把、一次润叶、筛砂分选、定量喂料、二次润叶、梗叶分离、复烤、包装和烟梗碎烟处理等工序。烟叶复烤的工艺流程图见图 15-2。烟叶复烤的作用：a. 调整烟叶水分；b. 纯净烟叶，提高烟叶品质；c. 杀死烟叶害虫和病菌；d. 有利于烟叶的自然醇化；e. 有利于烟叶商品贸易。

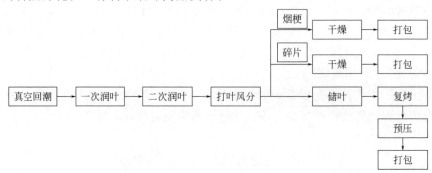

图 15-2　烟叶复烤工艺流程图

从复烤厂购买的原烟，其内在品质都存在不同程度的缺陷，如青杂气重、刺激性强、烟气粗糙、烟香味被杂气掩盖，尤其是低等级的烟叶还有苦、辣、涩等不良感受，这样的烟叶是不能直接用于制造卷烟的，必须进行适当的醇化处理。烟叶醇化的过程实质上是在一定的环境条件下，通过一系列的化学及生物反应将不利于烟叶品质的组分转换成有利于提升烟叶品质组分的过程。烟叶醇化是改善烟叶质量、提高烟叶可用性必不可少的环节，是卷烟产品内在质量的基础和保证。醇化时一般在仓库中进行，仓库温度一般在 30℃ 以下，相对湿度在 70% 以下，在醇化过程中应注意防止霉变、防止烟叶虫害、防止烧包等，一般会采用烟虫诱捕器对烟虫进行捕杀，如果虫害比较严重会采用 PH_3 进行熏蒸。醇化时间一般为 2～3 年，通过醇化，使烟叶颜色更加均匀并适当加深，青杂气和刺激性大大减弱，香味物质增加，吸味醇和。

根据卷烟配方，不同等级的醇化后烟叶被自动物流系统从高架库输送到传送带，经过拆包与称重以后，然后切片机对醇化后的复烤片烟进行切片，一般采取 3 刀 4 片，然后进入松散回潮桶，对其增温和增湿（水分约为 15%，温度约为 58℃），以使块状的片烟充分松散开来；然后通过风选、色选或者人工筛选的方式去除杂质、梗丝和未松散开来的烟饼，然后进入预混间，使不同等级的烟叶混合均匀。然后对混合均匀后的烟叶进行加料，以改善卷烟的吸味，经过加料后的烟叶进入暂存柜平衡 4h，以使料液充分被吸收。然后经过金属探测器去除金属杂质以后，进入切丝机进行切丝（烟丝宽度约为 1.0mm），然后进行增温增湿，并进行烘丝，然后进入掺配柜（可以根据配方掺入一定比例的梗丝或者膨胀烟丝），然后进行加香，加香后进入储存柜储存 4h 以上，以使香料被烟丝充分吸收。制丝工艺流程如图 15-3 所示。

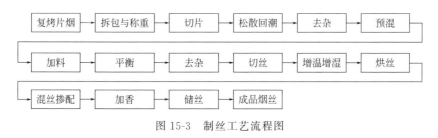

图 15-3　制丝工艺流程图

卷烟卷制部分由烟丝进料、钢印供纸、卷制成型和烟支切割 4 个系统构成，接装部分由烟支供给、滤嘴供给、接装纸供给 3 个系统构成，经风力输送过来的烟丝和嘴棒经过卷烟机快速卷制成卷烟。卷烟包装工艺包括：小盒包装、条烟包装、箱装。小盒包装分为软包包装和硬盒包装，主要包括内衬纸包装、商标纸包装、透明纸包装等工艺环节。烟支卷接工艺流程如图 15-4 所示。

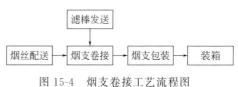

图 15-4　烟支卷接工艺流程图

15.3　过程分析技术在烟草加工工艺过程中的应用进展

15.3.1　过程分析技术在烟叶生产中的应用

（1）**育苗和栽培**　针对人工补种和间苗效率非常低下等问题，何艳等[7]搭建了密闭的穴盘烟苗图像采集系统，采用直方图均衡化、图像归一化、中值滤波法等预处理方法对穴盘图像进行校正，然后以 Adaboost 算法为核心，提取出 Haar 特征，根据积分图和级联分类器创建烟苗穴盘格训练样本，得到训练分类器并对烟苗穴盘格进行检测、标记及分割；采用多层感知器和卷积神经网络（CNN）算法对单株、多株及空穴穴盘格类别进行训练，提取 CNN 训练模型的数据，绘制出迭代与准确率、Loss 函数关系曲线图。通过预测集仿真实验，对两种算法的准确率及运行时间进行对比，并对实验结果进行分析，两种算法对烟苗穴盘格类别识别准确率分别为 96.75％及 97.58％；采用坐标定位提取出多株穴盘格烟苗坐标位置，然后经 K-means 聚类彩色分割、二值化图像、中值滤波，最后通过计算单连通区域像素的个数确定多株穴盘格烟苗数量，该方法壮苗识别准确率可达99.05％。许帅涛等[8]建立了一种基于计算机视觉的烟叶早期病害分割及识别方法，根据烟草赤星病和蛙眼病在各个时期的病斑表现特点，将视觉显著性引入到病斑分割过程中，提出基于种子点选取的显著性检测的分割方法，验证在复杂背景下分割病斑图像的可行性，并对比两种图像分割方法，根据烟草赤星病和蛙眼病在各个时期病斑表现形式的不同，提取病斑的颜色特征、形态特征和纹理特征，对获取的特征参数用粒子群算法进行优化，多次试验对比选取最优参数组，适应度为 96.68，交叉验证率为 93.21％，验证集识别率为 96.00％。利用网格搜索法对SVM 的参数进行寻优，并建立 SVM 分类模型，训练集 900 组，测试集 300 组，共 1200 组数据，对烟草赤星病和蛙眼病的早期病害识别率达到 92％，两种病害的早中晚三个时期共 6 类的识别率达到 96％。喻勇等[9]运用计算机图像处理技术提出了一种快速分类识别算法，通过对赤星病和野火病烟叶病害图像分析，优选出 6个病害识别特征参数，建立了两类病害标准特征库，病害识别分类采用基于标准特征库的模糊模式识别算法，并且与模糊 C 均值聚类识别进行了对比，识别结果表明该分类识别算法具有良好的识别率。滕娟[10]采用基于数字图像的技术对烟叶赤星病图像分割、特征提取、识别进行了研究，分析了最大类间方差法、局部阈值法、最大熵法、迭代法在分割赤星病烟叶图像中的优缺点，同时对 LoG 算子进行了改进，对 K-means 分割后的图像用形态学法提取区域轮廓，用边缘检测Canny 算子获取病斑的同心纹轮，用偏二叉树 SVM 进行分类识别，分类的正确率比一对多 SVM 高约 6％。李伟[11]应用机器视觉技术，研制出了一套能准确识别烟花位置并控制完成打顶抑芽作业的检测控制系统，烟田试验表明研制的烟草打顶抑芽机的检测控制系统运行平稳、安全可靠，能够有效完成对烟草初花期的智能化打顶抑芽作业，检测准确率达 98%，打顶准确率达 96.8%，抑芽剂喷施准确率达 90%。

范连祥[12]采用机器视觉技术研制出了一种专门用于移栽后烟田浇水作业的烟草智能浇水机，实现了还苗期烟草的自动化浇水作业，烟田试验表明研制的烟草智能浇水机作业过程运行平稳、安全可靠，能够有效完成烟草移栽后的自动化浇水作业，检测准确率达 98%，浇水准确率达 97%，作业过程无伤苗现象。刘双喜等[13]基于机器视觉技术设计了双行智能烟草打顶抑芽机检测控制系统，田间试验结果表明该双行智能烟草打顶抑芽机作业效率为 2～3s/株，烟花检测准确率在 96%左右，打顶准确率在 90%左右，抑芽剂喷洒准确率在 80%左右，能有效提高作业效率和作业效果。Gravalos 等[14]设计了一套自动打顶抑芽作业的检测控制系统，田间试验结果表明完成 5 株烟苗打顶抑芽作业的时间为 20s，可以有效提高打顶抑芽作业的效率和烟叶的品质。

王一丁[15]通过定量和定性分析病害烟叶原始、微分光谱特征、高光谱特征变量与病叶生理生化指标的相关性，筛选对比了不同化学计量学建模预处理方法，建立了烟草花叶病害严重度的判别分析模型。齐婧冰等[16]采用野外光谱仪对不同生育期以及不同健康状况的烟草植株冠层进行了分析，并在分析光谱特征参数的基础上，利用分形理论对反射光谱曲线进行分形测量，并用分形维数定量反映烟草植株冠层的健康状况，为烟草植株生长状况监测提供科学依据。潘威等[17]采用 NIR 技术分析了不同生长期的烟草种子，利用 PCR 法建立了烟草种子淀粉含量的 NIR 定量分析模型，并采用外部独立验证的方法对该模型进行了检验，模型的决定系数可达 99.80%，校正标准差和预测标准差分别低至 0.1493 和 0.1838，验证集的实际测定值与模型预测值之间误差较小，可以实现烟草种子淀粉含量的无损、快速检测。王杰等[18]提出了一种基于稀疏自编码器的烟叶成熟度分类算法，从计算机视觉角度自动识别烟叶的成熟度，该方法首先对烟叶数字图像进行去除背景、归一化等预处理操作；其次从无监督学习算法入手，利用稀疏自编码器构建特征学习网络；然后使用部分联通网络进行特征扩展，最后使用 Softmax 回归对学习到的特征进行分类，方法分类准确率可达 98.63%，为提高烟叶成熟度分类效率提供了帮助。针对当前烟叶成熟采收标准过于笼统和主观的问题，宾俊[19]采用 NIR 技术结合模型集群分析——随机森林方法、图像识别技术，结合极限学习机方法对烟叶的成熟度进行了快速判别研究，最低判别正确率分别为 90%和 82%。为进一步提高判别正确率，将烟叶成熟度的近红外数据与图像数据进行了融合，再采用极限学习机对融合数据进行分析，使烟叶成熟度的判别正确率达到 96%以上，可实现烟叶成熟度判别的定量化和科学化。

（2）**烟叶分级**　烟叶是一种重要的经济作物，是我国重要的出口农产品之一，对提高农民收入、政府税收有着重要作用。目前在烟草收购过程中，对烟草的检测和分级主要是依靠人的感官进行，这种分级方法不仅消耗大，而且缺乏客观性[20]。为适应卷烟制造业生产批量大、质量要求严格、烟草质量分离任务繁重的特点，李强等[21]采用计算机视觉分离和图像处理技术，设计了一个由 CCD 摄像机、图像采集卡、运动控制卡、计算机等组成的针对烟叶颜色的分离系统，该系统可以连续快速地把烟叶分成不同的档次并去除混杂在烟叶中的非金属异物。张丽[22]开发了基于计算机视觉技术的鲜烟叶分拣系统，采用翻盘式分拣机进行烟叶分拣，采用中值滤波算法实现了图像去噪，采用迭代阈值法实现了图像分割，采用 Canny 边缘算子实现了图像边缘提取，确定了以颜色特征和纹理特征等 8 个特征量描述烟叶成熟度等级的方法，采用 BP 神经网络算法、极限学习机（ELM）算法和正则极限学习（RELM）算法分别建立了分类器，实现了烟叶分级和烟叶自动分拣。姬江涛等[23]设计了一套基于可编程逻辑控制器（PLC）控制的散烟在线分拣系统，该系统采用输送带机构承载并输送烟叶，真空装置通过气嘴有效吸附烟叶，机械手机构结合位置检测传感器分拣烟叶，可以有效避免散烟收购过程中定级分拣的人为因素，提高烟叶分拣的准确性。赵世民等[24]设计了一套烟叶自动定级分拣系统，该系统采用输送带机构承载并输送烟叶，烟叶通过定级系统完成外观图像采集、数据处理与级别判定，可有效解决烟叶评级定价不公平纠纷，指导实际的散烟收购工作。

赖长龙[25]采用机器视觉技术对烟叶自动分级进行了研究，采用滤波、图像分割和最大类间方差二值化法对图像进行预处理，采用色度空间烟叶特征提取方法对烟叶的各个颜色特征进行提取，同时利用烟叶叶片结构提取烟叶的长度、宽度、长宽比和破损率等 10 个特征，采用最小距离分级方法对烟叶进行上、中、下部位的分类，然后利用颜色特征进行分组，最后运用特征矢量集进行等级划分。陈朋[26]利用机器视觉检测技术和模式识别技术，对烟叶叶片形态和体态、叶面颜色、表面纹理等特征进行分析研究，提取特征参数，采用基于 SVM 的分类技术实现了烟叶自动分级。顾金梅[27]针对贵州中部烤烟，设计了烟叶自动分级系统，系统选取 LED 光源及 CCD 摄像头，设计了图像采集系统，采集了不同光强下不同等级烟叶的图像，并提取 RGB、HIS 及 HSV 三种颜色模型的颜色分量，采用了 BP 神经网络的人工智能识别方法，平均识别精度可达到 89.17%，可实现烟叶等级的预测。高航[28]提出了一种基于 HIS 颜色模型和模糊分类的烟叶自动分组方法，结果表明采用 HIS 颜色模型作为图像颜色特征提取模型能够有效提高分组的可靠性，具有广阔的应用前景。Yin 等[29]提出了基于图像信息的烟叶分级图像选择方法，实验结果表明所提出的选择方法是有效的，并且与从样本图像中提取的特征无关，可用于烟叶等级的分类。

刘华波等[30]在理论推导的基础上，提出并应用烟叶反射和透射图像获取烟叶内在的质量信息，并在实际分级实验中验证透射图像颜色特征的有效性，研究结果表明透射图像的三个颜色特征（色调、饱和度、亮度）和相对应的反射图像特征相关性小，可以有效补充反射图像不能反映烟叶内在质量的不足，通过使用费歇尔线性逐步判别法筛选，获得反射和透射图像的色调作为识别参数，建立判别模型，可以提高烟叶分组识别的准确率。杜东亮等[31]介绍了一种基于计算机视觉的烟叶自动分级系统硬件组成，该系统不但能够采集到稳定、清晰的烟叶原始图像和实现对烟叶级别的准确识别，而且能够实现烟叶的在线称重，实现了烤烟烟叶收购流程的综合高度自动化，提高了烟叶收购的效率和烟叶分级的客观性。Zhang 等[32]提出了一种基于数字图像处理和模糊集理论的烟叶自动分类方法，开发了基于图像处理技术的烟叶自动检测分级系统，该系统利用机器视觉对颜色、尺寸、形状和表面纹理进行提取和分析，模糊综合评价为基于模糊逻辑的决策提供了较高的可信度，并利用神经网络对模糊集合中烟叶特征的隶属函数进行估计和预测，实验结果表明经过训练的烟叶分类准确率约为 94%，未经训练的烟叶分类准确率约为 72%。李胜等[33]利用图像采集设备获取烟叶彩色图像，通过相关图像处理技术获得烟叶的长度、宽度、面积、周长、圆度、叶尖角、残伤等形状特征参数，采用颜色模型提取烟叶图像的色调、饱和度和亮度值等颜色特征，并采用神经网络方法对烟叶进行分级建模，实验结果表明测试样本的平均识别率约80%，比人工分级识别率有一定的提高。Guru 等[34]提出了一种基于机器视觉的复杂农业环境下烟叶自动收获分类的方法，他们将烟叶分为成熟、未成熟和过熟三类，比较了基于灰度局部纹理模式（GLTP）、局部二值模式（LBP）和局部二值模式方差（LBPV）等多种纹理特征的模型，采用基于欧氏距离的 K-近邻值进行分类，实验结果表明，与传统的 LBP 和 LBPV 相比，GLTP 模型在分类精度上有了显著提高。邱建雄[35]利用图像采集装置得到烟叶的原始图像作为样本，并对烟叶图像进行了图像预处理，然后根据烟叶的颜色、外形、纹理特征建立了烟叶分级的 SVM 识别模型，并运用于烟叶的自动分级，取得了较好的分类效果。邵素琳等[36]采用基于颜色和纹理的烟叶特征提取方法，提出了基于颜色和纹理两次耦合的烟叶特征提取方法，并设计了一种基于稀疏表示的烟叶类型识别方法，进一步考虑了识别错误代价问题，提出了基于颜色二值向量描述的分层识别方法，获得了较好的识别效果。李海杰[37]使用 Gabor 小波提取烟叶的纹理特征，将这些特征进行归一化处理后，输入小波 SVM 进行训练，并利用训练好的小波 SVM 对烟叶图像进行分类，更好地实现了烟叶分类，正组烟叶与副组烟叶的误分更少，分类正确率更高；此外还探索了一种基于 CNN 和颜色识别的正组烟叶分级算法，他们将彩色烟叶图像灰度化后，直接输入 CNN 进行正组烟叶部位识别，同时将彩色烟叶图像由 RGB 空间转化至 HSV 空间，在 H 通道中定义红色、橘色、黄色对应的阈值区间，并统计这 3 种颜色的比例分布，实现同一部位正组烟叶的颜色识别，此算法可更好地描述不同部位的正组烟叶特征，且颜色识别算法性能稳定，很好地实现了正组烟叶分级。庄珍珍等[38]利用机器视觉技术对福建三明产区 K326 烤烟的几何特征（如长度、宽度、伸缩度、面积）和颜色特征（如色调、饱和度）进行量化，再经过模糊综合评判方法判断烟叶的组别，分组实验的正确率为 91.3%。He 等[39]采用计算机视觉技术对烟叶图像进行获取并处理，然后基于模糊模式识别算法，通过提取烟叶外观特征，对模型集和预测集的烟叶样本进行分类，模型集和预测集的正确评分率分别为 85.81% 和 80.23%。Zhang 等[40]采用训练样本的 NIR 数据组成稀疏表示的数据字典，采用非负最小二乘稀疏编码算法，将测试样本的 NIR 数据用字典最稀疏的线性组合表示，然后计算每类测试样本的回归残差，最后，它被分配到具有最小残差的类中，实验结果表明该方法速度快，总体预测性能良好。Zhi 等[41]利用计算机视觉技术建立了一个基于颜色图表的开发框架，并将其应用到烤烟上，所建立的彩色图表真实地表达了烟叶的颜色信息，可以用于烟叶的分类。张磊[42]根据烟叶的物理特性和系统要求，选择漫射正面照明方式自制了图像采集灯箱，并搭建了一套可行的图像采集系统，选用 3×3 邻域窗口中值滤波和二阶拉普拉斯算子对图像进行联合去噪，在 RGB 和 HSV 两种空间颜色模型下，分别选取样本烟叶局部区域图像，通过求均值和方差的方法提取了烟叶颜色特征参数值（R、G、B、H、S、V），进行颜色定量分析，建立了基于颜色特征等级标准库，选取烟叶特征值（R、G、B、H、V）和长度值建立样本烟叶标准等级特征向量模板库，对待检测烟叶计算烟叶模糊向量与各样本烟叶标准等级模糊集的贴近度，利用择近原则求出最大贴近度，根据最大贴近度识别出烟叶等级。赵树弥等[43]设计了一款基于机器视觉技术检测鲜烟叶的分级装置，烟叶在传送带上被 CCD 检测并采用邻域平均和中值滤波组合的方法对图像进行处理，使用最小误差阈值分割方法分离背景和烟叶，然后增强图像信号，提取感性区域的颜色信息，采用烟叶的 RGB 颜色值和色调值来表征烟叶的级别特性，实验结果表明烟叶色泽的不同，相邻类型之间的色泽差异越大，分类准确度越高，检测分类的平均速度为 2~3s/片，可以满足现场即时检测要求。蒋声华等[44]采用 NIR 法采集样品光谱并结合化学计量学方法建立了等级识别模型，对烟叶化学成分进行快速分析，可实现不同等级烟叶的自动分选，实验结果表明系统稳定性、重复性好，可以对特定条件的烟叶进行较为准确、快速的分选，等级合格率可达 100%。

15.3.2 过程分析技术在打叶复烤中的应用

（1）**打叶复烤** 配方模块打叶技术是指按一定的比例，将不同等级、相同或不同产区的原烟均匀掺配在一起进行打叶复烤，形成一个质量稳定的片烟等级或配方模块，以供卷烟工业企业使用。换言之，配方打叶复烤不仅完成了叶梗的分离，而且也实现了打叶后片烟内在质量特性、感官评析质量的均匀与稳定，提高了烟叶间的混合均匀度，消除了烟叶原料间的品质差异，为卷烟企业实现卷烟配方奠定了原料基础。打叶复烤是卷烟工业企业的"第一车间"，打叶复烤环节直接影响着片烟的品质，进而影响甚至决定着卷烟产品的质量。打叶复烤企业必须努力提高对打叶复烤加工过程的控制能力，实现由结果控制向过程控制，由指标控制向参数控制，由人工经验控制向信息自动控制，由单一地点加工质量的均质稳定性向多点、异地加工质量的稳定性转变，不断提高工艺控制水平，以保证打叶复烤加工产品尤其是叶片内、外在质量的均质性和稳定性，以适应卷烟工业对大品牌原料加工稳定性的需求。

Wang 等[45]通过采集烟叶的光学图像，提取烟叶的颜色特征和纹理特征，开发了智能化实时烤房控制系统，对烤房的温湿度进行预测和控制，实验结果表明这种方法可以显著提高检测的精度。詹攀等[46]基于机器视觉技术，建立了 SVM 回归的鲜烟叶含水量预测模型，模型的最大相对误差绝对值为 2.410%，平均绝对误差为 0.0079，平均绝对百分比误差为 1.119%，误差方差为 $7.806×10^{-5}$，该方法能够更准确地反映鲜烟叶含水量的实际值。杨晓亮等[47]采用机器视觉技术对初烤烟质量进行了评价，通过分析不同成熟度烟叶色度学指标值、叶绿素测量（SPAD）值和感官质量得分可知：中、上部鲜烟叶 3 个色度学指标值和 SPAD 值均呈下降趋势，烤后烟叶色度学指标中，中部叶的 L 值和 a^* 值，上部叶的 L 值、a^* 值和 b^* 值在不同处理间达到显著水平，其中 L 值和 b^* 值达到极显著水平。宋朝鹏等[48]采用图像处理技术对烘烤过程中烤烟形态特征进行了研究，以云烟 97 上、中、下 3 个部位鲜样和烤后样及关键温度点稳温结束的 360 张烟叶图像为材料，采用图像处理技术提取其形状、颜色、纹理特征值，进行数值特征分析，实验结果表明烟叶形状特征变化表现为变黄期缓慢、定色期剧烈、干筋期减缓的趋势，颜色特征变化表现为变黄期剧烈、定色期和干筋期较缓的趋势，纹理特征变化表现为变黄期较缓、定色期较剧烈的趋势；不同部位烟叶形状特征以下部叶变化最为剧烈，中部叶次之；红分量均值从大到小依次为中部叶、上部叶、下部叶，绿分量均值从大到小依次为中部叶、下部叶、上部叶，蓝分量均值从大到小依次为下部叶、中部叶、上部叶；不同部位烟叶纹理特征变化无明显规律。针对打叶复烤环节内在化学成分无法实现自动化闭环控制和均质化加工的问题，杜阅光等[49]采用声光可调在线 NIR 技术检测方法，以打叶复烤烟叶中烟碱、总糖、钾和氯 4 个化学成分为监控指标，以化学成分变异系数作为均质化程度的评价指标和控制参数，实现了打叶复烤生产叶片内在化学成分的在线检测和均匀性控制。刘正全等[50]利用 NIR 吸收烟草中 C—H、N—H、O—H 等含氢基团基频的倍频及合频，运用多元定量校正方法建立了烟叶中总糖、还原糖、总烟碱、钾和氯的定量回归模型，并应用于打叶复烤生产线，可以实现每箱片烟的化学成分在线检测，采用过程工艺质量管理，可以提高打叶复烤质量控制水平，为后期烟叶醇化、卷烟感官质量评价、产品配方设计与维护提供了科学保障。罗定棋等[51]应用 NIR 技术对烟叶烘烤进行实时监测，并提出烘烤专家意见，优化工艺曲线，可以有效降低烤坏烟叶的比例，实现了烟叶烘烤的数字化，该方法具有检测快速、样品完整、重现性好的特点。吴娟[52]构建了烟叶图像在线特征提取及分析方法，并探究了颜色与烘烤工艺曲线的相关联系，结果表明在烘烤过程中烟叶图像的 R 分量和 a^* 分量逐渐增大，G 分量和 H 分量逐渐减小，且在烘烤后期的变化相对缓慢；B 分量、b^* 分量变化不大；图像经过滤波处理后，I 分量和 L^* 分量变化也不大。郭朵朵[53]以陕西汉中云烟 99 为研究对象，基于烘烤过程中烟叶外观特征，利用机器视觉技术对烟草图像信息进行采集并进行图像特征参数值的提取，探究烘烤过程中烟叶外观特征与内部品质之间的相关关系，建立了基于外观特征与内部品质的预测模型，结果表明烟叶颜色参数变化和色素的降解变化趋势基本一致，烟叶含水量随着烘烤时间的延长不断下降，烟叶形态变化随着烘烤时间的延长呈递增趋势，变黄期递增快，"定色期"增加迟缓。

　　王献友等[54]采用在线近红外结合偏最小二乘判别分析建立了烟碱的定量模型，并应用于打叶复烤中配打烟叶中烟碱含量的控制，结果表明经过二次配方控制后，成品片烟烟碱变异系数从 7.10％降为 2.59％，加工烟叶内在质量均匀稳定，为卷烟生产、配方设计、加香加料等提供强有力的技术支持。尹旭等[55]采用在线近红外研究了不同配方打叶过程成品片烟烟叶内在质量均匀性的变化规律，利用高架库自动控制功能均质化配方打叶的成品片烟烟碱含量的标准偏差和变异系数分别降至 0.07％和 2.53％，与对照组相比分别降低了 0.03％和 1.07％，表明利用高架库自动控制功能可实现均质化配方打叶，有效提升成品片烟内在质量的均匀性。王宏铝等[56]利用在线近红外技术构建了原烟烟碱的在线模型，利用烟碱模型实时预测原烟烟碱含量，并依据其含量的差异分类堆放，实现均质化加工，结果表明成品烟碱变异系数由常规加工的 7.83％下降至 2.78％，成品含水率变异系数由 3.16％下降至 2.35％，成品颜色变异系数由 4.09％下降至 2.07％，均质化效果明显。尹旭等[57]利用在线近红外技术结合偏最小二乘法建立了带梗烟叶中烟碱和总糖的模型，并应用于配方打叶，可将成品片烟烟碱的变异系数控制在 3％以下，这说明其能有效地调控和指导原烟的投料，提升成品片烟化学成分的均匀性。李瑞东等[58]采用 NIR 技术对复烤原烟的生物外观特性进行了研究，采用光谱定性来调控原烟质量并指导入库和出库，结果表明采用光谱定性调控得到的成品烟碱变异系数为 2.2964％，采用烟碱含量调控得到的成品烟碱变异系数为 2.6953％，即通过光谱定性调控要好于只用烟碱含量调控，该结果对打叶复烤前原烟调控具有重要的指导意义。宾俊[19]采用 NIR 技术结合自适应进化-极限学习机对烟叶烘烤过程中的 3 个关键指标（含水率、淀粉和叶绿素）的动态变化情况进行了监测，提出了一种多元校正方法——变量排列集群分析-偏最小二乘，并建立了烟叶烘烤过程中主要化学成分定量监测模型，对关键指标和主要化学成分的烘烤变化规律进行了拟合预测，可作为烟叶烘烤精准调控的参考。姜初雷[59]通过网络将生产线在线水分仪、实验室数据采集系统、取样器与自动标定系统相连，实现打叶复烤时在线水分仪参数采集调整，并将标定所用数据在同一平台进行对比，自动标定系统根据比对结果对生产线在线水分仪进行实时标定，为机台操作人员提供准确的检测数据，及时调整工艺参数，更好地指导生产。张薇薇等[60]收集了 460 个具有代表性的样品，采用基于漫反射的近红外在线检测技术对烤后烟叶质量进行实时检测，结合改进的 PLS 建立了含水率、总糖、还原糖、烟碱、总氮、氯和钾 7 项质量指标的近红外综合定标模型，外部验证的预测平均相对偏差分别为 3.7％、6.9％、5.2％、4.2％、5.5％、17.3％和 18.1％，并成功地运用于烤后烟叶质量评价。

目前，在烟叶初烤和打叶复烤过程中的杂物控制方面，主要采用人工剔除的方式。人工除杂的烟叶在生产线上的通过能力往往与自动卷烟设备的生产能力不配套，影响了后面的卷烟工序。李斐斐[61]基于模糊增强和过渡区阈值选取的梗茎分割方法，对烟叶梗茎进行提取，并通过链码跟踪和骨架细化两种方法，对提取的烟叶梗茎进行分析，可以实现对梗茎的检测；结合正常烟叶和霉杂烟叶图像特点，改进了 Gist 特征的提取方法，最后结合 SVM 对烤烟烟叶进行了分类识别，并设计了一套基于机器视觉的烟叶除杂系统。姚富光等[62]提出一种利用聚类和色差分析的烟草异物在线识别算法，采用自适应迭代式自组织数据分析技术（ISODATA）聚类取单元颜色特征，并分析烟叶和异物各分量的分布差异，将单元特征各分量根据直方图分布量化到 HIS 颜色空间中，从而得到样本学习结果并进行识别，实验结果表明，该算法的平均识别率达到 95％，误识率在 5％以下。Zhu 等[63]将 X 射线成像与数字摄像分析相结合，应用于烟叶中茎的在线检测，以含有茎的烟叶样品验证了该方法的有效性，结果表明含茎叶条和游离茎的鉴别准确率均大于 98.0％；含茎叶条与纯烟叶混合时，茎的鉴别准确率为 94.5％，剔除准确率为 92.0％。窦同新[64]基于 X 射线图像对叶中含梗率测定进行了研究，图像经过平滑去噪、图像分割、低通滤波、连通域标记、骨架的细化提取、烟梗直径的确定以及不同烟梗直径下其烟梗面积的计算等处理，开发了一套较为完整的烟叶叶中含梗率在线实时检测系统，并将其应用到了实际的复烤企业，结果表明与传统的检测方法相比，基于 X 射线的方法能显著提高检测效率和精度。

（2）**片烟质量评价**　在烟叶的醇化过程中，箱内片烟密度偏差率是影响片烟醇化质量的重要因素之一。片烟密度偏差率过大，会造成片烟结块、出油，甚至发生炭烧现象，直接影响卷烟质量。目前打叶复烤加工企业均采用九点法对箱内片烟密度偏差率进行检测，该检测方法对烟箱具有破坏性，而且是滞后性检测[65]。李果等[66]开发了箱内片烟密度偏差率在线检测与控制系统，结果表明箱内片烟密度偏差率指标合格率明显提高，片烟密度偏差率小于等于 10 的片烟占 91.4％，片烟密度偏差率大于 15 的仅占 0.45％，有效避免了九点取样法对成品烟箱的破坏，消除了密度检测的滞后性，保证了烟叶醇化质量。针对打叶复烤生产线中片烟结构无法在线检测、人工振动筛分检测方法对片烟损伤大，检测结果滞后等问题，齐海涛等[67]采用图像采集及计算机处理系统，设计了打叶机组在线取样和片烟结构在线检测装置，应用结果表明片烟结构在线检测装置的检测绝对误差小于 2％，与振动筛分检测方法相比，片烟结构在线检测装置的检测时间由原来的 30min 左右缩短为约 10min，检测频次由原来的每 8h 检测 1～2 次改进为可随时反复检测，实现了对打叶后片烟结构的在线、实时、无损检测。

汤朝起等[68]采用在线 NIR 技术对复烤前原烟和复烤后片烟进行了分析，通过建立不同产地 NIR 的投影分析模型，并结合方差及相关分析等，研究烟叶复烤前后的均一性及相似性等品质特征的变化，为客观掌握烟叶原料质量及卷烟产品配方提供技术支撑。胡芸等[69]采用在线 NIR 技术对复烤片烟进行了分析，采用主成分马氏距离法和基于蒙特卡洛采样的奇异样本识别方法剔除异常光谱和化学异常样品，建立并优化复烤片烟中 6 种化学成分（总植物碱、总糖、还原糖、总氮、钾和氯）的在线 NIR 分析模型，通过模型外部检验发现，样本的 NIR 预测值与参考值的结果较为一致，氯的平均绝对误差小于 0.1%，其他组分的平均相对误差小于 5%，实现了打叶复烤生产过程中片烟化学成分的在线快速检测，为后期烟叶醇化、质量评价和配方设计提供数据支撑。宾俊[19]提出了一种基于小波变换和典型相关分析的模型转移方法，通过其将片烟的在线 NIR 转移到实验室烟粉模型进行预测，使单挑选线和混合挑选线上烟叶样本的烟碱、总糖、还原糖和总氮平均预测误差分别降低了 42.03%、29.43%、15.63%、30.10% 和 8.16%、11.38%、6.66%、19.44%，提高了在线预测的精度，有利于片烟成品质量的控制。孙术龙等[70]采用在线 NIR 仪，构建了打叶复烤烟叶在线化学成分（还原糖、总糖以及总植物碱）的分析方法，并提出了打叶复烤成品片烟的具体质量控制方法，该方法能够较好地弥补当前企业缺乏质量控制手段的不足，与工业企业在片烟质量控制稳定性方面的要求相符。

15.3.3　过程分析技术在烟叶醇化中的应用

由于烟叶醇化储存周期较长，醇化前的复烤烟叶水分调控不均匀以及储藏过程中环境温湿度的波动，易导致烟叶在醇化过程中产生霉变现象，目前对霉变烟叶的识别剔除主要采用人工精选方式，存在分选效率低、漏检率高等缺点。为了克服上述缺点，刘斌等[71]设计了基于机器视觉的霉变烟在线检测系统，该系统通过高速线阵 CCD 动态获取烟叶图像，采用 MSD 微结构描述算法提取烟叶图像颜色、纹理特征，基于神经网络集成分类算法，实现霉变烟的在线检测识别，在线检测结果显示，采用霉烟靶物单独过料时，机器视觉系统对霉烟的平均在线识别率超过了 95%，将霉烟靶物与合格烟片混掺过料时，系统对霉烟的平均识别率高于 87%。

15.3.4　过程分析技术在制丝生产中的应用

（1）**制丝**　在卷烟生产工序中，制丝过程是直接影响烟支生产质量和企业经济效益的重要环节。制丝过程中比较常用的 PAT 主要有基于图像的方法和基于

NIR 的分析技术。如针对目前烟丝在线检测设备进行图像检测识别时，测量结果容易受到噪声、光线、温度和湿度等的影响，而导致参数变化、时间滞后等问题，王晓侃等[72]运用基于自适应神经模糊推理系统建立了辨识模型，并进行烟丝的有色噪声逼近，再从获取到的测量信号中消除有色噪声，该技术在实际烟丝在线检测生产过程应用中表明，能够在复杂的环境下自动地估计出噪声信号，方便、快捷地实现在线去噪，从而得到满意的烟丝图像。张天骥等[73]采用基于红外图像的边缘检测技术对制丝加工过程的松散回潮工序中滚筒内的烟草运动状态进行了表征，使用改进 Canny 算子得到的运动轨迹，符合物体的运动规律，从而把黑箱问题转化为了白箱问题，为对制丝加工过程进一步分析与研究奠定了理论与方法基础。胡开利等[74]研制了一款烟丝弹性在线检测装置，该装置由测厚装置、辐射称重装置以及数据采集系统等部件组成，烟丝弹性在线检测装置的应用结果表明，该装置具有较好的稳定性和较高的可靠性，同牌号同批次烟丝弹性在线测量值与静态测量值相比无显著差异；同牌号不同批次烟丝弹性值除与烟丝含水率有关外，还与烘丝工序加工工艺参数相关；不同牌号的弹性值因其叶组配方的差异，弹性值之间差异显著，为进一步实现烟丝弹性的稳定控制、有效提高烟丝的填充能力和耐加工能力奠定了基础。针对制丝线上与烟叶颜色极其相似的纸箱板、麻绳等，张绍堂等[75]采用机器视觉技术，结合一种有效的过滤方法，经过过滤后纸箱板的单项剔除率提高了 5%～6%，这使得总体剔除率达到了 90% 以上。

另外一种应用比较多的 PAT 就是 NIR 检测技术。吴海云等[76]基于在线 NIR 分析得到不同等级、不同批次的烤后片烟烟碱含量，并研制出了循环枚举不同批次组合的中位数调控法优化多批次卷烟制丝过程中配方原料的配比及加工顺序，结果表明不同批次制丝间烟碱的变异系数显著降低，较好实现了从源头上调控制丝批次间的均匀性。张晰祥等[77]采用在线 NIR 技术建立了制丝线上烟丝中总糖、还原糖、总植物碱、钾、总氮、氯、硫酸盐和硝酸盐的模型，8 种化学成分的模型预测值与实验室实测值的平均相对偏差均小于 5%，模型的在线预测效果较好。朱红波[78]利用在线 FT-NIR 仪采集制丝线上的烟丝光谱，建立了在线烟丝含水率、总糖、总氮、还原糖、烟碱、氯和钾的数学模型，利用这些模型可以快速、准确地预测制丝线上烟丝的常规化学成分含量，实现了烟丝质量的在线监控。高波[79]利用 NIR 仪在线监测烟丝中的总糖和尼古丁含量，能在生产过程中快速实时地监测来料中的化学成分，全数检测整批来料中的总糖和尼古丁含量，为卷烟生产的动态监测提供了一种新的技术手段。马雁军[80]建立了监测白肋烟烘焙、二氧化碳烟丝膨胀、成品丝三个重点生产工序五个监测点的烟草品质在线漫反射 NIR 分析系统，并建立了还原糖、钾、氯、总氮、总糖、总烟碱和烟丝水分指标在线 NIR 分析模型，其分析结果与标准分析结果之间的统计误差依次是 0.392%、0.05%、0.015%、0.348%、0.023%、0.035%、0.108%，均小于或接近烟草行业标准检测方法的允许误差；建立了 NIR 分析卷烟物料中 pH 值、氨含量、挥发碱含量及各物料掺兑比的新方法及模型，其中，pH 值、氨含量、挥发碱含量的 SEP 依次是 0.05％、0.002％、0.006％，均小于或接近烟草行业标准检测方法的允许误差；各物料掺兑比模型的测定误差均在 2.7％以下。高尊华等[81]采用 NIR 技术对烟叶叶片加料均匀性进行了评价，收集 400 个具有代表性的 NIR，将料液假设为一种成分，运用偏最小二乘法建立料液与烟叶比例的数学模型，对所建立的数学模型进行验证，模型验证误差在 5％以内，具有一定的实用价值。邢蕾[82]采用在线 NIR 技术结合基于 BP 人工神经网络的控制方法，进行了烘丝机的参数预测，使烘丝机筒壁湿度的预测相关系数达到 0.9672，热风温度的预测相关系数达到 0.9703，满足烘丝机出口烟丝含水率的应用需求，更好地保证了烘丝机出口烟丝水分含量的稳定性。吴进芝等[83]采用 NIR 技术和化学计量学模型转移方法开发了一种快速获得制丝线上烟丝烟碱和总糖的方法，该方法采用转速可控的转盘模拟烟丝传送带，以此获得模型转移所需的标准样品，运用化学计量学光谱空间转换法将烟叶粉末化学组分的离线预测模型传递为烟丝化学组分的在线预测模型，模型应用结果表明预测误差在 5％以内，可以实现烟丝质量的在线监测。

（2）**梗丝**　卷烟产品的梗签含量对于卷烟的燃烧性能、感官质量都有直接影响，准确测量烟丝含签率有助于提高卷烟产品质量。烟丝含签率测量通常是采用人工取样并从烟丝中挑拣出梗签的方法，因此存在取样量、测量次数不统一，耗时长，效率低，不同人员检测结果差异大等问题。江威等[84]采用多级流化原理研制了一种烟丝含签率在线检测设备，并应用于广州卷烟厂某牌号烟丝，结果表明烟丝含签率实测值与理论值绝对误差在 0.0079％～0.1881％之间，标准偏差在 0.2950％～0.8623％之间，在线检测设备的准确度和精密度均可满足生产要求。

15.3.5　过程分析技术在卷包车间中的应用

（1）**卷烟纸自动切换**　现有卷烟机的卷烟纸自动搭接系统存在卷烟纸自动搭接后剩余量过大的问题。基于此，邓春宁[85]将机器视觉技术用于控制卷烟纸的自动切换，该装置通过支架将 USB 内窥镜固定在卷烟纸的正面，对准卷烟纸与纸芯的连接部位，在连续拍摄模式下不断收集图像资料，并传输至控制系统进行数据分析，计算卷烟纸的剩余厚度，通过预先设定卷烟纸单层厚度便可确认卷烟纸剩余圈数。采用机器视觉检测技术可精确测量卷烟纸剩余圈数，实测结果表明该系统检测误差在 1 圈左右，每盘卷烟纸能节省 10m 左右。

（2）**内衬纸及铝箔纸在线检测**　卷烟生产过程中包装机在封装烟支过程中经常会产生多种缺陷烟包，而目前主流包装机没有内衬纸缺损检测装置。为了解决上述问题，王强[86]采用机器视觉技术，设计了一款由控制器、图像采集装置及增量式编码器等组成的检测系统，用于检测并剔除硬盒卷烟包装过程中内衬纸及铝箔纸的缺陷烟包，结果表明该系统运行稳定、方便快捷，烟包误剔率不超过 0.005％。

（3）烟支接装质量在线检测　烟支质量监控及不合格烟支的在线剔除是提升卷烟产品质量的重要环节。目前烟支在线检测装置的主要形式包括机械探针式、光电式、机器视觉式等。其中机械探针由于对烟支有损伤，且不能检测倒支和滤棒图案，目前已基本被淘汰。李捷等[87]设计了基于机器视觉的烟支外观在线检测系统，该系统采用 CCD 相机采集烟支图像并对其进行预处理，利用建立的二级检测模型对烟支外观进行分析，第一级采用轮廓最大面积判定法检测有明显外观缺陷的烟支，第二级采用模板匹配法检测有轻微缺陷的烟支，并将不合格烟支剔除，实验结果表明二级检测模型能对所有烟支进行准确识别，准确率高达 98%。

在卷烟工业生产中，卷接机组一般每分钟可生产 7000 支以上的烟支，对每支卷烟上钢印要求其图案偏移位置在 0.5mm 以下，钢印应非常清晰，故在线检测系统需满足高速检测、实时和高准确度的要求。陈光忠[88]对模板匹配算法进行了改进，运用基于灰度图像匹配策略的图像处理算法，实现高清、高速采集，采用快速图像匹配算法实现高速处理，满足实时性、准确性要求，开发了一个高速机器视觉处理系统，并运用到卷烟工业企业的检测中，在卷烟行业实现机器视觉检测智能化，具有很强的工程实践背景，同时具有重要的应用价值和经济价值。烟丝从制丝线送到卷烟机组过程中经历了若干环节，均有可能带入各类杂质。叶松涛[89]利用各种金属或非金属物质介电常数不同的特性，研制了一种应用微波技术在线检测烟丝中杂物的系统。当烟支通过微波扫描头进行谐振检测时，若烟支中有异物存在，将会引起微波谐振腔的谐振频率和振幅的变化，分析这些变化就可以在线判断烟支中是否含有异物，检测出存在异物的烟支将通过接装机上的废烟剔除机构剔除，从而可以消除含有异物的烟支对生产厂家和消费者带来的潜在危害，提高出厂的烟支品质。该系统已成功应用于 ZJ19A 卷烟机组中，经实测各项指标均达到设计要求。

（4）烟包质量在线检测　顾昌铃[90]设计了一种基于机器视觉的烟支检测系统，系统主要由图像采集组件和控制器组成。通过图像采集组件采集待检烟包图像并将图像送入控制器进行处理分析，最终识别出待检烟包是否存在质量缺陷，该系统突破了成像光路设计、烟支自动定位算法等关键技术，现已广泛应用在烟草包装机上。张建新[91]将机器视觉技术应用于隐形喷码的在线检测，通过对机器视觉隐形喷码检测系统进行设计与应用，实现对材料上的隐形喷码缺失进行检测，有效完成对隐形喷码缺陷烟包的检测或设备停机，具有极大的推广和应用价值。

现有卷接设备的在线检测系统一般是基于一种检测方式，不能满足日益增长的异形烟支接装质量的检测要求。刘成[92]结合光电和机器视觉检测方式的优点，将两套检测系统同时接入包装机组控制系统，任何一套系统检测到缺陷烟包均可通过控制柜相应电气点驱动电磁阀动作，将缺陷烟包剔除，两套系统可以相互验证，提高判断的准确率，减少了误剔除现象，减少了原材料浪费，提升了生产效益。

　　精美的卷烟外包装是烟草行业商标和品牌形象的重要体现，包装质量问题对企业品牌形象产生明显的负面影响。曾文艳等[93]基于机器视觉技术开发了卷烟小盒包装外观质量在线检测系统，并结合卷烟小盒包装流水线的具体情况，分别对卷烟小盒包装的检测位置以及图像采集方案进行了比较研究。该系统采用了一种快速图像匹配算法，并利用开源计算机视觉库 OpenCV 进行算法实现。仿真实验结果表明：该图像匹配算法计算速度快、检测精度高，能满足香烟包装质量检测的需要。

　　在卷烟厂加工和生产香烟的过程中，因为种种原因使得从卷接机输送到烟包包装线上的烟支出现香烟缺支、包含异物和空头（烟支端面烟丝空陷）等缺陷。为了保证香烟的出厂品质，必须对香烟包装过程进行检测，以免包含次品的烟包流向市场。胡龙[94]针对烟包生产过程中出现的异物、缺支和空头缺陷，从机器视觉、图像处理、模式识别的角度对烟支缺陷检测算法进行了研究，针对烟支排列区域提取和定位这一关键问题，提出了一种基于投影的烟支排列区域提取方法以及基于模型引导的自适应烟支定位方法；针对烟支异物检测，提出了一种基于模板匹配的检测算法，并通过实验分析了模板大小对异物检测的影响；针对烟支排列检测，提出了一种识别烟支是否缺支的排列相似度指标以及相应的检测算法，并通过实验分析给出了检测限的选取策略；针对烟支空头检测，提出了一种基于迭代法的烟支空头图像二值化方法，在此基础上提出了一种用于识别烟支是否空头的相似度指标以及相应的检测算法；根据所提出的烟支缺陷检测算法，设计并实现了一种烟支缺陷自动检测系统，并通过实验评估了算法的检测性能，结果表明所提出的检测算法能够满足烟支检测过程中的识别率和实时性要求。

　　（5）烟条质量在线检测　为了解决小盒烟包条装过程中出现的条烟缺包问题，金怀国等[95]设计了一种基于机器视觉技术的新型条烟缺包检测系统，该系统利用图像采集组件拍摄待检测堆叠烟包图像，控制器接收堆叠烟包图像数据并进行图像处理，通过连续 5 次堆叠烟包图像判断结果，分析相应条烟是否存在小包缺失，并将处理结果发送给包装机组控制系统，从而实现缺包条烟的检测与剔除，该系统具有检测精度高、使用方便、运行稳定可靠等特点。

　　（6）烟箱质量在线检测　姚猛等[96]基于 LM3S8971 型 ARM 微处理器为控制核心的硬件电路设计原理，基于 C 语言的模块化编程思路设计了烟箱质量在线检测系统；在系统的扩展性方面，使用 ZigBee 模块组网，并通过 3G 网实现远程控制。现场应用结果表明系统能安全、可靠地解决烟箱缺条问题。为解决烟箱外观检测设备兼容性问题，李继波等[97]基于机器视觉原理设计了一种新的烟箱外观检测装置，该装置由工业相机、条形码扫描器、光源、控制装置系统、PLC 及光电传感器等组成。该装置安装在烟箱进入成品仓前，通过条形码扫描器读取产品牌号，通过对相机拍到的照片进行图像处理、模板定位匹配、模板精确匹配等运算，识别成品烟的工程码和其特定的牌号图形特征及其外观质量缺陷，控制装置系统将结果传送到 PLC 处，PLC 控制设备实现在线剔除缺陷烟箱及显示报警信息等功能。该装置实现烟箱外包装质量无损检测，保证了产品质量。

15.3.6　过程分析技术在卷烟质量评价中的应用

黄炜中等[98]提出了一种用于 70 系列 PHOTOS 卷烟机的烟支在线检测仪设计方案，该在线检测仪可从卷烟机流水线上自动取出烟支样品，并对诸如质量、圆周、长度、水分、吸阻等重要物理参数进行测量，可有效地对卷烟机的生产状况进行监测、报警。

15.3.7　过程分析技术在滤棒生产过程中的应用

（1）滤棒圆周在线检测　国内滤棒成型机对滤棒圆周进行质量监控时主要采用人工离线抽检法，该方法费时费力、误检率高，具有明显的滞后性，无法及时为滤棒生产提供检测数据，造成废棒率高，影响生产效率和产品质量。为了解决上述问题，烟草行业开发了在线滤棒检测系统，根据检测原理可分为气压式、图像式、光电图像式。其中，气压式检测系统是利用滤棒经过时气压改变以检测其圆周大小，该方法精度低、检测速度较慢，且无自动控制功能，无法实现滤棒成型机参数智能化调整。图像式检测系统是通过对滤棒端面进行 CCD 成像，利用图像处理软件识别计算从而获得滤棒的几何形状及尺寸，该方法必须在滤棒切开后的工位进行检测，具有较为明显的滞后性，同时对高速图像处理系统提出更高要求。与上述两种技术相比，陆延年等[99]开发了一种光电图像检测系统，如图 15-5所示，它是通过 CCD 线阵相机实时检测滤棒光影图像，结合软件分析系统实时分析，并将结果实时传回滤棒生产现场，实时修正加工参数，保证滤棒质量，具有精度高、性能稳定、实时在线等优势，能满足滤棒质量在线高性能的检测要求。基于光电图像检测系统，安徽中烟工业有限责任公司研制了一套滤棒圆周在线检测控制系统，从运行期间的测试数据看，滤棒圆周检测的精度和控制精度均达到了 $\pm 0.03\text{mm}$，完全符合烟厂的质量要求[100]。

（2）复合滤棒在线检测　随着烟草行业对卷烟焦油含量的严格控制及消费者对卷烟产品个性化需求的不断增长，卷烟滤棒已由单一的过滤功能逐渐向多功能发展，包括减害降焦、增香补香和突出产品差异化为一体的复合滤棒，成为卷烟产品创新的一个重要方向。复合滤棒通常由两种至五种不同材

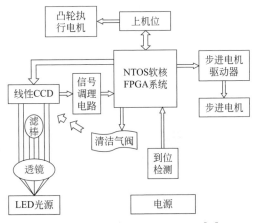

图 15-5　光电图像检测系统结构图[99]

质的滤棒，经专用复合滤棒成型机分切、拼接而成，加工难度大，容易出现单元缺失、单元错位、相位偏移、拼接间隙等缺陷。为了保证复合滤棒连续生产，在线过程控制技术的发展尤为重要。

许昌烟草机械有限责任公司利用复合滤棒在通过微波谐振腔时不同滤棒段介质常数的差异，研制了一套复合滤棒微波在线检测剔除控制系统[101]，可以快速、可靠、安全地对复合滤棒的拼接间隙、单元错位、相位偏移等各种缺陷进行检测并适时剔除，该系统现在已经在 YL43 和 ZL41 中成功安装使用。赵宝生[102]采用微波技术检测复合滤棒单元的密度，可以准确剔除生产过程中产生的对称度大于 1mm、缝隙大于 0.3mm 的缺陷滤棒。

上海烟草集团有限责任公司设计了一套红外线光电检测系统[103]，利用红外线光源穿透滤棒后光辐射的变化以区分不同复合单元材料及单元间隙，该系统已成功应用于 ITM SOLARIS 复合滤棒成型机组，用于在线检测三元复合滤棒成型。通过对 4.6 万支"常规醋纤＋纸质＋活性炭"三元复合滤棒的在线检测，结果表明该系统可对拼接间隙大于等于 0.3mm、相位偏移大于 0.3mm、单元缺失或单元错位的不合格滤棒进行剔除，剔除准确率高达 99.8%。

（3）特种滤棒在线检测　爆珠滤棒是近年来兴起的一种卷烟创新的加香形式，但其在成型机复合生产过程中会出现质量缺陷，如多珠、少珠、相位偏移、珠直径偏差等问题；在滤棒复合过程存在长度不准、排列错误、拼接缝隙、混料、珠有无、珠破损等问题。通过发展在线检测方法可以有效剔除滤棒的残次品，有效控制滤棒质量，对爆珠滤棒的在线监测方法主要包括微波法、视觉法和 X 射线成像法。

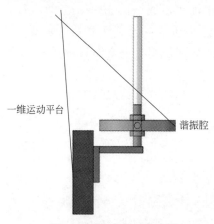

胶囊滤棒通过谐振腔时存在小体积介质参数变化，可利用微波谐振法对烟支滤棒胶囊状态进行检测，实现非破坏性无损检测，如图 15-6 所示。陈鹏等[104]以此原理为基础开发了胶囊滤棒检测设备，通过验证，该方法的检出率与人工检测基本一致，具有较高的准确性和较快的检测速度，能够为胶囊烟支在生产品控环节以及成品质检环节提供一种快速准确的检测方案。同时贵州中烟工业有限责任公司成功研制出了卷烟机爆珠类卷烟在线爆珠检测装置，该装置在线胶囊滤棒检测达标率为 98.04%，缺陷样品剔除准确率为 99.6138%，缺陷样品漏剔率为 0.3862%，完好烟支误剔

图 15-6　微波法在线检测
胶囊滤棒示意图[104]

率为 0.0044%，实际生产剔除率为 0.1235%，成品缺陷烟支漏剔率为 0.00048%。

杨光远等[105]开发了一套爆珠滤棒在线视觉检测系统，通过对 LED 光源、CCD

摄像机和散热防尘方式进行研究，优化硬件，提高系统运行稳定性及成像质量，同时进行图像处理算法的开发，提高系统检测结果的准确性，最终实现了高速、高精准剔除不合格爆珠滤棒，相对于微波检测系统，其准确率和剔除准确率分别高出 25% 和 20%。吉项建[106]公布了一种卷烟工业用在线烟支胶囊检测装置，该装置包括检测单元、信号放大单元、信号处理单元和移位剔除及报警单元。其中检测单元由 X 射线源和 X 射线接收装置组成，并在二者之间设有通过烟支的通道，X 射线接收器输出的滤棒胶囊不合格信号送至信号放大单元放大，再送入信号处理器进一步处理后，输出一个剔除信号至移位剔除及报警单元。该装置不但能有效判断烟支中有无滤棒胶囊，而且还能检测滤棒胶囊破损和漏液等现象，保证了烟支的品质。

（4）**其他**　在滤棒生产过程中其生产速度一般可达 600m/min，由于机器运行速度快、中线胶涂胶嘴安装不到位等原因，导致出现涂胶不均匀、胶嘴堵塞断流、胶线宽度超标等质量问题。王治伟[107]采用机器视觉、图像处理和 PLC 方案，设计开发出一种中线胶在线测试系统，可对中线胶质量及时判断，快速响应，完成剔除、报警、停机等功能。系统操作方便、稳定可靠，节省了大量人力。

圆柱空心滤棒可以降低对烟气的截留效率，确保烟气顺畅，同时增强滤棒硬度，可以大幅降低烟支抽吸过程中滤棒的形变，但实际生产过程中会出现圆度变形、夹杂等问题，急需通过发展在线技术替代人工检测。何建军等[108]开发了一种基于机器视觉技术的圆柱空心滤棒在线检测系统，可以对圆柱空心滤棒中出现的显著性外观缺陷进行检测和剔除，检测和剔除准确率高达 99.99%。

15.4　展望

15.4.1　过程分析技术在烟草中的应用

近年来，随着科学技术的发展，越来越多新的检测技术被用于药品的过程分析，如拉曼光谱[109]、紫外光谱技术[110]和 X 射线[111]等。反射光谱法是在连续制备片剂中应用的一种很好的 PAT，但是当粉末混合物中药物负荷量很低［<5%（质量分数）］的时候，信噪比和精度反而限制了该方法的能力。Harms 等[109]通过测量不同活性成分浓度的药物混合物来评估 NIR 和拉曼光谱在过程分析中的应用，两台光谱仪都配备有光纤光学耦合探头，用于粉末混合物的非接触测量，利用旋转压片机进料框内分光计与粉末之间的界面模型模拟粉末混合物从混合器到压片机的运动，进料框上的端口允许在片剂压缩前通过 NIR 或拉曼光谱对混合物进行测量，对于模型预测的化合物，拉曼光谱显示出比 NIR 更低的检测限和稳定性，在片剂的半连续生产过程中活性药物成分的检测限达到了 1%（质量分数）。Bostijn 等[110]采用紫外光谱技术在线和实时定量测定了半固体（凝胶）和液体（悬

浮）药物制剂中低剂量活性药物成分的含量，通过 PLSR 建立了活性药物成分与光谱之间的模型，并且与基于拉曼的方法进行了比较，对于半固体（凝胶）的测试结果表明，在目标原料药浓度为 2％（质量分数）时，拉曼光谱法给出的 100 个常规测量值中，95 个不会偏离真实原料药浓度 10％（相对误差），而紫外法则超过了10 的可接受限值；对于液体配方，拉曼光谱法无法定量低剂量悬浮液 [0.09％（质量分数）] 中的活性药物成分，相比之下，在线紫外光谱方法能够充分量化悬浮液中的活性药物成分，这表明紫外分光光度法提供了一种实时、无损的活性药物成分浓度测量方法，可作为一种新的在线过程分析技术用于制药过程中低剂量活性药物成分的定量分析，以确保产品质量和均匀性。Wagner 等[111]采用 X 射线系统对药物胶囊中的硫酸钡进行了准确的检测，并开发了一种硫酸钡填充的工艺，实验中对辅料浓度进行了调整，并对工艺参数进行了设定，将含量均匀性模型与胶囊重量相对标准差模型进行了比较，证实了基于 X 射线的自动含量检测的优势。如果能够将紫外光谱技术、拉曼光谱或 X 射线等新 PAT 应用于打叶复烤、烟叶醇化或者烟草制丝工艺，不仅能在线实时获得卷烟生产过程中化学成分含量的变化信息，还能及时判断打叶复烤、烟叶醇化或烟丝、香糖料等的混合终点，有望实现卷烟产品质量的在线控制。

15.4.2 过程分析技术应用范围的扩展

卷烟的生产过程包括从烟叶原料采购到产品入库为止的全过程。烟叶原料的质量差异、复烤过程的质量控制以及卷烟配方设计的生产工艺等参数的波动都会导致最终的卷烟产品质量不稳定，同一牌号不同批次间卷烟产品差异比较大，直接影响卷烟的品质。因此，加强对打叶复烤、烟叶醇化和制丝工艺过程的控制，由时间终点判断转为过程控制，对于提高最终卷烟产品质量具有十分重要的意义。

随着烟草行业大集团、大品牌发展格局逐渐形成，国内外竞争日益加剧，卷烟企业对卷烟产品品质均质化越来越重视。片烟产品品质的均匀性和稳定性将直接影响卷烟制品感官品质的稳定，因此打叶复烤工艺过程为卷烟工业企业提供水分稳定、叶片结构均匀、内在化学成分协调的片烟原料，是提升卷烟产品的燃吸品质的根本保证[112,113]。复烤企业可以利用现代化的 PAT 手段，实现打叶复烤过程原料混配、水分、化学成分、叶片结构与装箱结构的在线监控，从而实现原料混配均质化、水分控制均质化、化学成分均质化、叶片结构均质化与装箱结构均质化，从源头上保证卷烟产品原料的稳定性和质量控制。

加料工序不仅可以改善烟叶的物理性质，也能改变烟叶内在化学成分及其燃吸过程中烟气释放的化学成分，从而改善卷烟原料的吸食品质，调和烟气，增强余味舒适性，同时还有增香、保润、防霉、助燃等作用。因此，料液施加的均匀性及烟叶对料液的吸收效果均对卷烟产品的质量稳定性有着非常重要的作用[114]。卷烟制造行业传统的加料均匀性评价是通过检测料液流量的稳定性来判断加料是否均匀，但是料液流量的稳定并不一定代表加料均匀。近来，离线的 NIR、数字图像等新技术被应用到加料工序均匀性研究方面，加料均匀性研究取得了一些进展。但是离线方法具有一定的滞后性，如果能使用在线的 NIR 或者成像方法对加料过程进行实行检测，以进一步提高加料过程的均匀性，从而提高卷烟产品的质量稳定性。

制丝过程是卷烟工业生产的一个重要环节，如何及时、准确地监控生产过程中物料稳定和化学组分含量均一，对于提高卷烟产品质量和维护卷烟品牌具有十分重要的意义。之前的研究多以化学成分特性值（即糖碱比与钾含量的乘积）、物理指标等来表征烟草组分的混合均匀程度，但以某个化学成分、物理指标或烟气成分来表征烟丝掺配均匀性，很难客观地反映全面信息。李瑞丽等[115] 利用离线的 NIR 技术快速检测了配方烟丝掺配均匀性，通过主成分分析构建新的统计变量 F 得分，作为表征烟丝掺配均匀性的特性值，采用偏最小二乘法建立统计量 F 得分的 NIR 模型，可快速预测配方烟丝的掺配均匀性，但是该方法为离线方法，时效性差，不适于烟丝掺配过程调控。如果采用在线方式可以提高数据获取的时效性，对烟丝掺配过程进行及时调整，为卷烟产品的均质化生产过程调控提供指导。

随着卷烟产品市场竞争的日趋激烈和工业生产自动化程度的日益提高，客观、准确地监控产品质量稳定性，对于卷烟产品质量的维护和提高具有重大意义。之前主要通过卷烟的感官评吸和主流烟气组分的检测来考察和评价产品质量稳定性，前期检测工作量大，后期数据处理复杂且部分指标存在一定的主观性。张佳芸等[116] 采用离线 NIR 法对不同批次间样品的稳定性进行了研究，从喂丝机的喂丝盘上取样，采用成品烟丝的模型预测了烟丝样品中 6 种化学成分（总植物碱、总糖、还原糖、总氮、钾和氯）的含量，对不同批次的烟丝样品中化学成分的差异进行了评价，为在线 NIR 技术在制丝线上的推广应用提供了参考。如果能采用在线 NIR 技术对不同批次间烟丝的质量情况进行实时监控，可以及时发现问题并进行改进，从而有效地提高不同批次间卷烟产品质量稳定性。

参 考 文 献

[1] 周学秋,刘旭,吴严巍,等.傅里叶变换近红外过程分析技术在中国的应用.光谱学与光谱分析,2006,26(7)：155-158.

[2] 朱文魁,刘斌.工业机器视觉方法——烟草工业中的精选除杂系统开发.北京:科学出版社,2017.

[3] 张翼,杨征宇,葛炯,等.近红外分析技术在烟草中的应用.计算机与应用化学,2016,33(2)：251-254.

[4] 李豪豪,李威,赵世民,等.近红外光谱分析技术在烟草领域的研究进展及应用.安徽农业科学,2014,42(29)：10318-10321.

[5] 马振奇,尚岚,张晓锋,等.近红外光谱技术结合化学计量学在烟草研究中的应用.科技经济导报,2016(33)：105,91.

[6] 于建军.卷烟工艺学.北京:中国农业出版社,2009.

[7] 何艳,祝诗平,周渠.基于机器视觉的穴盘烟苗识别算法研究[D].重庆:西南大学,2019.

[8] 许帅涛,张红涛.基于计算机视觉的烟叶早期病斑分割及分类识别[D].郑州:华北水利水电大学,2019.

[9] 喻勇,张云伟,王静,等.基于计算机视觉的烟叶病害识别研究.计算机工程与应用,2015,51(20):167-171.

[10] 滕娟.赤星病烟叶图像分割研究[D].吉首:吉首大学,2017.

[11] 李伟.基于机器视觉的烟草打顶抑芽机测控系统的研究[D].泰安:山东农业大学,2017.

[12] 范连祥.基于机器视觉技术的烟草智能浇水机的研制[D].泰安:山东农业大学,2016.

[13] 刘双喜,李伟,王金星,等.双行智能烟草打顶抑芽机检测控制系统设计与试验.农业机械学报,2016,47(6):47-52.

[14] Gravalos I,Ziakas N,Loutridis S,et al. A mechatronic system for automated topping and suckering of tobacco plants. Computers and Electronics in Agriculture,2019,166:104986.

[15] 王一丁.烟草花叶病害高光谱特征及其病害程度判别分析模型的研究[D].郑州:河南农业大学,2016.

[16] 齐婧冰,樊风雷,郭治兴.基于高光谱分形分析的烟草冠层生长状况监测.华南师范大学学报(自然科学版),2016,48(1):94-100.

[17] 潘威,马文广,郑昀晔,等.用近红外光谱无损测定烟草种子淀粉含量.烟草科技,2017,50(2):15-21.

[18] 王杰,贾育衡,赵昕.基于稀疏自编码器的烟叶成熟度分类.烟草科技,2014(9):18-22.

[19] 宾俊.广义灰色体系和无损分析技术在烟叶生产加工过程中的应用[D].长沙:湖南农业大学,2017.

[20] 毛鹏军,贺智涛,杜东亮,等.烤烟烟叶视觉检测分级系统的研究现状与发展趋势.2006,50(16):43.

[21] 李强,杨晓东,魏岚,等.基于计算机视觉的烟叶分离系统.现代制造工程,2006(5):101-103.

[22] 张丽.基于视觉识别的鲜烟叶分拣系统的研究[D].昆明:昆明理工大学,2015.

[23] 姬江涛,贾世通,杜新武,等.基于PLC控制的散烟分拣系统.江苏农业科学,2016,44(10):424-427.

[24] 赵世民,贺智涛,张志红,等.烟叶自动定级分拣系统设计.农业装备与车辆工程,2017,55(1):12-16.

[25] 赖长龙.烟叶表面视觉检测技术与应用研究[D].贵阳:贵州大学,2016.

[26] 陈朋.烟叶纹理表面的视觉检测技术研究与应用[D].贵阳:贵州大学,2017.

[27] 顾金梅.烟叶自动分级关键部件及系统研究[D].贵阳:贵州大学,2015.

[28] 高航.基于HIS颜色模型和模糊分类的烟叶分组方法及实现[D].昆明:云南大学,2015.

[29] Yin Y,Xiao Y G,Yu H C. An image selection method for tobacco leave grading based on image information. Engineering in Agriculture,Environment and Food,2015,8(3):148-154.

[30] 刘华波,贺立源,马文杰,等.透射图像颜色特征在烟叶识别中应用的探索.农业工程学报,2007,23(9):169-171.

[31] 杜东亮,毛鹏军,王俊,等.基于计算机视觉的烟叶自动分级系统硬件设计.传感器与微系统,2008,27(4):77-79.

[32] Zhang F,Zhang X H. Classification and quality evaluation of tobacco leaves based on image processing and fuzzy comprehensive evaluation. Sensors,2011,11(3):2369-2384.

[33] 李胜,胡小龙.烤烟烟叶图像特征提取和质量分级研究[D].长沙:中南大学,2011.

[34] Guru D S,Mallikarjuna P B,Manjunath S,et al. Machine vision based classification of tobacco leaves for automatic harvesting. Intelligent Automation and Soft Computing,2012,18(5):581-590.

[35] 邱建雄.基于支持向量机的烟叶自动分级.企业导报,2012(6):272-273.

[36] 邵素琳,王欢.基于机器视觉的烟叶梗茎检测与烟叶类型识别方法研究[D].南京:南京理工大学,2013.

[37] 李海杰.基于机器视卷的烟草异物检测和烟叶分类分级方法研究[D].南京:南京航空航天大学,2016.

[38] 庄珍珍,祝诗平,孙雪剑,等.基于机器视觉的烟叶自动分组方法.西南师范大学学报(自然科学版),2016,41(4):122-129.

[39] He Y,Wang H J,Zhu S P,et al. Method for Grade Identification of Tobacco Based on Machine Vision. Transactions of the ASABE,2018,61(5):1487-1495.

[40] Zhang J Q,Liu W J,Zhang H H,et al. Automatic classification of tobacco leaves based on near infrared

spectroscopy and nonnegative least squares. Journal of Near Infrared Spectroscopy,2018,26(2):101-105.

[41] Zhi R C,Gao M X,Liu Z L,et al. Color Chart Development by Computer Vision for Flue-cured Tobacco Leaf. Sensors and Materials,2018,30(12):2843-2864.

[42] 张磊.基于机器视觉的烟叶分级关键技术研究与实现[D].贵阳:贵州大学,2015.

[43] 赵树弥,张龙,徐大勇,等.机器视觉检测鲜烟叶的分级装置设计.中国农学通报,2019,35(16):133-140.

[44] 蒋声华,刘鹏,隋相军,等.基于近红外技术的烟叶自动分选系统.工业技术创新,2018,5(6):57-61.

[45] Wang L T,Cheng B,Li Z Z,et al. Intelligent tobacco flue-curing method based on leaf texture feature analysis. Optik,2017,150:117-130.

[46] 詹攀,谢守勇,刘军,等.基于支持向量机回归的鲜烟叶含水量预测模型.西南大学学报(自然科学版),2016,38(4):165-170.

[47] 杨晓亮,贺帆,谢立磊,等.机器视觉技术在初烤烟质量预测中的应用.江西农业学报,2017,29(8):95-98.

[48] 宋朝鹏,段史江,李常军,等.烘烤过程中基于图像处理的烤烟形态特征分析.湖南农业大学学报(自然科学版),2012,37(6):610-614.

[49] 杜阅光,崔登科,程小东,等.声光可调近红外光谱技术用于打叶复烤片烟化学成分均质化生产控制.红外技术,2012,34(10):614-618.

[50] 刘正全,万洪波,赵普花.AOTF 近红外光谱技术在打叶复烤检测中的应用研究.科技专论,2012(22):320-321.

[51] 罗定棋,潘旦利,刘强,等.近红外分析技术在烟叶数字化烘烤过程中的研究与应用.安徽农业科学,2012,40(36):17731-17734.

[52] 吴娟.密集烤房烘烤过程中烟叶图像在线特征提取及分析.激光杂志,2015,36(6):64-67,71.

[53] 郭朵朵.基于机器视觉的烟草烘烤品质检测及控制系统的设计[D].咸阳:西北农林科技大学,2017.

[54] 王献友,孟昭文,李屹,等.关于烟叶配方打叶均质化控制的应用研究.科技视界,2018(1):18-20,65.

[55] 尹旭,陈清,徐其敏,等.基于高架库模式的打叶复烤均质化加工技术研究.安徽农业科学,2016,44(12):101-103.

[56] 王宏铝,王筑临,许小双,等.基于在线烟碱预测模型的烟叶复烤均质化加工.烟草科技,2015,48(6):73-77.

[57] 尹旭,徐其敏,陈清,等.带梗烟叶在线近红外检测模型的建立与应用研究.江西农业学报,2016,28(1):64-67.

[58] 李瑞东,黄文勇,尚关兰,等.基于烟叶近红外光谱生物外观特性表征的研究.农业科学,2017,37(20):23-24.

[59] 姜初雷.在线红外水分仪自动标定技术在打叶复烤中的应用.农业与技术,2016,36(6):244.

[60] 张薇薇,冯兴荣,肖静,等.近红外在线检测技术在烟草行业中的最新应用.重庆与世界,2015(12):33-36.

[61] 李斐斐.基于机器视觉的烟叶除杂关键技术研究[D].南京:南京理工大学,2014.

[62] 姚富光,王小青.基于自适应聚类和色差分析的烟草异物在线识别算法研究.重庆教育学院学报,2012,25(6):27-30.

[63] Zhu W K,Chen L Y,Wang B,et al. Online detection in the separation process of tobacco leaf stems as biomass byproducts based on low energy X-ray imaging. Waste and Biomass Valorization,2017,9(8):1451-1458.

[64] 窦同新.基于 X 射线图像叶中含梗率在线测定方法的研究与实现[D].南京:南京航空航天大学,2016.

[65] 马松.片烟密度偏差率检测仪在打叶复烤企业的应用.企业技术开发,2012,31(5):32-33.

[66] 李果,杜显维,余敬尧,等.箱内片烟密度偏差率在线检测与控制系统.烟草科技,2010(6):32-35.

[67] 齐海涛,陈树平,侯幼平.片烟结构在线检测装置的设计与应用.烟草科技,2013(4):16-18,25.

[68] 汤朝起,刘颖,束茹欣,等.应用在线近红外光谱分析复烤前后原烟及片烟的质量特性.光谱学与光谱分析,

2014,34(12):3272-3276.

[69] 胡芸,刘娜,姬厚伟,等.近红外光谱技术在线快速检测复烤片烟化学成分应用研究.安徽农业科学,2017,45(19):78-80,3.

[70] 孙术龙,赵铨琼.打叶复烤烟叶化学成分在线检测和成品质量控制研究.科技风,2019(2):236.

[71] 刘斌,朱文魁,周雅宁,等.基于机器视觉和MSD微结构描述算法的霉变烟在线检测研究.中国烟草学报,2015,21(5):29-34.

[72] 王晓侃,张艳.基于ANFIS的烟丝图像在线检测自适应消噪技术.新技术新工艺,2015(10):49-52.

[73] 张天驿,蒋红海,忽正熙.基于红外图像边缘检测的松散回潮过程中烟草运动轨迹分析.新技术新工艺,2016(3):103-105.

[74] 胡开利,韩明,李文伟,等.烟丝弹性在线检测装置的研制与应用.自动化仪表,2017,38(10):26-29.

[75] 张绍堂,蒋作,郑智捷.机器视觉技术在烟草异物剔除系统中的应用.云南民族大学学报(自然科学版),2007,16(2):161-164.

[76] 吴海云,杨征宇,杨凯,等.应用近红外在线检测及RMEB法调控卷烟制丝均匀性.计算机与应用化学,2015,32(4):493-495.

[77] 张晰祥,李军华,郑健.近红外光谱仪对在线烟丝化学成分均质性运用.广州化工,2017,45(19):99-102.

[78] 朱红波.基于在线近红外光谱分析技术对七种常规烟丝化学成分的实时监测[D].贵阳:贵州大学,2011.

[79] 高波.在线监测总糖、尼古丁的可行性研究.上海计量测试,2009(5):14-17.

[80] 马雁军.卷烟生产过程在线近红外品质检测技术及应用研究[D].北京:北京化工大学,2013.

[81] 高尊华,王政.烟叶叶片加料均匀性的快速评价方法研究.轻工科技,2014(3):90-91,100.

[82] 邢蕾.烟草制丝过程中含水率在线检测及控制改进[D].长沙:湖南农业大学,2016.

[83] 吴进芝,李军,杜文,等.制丝线烟丝质量在线监测近红外模型的建立与应用.烟草科技,2017,50(1):69-73.

[84] 江威,卢浥良,曾静,等.烟丝含签率在线检测设备的研制和应用.烟草科技,2018,51(9):91-97.

[85] 邓春宁.机器视觉技术在卷烟纸剩余量控制中的运用.机械制造与自动化,2015(1):214-216.

[86] 王强.基于视觉技术的内衬纸及铝箔纸应用检测装置.安徽电子信息职业技术学院学报,2019,18(2):20-23.

[87] 李捷,陆海华,王翔,等.基于机器视觉的烟支接装质量在线检测系统.烟草科技,2019,52(9):109-114.

[88] 陈光忠.机器视觉烟支钢印在线检测系统的设计与实现[D].长沙:湖南大学,2014.

[89] 叶松涛.基于微波检测的烟支异物在线剔除系统设计.中国高新技术企业,2011(12):39-40.

[90] 顾昌铃.视觉烟支检测系统设计.自动化技术与应用,2018,37(10):101-104.

[91] 张建新.机器视觉技术在隐形喷码检测中的应用.中国设备工程,2018(19):115-117.

[92] 刘成.一种基于两种不同检测方式的烟支卷接质量在线检测方案.安徽电子信息职业技术学院学报,2017,16(4):22-26.

[93] 曾文艳,王亚刚,蒋念平,等.基于机器视觉的香烟小包装外观质量检测系统.信息技术,2014(1):46-49.

[94] 胡龙.基于机器视觉的烟支缺陷自动检测技术研究[D].长沙:湖南大学,2016.

[95] 金怀国,周学斌,曾雄伟.基于机器视觉技术的条烟缺包检测系统.安徽电子信息职业技术学院学报,2016,15(84):44-47.

[96] 姚猛,张保永,郭继文.基于机器视觉烟箱缺条检测系统电气设计.电气与自动化,2014,43(2):201-203.

[97] 李继波,黄远征,寻继勇.仪器视觉技术的烟箱外观质量无损检测装置.中国仪器仪表,2018(6):68-71.

[98] 黄炜中,梁杰申.基于ARM的烟支在线检测系统设计[D].广州:华南理工大学,2012.

[99] 陆延年,袁兴,张乐年,等.基于光电图像处理的卷烟滤棒圆周在线自动控制系统的研究.电气技术,2014(11):53-54.

[100] 林河,王林,陈甫明.滤棒圆周在线检测控制系统研制.机械工程师,2016(7):137-138.

［101］彭峋.复合滤棒微波在线检测剔除控制系统的研制.科技创新与应用,2013(2):24-25.

［102］赵宝生.复合滤棒成型机组微波检测剔除系统的设计应用.烟草科技,2012(8):15-21.

［103］傅靖刚,张建超,吴钊,等.红外线光电检测系统在三元复合滤棒成型过程中的应用.烟草科技,2017,50(8):85-90.

［104］陈鹏,朱剑凌,龚志文,等.微波技术在烟支胶囊状态检测中的应用.轻工科技,2016(12):105-107.

［105］杨光远,王闻,彭三文,等.爆珠滤棒在线视觉检测系统的研究与开发.轻工科技,2019,35(4):90-93.

［106］吉项建.卷烟工业用在线烟支胶囊检测装置:CN206848194U.2017.

［107］王治伟.滤棒中线胶在线检测系统的设计与应用.自动化应用,2017(8):151-152.

［108］何建军,吴罡,喻树洪.基于机器视觉技术的圆柱空心滤嘴在线检测.设备管理与维修,2018(9):98-99.

［109］Harms Z D,Shi Z,Kulkarni R A,et al. Characterization of near-infrared and raman spectroscopy for in-line monitoring of a low-drug load formulation in a continuous manufacturing process. Analytical Chemistry,2019,91(13): 8045-8053.

［110］Bostijn N,Hellings M,Van Der Veen M,et al . In-line UV spectroscopy for the quantification of low-dose active ingredients during the manufacturing of pharmaceutical semi-solid and liquid formulations. Analytica Chimica Acta,2018(10B):54-62.

［111］Wagner B,Brinz T,Khinast J. Using online content uniformity measurements for rapid automated process development exemplified via an X-ray system. Pharmaceutical Development and Technology,2019,24(6): 775-787.

［112］王发勇,张春磊,喻绍新,等.全程实现打叶复烤均质化加工的研究进展.安徽农业科学,2018,46(12):11-13,6.

［113］祁路生.浅议打叶复烤均质化配方加工.农产品加工,2018(10):66-67,70.

［114］庞红蕊,杨佳玫,张志航,等.卷烟加工过程加料均匀性研究进展.轻工科技,2019,35(5):23-25.

［115］李瑞丽,刘玉叶,李文伟,等.利用近红外光谱技术快速检测配方烟丝掺配均匀性.食品与机械,2019,35(5):83-87.

［116］张佳芸,胡芸,彭黔荣.近红外光谱技术在快速检验制丝过程中烟丝质量均一性上的应用.理化检验-化学分册,2018,54(9):998-1003.

第 16 章　现代过程分析与控制技术在流程工业中的新进展

16.1　引言

近年来，现代过程分析技术（PAT）在流程工业领域得到快速发展，在石油、化工、冶金、污水处理、制药、食品加工等领域都有大量研究及应用。与传统化验分析技术相比，PAT 测量速度快、准确度高，并且属于无损分析，无需化学试剂或特殊制样，PAT 对降低流程操作运行成本、改善产品质量、提高安全性和减少环境污染作用巨大。随着计算机技术的快速发展和光谱仪器的现代化，出现了许多新型的光谱波谱类 PAT，这些分析技术包括近红外、中红外、拉曼、核磁共振、光谱成像等，主要用于分析流程中常规检测变量（如温度、压力、流量、物位等）以外的其他变量，如物料成分性质，从而为过程控制系统提供反馈或前馈信号，以实现先进的过程控制技术（PCT）。

广义上讲，PCT 包括常规控制、先进控制（APC）、实时优化（RTO）等环节。在实施 APC 过程中，以模型预测控制（MPC）为代表的许多控制方案都涉及以性质分析为目标的质量控制。然而，由于缺少实时准确的性质数据，我国多数 MPC 目前投用率并不高，已成为制约 PCT 应用效果提升的一个主要问题。同样，在 RTO 的工业应用中，因性质分析不及时、不准确，极易造成优化效果不能充分发挥，甚至导致优化方向性错误，类似问题在工业应用中时有发生。

控制的核心是反馈，即要控制某个变量，必须首先能对该变量进行检测，经反馈形成闭环控制。新型 PAT 可以完成流程工业中多种物料（如原料、中间料、产成品等）的关键性质参数快速分析与测量，这为实现流程领域性质的在线闭环控制提供了必要条件。此外，性质的快速分析还可以为生产过程提供原料的实时变化数据，从而可以通过采用前馈控制而不仅仅是反馈控制来实现生产过程的稳定。在流程行业，原料性质的变化往往是生产过程控制的最大扰动，及时感知这些变化对指导操作生产和优化控制方案至关重要。这样一来，产品质量在生产过程中就得以保证，而不是事后化验而措手不及。PAT 与 PCT 的融合近年来越来越紧密，其关系示意如图 16-1 所示。

下面将分别从近红外、中红外、拉曼、核磁共振、光谱成像等方面，阐述现代 PAT 与 PCT 在流程工业领域研究和应用近年来的进展情况。

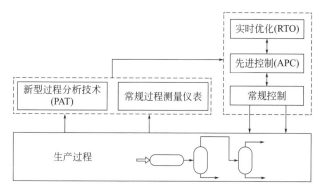

图 16-1　过程分析技术与过程控制技术的融合

16.2　近红外光谱在流程工业领域的研究及应用

作为极具发展前景的现代无损分析技术，近红外光谱（NIR）检测技术从 20 世纪 80 年代后逐步发展为一种简便、快速、成本低、无接触的绿色检测技术。近年来在炼油化工、制药、食品加工等流程领域均有广泛应用。

16.2.1　炼油化工过程

在成品汽油生产中，汽油的质量直接受到汽油中各组分的影响。Silva 等[1]通过控制石脑油裂解和精炼过程不同阶段产生的原料烃流的混合比来配制车用汽油。由于工艺条件、原料供应、生产成本和石脑油的来源等因素在组成和比例上经常变化，汽油调和配方必须随时间不断变化，以满足产品的质量需求，辛烷值是这些过程中的关键操作参数。相比于实验室测量，NIR 能够快速检测汽油组分的变化，显著缩短分析时间。在此基础上，开发了一种模拟装置，以改善汽油辛烷值的合成工艺。该装置可以利用 NIR，在适当比例下虚拟控制混合物合成。用两种仪器记录光谱：台式 FT-NIR 和手持仪器。建立了偏最小二乘（PLS）模型，并对其进行了验证，以从模拟的 NIR 中预测汽油的辛烷值。在 2 年生产的不同时间的比较表明，利用原料流的真实 NIR 建立模拟汽油光谱的创新方法，对设计具有理想辛烷值的车用汽油配方具有实用价值。该方法下研制的辛烷值模拟装置对提高车用汽油的配制效率具有重要作用。当然，汽油的其他质量参数可以通过 NIR 进行评估，在未来考虑为最终产品的理想配方提供更全面的评估。

在工业生物柴油的生产中，NIR 提取有机物特征峰的信息对物质进行在线检测。Sales 等[2]利用手持式 NIR 仪在线监测连续过程中的生物柴油生产。该工艺由实验室规模的反应蒸馏塔组成，在该蒸馏塔中进行棉籽油和乙醇的酯交换反应。研究者建立了 PLS 校准模型以估计塔底乙醇和烷基酯的浓度。另外，为了估计烷基酯的产率，还开发了用于评估甘油含量的 PLS 模型。虽然过量的乙醇会产生干扰，但该模型对于乙醇、烷基酯和甘油仍给出了令人满意的定量分析结果，并证明了手持式仪器在连续过程中监控生物柴油生产的可行性。到目前为止，这是对NIR在连续反应蒸馏过程中监测生物柴油生产的首次描述，也是首次使用手持式光谱仪监测酯交换反应。

碱性纤维素（黏胶纤维生产中的中间产物）的质量极大影响着纤维的生产质量，需要一种有效的检测手段以提高检测效率。Mayr 等[3]将 NIR 用于测定碱性纤维素的纤维素含量，该方法在漫反射模式下收集近红外数据。此方法需要将粗大的碱性纤维素压缩，使样品材料均匀化。为了验证该方法的准确性，将直接从生产线获取的样品与实验室制备的样品混合进行测验。在生产环境中进行的验证得出纤维素含量的预测均方根误差为 0.36％（质量分数），这足以检测与标准生产参数之间的偏差。在测试过程中，研究人员还发现碱性纤维素的原料影响 NIR。对原料的分析表明，半纤维素组合物，即可溶于苛性碱液中的多糖或低聚糖，对NIR 有影响。由此，可以通过 NIR 辨别出不同类型的原材料。

16.2.2　制药过程

在药品的生产规范要求中，需要即时对生产过程中的药品样品进行采样和测试。Alvarado-Hernandez 等[4]基于采样理论（TOS）结合 NIR 开发了一套用于流动粉末的创新型溜槽和流采样器系统，用于测定膨化粉的药物浓度，如图 16-2 所示。在样品流过斜槽处以及进入采样器之前对粉末进行 NIR 采集，同时使用紫外可见（UV-Vis）光谱对粉末样品进行分析以确定药物含量。在进行测试前，先对相关药品分子的 NIR 进行表征，获得相关数据以此建立模型，再针对 8 种药用粉末混合物中不同浓度的咖啡因进行浓度检测。所采用的 NIR 校准模型在溜槽和流采样器上均有效地确定了药物浓度，预测结果的均方根误差低。该非破坏性 NIR 测试方法与破坏性 UV-Vis 方法的结果之间取得了显著的一致性，说明近红外无损的测试方法能够更加快捷、方便、实时地检测药品生产过程中药品的质量。

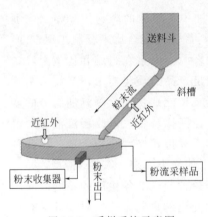

图 16-2　采样系统示意图

在生产三七总皂苷过程中，色谱洗脱是关键步骤。由于载样质量的变异性和树脂容量随循环时间的推移而降低，在洗脱过程中需要对皂苷，特别是三七总皂苷的 5 个主要皂苷进行实时监测。Yan 等[5]建立了一种基于在线 NIR 的卷积神经网络（CNN）模型，用于定量校准三七皂苷 R1，人参皂苷 Rg1、Re、Rb1、Rd 及其总浓度，该过程如图 16-3 所示。该模型对 5 种皂苷的预测值均方根误差分别为

0.87mg/mL、2.76mg/mL、0.60mg/mL、1.57mg/mL、0.28mg/mL 和 4.99mg/mL。同时，还建立了 PLS 校准模型以进行性能比较。结果显示，CNN 模型和 PLS 模型输出的预测浓度曲线与参考测量所定义的实际趋势一致，可用于洗脱过程监控和终点测定。这也是首次报道的 CNN 和在线 NIR 技术结合，用于监测植物药产品商业化生产中的色谱洗脱过程的案例研究。

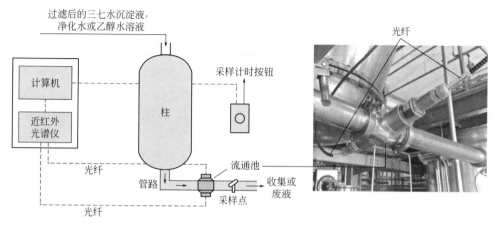

图 16-3　在线近红外测量系统洗脱过程示意图

16.2.3　食品加工过程

在食品加工领域，NIR 技术在作物成分检测方面发挥着重要的作用。例如，在小麦粉的品质优劣鉴别方面，NIR 技术具有无法比拟的优势。该技术主要是基于小麦粉组分中含氢基团（C—H、O—H、N—H、S—H 等）在近红外光谱区有特征吸收信息，通过建立吸收光谱信息和待测指标之间的模型，快速检测小麦粉品质。随着谱图预处理技术以及建模技术的发展，目前国内已建立起基于 NIR 技术的面粉品质在线检测系统，检测准确度日益提高[6]。

早期由于面粉 NIR 的采集过程中会存在光散射、基线漂移、高频随机噪声等无效信息，模型的精确性会受到影响。Zhu 等[7]采集了 474 个小麦粉样品的 500～1000nm 光谱范围内的可见/近红外高光谱散射图像和 400～1000nm 光谱范围内的可见/短波近红外反射光谱，建立了可见/短波近红外光谱和从高光谱散射轮廓提取的平均光谱的 PLS 和判别分析模型，用于确定小麦粉样品的体积密度和粒径分类。结果表明，高光谱散射给出了更好的体积密度预测结果，预测值的均方根误差为 30.20mg/mL，而通过可见短波近红外光谱法，预测值的均方根误差为 57.13mg/mL。此外，高光谱散射的粒径分类精度达到 98.2%，而可见/短波近红外光谱技术得到的准确率则仅有 96.8%。这项研究表明，可见/近红外高光谱散射比可见/短波近红外光谱更适合用于食品粉的体积密度测定和粒径分类。

在特级初榨橄榄油的工业生产过程，由于橄榄的多变性质而表现出高度的复杂性，需要对它们的加工条件进行调节。这需要在整个提取过程中预先知道有关油糊行为的信息，以根据原料的特性调整生产条件。Funes 等[8]基于 NIR 建立了 9 个神经网络（ANN）模型，用于预测特级初榨橄榄油的质量指标。这些模型基于橄榄油的 NIR，同时结合温度、流量、电流强度等变量。与其他直接测量副产物的分析技术相比，该过程的可萃取性结果，即脂肪含量和水分具有高度显著的相关性，其相关系数 R^2 超过了 0.90，而预测误差与其他方法类似。除紫外线吸收系数（0.72～0.84）外，模型给出的相关性均高于 0.94，预测误差小，质量指标的相对误差范围在最佳值 10 以上。这套已开发的 ANN 模型构成了特级初榨橄榄油工艺的全球"模拟器"工具的基础。该模拟器可以从 NIR 数据库或实时扫描得到的光谱中，根据生产率或质量目标对工艺进行预测性优化，以预先调整工艺变量。此外，它还可以集成到过程控制系统中，执行"虚拟工厂"的作用，以实时地调整变量以满足目标。

新的研究进展表明，在可可粉加工工业中，工业碱化过程降低了甲基黄嘌呤（可可碱和咖啡因）和黄烷醇（儿茶素和表儿茶素）的含量，以黄烷醇的损失更为明显。对可可粉样品中这些分析物的测定不仅可以更好地了解不同来源的天然商品可可中的浓度变异性，还可以了解工业碱化对含量的影响。Quelal-Vásconez 等[9]以 NIRS 为基础并结合 PLS，对可可粉中的甲基黄嘌呤和黄烷醇含量进行了无损预测。该方法能够对所有分析物进行良好预测，甲基黄嘌呤的相关系数在 0.819～0.813 之间，对可可碱和咖啡因的偏差分别为 0.005 和 0.007。此外，黄烷醇的预测相关系数在 0.830～0.824 之间，茶素和表儿茶素的预测偏差分别为 0.007、0.001 和 0.001。由此可见，NIR 可作为可可工业中这些分析物常规评估的一种快速可靠的无损检测方法。

16.2.4　其他工业过程

Corro-Herrera 等[10]研究了利用 NIR 对啤酒酵母酒精发酵过程进行在线监测的可行性。在复杂的分析基质中，通过浸没在培养液中并连接到近红外过程分析仪的半透式光纤探针进行生物质、葡萄糖、乙醇和甘油的测定。使用 SavitzkyGolay 平滑和二阶导数对 800～2200nm 之间记录的 NIR 进行了预处理，再以 PLS 生成校准模型用于预测酒精发酵的浓度。结果表明，生物质、乙醇、葡萄糖和甘油的校准标准偏差分别为 0.212g/L、0.287g/L、0.532g/L 和 0.296g/L，预测标准偏差分别为 0.323g/L、0.369g/L、0.794g/L 和 0.507g/L。该模型的建立为酒精发酵过程中成分监测提供了一种新方法。

厌氧菌的发酵工艺中如何监控生成物也是一大难点。Nespeca 等[11]使用 NIR 测定氢气生产生物反应器中的醇和挥发性有机酸，并评估了多种方法来优化预测模型。以加入了粗甘油用于废水处理的厌氧间歇式反应器中的样品作为数据基础，建立了 PLS 预测模型。预测的分析物为：甲醇、乙醇、1-丁醇、乙酸、丙酸、丁酸、异辛酸和总挥发性有机酸。通过正交信号校正（OSC）预处理和由遗传算法（GA）执行的变量选择来实现模型预测能力的优化。基于以下指标对模型进行评估：准确度、精密度、线性、检测限和定量限、测量间隔、灵敏度、选择性、信噪比和偏差。尽管选择性低（最大 0.12%），模型仍具有高灵敏度，参考值与预测值之间的相关性最低为 0.93（丙酸除外）。通过检验表明，基于 GA 进行变量选择显著提高了甲醇、乙酸、异辛酸等预测模型的线性和准确性。通过此方法证明 NIR 是监测氢气生产生物反应器的强大工具，能够实现快速、低成本和多组分的信息分析。

16.3　中红外光谱在流程工业领域的研究及应用

近年来，中红外光谱（MIR）结合化学计量学技术进行分析的方法在原油开采及加工、食品加工等流程工业生产过程中也得到了成功应用。

16.3.1　原油开采及加工过程

原油的勘探与开采是原油生产过程的源头环节，原油的化学组成取决于产生它的有机基质及其形成过程，来自不同油井的原油组成可能会存在显著变化。因此，在开采新油井之前需要较长的时间或大量的样品来进行理化特性分析从而确定采油的剖面。Lovatti 等[12] 提出了一种通过 MIR 和化学计量学鉴定原油剖面的方法。通过主成分分析（PCA）方法从中红外光谱获取的大量化学信息中提取化学特性信息，构建带有中红外光谱数据的 K-近邻算法（KNN）模型，从而预测所检测样品的完整理化特性以完成对原油剖面的勘探鉴定。对 81 个来自巴西海岸沉积盆地的原油样品进行了测试，结果表明 MIR 与化学计量学结合的方法可准确识别不同化学特性的原油。这一方法能够以更快的速度和更小的样本量预测原油评价中的原油理化特性，为准确鉴定采油剖面提供指标依据，避免生产和精炼的决策延迟。

在原油生产过程中，原油的质量监控和特性分析非常重要，原油化学组成和质量参数的研究可为选择合适的下游工艺和精炼程序提供可靠的指导。因此，原油生产过程中最重要的任务之一便是根据原油的地质来源来区分原油的特性。Garmarudi 等[13] 提出了一种通过 MIR 和化学计量学对原油进行原产地分类的方法。根据 MIR 的衰减全反射率，该方法通过化学计量学技术对获得的 MIR 进行分类。实际应用测试中共分析了来自伊朗 7 个油田的 251 个样品和 3 种混合物，采用基于杠杆值的离群点检测作为预处理方法，利用 PCA、聚类分析和相似分析法（SIMCA）对获得的 MIR 进行分类。结果表明该方法可以根据伊朗不同地理来源、不同化学结构的原油样品的 MIR，将所测原油样品分为原始形态和混合形态。一方面，该方法有助于为原油生产提供替代来源；另一方面，这一方法减少了石油行业中用于保障所生产原油质量的所需测试量，提高了行业成本效益，具备了可在线分析的先决条件。

甲醇制汽油（MTG）反应可以通过甲醇生产汽油。在 MTG 反应期间，测定和监测该生产过程中的反应参数，如甲醇转化率和产物选择性，对于反应的可持续性至关重要。人们往往使用气相色谱法或其他基于色谱的方法来进行测定，但这些方法成本昂贵且耗时较长。Noor 等[14]介绍了一种使用 MIR 和化学计量学技术测定 MTG 过程中反应参数的方法。该方法首先采用中红外光谱获取 MTG 反应过程中的光谱数据，对预处理后的光谱进行 PCA，用于离群点检测并剔除。之后使用 Kennard-Stone 算法将 MTG 样本随机分为训练集和测试集，使用径向基函数（RBF）对校正集数据执行偏最小二乘支持向量机（PLS-SVM）分析，计算出甲醇转化率等过程反应参数。结果表明所提出的方法分析结果与气相色谱法的分析结果非常吻合，具备了在线或离线监测清洁汽油生产过程反应参数的能力。

16.3.2　食品加工过程

近年来，MIR 在牛奶生产加工过程中也得到了成功应用。首先，MIR 可以提供对生产原料奶的快速检测，以在牛奶生产加工过程的源头环节进行质量监测与控制。

Gondim 等[15]提出了一种采用 MIR 和 SIMCA 方法所建立的模型来检测原料生牛奶中常见掺假物的一类和多类多元策略。该策略从纯净样品中提取一类模型，将掺假样品与未掺假样品区分开，利用一类模型检测生牛奶内不同化合物的掺假，接着为未掺假样品和在上一步中选择的每个掺假剂建立了 SIMCA 多类模型。除了确定样品是否掺假外，多类模型还确定了样品中掺有哪种掺假物，以此确定原料奶样品是否已掺入常见掺假物，如甲醛、过氧化氢、碳酸氢钠、碳酸钠、氯化钠、柠檬酸钠、氢氧化钠、次氯酸钠、淀粉、蔗糖等。文献［15］所提出的策略被证明是高效的，特别是在需要分析大量样本的情况下可以大大缩短实验时间，并且出错概率极低，可在生牛奶开始加工处理之前快速检测其是否掺假及掺假化合物组成，降低了可能存在的牛奶生产原料品质下降和加工后成品奶品质下降情况出现的风险。

其次，人们可以通过中红外光谱获得牛奶生产加工过程中牛奶的 MIR 数据，从而获取牛奶加工特性以指导牛奶生产加工决策。Visentin 等[16]介绍了一种在大型奶牛数据库中采用 MIR 预测影响牛奶加工特性因素的方法。该方法从大型奶牛数据库中收集了大量奶牛产出牛奶样品的 MIR，将大量牛奶样品的 MIR 数据组成数据集，从 MIR 数据中获得牛乳凝固特性、热凝固时间、酪蛋白胶束大小、pH 值四种牛奶特性，采用 PLS 方法为上述牛奶特性建立了预测模型，通过预测模型可以得到国家牧群组成、季节变化、哺乳阶段对牛奶加工特性的影响。这一方法在爱尔兰奶牛群中的应用结果表明，相对于多头奶牛，平均而言，初产奶牛的凝乳酶凝结时间和热凝结时间更长。与早上挤奶相比，晚上挤奶时段的牛奶凝乳酶凝结时间更短，凝乳更坚硬，同时热凝时间和 pH 值更低。总体来说，泽西奶牛生产的牛奶更适合奶酪生产，而不是奶粉生产。可见，从该方法得到的这一分析结果很好地为牛奶生产加工决策提供可靠的指导意见。

Kim 等[17]介绍了傅里叶变换中红外光谱（FT-MIR）技术在监测韩国传统米酒"Makgeolli"发酵中的应用。该技术通过无损 FT-MIR 对发酵过程中 Makgeolli 的质量变化进行了有效监测，从发酵完成的第 10 天开始，每天一次采用 FT-MIR 获得反射光谱，所获得的光谱在进行光谱预处理后，建立了 PLS 模型以预测 Makgeolli 中酒精、还原糖和可滴定酸的浓度。结果表明，FT-MIR 可作为一种实用工具，在发酵过程中快速无损地检测 Makgeolli 的质量。采用 FT-MIR 开发实时测量系统的进一步研究可实现对整个发酵过程的自动控制。如果对酒精饮料的发酵进行实时监控，则可以在酿造行业中生产高质量的酒精饮料。

Schalk 等[18]介绍了采用衰减全反射（ATR）技术的 MIR 传感器，由四通道原型 MIR-ATR 传感器对好氧酵母发酵过程进行实时监测。如图 16-4 所示，MIR-ATR 传感器包括一个红外发射器作为光源，一个硒化锌 ATR 棱镜作为该过程的边界以及四个热电堆探测器，每个探测器都配有一个光学带通滤波器。在酵母发酵这一生物过程中，由于发酵培养基的复杂组成会导致不同分析物的吸收光谱重叠，仅凭 MIR-ATR 传感器测得的光谱难以得出各分析物的具体指标。为了克服这一问题，文献［18］应用了化学计量学技术中的多元线性回归（MLR）模型，从四个光学通道测得的吸光度得到分析物浓度指标。结果表明，四通道原型 MIR-ATR 传感器能准确地实时监测啤酒酵母的有氧分批发酵过程中葡萄糖的消耗和产物乙醇的形成，与传统 FT-MIR 光谱仪相比具有结构紧凑、易于实现且价格低廉的优势。

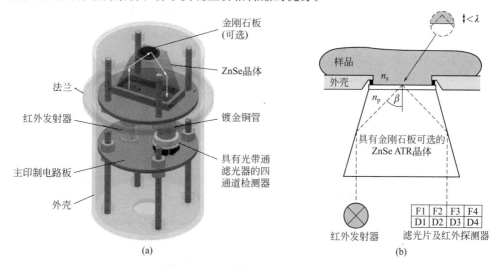

图 16-4　四通道 MIR-ATR 传感器
（a）技术 CAD 图；（b）测量原理和光束路径

16.4　拉曼光谱在流程工业领域的研究及应用

相比于近红外或红外，拉曼光谱采用散射而非透射式测量，其在流程工业应用中更加方便。

16.4.1　石油化工过程

王拓等[19]报道了将后向间隔偏最小二乘法（BiPLS）用于调和汽油辛烷值定量分析，设计了在线拉曼系统，包括采样系统、拉曼光源、拉曼探头、拉曼光谱仪等。该研究采用 BiPLS 提取汽油拉曼光谱特征谱段，建立 BiPLS 模型预测调和汽油研究法辛烷值，该方法可有效提取汽油拉曼光谱的特征谱段，降低模型复杂度，同时提高模型预测精度，在调和汽油研究法辛烷值定量分析方面有较好的应用前景。

催化重整装置以石脑油为原料，通过重整反应以提高其辛烷值。重整装置的主要操作目标是实现重整汽油辛烷值与液体收率的平衡协调。针对催化重整装置的优化需要，王拓等[20]设计开发了一种远传分体式在线拉曼分析系统，用于实时在线分析稳定汽油的研究法辛烷值。该重整装置工艺流程如下：经预加氢、脱硫以及预分馏后的原料进入后续的重整反应器进行重整反应，然后经脱氢处理后进入稳定塔进行分离。在线拉曼分析仪测量位置为稳定塔底出口处的重整汽油，关键分析参数为研究法辛烷值。在线分析参数传输至优化控制器，用于调整 4 个重整反应温度的设定值，以实现整个反应过程的优化。针对液相混合物的在线分析问题，在原有的正压防爆型在线拉曼仪的基础上，研制了一套基于远距离光纤的分体式在线拉曼分析系统。该系统由现场采样装置、在线拉曼探头、拉曼分析仪主机及连接光纤组成。运行结果表明：该拉曼分析系统可以为工艺装置的操作优化提供准确而重要的检测参数。

在石化领域，拉曼光谱可用于分析复杂气体混合物。Chen 等[21]提出了一种基于数据驱动的油气拉曼光谱用于复杂气体混合物的快速在线分析。该研究采用了一种新的数据驱动拉曼光谱（DDRS）方法，利用高密度小波变换（HDWT）和面向模板的 FROG 算法（TOFA），寻找最小重叠的谱特征的最优组合，构建高质量气体分析校准模型，整体工作流程如图 16-5 所示。该方法能够将烃类和非烃类目标气体组分在不受控制的可变基质中分离出来，具有较高的预测精度，能在存在基质干扰的情况下同时测量 12 种碳氢化合物和非碳氢化合物气体。该方法不仅适用于油气勘探和开采领域，而且也能应用到其他行业，对气体进行快速在线分析。

现有的激光拉曼气体检测（LRGD）系统受到系统噪声的影响，对于低浓度气体的检测误差很大，难以准确检测气体浓度。为了提高 LRGD 系统对低浓度气体

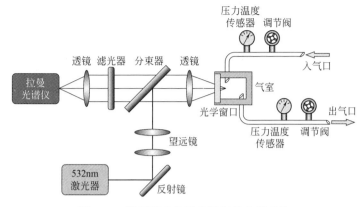

图 16-5　数据驱动拉曼光谱气体分析系统

的检测精度，张雷洪等[22]提出了一种基于多信号叠加和伪逆法的激光拉曼气体检测（MSSPI）方法。该方法对于低浓度气体，通过拉曼信号叠加的方式增强抵抗噪声的能力，检测装置检测叠加的拉曼信号，使用伪逆法重构单气体的拉曼信号值，进而获取气体浓度，其检测系统如图 16-6 所示。该 LRGD 系统由气体模块、激光模块、滤光模块和信号检测与处理模块组成。实验结果表明，基于 MSSPI 方法的 LRGD 系统提高了对低浓度气体的检测精度。MSSPI 方法不改变 LRGD 系统，且计算简单高效，在一定程度上降低了系统对低浓度气体的检测误差，可以作为气体检测的一种辅助方法。

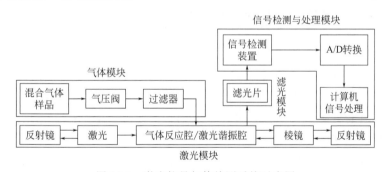

图 16-6　激光拉曼气体检测系统示意图

高颖等[23]提出了一种新的拉曼分析方法，由拉曼光谱自动分解算法和定量分析模型组成。首先，基于拉曼光谱的线性叠加性，利用非线性最小二乘法将天然气拉曼光谱分解为 7 种纯物质组分的拉曼光谱分量和若干个洛伦兹谱峰之和的形式，其中 C_4^+ 未知烷烃成分的含量由各种烷烃分子共有的 CH 变形振动峰反映。然后，利用训练样本来建立其他物质相对于甲烷的特征峰面积和对应浓度之间的模型。相比于已有的拉曼分析方法，该方法克服了含有 C_4^+ 未知烷烃成分的天然气组分的检测难题，且具有较好的稳定性和准确性。该拉曼分析平台由激光器、拉曼探头、采样管、光纤光谱仪以及收集光纤等部分组成，如图 16-7 所示。激光器作为光源产生激光，激光经过聚焦进入光纤，由光纤到达与样品接触的探头部分，与样品作用后产生拉曼散射信号，再经光纤拉曼探头收集并滤去瑞利散射光后，通过光纤将信号传到光谱仪，得到拉曼光谱。实验结果表明该方法分析精度较高，是一种兼具鲁棒性和准确性的算法，可为今后在实际生产中运用拉曼光谱法对天然气成分进行实时监测提供理论支持。

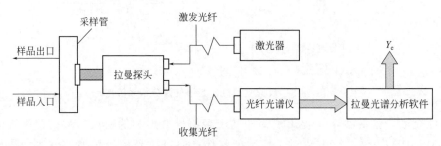

图 16-7　一种特定的天然气拉曼分析实验平台

16.4.2　制药过程

在制药领域，Nagy 等[24]将拉曼光谱用于连续固体制剂的配方过程，以咖啡因为模型活性药物成分、葡萄糖为模型赋形剂、硬脂酸镁为润滑剂，实现了对共混物和片剂原料药含量的实时监测和控制。连续共混合压片工艺的实验装置如图 16-8 所示。采用连续双螺杆多用途设备和快速挤出机，用于连续均质、湿法造粒和熔融挤出。该装置通过将比例积分微分（PID）控制信号转换为 4～12V 的电压，通过 USB 端口发送到控制器接口，即咖啡因进料器，从而调节螺杆旋转的频率以调整进料速度，完成对送粉的反馈控制。该研究采用 PLS 定量方法对原料药含量、混合均匀性、片剂含量均匀性进行了实时分析。拉曼光谱在线监测结果表明，该连续混合器具有较高的均匀性，可以检测到工艺故障。这是拉曼光谱第一次在固体药物制剂控制中的应用。

吡嗪酰胺（PZA）为最有效的抗结核药物之一，其水溶性差，通过形成共晶的方法可以改善其溶解度，提高药效。谢闯等[25]采用衰减全反射傅里叶变换红外光谱仪（ATR-FTIR）和在线拉曼光谱等过程分析技术，监测并分析了该共晶的形成过程。该研究使用在线拉曼光谱监测溶液中固体颗粒的变化情况，与在线 IR 结合实现对整个共晶形成过程的实时监控。实验结果表明，该过程存在共晶成核介稳现象；该过程为 PZA 溶解和共晶生长的两步过程，其控制步骤为共晶生长。该研究可为药物共晶的在线监测及其定量分析提供理论和实验方法支持。

在药品加工过程中，从化学稳定性和生物利用度方面来说，形状的变化可能会对最终产品的质量带来风险。Reddy 等[26]采用在线拉曼光谱对剪切湿制粒和干燥过程中多种溶剂引起的形态变化进行监测。在该研究中，在线拉曼光谱被用来

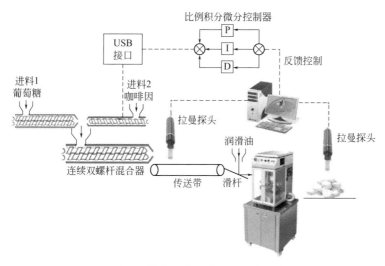

图 16-8　连续共混合压片工艺的实验装置

实时监测化合物 A 的高剪切湿制粒过程中的形态变化，对含水量、温度、湿集料时间和干燥工艺对药物转化度的影响几个方面进行考察。该研究中设计了一套校准标准，建立了定量 PLSR 模型，预测湿制粒和干燥过程中每种药物的浓度。制粒过程中药物形态的复杂变化表现为化合物 A 的初始非溶剂化形态、半水合物形态和明显的无定形形态（溶解的药物）之间的转化。在线拉曼数据表明，在湿制粒和干燥过程中，利用在线拉曼光谱可以实时监测三种形态。

16.4.3　其他工业过程

在生物工程领域，表面增强拉曼光谱可用于检测磷酸化碳水化合物。Xiao 等[27] 提出了一种采用在线液相色谱-液流表面增强拉曼光谱检测磷酸化碳水化合物的方法。该研究将液流表面增强拉曼光谱（SERS）与液相色谱（LC）结合使用，采用 LC-SERS 检测来识别和量化 3 种不同的磷酸化碳水化合物：葡萄糖 6-磷酸、葡萄糖 1-磷酸和 6-磷酸果糖。该方法采用 PLS 进行了 SERS 谱行归一化和 PLSR 分析，对各化合物进行定量分析。结果表明，该方法可用于在线识别和定量分析复杂生物基质中的磷酸化碳水化合物。该研究可应用于复杂生物样品的分子特异性检测，适用于代谢组学和其他应用。

在食品加工领域，拉曼光谱可用于监测蜂蜜精饮料蒸馏质量。Nelson 等[28] 提出了一种基于傅里叶变换的拉曼光谱方法来监测蜂蜜精蒸馏过程。该研究采用了傅里叶变换的拉曼光谱技术，对蒸馏过程中 pH 值、醇度、甲醇含量、乙醇含量、乙酸乙酯含量和高级醇含量进行测定，通过傅里叶变换拉曼方法对饮料生产过程的各种馏分进行光谱分析。该研究采用 PCA 对蒸馏过程的馏分含量进行定性分析，区分馏分和样本之间的差异性，从而鉴别是否在蒸馏过程的特定阶段混入可疑样品。结果表明，利用傅里叶变换拉曼光谱和 PCA 方法可以有效地鉴别蜂蜜精蒸馏过程中的不同馏分，从而提高了饮料的最终质量。

拉曼光谱还可用于微流控芯片内溶液浓度的在线检测。新型传感器的开发需要充分利用微芯片结构，其中基于光学光谱的方法为表征化学成分提供了强有力的途径。Anjos 等[29] 同时使用适用于微尺度的紫外可见光谱和显微拉曼光谱来分析同一样品中的 Nd^{3+}（紫外可见活性）和 HNO_3（拉曼活性）浓度。设计了一种可调平移平台，将微拉曼探头置于芯片表面上方并垂直于芯片表面，将紫外可见探头置于芯片平面内。当通过多元 PLS 模型处理时，这些互补的光谱技术提供了一个精确的图像，该图像显示了各溶液成分随时间的变化情况。溶液基质效应可以极大地改变用紫外吸收光谱和拉曼光谱测量的分析物特征。多元 PLS 方法成功地模拟了这些光谱变化，并准确地测量了感兴趣的组分在微流控芯片内的浓度。

16.5　核磁共振在流程工业领域的研究及应用

与 NIR 等其他在线分析技术相比，在流程领域，核磁共振（NMR）分析系统受温度等外界环境干扰大，工业应用成熟度偏低。但近年来已在原油生产加工、食品加工等流程中开始应用。

16.5.1　原油生产加工过程

目前，我国炼油企业加工的原料油很大一部分来自国外原油，不同种类原油的硫含量、酸值、各馏分比例等差别较大，多种原油混合后的原油性质指标数据分析直接关系到生产装置能否平稳运行。由于原油性质指标多达上百个，人工分析的原油性质指标有限，耗时较长，精准率相对低，造成人工劳动强度高，生产效率较低，因此，对混合原油性质的关键指标进行精确预测十分重要。Rakhmatullin 等[30] 利用高分辨率的 ^{13}C NMR、IR、SARA（饱和烃、芳香烃、胶质和沥青质）分析等技术，对 6 种不同原油样品的定性和定量组成进行测定。研究结果表明，高分辨 NMR 和 IR 的联合应用对研究轻油和重质原油的结构和表征具有很大的潜力，可用于快速预测不同处理工艺下的原油性质变化。

由于原油物性复杂多变，常用的建模方法诸如 PLS、SVM、CNN 等往往无法适用于实际复杂的非线性关系，因此模型的泛化能力在一定程度上受到限制，大大限制了 NMR 技术在原油物性预测方面的应用。郑念祖等[31] 将 ^1H NMR 与回归生成对抗网络（RGAN）结合，先用 NMR 分析仪测定原油样本的氢谱，再用 RGAN 模型训练得到回归模型 R、生成模型 G 和判别模型 D，R 与 D 能共享首层潜在特征。在 RGAN 框架下，G、D 及 R 相互促进，使得 RGAN 模型的预测精度及谱图生成质量均得到提高，有效提高了原油总氢物性回归预测精度及稳定性，同时加快了生成模型的收敛速度，提高了谱图的生成质量，提高了 NMR 技术在原油物性预测方面的实用性。

原油乳化液黏度的测定对工业生产有着重要的意义，因为它直接关系到原油在回收和炼制过程中的性能。Fiorotti 等[32]将 LF-NMR 技术用于原油黏度测量。从 API 为 18.7～28.3 的 10 种原油中提取了 90 种乳化液，用 LF-NMR 得到的横向弛豫时间（T_2）测定了乳化液的假塑性（n）和稠度指数（k）。根据实验结果，提出了计算 k 和 n 值的模型，并且使用 5 种不同原油的乳化液，得到在 100～600mPa·s 范围内黏度的 NMR 预测值，完美验证了该模型。

原油含水是油气田开发过程中的普遍现象，含水原油在加工之前必须进行脱水脱盐处理，称为原油破乳。Marques[33]使用了改进的脉冲场梯度（PFG）NMR 技术检测破乳过程中的原油性质。在以往用 PFG-NMR 技术表征原油乳状液的工作中，仅用 CPMG（Carr-Purcell-Meiboom-Gill）序列法对低黏度原油乳化液进行原油信号与水信号的分离是不可能的，因为当原油乳化液黏度小于 20mPa·s（40℃）或 5mPa·s（33℃）时，水和油的 T_2 分布会重叠。在文献［33］中，对40℃下黏度为 2.7mPa·s 的乳化液进行分析，将得到的核磁信号与指数时间衰减函数相乘，提高了信噪比，成功测量低黏度原油乳化液。同时，利用油水重叠 T_2 弛豫信号在较长观测时间内均方根位移的差异，实现了油水弛豫信号的分离。这一研究结果可以用于测定原油破乳过程中的原油性质，在原油乳化液黏度较低时，仍能分别测量油水含量，有利于更好地控制原油破乳过程。

以 NMR 为核心的在线检测系统在炼油过程中也已开始应用。自 2015 年以来，中国石油化工股份有限公司九江分公司引进了基于 NMR 的 HontyeIRAS 系统[34]。HontyeIRAS 系统采用1+2模式，即一台 NMR 离线分析仪和两台 NMR 在线分析仪，对全厂 40 多股物料 600 多个物性进行快速分析，为生产优化提供了快速、全面的原料油物性基础数据。2015 年底引进的新一代 NMR 在线分析仪磁体与探头之间有更好的绝热，能够降低样品温度波动无法控制带来的影响，提高了系统的分析精度，可以快速分析原料油的多个物性，不仅能满足原油及其馏分油性质的快速评价，而且能满足全流程优化对数据的要求。HontyeIRAS 系统应用平台如图 16-9 所示。

16.5.2　食品加工过程

^{1}H NMR 被认为是用于食品来源鉴定和成分分析的有力分析工具之一，具有样品制备快速和可同时测定所有化合物类型的特点[35]。

在葡萄酒酿造过程中，产品质量控制至关重要。葡萄酒由数百种不同浓度的成分组成，包括水、乙醇、甘油、有机酸和糖。基于传统^{1}H NMR 谱对这些复杂样品中目标化合物进行准确定量是一项难题。Li 等[36]提出了一种新的基于^{1}H NMR 3D 光谱的切比雪夫矩阵法（TM）和 PLS 相结合的方法。首先通过重复^{1}H NMR 光谱构建 3D 谱，得到^{1}H NMR 自建三维（SC-3D）谱。与常规的定量分析

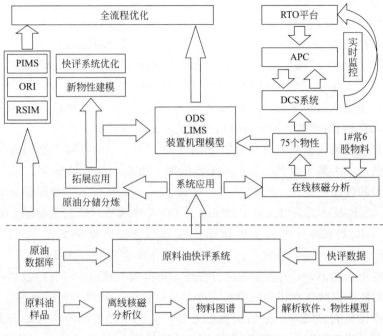

图 16-9　HontyeIRAS 系统应用平台

方法不同，^{1}H NMR SC-3D 光谱直接有效地提取了目标化合物的特征信息，而无需任何预处理，因此能同时测定葡萄酒中的多种代谢产物。在 ^{1}H NMR SC-3D 光谱的基础上结合 TM 和 PLS 进行定量分析，能够解决当前 ^{1}H NMR 在定量分析中的峰移和未知干扰等难题，有利于拓展 ^{1}H NMR 谱在葡萄酒酿造工业中的应用范围。

　　如何保持葡萄酒的稳定性和清澈性是酒类酿造研究中的一个重要问题，因为有许多物化机制都可能导致葡萄酒不稳定、絮凝和最终沉淀。为了改进酿造工艺，减少葡萄酒沉淀，首先要能准确测定沉淀物组成成分。Prakash 等[37]将红酒放在 −4℃或 4℃为期 2～6 天，然后在一年内定期抽样检测，使用 ^{13}C 交叉极化魔角自旋（CPMAS）NMR 和 ^{1}H，^{13}C，^{15}N 液体 NMR 分别对红酒中的沉淀物和部分再溶沉淀物进行分析，鉴定出沉淀物的主要成分包括酒石酸钾、多酚、多糖、有机酸和游离氨基酸。这一研究为进一步表征葡萄酒中的沉淀物，特别是它们的确切组成开辟了一条新的途径，有助于酿酒商根据沉淀物成分有针对性地调整酿造工艺，生产更稳定的葡萄酒。

　　油炸是一种常见的加工方法，在世界各地的食品工业中被广泛应用于各种产品的制备。然而油炸淀粉食品含有较多的油，可能对健康构成威胁。在食品制造过程中，为了控制油的吸收，需要采用快速、准确的方法测定油炸淀粉食品中的含油量。Chen 等[38]将低场核磁共振（LF-NMR）用于测定 105℃脱水后的油炸淀粉食品的含水量和含油量，油和水的质子信号没有重叠，因此单次测试可同时得到水分和油分的定量分析。在食品制造过程中，通过测定加工过程中食品的含水、含油量，可以及时控制油炸时间，提高产品质量。与索氏萃取法相比，LF-NMR法简单、快速、更加准确且样品制备量小，在食品工业有很高的实用性。

在椰子水生产过程中，由于椰子中天然存在的酶如多酚氧化酶和过氧化物酶，提取出的椰子水在暴露于空气后的一天内会发生氧化以及微生物污染，因此需要一定的工艺提高产品的保质期。Sucupira 等[39] 将 NMR 和化学计量学方法相结合，利用 ^{1}H NMR 谱作为 PCA 的输入数据，评估了不同的杀菌工艺下椰子水中初级代谢物的变化，能够快速并且无破坏性地获得加工和未加工椰子水中初级代谢物变化的定量信息，为椰子水制造工艺的选择提供了参考，同时可以用于监测椰子水生产过程中的代谢物变化，提高生产效率。

虽然 NMR 技术在食品工业中应用时有较高的分辨率，但是从食品生产者的角度来看，NMR 价格高昂，不是理想的工具。自从 1973 年有了第一台台式核磁共振弛豫仪以来，用于测定油脂、水和固体脂肪含量的核磁共振弛豫仪就一直在食品工业中应用。然而，这些仪器不提供光谱信息，因此台式 NMR 波谱仪在食品工业中的潜力很大程度上是未被探索的。台式 NMR 波谱仪可用于过程控制，通过流动单元或 NMR 管进行在线监测。Soyler 等[40]选择转化酶水解蔗糖作为在线监测的模型，与依赖于使用重水的常规 NMR 光谱实验不同，台式机允许在质子化溶剂中工作，并使用量身定做的水抑制技术使定量更加准确。然后用分数转换模型对台式 NMR 波谱仪的监测数据进行了处理，得到了反应的动力学常数，与以往的研究结果一致。蔗糖水解反应在线监测系统如图 16-10 所示。结果表明，台式机定量 ^{1}H NMR 是一种相对简便、快速的酶促反应在线连续监测和定量方法，它可以很容易地用于各种食品加工应用，并在食品工业生产过程的控制中发挥核心作用。

图 16-10　蔗糖水解反应
在线监测系统

16.5.3　其他工业过程

NMR 技术在冶金工业中多用于化学反应中的物质特征测定，以识别反应物，从而推断反应过程。钨是一种重要的难熔金属，广泛应用于硬质合金、照明、合金钢等领域。目前，钨矿物的分解主要是通过碳酸钠和氢氧化钠在高压釜中进行的。虽然碱法可以达到令人满意的浸出率，但这种方法无法避免地需要很高的浸出温度和大量的碱，所以发展了一种硫酸浸出工艺。在该过程中，钨作为浸出液中的可溶性磷钨酸而存在，因此，从溶液中提取钨非常必要。Liao 等[41] 采用 2-辛醇和磷酸三丁酯（TBP）萃取磷钨酸溶液中的钨，利用 NMR 技术初步研究了磷酸和老化时间对萃取效果的影响。结果表明，磷酸与老化时间对萃取效果有一定的协同增效作用。此外，对于老化时间为 0.5h 富含 H_3PO_4 的溶液，用 ^{31}P NMR 测定，结果仅显示 $H_3PW_{12}O_{40}$ 的特征峰（$\delta = -16.24$）和 H_3PO_4 的特征峰（$\delta = -0.96$）。然而，这种溶液放置两周后，再用 ^{31}P NMR 测得的光谱中出现了一个未知的峰（$\delta = -2.80$）。这一发现暗示磷酸与磷钨酸之间的组合反应产生了难以提取的另一种物质。因此，为了获得满意的萃取效率，在萃取过程中可以用 ^{31}P NMR 测定溶液中的反应物，在矿物分解阶段严格控制磷酸的用量，避免产生其他物质导致萃取效率降低。

重金属的水污染是一个主要的环境问题。吸附法是目前应用最广泛、最有前途的重金属去除技术之一。一些重金属离子，如 Cu^{2+}、Mn^{2+}、Cr^{3+} 等，都是顺磁性的，并且能影响水质子在水溶液中的核磁共振弛豫时间 T_1 和 T_2，因此，通过测得核磁共振弛豫时间可以评价溶液中顺磁性离子的浓度。Gossuin 等[42]研究了 Cu^{2+} 在活性氧化铝上的吸附，在 0.47T 的 NMR 管中，用 $350\mu L$ 的溶液和 45mg 的吸附剂直接进行了 T_2 弛豫实验，确定了 Cu^{2+} 的最大吸附容量 $q_{max} = 4.32mgCu/gAl_2O_3$。结果表明，在 NMR 管中仅使用非常少量的溶液和吸附剂，就可以通过弛豫法直接在溶液中监测重金属浓度，实时跟踪吸附过程，也可以容易地获得吸附等温线。并且低分辨率 NMR 弛豫法能快速得到结果，测量不具破坏性，在测定浓度之前不需要准备样品。在污水处理过程中，这项技术可以用于监测重金属离子的吸附过程，也可以用来评价吸附剂的性能。这种方法也有两个缺点：仅限于顺磁性重金属离子且需要较高的金属浓度。但仍是一种值得研究的方法。

16.6　光谱成像在流程工业领域的研究及应用

光谱成像早期主要应用于遥感领域，近年来在冶金、烟草加工、制药等流程工业领域也逐渐开始实际应用。

16.6.1　冶金过程

近年来，矿物的反射光谱被广泛地用于获得有关矿物成分的信息。在铜的冶炼过程中，铜精矿的表征对铜转炉的精确控制具有重要意义。Goelho 等[43]介绍了一种基于高光谱近红外图像的铜精矿自动分析系统。该系统实物图如图 16-11 所示，其使用近红外高光谱相机获得铜精矿的平均反射光谱图像。采用 PCA 方法提取所测矿物光谱图像的特征，由已知矿物样本的特征数据采用 KNN 训练出模型，再采用 KNN 算法对图像的每一个像素做分类得出矿物组分分布及其比重。结果表明，在金属冶炼过程中，该系统具有识别矿物组分速度快、可识别组分范围广、成本低廉的优点，并且可为铜转炉的精确控制提供可靠的生产指导。

选矿是矿物加工过程中的重要环节。近年来，光谱成像技术在选矿过程中得

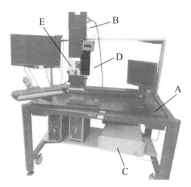

图 16-11 基于高光谱近红外图像的铜精矿自动分析系统
A—光学工作台；B—高精度线性平移台；C—电源；D—通用驱动器；E—高光谱近红外摄像机

到了成功应用。Dalm 等[44]提供了一种采用短波红外（SWIR）高光谱成像识别斑岩铜矿中的矿石和废料的方法。该方法首先结合所测矿物的 SWIR 高光谱图像，采用光谱角映射（SAM）算法构造矿物图从而实现对高光谱图像像素的分类，之后使用 PCA 提取矿物图所包含的矿物学信息主要特征，根据主成分得分对所测矿物进行分类。结果表明，SWIR 高光谱图像可以检测到含量相对较低的矿物，可以对样品表面的 SWIR 活性矿物成分进行定量，并且可以表征样本，在结合化学计量学方法之后可在选矿过程中区分有用矿石和废料，为提高矿产品纯度奠定了基础。

基于传感器的矿石分选技术正越来越多地用于选矿过程，分选出粒度在 1～10cm 之间的矿石进行预浓缩。然而矿石和伴生的脉石矿物之间的复杂关系正使得矿石分选变得困难。Tusa 等[45]提供了一种将机器学习技术与高光谱成像技术相结合用于复杂矿石预分选的方法。如图 16-12 所示，该方法利用高光谱图像数据、扫描电子显微镜-矿物解离测定仪（SEM-MLA）数据的联合配准，直接评估了每个像素中复杂矿物组合与光谱响应的关联性，同时利用随机森林（RF）和支持向量机（SVM）等机器学习技术对高光谱数据进行分类，检测出矿物学和矿物品位之间的复杂关系，实现复杂矿石的预分选。结果表明，该方法可以针对多种矿石类型进行优化分选，提高了近红外可见高光谱-短波红外高光谱（VNIR-SWIR）传感器分选技术在矿业领域的吸引力，在降低工业采矿作业的能源消耗和操作成本方面具有巨大的潜力。

16.6.2 其他工业过程

烟叶的品质通常是根据其燃烧所产生烟雾的感官特征来评估的，其品质决定了生产加工后的烟草品质。由于生物碱、酚类、糖、类胡萝卜素、脂肪酸和二萜是在烟草烟雾的感官特征中起关键作用的化合物，为了提高烟草品质，在烟叶进入烟叶脱粒设备加工之前需由有经验的人员对其进行详细的化学分化检测，以剔

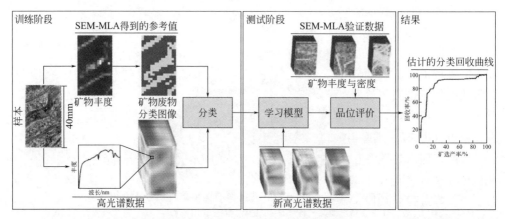

图 16-12 机器学习与高光谱成像技术相结合用于复杂矿石预分选的方法示意图

除特定化合物水平不达标的烟叶。为了开发一种在线同步分析方法来测定这些化合物，Soares 等[46] 针对烟叶中的化学成分，提供了一种结合化学计量学和红外高光谱图像技术的在线定量分析方法，并将其应用于烟叶脱粒设施中。该方法将高光谱摄像机安装在烟叶传送带上，在烟叶进入加工流程时利用近红外高光谱成像技术获取其光谱图像。在图像预处理后使用 PLS 进行建模预测。结果表明，该方法能够同时预测 15 种与烟草质量和一致性有关的分析物，如生物碱、糖、多酚和类胡萝卜素等，具有良好的精度，提供了快速检测烟草化合物的手段。其具备的可在线性为烟草生产过程的产品质量管理和控制提供了极大便利，从而显著提高最终烟草产品质量。

200 多年来，压片工艺一直是用于医药产品量产的最先进方法。如今，热熔挤压（HME）和 3D 打印技术已使定制化药品的制造成为可能。HME 是一种灵活、连续的操作技术，是 3D 打印药品典型加工周期的重要组成部分。Khorasani 等[47] 提供了一种使用近红外化学成像（NIR-CI）对 HME 产品和 3D 打印剂型进行质量监测和控制的方法。该方法使用 NIR-CI 获取药品组分的光谱图像，采用多元曲线分辨率交替最小二乘算法分析图像数据，实现对活性化合物和赋形剂的化学制图，得出各个化学组分的分布和浓度。结果表明，NIR-CI 是一种适合于对 HME 和 3D 打印制造的定制化药品进行质量控制的工具，在过程控制方面具有较好的应用前景。

16.7 流程工业故障检测

作为新型传感技术，PAT 可以分析流程工业中关乎原料或产成品的性质成分，这为流程工业的故障检测与诊断，特别是基于产品质量的检测与诊断带来便利。复杂工业流程与生俱来的多变量、动态、高维度、间歇等特性，使得传统的基于过程机理模型的过程监控方法很难适应实际工业流程的复杂程度。而随着大量的新型仪表和传感技术（包括 PAT）应用于生产制造全流程中，大量的过程数据被采集并存储下来，使得基于数据驱动的故障检测与诊断方法成为当今过程监控领域的主流技术，已成功应用于化工、医药、钢铁冶金、等生产过程中。在基于数据驱动的故障检测与诊断的众多方法中，研究论文和应用案例数量最多的是多元统计过程监控方法，其依托的主要理论是以 PCA、费歇尔判别分析、PLS、独立成分分析（ICA）、典型相关分析（CCA）等为核心的投影降维方法[48]。

目前，国内外学者在数据驱动的工业过程监控方面已经发表了大量研究成果，主要是针对具体的工业过程具有的大规模、间歇时段性、多层面运行、动态性、强非线性等过程复杂性，从提高过程监控结果的解释性和准确性的角度提出过程监控与故障诊断方法[49]。

在间歇过程监测中，故障检测的主要目的是识别与正常运行数据相比表现出非典型行为的批次。由于过程自动化而导致的可测量变量数量的增长会产生变量数远远大于批数的数据集，这会影响多路主成分分析（MPCA）的性能。Peres 等[50] 提出了用帕累托变量选择（PVS）结合 MPCA 方法来监控高维数据描述的批处理过程。PVS-MPCA 的主要思想是在构建 T^2 统计量和 Q 统计量之前，选择在合格或不合格类别中促进生产批次最佳分类的工艺变量。这个方法被应用于监测巧克力批量搅拌过程，该过程由四个阶段组成：喂料、干搅拌、塑性搅拌和液化。数据集由 2014 年 4 月至 2015 年 1 月处理的 69 批牛奶巧克力组成，在每批生产过程中，每隔 1min 采样一次过程变量。结果显示，PVS-MPCA 使误报率降低85.18％，漏检率为零，确保只有符合的批次才能被释放到生产线上，对减少批处理过程中的误报，同时保证产品质量有重要意义。

Chen 等[51] 提出了基于 CCA 的静态和动态故障检测方法，并应用于氧化铝蒸发过程的监测。与常用的基于多元分析的方法（如 PCA 和 PLS）相比，该方法在离线训练和在线监测时都考虑了输入和输出变量，核心是利用 CCA 产生残差信号。对于静态过程，使用了当前的输入和输出数据；对于动态过程，使用了一个时间间隔内的进程输入和输出数据。与基于典型变量分析（Canonical Variate Analysis，CVA）的方法不同，该方法避免了系统辨识过程，大大简化了设计过程。将动静态方法都应用于氧化铝蒸发过程的监测，所取得的结果表明：这两种方法对于无故障情况下的报警率和故障情况下的检出率都具有良好的性能。大多数情况下，动态方法具有更加良好的检测性能，更加适合应用于动态工业过程的故障检测。

虽然基于 PCA、CCA 等的多元统计过程监控方法能够有效地监测过程变量的波动和异常状况，但是企业管理人员和工程师们可能更加关心的是由过程变量引起的故障是否会导致最终产品质量的变化。因此，实际流程工业中更需要探寻易测的过程变量与难以测量的质量变量间的相关关系，以通过过程变量的变化来监测质量指标的波动情况，而这里显然需要 PAT 的协助。

16.8　展望

16.8.1　发展趋势

新一轮工业革命的核心技术是智能制造,它是传统制造技术与信息技术结合的产物,正朝着自动化、集成化、信息化、绿色化方向发展。快速准确的关键工艺参数检测,应是实现智能制造的重要基础。PAT 正在成为生产过程一个密不可分的组成部分,应用范围越来越广。国外发达国家,PAT 经过近半个世纪的发展,已经广泛应用于农业、制药、炼油、化工等行业,促进自动化水平的提高和实现生产的精细管理,取得了巨大的经济和社会效益。展望 PAT 在我国流程制造领域的未来应用与发展,将具有如下趋势。

① 测量是控制和优化的基础。目前流程领域智能制造中关于控制或优化方法的研究已经相对充分,未来 PAT 必将与 PCT 进一步融合,从根本上改善控制系统设计方案。例如,在线 PAT 可以直接为控制系统所用,在现有的控制系统基础上,增加一个质量外环,构成串级控制系统。而现有的许多先进过程控制(APC)系统是基于软测量技术构建的外环,其检测效果不及基于光谱、波谱为核心的PAT。因此,PAT 必将进一步提升 APC 的应用效果,并提升 RTO 的优化精度,也只有这样才能在流程制造领域创造更大效益。

② PAT 在流程工业中的应用研究将更加均衡。目前的 NIR、IR、拉曼、荧光以及核磁等分析技术中,以近红外技术在流程工业中的应用最为成熟,例如,以NIR 为核心的 PAT 技术在原油、中间馏分油、成品油等炼化流程中的应用已相当广泛而成功。在近红外技术得以快速应用的同时,IR、拉曼、荧光以及 NMR 等技术也已经在流程制造领域的应用中崭露头角,有望形成百花齐放的良好局面。

③ 基于化学计量学的 PAT 属于间接测量方法,建立稳健可靠的模型往往需要投入一定的人力、财力和时间,且模型的后续维护工作量偏大。在流程工业中,不同企业相同的装置,甚至相同装置在不同的时间段,其原料、工艺、产品都会有所差别。因此,当待测样本的组成与校正集样本存在较大差异时,则需要对校正模型进行扩充更新。未来可基于工业云平台技术收集具有代表性的、充足的校正集样本,以增强模型的稳健性和适应性,并缩短建模时间,降低模型的维护工作量。

④ PAT 目前仍普遍基于化学计量学方法建模,以 MLR、PCR 和 PLS 等线性建模为主,并结合一定的 ANN、SVR 等非线性建模方法。未来可研究新型化学计量学方法,如借鉴机器学习、深度学习等人工智能领域相关技术,提升模型精度及泛化能力等,避免对建模人员经验的过分依赖,以便工业应用与推广。

⑤ 分析仪器将向工业化、微型化方向进一步发展,从目前以离线采样、实验

室快速分析为主,逐步走向工业现场,实现装置管线旁的在线分析。随着以微机电系统(MEMS)为代表的微型化技术的快速发展,分析仪器将有望进一步减小体积,并满足工业化应用的苛刻需求,扩大应用范围。

⑥ PAT 研究及应用涉及多学科交叉,必须依靠团队协作,特别需要指出的是,团队应具有应用领域的专业知识。因此,为了让 PAT 更好地服务于流程领域,行业专家和分析科技人员充分沟通、互助协作是必不可少的,PAT 培训和教育也将会有较大需求和发展。

智能制造已成为我国的发展战略,基于现代分析技术的复杂物料组成感知技术及其应用是智能制造的关键技术。以石油化工为代表的流程行业正在向设备大型化方向发展,对提高生产质量和生产效率,实现智能制造的需求日益强烈,这些为 PAT 的应用提供了巨大的空间,同时也对 PAT 提出了更高的要求。因此必须深入研究典型生产过程,掌握模型机理,建立有效而实用的过程分析手段,并与 PCT 深度融合,推动我国流程领域智能制造的快速发展。

16.8.2　我国在该领域应重点发展的技术

现代 PAT 不仅仅在流程领域,在其他领域应用中也都存在模型转移、仪器小型化等通用问题,在流程工业领域的研究和应用中,我国过程分析与控制技术还需重点发展如下三个方面的技术。

(1)在线预处理技术　流程领域的在线预处理技术是保证 PAT 和 PCT 实施的基础。现有的预处理多采用从管道取样、在分析小屋分析后返回流程管路的方法,存在装置复杂、成本高、维护工作量大等诸多问题。在线预处理系统涉及取样的代表性、取样回路的温度控制和压力控制、样本清洗和除杂过滤、样本返回工艺管路等多个方面。这需要机械、工艺和控制专业人员参与,属于系统设计。未来需要研究新型预处理方法,如简易的光纤插入式技术,实现光谱在线采集与远传分析。

(2)模型泛化技术　我国流程领域装置众多,即使是同样的装置,在不同企业,受原料不同等因素影响,往往导致在一家企业应用的模型往往难以在其他企业推广,甚至同一家企业在不同时期的模型适应性也有限制,表现为模型的泛化能力偏弱。一种可行的思路是建立基于工业云平台服务的快速分析技术,在多个企业收集大量数据,在云端建模并提供服务,以提升模型适应性。模型泛化能力提升后,也有助于对非线性较为严重的性质进行分析。

(3)PAT 与常规传感器的融合技术　基于化学计量学的光谱、波谱分析技术,相较于流程领域传统的温度、压力、流量、液位等常规传感器技术,其工业应用的稳定性、可靠性都还需要进一步提升。在 PAT 纳入闭环控制系统后,一旦出现问题,需要能够及时发现 PAT 故障并进行切除,以避免对 APC 或 RTO 输入错误数据。一种可行的方法是研发 PAT 与常规传感器的融合技术。此外,基于多传感器实现 PAT 的故障重构，以及 PAT 故障下的容错控制方法研究等，也都是未来流程领域 PAT 应用需要研究的方向。

参 考 文 献

[1] Silva N C D, Massa A R C D G, Domingos D. NIR-based octane rating simulator for use in gasoline compounding processes. Fuel, 2019, 243: 381-389.

[2] Sales R, Da Silva N C, Da Silva J P, et al. Handheld near-infrared spectrometer for on-line monitoring of biodiesel production in a continuous process. Fuel, 2019, 254: 115680. 1-115680. 8.

[3] Mayr G, Hintenau P, Zeppetzauer F, et al. A fast and accurate near infrared spectroscopy method for the determination of cellulose content of alkali cellulose applicable for process control. Journal of Near Infrared Spectroscopy, 2015, 23(6): 369-379.

[4] Alvarado-Hernandez B B, Sierra-Vega N O, Martínez-Cartagena P, et al. A sampling system for flowing powders based on the theory of sampling. International Journal of Pharmaceutics, 2019, 574: 118874.

[5] Yan X, Fu H, Zhang S, et al. Combining convolutional neural networks and in-line near-infrared spectroscopy for real-time monitoring of the chromatographic elution process in commercial production of notoginseng total saponins. Journal of Separation Science, 2020, 43(3): 663-670.

[6] 张斌, 沈飞, 章磊. 面粉品质近红外光谱在线检测系统开发与应用. 现代食品科技, 2019, 35(2): 247-252.

[7] Zhu Q B, Xing Y C, Lu R F, et al. Visible/shortwave near infrared spectroscopy and hyperspectral scattering for determining bulk density and particle size of wheat flour. Journal of Near Infrared Spectroscopy, 2017, 25 (2): 116-126.

[8] Funes E, Allouche Y, Beltrán G, et al. A predictive artificial neural network model as a simulator of the extra virgin olive oil elaboration process. Journal of Near Infrared Spectroscopy, 2017, 25(4): 278-285.

[9] Quelal-Vásconez M A, Lerma-García M J, Pérez-Esteve É, et al. Changes in methylxanthines and flavanols during cocoa powder processing and their quantification by near-infrared spectroscopy. LWT-Food Science and Technology, 2020, 117: 108598.

[10] Corro-Herrera V A, Gómez-Rodríguez J, Hayward-Jones P M, et al. In-situ monitoring of Saccharomyces cerevisiae ITV01 bioethanol process using near-infrared spectroscopy NIRS and chemometrics. Biotechnology Progress, 2016, 32(2): 510-517.

[11] Nespeca M G, Rodrigues C V, Santana K O, et al. Determination of alcohols and volatile organic acids in anaerobic bioreactors for H_2 production by near infrared spectroscopy. International Journal of Hydrogen Energy, 2017, 42(32): 20480-20493.

[12] Lovatti B P O, Silva S R C, Portela de A, et al. Identification of petroleum profiles by infrared spectroscopy and chemometrics. Fuel, 2019, 254: 115670.

[13] Garmarudi A B, Khanmohammadi M, Fard H G, et al. Origin based classification of crude oils by infrared spectrometry and chemometrics. Fuel, 2019, 236: 1093-1099.

[14] Noor P, Khanmohammadi M, Roozbehani B, et al. Determination of reaction parameters in methanol to gasoline(MTG) process using infrared spectroscopy and chemometrics. Journal of Cleaner Production, 2018, 196: 1273-1281.

[15] Gondim C de S, Junqueira R G, de Souza S V C, et al. Detection of several common adulterants in raw milk by MID-infrared spectroscopy and one-class and multi-class multivariate strategies. Food Chemistry, 2017, 230: 68-75.

[16] Visentin G,De Marchi M,Berry D P,et al. Factors associated with milk processing characteristics predicted by mid-infrared spectroscopy in a large database of dairy cows. Journal of Dairy Science,2017,100(4): 3293-3304.

[17] Kim D Y,Cho B K,Lee S H,et al. Application of Fourier transform-mid infrared reflectance spectroscopy for monitoring Korean traditional rice wine 'Makgeolli' fermentation. Sensors and Actuators B:Chemical, 2016,230:753-760.

[18] Schalk R,Geoerg D,Staubach J,et al. Evaluation of a newly developed mid-infrared sensor for real-time monitoring of yeast fermentations. Journal of Bioscience and Bioengineering,2017,123(5):651-657.

[19] 王拓,戴连奎,马万武. 拉曼光谱结合后向间隔偏最小二乘法用于调和汽油辛烷值定量分析. 分析化学, 2018,46(4):623-629.

[20] 王拓,戴连奎. 重整汽油在线拉曼分析系统开发与工业应用. 仪器仪表学报,2015,36(6):1201-1206.

[21] Chen D,Rathmell C. Data-driven Raman spectroscopy in oil and gas:rapid online analysis of complex gas mixtures. Spectroscopy,2018,33(6):34-42.

[22] 张雷洪,徐润初,张大伟. 基于多信号叠加和伪逆法的激光拉曼气体检测方法. 应用激光,2019,39(5): 866-871.

[23] 高颖,戴连奎,朱华东,等. 基于拉曼光谱的天然气主要组分定量分析. 分析化学,2019,47(1):67-76.

[24] Nagy B,Farkas A,Gyürkés M,et al. In-line Raman spectroscopic monitoring and feedback control of a continuous twin-screw pharmaceutical powder blending and tableting process. International Journal of Pharmaceutics,2017,530(1):21-29.

[25] 谢闯,郝菁,常芯瑷,等. 吡嗪酰胺-2,5-二羟基苯甲酸共晶制备及过程在线研究. 天津大学学报(自然科学与工程技术版),2019,52(1):13-19.

[26] Reddy J P,Jones J W,Wray P S,et al. Monitoring of multiple solvent induced form changes during high shear wet granulation and drying processes using online Raman spectroscopy. International journal of pharmaceutics,2018,541(1-2):253-260.

[27] Xiao L F,Nguyen A H,Schultz Z D,et al. Online Liquid Chromatography -Sheath-Flow Surface Enhanced Raman Detection of Phosphorylated Carbohydrates. Analytical Chemistry,2018,90(18):11062-11069.

[28] Nelson G,Lines A M,Bello J M,et al. Online monitoring of solutions within microfluidic chips: simultaneous Raman and UV-Vis absorption spectroscopies. ACS Sensors,2019,4(9):2288-2295.

[29] Anjos O,Caldeira I,Santos R,et al. FT-RAMAN methodology for the monitoring of honeys' spirit distillation process. Food Chemistry,2019,305:125511. 1-125511. 7.

[30] Rakhmatullin I Z,Efimov S V,Tyurin V A,et al. Application of high resolution NMR(^{1}H and ^{13}C) and FTIR spectroscopy for characterization of light and heavy crude oils. Journal of Petroleum Science and Engineering,2018,168:256-262.

[31] 郑念祖,丁进良. 基于 Regression GAN 的原油总氢物性预测方法. 自动化学报,2018,44(5):915-921.

[32] Fiorotti T A,Sad C M S,Castro E R V,et al. Rheological study of W/O emulsion by low field NMR. Journal of Petroleum Science and Engineering,2019,176:421-427.

[33] Marques D S,Sørland G,Less S,et al. The application of pulse field gradient(PFG) NMR methods to characterize the efficiency of separation of water-in-crude oil emulsions. Journal of Colloid and Interface Science,2018,512:361-368.

[34] 章连荣,唐全红,赵士鉴,等. 核磁共振在中控分析中的应用. 分析测试技术与仪器,2018,24(4):217-223.

[35] Zou W,Wang X H,Zhang K P,et al. Study on production enhancement of validamycin A using online capacitance measurement coupled with ^{1}H NMR spectroscopy analysis in a plant-scale bioreactor. Process Biochemistry,2018,65:28-36.

[36] Li B Q,Xu M L,Wang X,et al. An approach to the simultaneous quantitative analysis of metabolites in table wines by ^{1}H NMR self-constructed three-dimensional spectra. Food Chemistry,2017,216:52-59.

[37] Prakash S,Iturmendi N,Grelard A,et al. Quantitative analysis of Bordeaux red wine precipitates by solid-state NMR:Role of tartrates and polyphenols. Food Chemistry,2016,199:229-237.

[38] Chen L,Tian Y Q,Sun B H,et al. Rapid,accurate,and simultaneous measurement of water and oil contents in the fried starchy system using low-field NMR. Food Chemistry,2017,233:525-529.

[39] Sucupira N R,Filho E G A,Silva L M A,et al. NMR spectroscopy and chemometrics to evaluate different processing of coconut water. Food Chemistry,2017,216:217-224.

[40] Soyler A,Bouillaud D,Farjon J,et al. Real-time benchtop NMR spectroscopy for the online monitoring of sucrose hydrolysis. LWT,2019,118:108832.

[41] Liao Y L,Zhao Z W. Effects of phosphoric acid and ageing time on solvent extraction behavior of phosphotungstic acid. Hydrometallurgy,2017,169:515-519.

[42] Gossuin Y,Vuong Q L. NMR relaxometry for adsorption studies:Proof of concept with copper adsorption on activated alumina. Separation and Purification Technology,2018,202:138-143.

[43] Coelho P A,Sandoval C,Alvarez J,et al. Automatic near-infrared hyperspectral image analysis of copper concentrates. IFAC-PapersOnLine,2019,52(14):94-98.

[44] Dalm M,Buxton M W N,van Ruitenbeek F J A. Discriminating ore and waste in a porphyry copper deposit using short-wavelength infrared(SWIR) hyperspectral imagery. Minerals Engineering,2017,105:10-18.

[45] Tuşa L,Kern M,Khodadadzadeh M,et al. Evaluating the performance of hyperspectral short-wave infrared sensors for the pre-sorting of complex ores using machine learning methods. Minerals Engineering,2020,146:106150.

[46] Soares F L F,Marcelo M C A,Porte L M F,et al. Inline simultaneous quantitation of tobacco chemical composition by infrared hyperspectral image associated with chemometrics. Microchemical Journal,2019,151:104225.

[47] Khorasani M,Edinger M,Raijada D,et al. Near-infrared chemical imaging(NIR-CI) of 3D printed pharmaceuticals. International Journal of Pharmaceutics,2016,515(1):324-330.

[48] 彭开香,马亮,张凯. 复杂工业过程质量相关的故障检测与诊断技术综述. 自动化学报,2017,43(3):349-365.

[49] 刘强,卓洁,郎自强,等. 数据驱动的工业过程运行监控与自优化研究展望. 自动化学报,2018,44(11):1944-1956.

[50] Peres F A P,Peres T N,Fogliatto F S,et al. Fault detection in batch processes through variable selection integrated to multiway principal component analysis. Journal of Process Control,2019,80:223-234.

[51] Chen Z,Ding S X,Zhang K,et al. Canonical correlation analysis-based fault detection methods with application to alumina evaporation process. Control Engineering Practice,2016,46:51-58 .

第17章 结 语

纵观近几年现代过程分析技术的前沿研究和应用热点，不难看出，其发展趋势总体是变得"更快、更高、更强"[1,2]。"更快"的内涵包括测量速度和分析速度更快，同时获取多种光谱信息更便捷、更快，新技术新产品推陈出新更快等；"更高"的内涵包括分析更高效，光谱仪器的性能指标更高，可以获取样本更高、更深层的光谱信息，整体的分析解决方案更高湛等；"更强"的内涵包括仪器越来越小但功能越来越强，实用性更强，灵活性更强，适应性更强等。

光学器件、新材料、5G（6G）通信、物联网、大数据、云计算等科技的迅速崛起，使现代过程分析技术如虎添翼。受生物医学、材料、环境、深空探测、智能制造等前沿科学的牵引，现代过程分析技术在空间拓展和节约时间等方面表现非凡。现代过程分析技术在微观和宏观空间拓展方面的研究和应用多与发现相关，多属于科学研究的范畴；现代过程分析技术在节约时间、提高生产效率方面的研发和应用多与发明相关，多属于技术研发范畴。两者既有区别，又交相辉映、相得益彰，现代过程分析技术也将会越来越与数字地球、智慧农业、智能工厂、精准医疗、深空探测、碧水蓝天、炫彩生活等时代主题相融合，在与众多学科交叉交融中得到快速发展。

近些年，现代过程分析技术的研究和应用热点具有以下五方面的特点。

① 便携式、微型现代过程分析技术的研究和应用日益受到重视，新仪器、新技术、新应用推陈出新速度明显加快。微型和便携仪器其体积小、方便、快速的优点，使之与智能手机相结合正在走近人们的日常生活，与物联网的结合将会越来越紧密，成为物联网中必不可少的传感器。全球卫星定位系统（GPS）以及机器人和无人机等现代智能化装备逐渐与微型、便携式仪器相结合，使其在环境、地质、食品、生物医学、医药、考古与文物、公安与法学、反恐技术等领域有着巨大的应用潜力。例如，可通过操控携带微型红外高光谱仪器的无人机对海洋进行扫描，从而量化出海洋中含有的塑料垃圾，以指导塑料清理工作。光谱仪器与机器人的结合也会带来广阔的应用市场，甚至可以出现完全无人的智能化分析实验室，从取样到数据的报出完全由机器人进行操作，可以全天候地进行工作，将会显著提高分析效率。

② 在线分析技术的研究和应用方兴未艾。以近红外光谱为代表的在线分析技术将会为智能工厂提供更快、更准、更有用的化学感知信息，与过程控制，尤其

是大型流程工业的结合可给企业带来可观的经济和社会效益。现代在线分析技术在环保等领域的研究和应用依旧是热点，由于其应用尚处在初期阶段，任何一个应用点都潜藏着巨大的研究课题和推广市场。近几年，各式各样基于新原理的在线分析技术不断涌现，使系统设计、加工制造、维护、升级等环节都发生着深刻的变革。

③ 多谱学信息的组合和融合是另一个显著的研究热点，以仪器的研制尤为突出[3-6]。例如，拉曼光谱仪器与中红外光谱仪器的组合，LIBS 仪器与拉曼光谱仪器的组合，XRF 仪器与拉曼光谱仪器，XRF 仪器与 LIBS 仪器的组合，中红外光谱仪器与近红外光谱仪器的组合，拉曼光谱仪器与太赫兹仪器的组合，深紫外拉曼仪器与分子荧光光谱的组合，还有各种谱学成像仪器的组合等，这样一台微型或小型的仪器便可获取更多、更丰富的物质成分信息。这些融合或组合式的谱学或成像仪器已有商品化的产品，在环境、生物医学、制药、地质、食品、农业和物证鉴别等领域受到较大关注，较大范围的实际应用指日可待。

④ 化学计量学方法在现代过程分析技术中的作用越来越重要。随着物联网、大数据、云计算等科技的快速发展，以及现代分析仪器获取信息量的指数式增加，需要化学计量学方法从中提取和挖掘更多更有用的信息。近几年，一些用于现代过程分析技术的新化学计量学方法，包括信号处理、定量校正算法、模式识别算法和模型传递算法等层出不穷，在计算速度和效果方面都有较大提高。除了新算法研究外，近几年这方面的一个突出进展是越来越多的应用企业和质检等部门参与化学计量学定量和定性模型的研发工作，分析内容也逐渐向细分方向发展，并在生产中得到实际使用。

⑤ 现代过程分析技术方面的标准制定越来越受重视。以制药领域为例，2004年 9 月美国 FDA 以工业指南的方式颁布了《创新的药物研发、生产和质量保障框架体系——PAT》，拉开了现代过程分析技术在制药领域应用的序幕。2015 年 3 月美国 FDA 发布了《工业界开发和申报近红外分析方法指导原则草案》，其目的是推进过程分析技术在美国制药领域的应用，并保证分析技术在制药工业的应用更加规范化。FDA 于 2017 年又发布了《新兴技术应用的先进性使得药品生产基础现代化的工业指南》，对制药企业如何参与 FDA 的新兴技术项目来推动包括过程分析技术等新兴生产技术的应用进行了详细解读。2018 年 1 月，欧洲药品质量管理局（EDQM）又在欧洲药典论坛上发布了《过程分析技术草案》，并计划将其收入《欧洲药典》。

经过二十余年的发展，我国现代过程分析技术在硬件、化学计量学方法及软件、行业数据库开发等方面都有了一定的基础，取得了可喜的应用效果。结合目前国内外研发和应用现状，在未来一段时期，我国现代过程分析关键技术研发建议围绕以下几个方面开展。

① 在仪器硬件方面，应结合国家重大应用领域的需求，采用新原理、新材料、

新技术，加大力度研制新型仪器及其附件。硬件是现代过程分析技术的基石，是该技术金字塔的最底端。应借助"国家重大科研仪器设备研制专项""国家重大科学仪器设备开发专项"等国家资助项目，加快、加大关键部件的研发步伐，例如微型迈克尔逊干涉器、激光器、探测器和光纤耦合器等，这需要在核心技术、加工工艺和关键材料等方面一代接着一代研发，最终赶超世界先进水平，变跟跑为领跑的局面。在此基础上再进行集成创新，研制出小型化、低成本、稳定性和一致性好的硬件成套产品，开发真正意义上拥有自主知识产权的仪器。

② 在化学计量学方法和软件研发方面，要研究模型数据库维护更为方便的多元定量和定性校正方法，尝试将现代人工智能的深度学习算法用于大光谱数据集的关联，进一步提高模型的预测准确性和稳健性。研究开发更简便、通用性更强的模型传递算法。在此基础上开发基于网络平台的建模工具，以其实现谱学数据库的共享。同时，化学计量学方法的研究要配合专用仪器的研发，以分析效率和实用性为追求目标。此外，在现有机器学习和深度学习算法的基础上，随着光谱数据库中有效样本数的指数式增加，定量和定性建模策略的研究和应用也将会变得越来越重要。

③ 谱学数据库开发方面，应集中行业科研院所、大型应用企业和仪器制造商等多方面的力量，根据各个应用行业的特点，以应用市场需求为导向，开发建立各领域的商业化、权威性的谱学数据库，用于定量和定性分析，避免同一领域多种数据库低水平重复开发。同时形成谱学数据库定期升级维护的工作机制，保证数据库的持续更新，不断提高模型数据库的适用范围和利用效率。要特别关注一些与我国国情密切相关的重要课题，例如疾病的快速诊断与监控、环境监测尤其是污染源判别与治理过程控制、中药现代化生产、食品安全与品质的快速检验、石化及其他工业流程等在线优化实时控制等，逐步建立完善的谱学数据库。

④ 在技术和方法标准化方面，尽管我国在近红外光谱和拉曼光谱等方面已制定了多项国家、行业、地方和团体标准，但随着现代过程分析技术的不断发展，我国相关标准体系的建立有些滞后，使得该技术市场推广难度加大。以制药领域为例，尽管 2016 年我国发布的《医药工业发展规划指南》和《智能制造工程实施指南（2016—2020）》均将现代过程分析技术作为未来医药领域发展的主要任务之一，但有关的具体应用指南和监管措施尚未制定。现行《中国药典》虽已经收录近红外光谱和拉曼光谱技术，但在内容设置上主要还是针对成品的定性和定量分析，未涉及药品生产过程的监控环节。我国应在技术和方法标准化方面加强力量，有计划、分阶段地制定切实可行的标准，推动现代过程分析技术的应用推广。

⑤ 人才培养方面，目前我国教育体系尚不能满足现代过程分析技术发展的需求，应培养该技术各个环节的人才。教材是教学之本，面对新的科技变革和社会需求，分析化学（含仪器分析）的教材和教学改革已是势在必行。在西方国家，现代过程分析技术的相关内容已写进大学本科分析化学和仪器分析的教材，这对

培养本领域的专业人才具有很重要的意义。例如 2013 年由华盛顿大学 Gary D. Christian 教授、得克萨斯州立大学阿灵顿分校 Purnendu K.（Sandy）Dasgupta 教授和 Kevin A. Schug 教授共同完成的 "Analytical Chemistry，7th Edition" 一书汇聚了三代美国分析化学家丰富的教学经验和科研成果，是一本特别值得借鉴的国外分析化学教科书，书中用了较大的篇幅介绍近红外光谱等现代过程分析技术。值得一提的是，这本教材已于 2017 年翻译成中文正式出版。该译书入选经典化学高等教育译丛类 "十三五" 国家重点图书。我国的一些高校（例如江苏科技大学）也将近红外光谱作为本科生的选修课程，收到较好的实践效果[7]。现代过程分析技术理念的教育是保证该技术持续发展的基础，要重视新一代人才的教育培养，也要重视在职人才知识和理念的更新，要打通本科、研究生、职业教育和继续教育的通道，这需要更多有识之士的关注和身体力行，逐渐填补我国长期缺乏这一领域领军人才、高端研发人才和高级技术工匠人才的缺口。同时，科普宣传也十分重要，通过科普读物和微视频等多种形式，让更多的企业管理者和公众了解现代过程分析技术，主动参与和实践这项技术，这将会在很大程度上推动这项技术的快速发展。

参 考 文 献

[1] Ebner A，Zimmerleiter R，Cobet C，et al. Sub-second quantum cascade laser based infrared spectroscopic ellipsometry. Optics Letters，2019，44(14)：3426-3429.

[2] Crocombe R A. Portable Spectroscopy. Applied Spectroscopy，2018，72(12)：1701-1751.

[3] Murayama K，Ishikawa D，Genkawa T，et al. An application for the quantitative analysis of pharmaceutical tablets using a rapid switching system between a near-infrared spectrometer and a portable near-infrared imaging system equipped with fiber optics. Applied Spectroscopy，2018，72(4)：551-561.

[4] Hashimoto K，Badarla V R，Kawai A，et al. Complementary Vibrational Spectroscopy. Nature Communications，2019，10：4411.

[5] Stuart M B，McGonigle A J S，Willmott J R. Hyperspectral imaging in environmental monitoring：A review of recent developments and technological advances in compact field deployable systems. Sensors，2019，19(14)：3071.

[6] Deidda R，Sacre P Y，Clavaud M，et al. Vibrational spectroscopy in analysis of pharmaceuticals：Critical review of innovative portable and handheld NIR and Raman spectrophotometers. TrAC Trends in Analytical Chemistry，2019，114(5)：251-259.

[7] Yan H，Zhang G Z，Tao S Q. Improvement of teaching near-infrared spectroscopic analysis for undergraduates. NIR News，2020，31(1-2)：16-19.

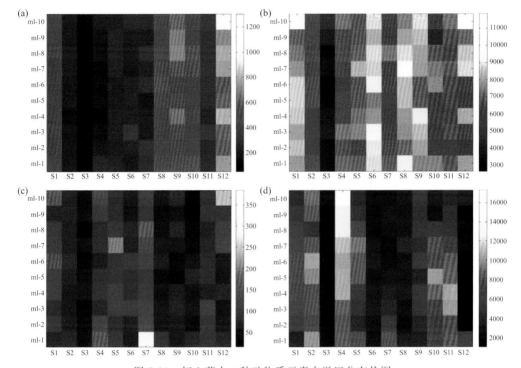

图 5-10　灯心草中 4 种矿物质元素在微区分布热图

（a）Mg 279.418 nm；（b）Ca 393.375 nm；（c）Ba 455.358 nm；（d）Na 588.952nm

彩色图例（右边的条形图）表示谱线的强度

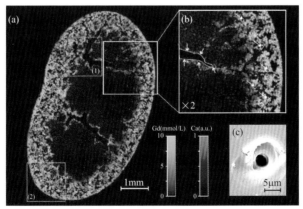

图 5-18　金属纳米给药 3h 后小鼠肾脏切片元素的二维成像图[79]

（a）Gd（绿色）和 Ca（紫色），（像素 500×720，空间分辨率 10μm）；

（b）（a）中方形区域 2 倍放大图；（c）电子显微镜扫描单次激发样品剥蚀图

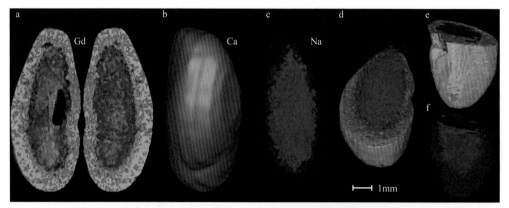

图 5-19　小鼠肾脏中 Gd、Ca、Na 元素三维空间分布图[79]

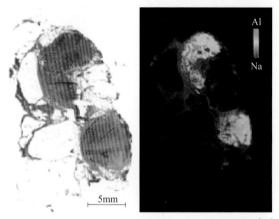

图 5-20　病理组织的皮肤肉芽中 Al、Na 元素图像[80]

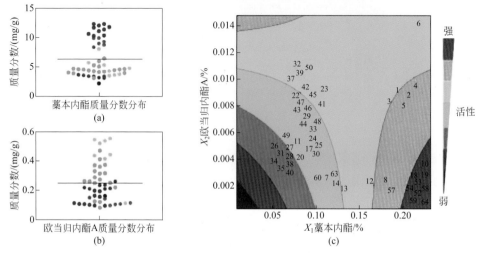

图 12-7　基于 Q-marker 近红外光谱分析的当归药材血管扩张功效的评价[154]

（a）（b）藁本内酯、欧当归内酯A 的含量分布图；（c）血管扩张功效快速评价图